U0262779

"中联杯"国际大学生
建筑设计竞赛获奖作品集

THE AWARD WORK COLLECTION OF THE "CUC CUP"
INTERNATIONAL ARCHITECTURE DESIGN COMPETITION

《"中联杯"国际大学生建筑设计竞赛获奖作品集》编委会　编

中国建筑工业出版社

图书在版编目（CIP）数据

"中联杯"国际大学生建筑设计竞赛获奖作品集/《"中联杯"国际大学生建筑设计竞赛获奖作品集》编委会编. —北京：中国建筑工业出版社，2019.9
ISBN 978-7-112-24171-2

Ⅰ．①中… Ⅱ．①中… Ⅲ．①建筑设计－作品集－中国－现代 Ⅳ.①TU206

中国版本图书馆CIP数据核字(2019)第193775号

责任编辑：李成成
责任校对：芦欣甜
版式设计：杭州伯樽文化创意有限公司

"中联杯"国际大学生建筑设计竞赛获奖作品集
《"中联杯"国际大学生建筑设计竞赛获奖作品集》编委会　编

*
中国建筑工业出版社 出版、发行（北京海淀三里河路9号）
各地新华书店、建筑书店经销
杭州伯樽文化创意有限公司制版
北京富诚彩色印刷有限公司印刷
*
开本：880×1230毫米　1/16　印张：30½　字数：747千字
2019年10月第一版　2019年10月第一次印刷
定价：318.00元
ISBN 978-7-112-24171-2
　　　　（34659）

The Award Work Collection
of the "CUC Cup"
International Architecture
Design Competition

「中联杯」国际大学生
建筑设计竞赛获奖作品集

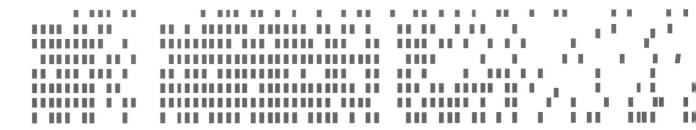

序 FOREWORD

"中联杯"国际大学生建筑设计竞赛已经走过了 10 年历程，自 2009 年以来，成功举办了五届竞赛，在业界精英的关怀和帮助下，特别是在越来越多国际高校师生的支持和参与下，已茁壮成长为业界颇具口碑的一项重要赛事，成为建筑专业学生展示才华的极佳平台，为繁荣建筑创作，提高学生设计与综合实践能力、培养青年人才，作出了积极贡献。

党的十九大做出"中国特色社会主义进入新时代"和"我国经济已由高速增长阶段转向高质量发展阶段"的科学判断，把"不忘初心、牢记使命"放在新时代主题的引领地位。推动高质量发展，是新时代中国建筑业践行初心和使命的必然要求。新时代，建设望得见山看得见水、记得住乡愁，足以承载人民美好生活需要的美丽中国、智慧中国，是建筑业高质量发展的根本目标，贯彻落实新时期建筑方针，贯彻落实建筑师负责制、全过程工程咨询等新执业模式，培养既有国际视野又有民族文化自信的建筑师队伍，是建筑业高质量发展的根本途径。新时代、新挑战、新机遇，同时也对高校的建筑教育提出了新的要求。

建筑教育与建筑实践的结合是中国建筑学会关注的焦点。"纸上得来终觉浅"，"中联杯"竞赛提供了这样一个实践机会：从创意出发，兼顾建筑设计之外的科技手段与人文心理，设计作品能够落地实施是基本标准，从而对建筑专业学生的教育起到正面加强的作用。"中联杯"国际大学生建筑设计竞赛，搭建了一个建筑教育与建筑实践密切关联、互动的平台，以实践检验各高校建筑教育的与时俱进性，检验学生对建筑所承载中华文明的新时代印记和文化特征以及对中国建筑业大变革的思考与理解，同时通过与国际高校友好交流培养青年人才的国际眼光，对未来民族建筑师的培养具有非常重要的价值。

　　大学生与建筑师之间的承继关系是中国建筑学会工作的重心。"学生强则行业强"。大学生肩负着行业的未来，迟早要接过时代的接力棒，为实现中国梦贡献自己的力量。"中联杯"竞赛提供的竞技平台让学生们遇到更多的优秀建筑人才，彼此取长补短，不断成长和进步。而不同的创意相互碰撞进溅的火花，则使得行业的火炬熊熊燃烧，照亮我国青年建筑师的培养之路。

　　建筑是以人为本的艺术，同样也是民生的综合载体。"中联杯"竞赛历届的主题关注城市发展，共振时代脉搏；不仅考虑建筑设计本身，更融入社会性问题，旨在以专业的角度去思考社会热点问题，以为民生立命为己任。竞赛主题少限制，内容极具可挖掘和探讨的空间，真正体现了参赛者自身对城市的理解，也锻炼了参赛者深入思考和孜孜以求的探究精神。

　　中国联合工程有限公司作为一家知名建筑央企，勇于担当社会和行业之责，心怀历史使命感，倾心付出，连续举办"中联杯"大学生设计竞赛，悉心设计竞赛主题，邀请我国建筑设计领域的先锋代表作为评审专家团体，精心营造严谨自由的学术氛围，为我国建筑专业学生的培养不遗余力。

　　希望未来"中联杯"大学生设计竞赛能继续紧扣时代主题，回应时代变革，与中国建筑学会、全国高等学校建筑学学科专业指导委员会、全国高等学校建筑学专业教育评估委员会以及各高校一起，探索新时期中国建筑产业和建筑文化的新理念和新未来。也希望我们的建筑专业学生们能够担起新时代青年的历史使命，在"中联杯"竞赛的平台上燃烧激情、挥洒创意，真正实现从顽石中创造奇迹！

前言 PREFACE

为繁荣建筑创作，提高建筑设计领域在校大学生及研究生的创新能力和综合素质，促进青年人才的成长，中国建筑学会、全国高等学校建筑学学科专业指导委员会和中国联合工程公司等率先在全国搭建大学生创作设计竞赛平台，并冠以"中联杯"的称谓。该平台自 2009 年 6 月创建以来，历经十年，已成功地举办了五届高质量、高水平、学生参与度高的大型赛事，为我国高等学校在校学生提供了一个广阔的、深受欢迎的竞技和展示才华舞台。

改革开放以来，中国建筑进入前所未有、蓬勃发展的高峰时期，"中联杯"国际大学生建筑设计竞赛（以下简称"中联杯"）就诞生于该时期，大环境也给"中联杯"提供了一方热土和阵地。该竞赛先后于 2009 年举办了第一届，2010 年举办了第二届，2012 举办了第三届，2015 年举办了第四届，2019 年举办了第五届。今年恰逢"中联杯"迈入十周年之际，为总结和分享十年来"中联杯"历届主要获奖作品，展示新时代大学生风采，交流他们的创新理念，主办单位决定正式出版一册"中联杯"国际大学生建筑设计竞赛获奖作品集，在全国范围内公开发行。

经研究，本书内容的编写，从时间上采取先近后远的编写思路，即作品内容的收入将新近（第五届）的获奖作品放在前端，而后接排第四届、第三届、第二届、第一届。由于本书篇幅有限，第五届的获奖作品（一等奖、二等奖、三等奖、优秀奖）全部收录，其他四届仅收录一、二、三等奖作品。

"中联杯"举办的初衷，是想利用这个设计竞赛平台，让学生深入生活服务社会，把握时代前进的潮流，抓住社会发展的脉搏，引导他们在如火如荼的社会建设中发挥其聪明才智，培育他们敏锐的洞察力和观察事物的能力。当然，做好"中联杯"竞赛的关键环节，首当其冲的就是要做好每一届竞赛主题的选择和确定，这是对主办方提出的要求。为了选好竞赛主题，贴近社会、贴近生活，又要与时俱进，找出时代、社会的关注点、最强音，我们每届都邀请业界专家学者共同进行探讨、思索和碰撞，经过大家集思广益来确定每届竞赛的主题。譬如，第一届的主题为"公共客厅"，旨在鼓励设计者对所选设计内容进行深入的考察分析，运用合理的技术手段，提出当下有效的解决方案。第二届是"我的城市、我的明天"。中国跨进城市化后，大批的青年人刚刚涌入城市，融入社会，在拥挤、困惑的城市环境中，他们的生存、创业空间在哪里？该竞赛主题引导学生如何观察社会，

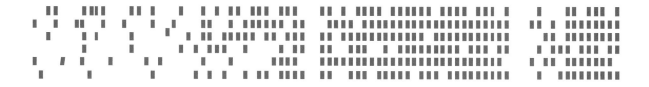

捕捉当前城市、环境和建筑中存在的热点难点问题，用独特的手法优化建筑的内外部空间，满足年轻人最基本的生存需求。第三届是"老社区、新生活"。中国进入新时代后，从城市到乡村，人们的生活发生了巨大的变化，老旧的生活社区已经远远不能满足当下民众的生活需求。参赛者根据自己的生活观察及体验，针对老社区存在的问题，结合现在生活方式以及未来发展需求，提出理想有效的解决方案。第四届的主题为"互联网+"背景下的生活空间。随着智慧城市的走来，"互联网+"已经进入民众的生活，这是一场前所未有的变革，为此改变了我们居住、工作、商务、购物、交往等活动认知及习惯。参赛者要密切关注在这一大背景下的情感交流、文化传承、生活方式、学习平台、空间形态，构思反映社会、文化、生态的城市或乡村的生活空间。第五届竞赛主题为"场所的时空与建筑的演变"。今天的中国，城市化进程在快速推进，而乡镇在慢慢萎缩。城市化各要素资源过分集中，乡村等公共服务体系和资源流失。当前国家政策是以满足人民群众对美好生活的需求为己任。根据当下社会暴露出的问题，本届竞赛提出，如何在新时代下构建缩小城乡差别的公共服务体系，结合场所时空，体现地域特色和建筑的演变，创建新时代建筑本源、人文特性和可持续发展模式。这些竞赛选题均具有较大挖掘和探讨的空间，能真正使学生融入社会，关注民生，提高参赛人员深入思考的能力和孜孜以求的探索精神。

　　纵观"中联杯"国际大学生建筑设计竞赛，从最初起步到今天硕果累累的发展足迹，十分欣慰该学科教育发展的迅猛，感叹建筑学教育工作任重道远。十年的风雨兼程，十年的砥砺奋进，无不渗透了业界的关心和支持、建筑教育专家及领导的心血，走出了一步一个脚印的过往。不忘初心，牢记使命。希望"中联杯"一届一届地办下去，唤起和团结更多的有识之士，共同投入到我国的教育大业中，为青年设计人才的成长提供更广阔的发展空间以及更大的交流展示平台。

　　鉴于本书的主要内容是学生历届设计方案竞赛中获奖作品的汇编，全书内容有一定的时间跨度。具体编写人员在查阅了历届的图片和作品资料后，依据要求进行了系统的梳理和编写。由于编者水平有限，该书的出版会存在诸多的问题和不足，希望广大读者在阅读过程中，多提宝贵意见。

2019 年 9 月

The Award Work Collection

of the "CUC Cup"

International Architecture

Design Competition

「中联杯」国际大学生
建筑设计竞赛获奖作品集

 CONTENTS

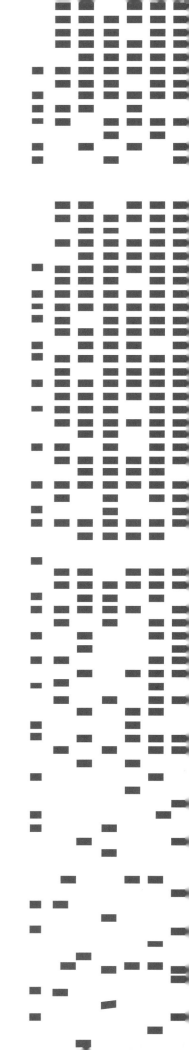

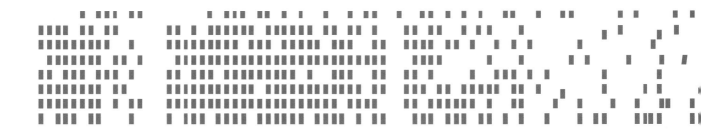

综述 REVIEW

回溯十载 "中联杯" 国际大学生建筑设计竞赛
初探中式建筑教育发展与变革

中国联合工程有限公司总建筑师、副总经理 方 晔

一、中联杯大学生建筑设计竞赛的设立背景

建筑业是人类最古老的行业之一，不仅是人类历史和文化的记录，也反映了时代前进的步伐。建筑设计作为建筑业的引领，也是人类追求各种使用场所空间的一场科学与艺术的大融合，人类历史各个时期的科学进步，在不同程度上都促进了建筑设计行业的自我革新。所谓"形而上者谓之道，形而下者谓之器"，建筑设计本身就是建筑业的"道"。

竞赛是由特定组织或团体发起的面向特定的受众群体而举办的一种技术交流的活动，其重点在于交流，让参赛者在交流当中产生共鸣，同时在共鸣中产生优秀的作品。所以竞赛的本质对于行业而言，也是"坐而论道"的一种方式。

任何行业的竞争与发展都可以归结于人才的储备和培养，少年强则中国强。建筑设计对学生的专业技能和素质具有极高的要求，因此我们更应该格外关注学生群体的成长。当前各大建筑学院对学生的培养其实可以从两个层面来解读，第一个是高校教育中历来关注的基础课程，这个过程帮助学生们建立建筑的概念，让大家学会建筑认知和设计的基本原理，教会他们作为未来成熟建筑师的基础技能。另一个层面在基础认知之上，学生们需要逐渐脱离校园内部的环境，更多去面向社会，通过竞赛了解行业的需求以及同行已经发生的社会变革。所以从某个意义讲，竞赛也是学校对学生进行培养的一种路径。

2009 年到 2019 年是中国建筑行业历经巨变的十年，十年间无论是建筑观念、建筑作品还是建筑的基础工具乃至科学技术，都发生了重大的变革，与此同时，行业内经验逻辑和成长体系也在不断成长变革。大学生建筑设计竞赛也从学生在教学之余的一种自主参与的活动，转变成高校宣传引导积极推进的新窗口，竞赛数量从个别业内知名的建筑学会组织到百花齐放。例如 UED 杂志举办的"霍普杯"、中国建筑学会举办的"威海杯"、老牌建筑杂志《建筑师》举办的"天作奖"、《城市建筑》杂志举办的"UA 城市创作"奖等，国内外各类建筑设计竞赛奖项都成为当前设计领域的重要竞赛内容。

中国联合工程有限公司作为一家具有悠久历史的国内大型建筑设计企业，早在 2009 年与中国建筑学会联合，成功举办了第一届中联杯全国大学生建筑设计竞赛（简称"中联杯"），主旨在为设计行业提供一个"坐而论道"的平台，为各大院校学生的培养提供另一种路径，让彼此能够增进行业内的技术交流，这是"中联杯"设立举办的初心。

二、中联杯大学生建筑设计竞赛基本介绍

1. 竞赛组织架构

自 2009 年以来，中国联合工程有限公司在中国建筑学会、全国高等学校建筑学学科专业指导委员会、全国高等学校建筑学专业教育评估委员会、中国建筑学会建筑教育评估分会的大力支持和组织下，已成功举办了五届"中联杯"大学生建筑设计竞赛，为高校学生提供了良好地竞技和展现才华的平台。

2. 关注未来时的城市方向行业话题

当前中国的社会结构正由二元化转为盛大的城市群的结构主体，中国可以预见的城市人口将会占到总人口的 70% 以上，城市化进程已经成为中国当前建筑设计的主要话题。"中联杯"历年的竞赛主题，一直围绕着不同时期的城市主题而展开：城

市空间、城市空间所产生的社会问题、未来城市所面临的科技进步对人群结构存量空间的改造……所以，从竞赛的内容可以读出"中联杯"对于广大建筑学子的期望。我们期待广大建筑学子能够更聚焦于城市的设计内容，通过竞赛确立自己对城市的理解、对城市生活的人群的理解、对社会弱势群体的理解，以及关注科技对城市产生的一系列问题的解决，确立自身的建筑设计思维逻辑和设计手段。

3. 构筑学院派的学生交流平台

"中联杯"的架构和主体充分体现出竞赛是为全国高等建筑院校构建的学院派交流平台。历年来，竞赛受到了来自国内外 30 多个地区 120 多家高等院校的关注，历届竞赛题目的确定都邀请各大院校的权威教授及著名老师进行评审讨论、核定日期和题目释义；在赛程设置上，密切结合各大建筑院校的教学时间节点，让建筑院校和学生均能有充分的业余时间来准备参赛作品，更有一些老牌建筑高校提前制定教学计划，将竞赛与设计课程结合，"中联杯"已成为建筑学子心目中颇有含金量和口碑的一项竞赛。

三、中联杯大学生建筑设计竞赛十年历程

1. 高规格的评审专家团体

"中联杯"从第一届至第五届，评审委员会主任均由华南理工大学建筑学院院长、中国工程院院士何镜堂院士担任，评审委员会委员涵盖了多位中国工程院院士、全国工程勘察设计大师、中国建筑教育领域各大知名高校建筑学院的领头人等担任，如此高规格的评审专家团队，从个体上看是中国建筑设计领域的先锋代表，从群体上则可以清晰归结出中国建筑教学和对社会看法的主要方向。正是有这样高规格评审专家团体的倾力相助，才有"中联

杯”每届优秀作品的精彩呈现。

2. 严谨自由的学术氛围

"中联杯"参赛作品具有如此之高的鉴赏性和研究意义，在一定程度上反映了新一代青年建筑学生对社会和城市的关注，并试图以具有创意的设计手法来追求对未来的理想。在建筑的手法与表达当中，感受到了不同的创意所带来的冲击，无论是剖析社会属性还是浪漫深刻的表达，都体现出设计的价值和学生们极富思想的创作手段。

每次评审都在严谨自由的学术氛围当中进行，无论是德高望重的院士大师还是各高校年富力强的院长，都对此投入了极大的热情和支持。在评审初始阶段，大家都会对竞赛的主题进行内部的研讨，同时对评选的规则进行深入的解析；在评选的过程中，每一位评委会对所有参赛作品进行仔细的评价和选择，无论是分组的初选还是集中的复选，评委们严谨的治学态度都让人异常钦佩；在最终具体奖项的评选过程中，各位评委也都畅所欲言，在自由的氛围中发表对于学生作品的专业化含量极高的评价。

3. 良好的社会反馈

历届"中联杯"的举办，评委们都给予了充分的肯定，认为它不仅为培养和发展建筑学科的新人提供了崭新的平台，让广大建筑学专业的学生对自我和彼此有了一个更加深入的了解，培养了学生深入生活、服务社会的思想，促进了高效学生在专业方面的发展，同时活跃了建筑界的学术氛围，也让社会看到建筑界的未来与希望。"中联杯"历经五届，评委们也希望能够继续传承这个建筑高等院校大学生设计竞赛的品牌，吸引更多的师生和院校参与，提升参赛作品质量，为建筑学和城市规划等专业的

青年人提供更好地竞技和展示才华的平台。

四、中联杯大学生建筑设计竞赛主题

"中联杯"十年来历经五届，竞赛题目聚焦当下社会热点问题，从专业角度对其进行思考，竞赛主题不仅考虑建筑设计本身的问题，更融入社会性问题，强调人、建筑、城市三者间的关系。"城市客厅（2009 年）"、"我的城市，我的明天（2010年）"、"老社区、新生活（2011 年）"、"互联网 + 背景下的生活空间（2015 年）"、"场所的时空与建筑的演变（2019 年）"分别代表了组织者对当下热点问题的关注。综合而言，"中联杯"竞赛的题目设定有以下三个特点：

1. 关注城市主题，紧扣时代之问

唯有体验感受才能深入了解，唯有深入了解才有成熟思虑与改变动能。

考虑到当前中国建筑设计的主战场、建筑学院所在的城市能级、建筑高等院校学子的对城市场所的了解及生活的熟悉程度，历届"中联杯"的竞赛题目始终围绕着"城市"这个主题来进行，只有将竞赛的主题与人的生活相结合，才会有鲜活的设计呈现。

大学的良知是社会良知的根本，学生对社会问题的思索才是未来社会问题解决的起点。"城市客厅"、"城市的明天"、"老社区新生活"、"互联网 + 背景下的生活空间"、"场所的时空与建筑的演变"五个主题都代表着时代的城市主题之问，新生力量对时代之问的懵懂创意往往体现出鲜明的个性和直接的观点，甚而是对墨守成规的一次挑战。所以面对城市主题的时代之问，建筑学子通过感受、

了解、思考和改变形成了"中联杯"竞赛的主要动能。

2. 最小的内容限定展开至广的建筑想象

"道生一，一生二，二生三，三生万物"，"物化之上"是原始的逻辑和设计的思维。

"中联杯"在设置竞赛题目上限定性比较小，目的在于能给予学生更宽的创作思路，学会如何认识问题、思考问题，把想法落实到具体的建筑和空间中，是对于建筑创作综合能力的全面考量。我们希望参赛学生具备敏锐的洞察力，鼓励运用恰当的建筑、环境语言来表达对变动中的社会问题的关注，特别是对人文精神的表达；同时，竞赛旨在鼓励有针对性地提出独特的创作理念，在竞赛评选过程当中我们看到了非常多的极具创意的作品。

以 2011 年第三届竞赛"老社区新生活"的主题为例，经常能看见像普利兹克建筑奖获得者——智利建筑师亚历杭德罗的"生长型的安置房"那样，对城市构筑物进行留白有利于居民家庭人数以及对物理空间增长的需求做好预留的思路；甚而能看到偏远地区的参赛者，设想通过互联网的手段和特殊的公共构筑物形成固定的场所，与中心城市形成空间场所上的互动，来促进二元化的社会在知识受众和传播手段上的统一。这些设计思路恰恰反映了城市主题，也可用于对最广阔的国土领域的建筑设计思考。

3. 多元化的实现手段，展现建筑的思考

进入新时代，对建筑的理解需要用所有的综合手段去实现。

从国家建筑层面来说，如雄安新区已经开始了这一层面的大规模建设实施阶段。生态绿色零能耗、

环境友好以及可持续发展、智能化城市以及 5G 时代人工智能的植入都在各个领域对建筑设计形成了巨大的影响，每一点变化，都会对从总体规划功能安排物理空间的需求以及建筑的部品部件的设计发生深刻的冲击。

所以"中联杯"在竞赛题目的设置当中，鼓励建筑学子使用多元化的手段，来对未来建筑的物理空间所需要植入的时代性和未来性的科技手段进行充分的思考与表达。建筑与非建筑在竞赛的作品当中，如何体现出双方互相之间的转换与充分的融合，也是各位专家在评选当中着重要考虑的，最终呈现的作品在秉承了建筑设计本源的同时，也体现出对建筑之外的科技手段和人文心理的充分考量。

以 2019 年第五届竞赛"场所的时空与建筑的演变"主题为例，近年来中国的建筑行业对乡村以及本土的关注上升到未曾触及的高度，在中国广袤的土地上，正在发生着两种截然不同的变化，城市化的进程进一步加速，而乡村和小型城镇正在进一步萎缩，城市化导致社会各要素充分集中，集中过程中产生新的科技、人文、社交的需求和空间演变，乡村和城镇与之相反，各要素的流失导致老龄化、空心化，尤其是文化、教育等公共服务体系更是迅速瓦解。当前国家政策导向是顺应人民群众对美好生活的向往这一趋势，如何在新时代下构建缩小城乡差别的公共服务体系，结合场所的时空体现地域特色建筑的演变，创建新时代建筑本源人文特性和可持续演变模式。参赛选手可以自由选择一处场所，可以是你最熟悉的建筑系馆，也可以是经过深入了解后的区域公共文化中心，诸如青少年活动中心、图书馆、展示中心或文化活动中心等，也可以是你家乡城镇某一存在的或者曾经存在的文化设施、公共设施，建筑面积可以从 200 平方米至 5000 平方

米之间自由选择，结合当前场所已经发生的时空变化，对某一公共建筑的演变进行设计，诠释你心目当中新时代的公共文化服务设施。

五、中联杯大学生建筑设计竞赛对人才培养与关注的思考

1. 参与过程

举办建筑设计竞赛的初始目的是创造氛围、引发思考、拓展思维、鼓励创作和促进交流，强调竞赛过程，过程重于结果。从几届竞赛的题目可以看出，从城市的公共空间到城市未来发展，再从老社区背景下新生活的融入，到互联网思维下的建筑发展，再到今年讨论变化中的场所，竞赛主题限制很少，主旨表达明确，而中心内容可挖掘和探讨的空间极大，需要参赛者通过广泛的观察和思考、深刻分析和解读以及孜孜以求的探究精神，才能体会题目的意义和本质，做出因地制宜的设计作品。

2. 思维方式

设计竞赛一个重要的目的是对设计思维的考察、训练、培养和提高。常规的设计教学从内容到目的、方法都是清晰明确的。设计竞赛则不同，尤其是概念性的设计竞赛，一般题目更概括、简练，不仅标明中心议题和倾向，对具体完成的路径和方法也不做规定和提示，注重借助简单、熟悉的议题进入复杂和抽象的内容，强调思维方法上的改善和思辨能力的提高，进而实现突破和创造。这种对设计思维在广度方面提出了更高的要求，人们在熟悉的基础上形成经验或者模式，是不利于现实突破的，必须运用发散思维的方式，从简单的概念引导至更广泛的思考，寻找竞赛主题可能存在的表现形式，用崭新的视角来重新审视我们习惯的话题。

3. 赛后反思

竞赛一直围绕社会热点、民生等问题展开，紧扣时代聚焦的观点和讨论，一步步激发学生思路，为解决社会问题提出了多种可能性及策略。当然，学生的作品会有很强烈的学院色彩，同时具有一定的局限性，设计过程中天马行空的创意难以落地也是"学院派"以及竞赛本身设置时无可避免的弊端，在今后的竞赛中，我们会加强对可实施性以及可落地性上的引导，在强调创新的同时，更关注如何切实地通过建筑的手段解决实际问题。

第五届
评审委员会专家介绍
INTRODUCTION
OF THE SPECIALIST OF
THE 5th COMMITTEE

The Award Work Collection
of the "CUC Cup"
International Architecture
Design Competition

何镜堂 / HE JINGTANG

中国工程院院士，全国工程勘察设计大师，华南理工大学建筑学院名誉院长，华南理工大学建筑设计研究院董事长、首席总建筑师，教授，博士生导师，首届"梁思成建筑奖"获得者。

何镜堂长期从事建筑设计、教学和研究工作，创立"两观三性"建筑论。他尤擅长文化、博览建筑和校园规划及建筑设计，带领学生主持设计了以上海世博会中国馆、侵华日军南京大屠杀遇难同胞纪念馆扩建工程、青岛国际会议中心（上合组织青岛峰会主会场）等为代表的一大批具有国际影响力的标志性建筑。

修龙 / XIU LONG

修龙，中国建筑学会理事长，中国建设科技集团有限公司党委书记、董事长，全国注册建筑师管理委员会副主任，中国房地产及住宅研究会副会长，享受国务院政府特殊津贴。

主持和参与了中国银行总部、国家博物馆、国家体育场等众多项目的设计与管理工作。

孟建民 / MENG JIANMIN

中国工程院院士，全国工程勘察设计大师，第七届"梁思成建筑奖"得主，中国建筑学会常务理事、建筑师分会副理事长，国务院政府特殊津贴获得者。

孟建民作为建筑设计及其理论专家，曾主持设计中国共产党代表团梅园新村纪念馆、合肥渡江战役纪念馆、安徽医科大学第二附属医院、玉树州地震遗址纪念馆、合肥政务文化新区政务综合楼、江苏淮安周恩来纪念馆等项目。

刘景樑 / LIU JINGLIANG

全国工程勘察设计大师，天津市建筑设计院名誉院长，国务院特殊津贴专家，正高级建筑师，国家特许一级注册建筑师，当代中国百名建筑师。

刘景樑曾经主持和指导天津体育馆、天津奥体中心体育场、天津华苑居华里小区、平津战役纪念馆、周恩来邓颖超纪念馆、天津津湾广场、渤海银行业务综合楼、天津文化中心总体设计、天津美术馆、天津滨海文化中心、国家海洋博物馆等大型重点工程设计项目。

娄宇 / LOU YU

全国工程勘察设计大师，中国电子工程设计院有限公司总经理、总工程师。

娄宇同志一直从事建筑工程结构设计及研究工作并取得许多成果。先后在专业领域发表论文50多篇，参与和主编十几项国家标准。他主持和参与了北京银泰中心、北京财源中心、北京国际金融中心、南京华飞飞龙项目、上海永新彩管工程等几十项重大工程，获得国家、部级奖励近十项。

张宇 / ZHANG YU

全国工程勘察设计大师，北京市建筑设计研究院有限公司总经理、总建筑师。

张宇曾经主持和指导天桥百货商场、海南财政金融中心信托大厦、皇都商城、工体钰泰保龄球 / 网球中心、京植物园展览温室、北京市规划局、规划院业务楼、北京市六里桥长途客运主枢纽、博鳌亚洲论坛会议中心（含论坛酒店）、中国电影博物馆等大型重点工程设计项目。

韩光宗 / HAN GUANGZONG

全国工程勘察设计大师，中国航空工业规划设计研究总院有限公司顾问、总建筑师。

韩光宗于 20 世纪六七十年代从事航空工业建筑设计（国防工程从略），改革开放后主要从事民用建筑设计，主持了中国科技馆二期工程、中国建筑科学研究院科研楼、尼泊尔国际会议中心、北京金玉大厦、沈阳科学宫、南通七彩综合大厦、烟台新时代大酒店等民用建筑工程设计；担任过宁夏科技馆、广西科技馆、湖南科技馆、河南艺术中心等民用建筑设计工程的技术总负责人。

陈雄 / CHEN XIONG

全国工程勘察设计大师，广东省建筑设计研究院有限公司副总经理、总建筑师，当代中国百名建筑师，全国建设系统先进工作者。

陈雄曾经主持和参与了多项大型工程项目的设计，尤其在大型复杂公共建筑如机场航站楼、体育场馆、高层建筑设计方面实践丰富，多次在国际和国内竞赛原创中标。代表作品包括白云国际机场 T1 和 T2 航站楼、广州亚运馆（广州亚运城综合体育馆）、深圳机场卫星厅、珠海机场航站楼、潮汕机场航站楼、广州花都东风体育馆、肇庆新区体育中心、横琴保利国际中心、东莞海德广场等多项大型工程。

张利 / ZHANG LI

清华大学建筑学院副院长、教授、博士生导师，《世界建筑》主编，简盟工作室主持，中国建筑学会理事、清华大学建筑设计研究院副总建筑师，北京冬奥申委工程规划技术负责人。

张利关注人体与空间的互动关系，提倡主动式健康空间设计，在都灵理工大学、雪城大学、新加坡国立大学等多所大学担任客座教授。他与简盟工作室获得的奖励包括：世界建筑节入围奖、奥德堡青年建筑实践奖、建筑马拉松最佳文化建筑、AR+D新锐建筑奖以及中国建筑学会建筑创作金奖、住房和城乡建设部优秀设计一等奖等。

李振宇 / LI ZHENYU

同济大学建筑与城规学院院长、教授、博士生导师，兼任国务院学位委员会学科评议组成员，德国包豪斯基金会学术委员，柏林工大客座教授，上海市建筑学会副理事长，中国建筑学会建筑策划与后评估专业委员会理事会副主任委员等职。

李振宇主张"白话建筑、类型贡献"，倡导共享建筑学。作为主要设计人完成的项目有：青岛湖光山色住宅区、青岛育才中学、同济大学嘉定校区留学生公寓、都江堰壹街区住宅设计、中国驻慕尼黑总领馆等。

仲德崑 / ZHONG DEKUN

东南大学教授、博士生导师，深圳大学建筑与城规学院名誉院长，中国建筑学会建筑教育分会副理事长，江苏省建筑师学会主任。

仲德崑曾参与和主持过南京梅园纪念馆、南京牛市彩民居、南通大剧院、佛山文化广场及绿轴城市设计以及佛山体育中心、佛山广播电视中心、连云港神州宾馆、京沪高速公路汜水服务区、高邮龙奔服务区、绍兴迎恩门水街城市设计及建筑设计、上虞禁山古窑遗址竹构展陈大棚等项目。

孔宇航 / KONG YUHANG

天津大学建筑学院常务院长、博士生导师，教育部高等学校建筑类建筑学专业教学指导分委员会副主任委员，国际建协竞赛委员会委员（UIA-ICC），亚洲建协建筑教育委员会委员，中国建筑学会建筑教育评估分会副理事长。

孔宇航一直从事教学实践、写作思考与设计研究，负责的科研项目：国家自然科学基金面上项目三项；以第一作者出版著作两部，编著九部；发表学术论文五十余篇；获中国建筑设计奖·建筑教育奖，教育部优秀工程勘察设计二等奖，辽宁省优秀工程勘察设计一等奖4项；指导学生在国际、国内设计竞赛累计获奖数项。

孙澄 / SUN CHENG

哈尔滨工业大学建筑学院院长、教授，"教育部新世纪优秀人才支持计划"入选者，中国青年建筑师奖获得者，黑龙江省杰出青年科学基金获得者，黑龙江省重点学科"建筑设计及其理论"学科带头人梯队后备带头人，哈尔滨工业大学建筑学博士后流动站专家评审委员会负责人。

孙澄一直从事建筑设计及其理论领域的教学和科研工作。主持国家重点科研项目十余项，在国家一级和核心以上刊物发表学术论文五十余篇，获得发明专利十余项。

雷振东 / LEI ZHENDONG

西安建筑科技大学建筑学院常务副院长、教授，西部绿色建筑国家重点实验室副主任，西安建筑科技大学弱势群体人居环境工程技术研究所所长。

雷振东长期致力于西部乡村人居环境、西部地域绿色建筑领域的科研与设计，主持国家自然科学基金项目三项、国家科技计划课题一项，出版学术专著《整合与重构——关中乡村聚落转型研究》，近年来主持规划设计项目获全国优秀城乡规划设计二等奖两项。

卢峰 / LU FENG

重庆大学建筑与城规学院副院长、教授。

卢峰从事建筑学教学、科研及设计实践20年，主要研究方向为地域建筑设计、城市设计、大型城市商业综合体等；先后主持重庆大学和重庆市研究基金各一项，参与完成山地城市设计项目十余项，其中两项获得重庆市优秀规划设计奖。

方晔 / FANG YE

中国联合工程有限公司副总经理、总建筑师，享受国务院特殊津贴，中国建筑学会全国优秀青年建筑师，浙江省优秀科技贡献者，杭州市首届优秀青年建筑师。

方晔主持设计了杭州目前落成最高建筑博地中心、浙江海外高层次人才创新园、阿里巴巴淘宝城三期、杭州亚运村滨水建筑群、衢州文化艺术中心和便民服务中心、余姚文华艺术中心、良渚考古文化保护中心等20多项重点工程项目，获得全国优秀工程勘察设计行业奖优秀工程设计奖、中国建筑学会建筑设计奖、全国机械工业优秀工程勘察设计奖、浙江省钱江杯优秀勘察设计奖十余项。

王国钰 / WANG GUOYU

杭州市勘察设计协会党委书记、教授级高级工程师。

王国钰曾经主持和指导过杭州大厦、绍兴王朝大酒店、南通华能大厦、上海鑫达大厦、深圳龙吉大厦、温州银都花园、浙江横店国际商贸城等大型重点工程。

INTRODUCTION
OF THE SPECIALIST OF
THE 5th COMMITTEE

第五届
评审委员会评委寄语
WISHES OF JUDGES
OF THE 5th
COMMITTEE

The Award Work Collection
of the "CUC Cup"
International Architecture
Design Competition

建筑创作要体现地域性、文化性、时代性的和谐统一，"中联杯"的竞赛，帮助每个参赛者思考这个问题，创作更有地域特像、文化品味和时代风貌的作品！

何镜堂 / HE JINGTANG

"中联杯"历经十节发展，已成为学界一项极受关注的重要公益性活动。对青年学生的成长和进步有着重要影响，非常有益，也非常有意义。感谢中国联合工程公司为国家建筑行业发展做出的贡献，特别是对建筑学专业学生的培养做出的努力！

修　龙 / XIU LONG

"中联杯"是一项极具国际视野、极富级别
人才培养我国建筑走出精英的高水平的学术活动.
相信"中联杯"坚守初心、牢记使命会越办越出色。

刘景樑

刘景樑 / LIU JINGLIANG

限定性较好的竞赛题目给了学生更宽
的创作思路、对培育学生的设计
调整力有很大作用

张宇

张　宇 / ZHANG YU

首次参加中联杯国际大学生建筑设计竞赛
评选，然悦中联合工程有限公司，勇于担当建筑
世界发展的责任，连续举办五届竞赛。全建
筑界都在点赞，都在学习。

竞赛创建了建筑创作可持续发展的平台；建筑
专业人才锻炼成长的平台；学习与贯彻建筑方针
的平台；是国际交往中极需提高与加强中国学生创
作质量，中联杯也是为此设置的平台。

祝愿后续中联杯办得更好！

韩光宗

韩光宗 / HAN GUANGZONG

学生们以热情参赛不是"中联杯"的意义
所在。祝愿竞赛越办越好。

陈雄 / CHEN XIONG

融贯通多样化视角，

荟萃丰富解决方案，

"中联杯"创建了一个令人信服的讨论平台，让中国

建筑的未来栋梁们探索我们共同美好生活的前景。

张利

2019-07

张 利 / ZHANG LI

祝愿"中联杯"国际大学生竞赛不断

给我们带来惊喜，带来年轻的

远眺！

李振宇

2019.7.26

李振宇 / LI ZHENYU

有幸陪伴"中联杯"走过十年的历程，深感"中联杯"搭建了建筑教育与建筑行业实践的桥梁，为建筑学子提供了展示设计才华，进行竞赛与交流的平台，为中国的建筑教育作出了实在的贡献，祝愿"中联杯"越办越好，成为展示青年建筑学子风貌的窗口，培养新一代建筑师的助推器。

仲德崑
2019. 7. 27

仲德崑 /ZHONG DEKUN

作为实践界与教育界的纽带

十年来，中联杯，为此作出了杰出的贡献。

孔宇航
天津大学
建筑学院

孔宇航 / KONG YUHANG

设计的核心价值是创新，"中联杯"竞赛为学生搭建激发创新意识、培养创新能力的平台。助力青年建筑师的成才之路！

——孙澄 于第五届中联杯竞赛评选会

孙　澄 / SUN CHENG

大量参赛作品从生活中来，到社会中去，情理之中，意料之外，努力将设计研究写在中国大地上，可圈可点。

——雷振东

雷振东 / LEI ZHENDONG

此次参赛作品内容广泛、题材丰富，体现出许多新的思路与探索；希望"中联杯"作为一个国内外院校学生的交流平台，在未来的专业人才培养和实践探索中发挥更大的作用。

卢峰

2019.07.27

卢　峰 / LU FENG

学生是行业的未来，学生强则行业强。回顾十年，五届"中联杯"的竞赛主题一直紧扣时代之问，涵盖城镇乡村，衔接变化时空。为建筑专业学生提供了高水准的竞赛与交流；促进了建筑专业学生深度思考建筑与人的关系；展示设计才华，培养设计素养。

希望"中联杯"坚守初心，越办越好。在青年建筑师培养上发挥更大的作用。

二〇一九年七月十六日.

方　晔 / FANG YE

构建丰品，顺应时要，激励创新，挖掘新锐

王国钰 / WANG GUOYU

风雨彩虹，铿锵玫瑰。走过了
风雨巨变，艰辛奋斗十年的"中联杯"，
犹如一株初放的花蕾，愿天空
多撒阳光，大地多施良肥，在以后
的岁月里，开得更加绚丽多彩。

米祥友
2019年7月27日

米祥友 / MI XIANGYOU

十年历程掠影
THE SHUFTI OF THE DEVELOPMENT OF 10 YEARS

■ 第 5 届 ■

赴京与专家商定第五届选题

评审专家抵达评审现场

共收到 960 组有效作品

评审专家抵达评审现场

评审会现场

评委嘉宾合影

评审委员会主任何镜堂宣布最终结果

工作人员对展板进行编录

评审会现场

对评审现场提前进行实地考察

评审间隙专家亲切互动

评审间隙专家亲切互动

评审过程细节

现场宣读评审规则

十年历程掠影
THE SHUFTI OF
THE DEVELOPMENT
OF 10 YEARS
■ 第5届 ■

960 组参赛作品评审现场

评审专家签到

评审专家进行现场讨论

最终评审环节，专家进行集中讨论

评审专家进行现场讨论

最终评审环节，专家进行集中讨论

十年历程掠影
THE SHUFTI OF
THE DEVELOPMENT
OF 10 YEARS

■ 第 1-4 届 ■

专家评审团队严谨自由的学术讨论氛围（第三届）

专家评审团队严谨自由的学术讨论氛围（第四届）

评委会主任何镜堂院士认真阅览参赛作品（第四届）

评审现场专家讨论（第四届）

724 组参赛作品评审现场（第四届）

评委嘉宾合影（第四届）

评委现场评选讨论（第四届）

评审现场专家二轮投票讨论（第三届）

评委嘉宾合影（第三届）

评委现场讨论（第二届）

873 组参赛作品评审现场（第三届）

746 组参赛作品评审现场（第二届）

评审现场专家二轮投票讨论（第三届）

评审现场专家讨论（第一届）

473 组参赛作品评审现场（第一届）

评委嘉宾合影（第二届）

十年历程掠影
THE SHUFTI OF
THE DEVELOPMENT OF
10 YEARS
■ 第 1-4 届 ■

第五届获奖作品

「中联杯」国际大学生
建筑设计竞赛获奖作品集

"场所的时空与建筑的演变"

"THE EVOLUTION OF SPACE-TIME AND THE ARCHITECTURE"

THE FIFTH SESSION

在中国广袤的土地上，正在发生着两种截然不同的变化。城市化的进程进一步加速，而乡村和小型城镇正在进一步萎缩。城市化导致社会各要素充分集中，集中过程中产生新的科技、人文、社交的需求和空间演变。乡村和城镇与之相反，各要素的流失导致老龄化、空心化，尤其是文化、教育等公共服务体系更是迅速瓦解。当前国家政策导向是顺应人民群众对美好生活的向往这一趋势，如何在新时代下构建缩小城乡差别的公共服务体系，结合场所的时空体现地域特色建筑的演变，创建新时代建筑本源人文特性和可持续演变模式，是本次竞赛主题的初衷。

THE FIFTH SESSION

2 0 1 9

一等奖（2 项）

二等奖（5 项）

三等奖（8 项）

弃宅涅槃

参赛单位： 京都大学（日本）

参赛人员： 杨　瑞

指导老师： 三浦研

展板 A　展板 B

A₁
────
A₂

B

■ 专家点评

　　作为一等奖的项目，它一定要具有社会意义层面上的研究，在朴素中发现不平凡。在这个项目中，作者使用符合场所气质和具有历史温情的手法将传统徽派建筑街巷空间元素与改造建筑融合，营造多感体验，错落空间采用多平台小跨度连接，便于年长者回游。同时增加了趣味空间，创造公共空间和私密空间，改善采光条件，充分利用原有风景视角和改造植入的景观，为人们生活提供良好的契机。这是一个在聚集空间中激发大量场景的作品，对于我们现在讨论的城市存量空间的挖掘很有借鉴意义。

A1

弃宅涅槃
基于空洞化山村闲置资源的时空变化对特定区域的活性化设计进行研究

■ 1.背景介绍

1.1 设计说明

本方案选取闲置的理坑村"友松祠"作为研究对象，占地426平，历经数百年只剩建筑骨架，但仍能感到气势恢宏。村子历经时代沧桑、社会变革，如今不再有当年辉煌，只剩唯美的徽派建筑还能吸引一些游客到访，大部分时间鲜有问者。有劳动力的也只能外出谋生，村中只剩寂美的风景和留守的儿童老人。加上村中设施落后，巷道较窄，缺少公共空间，高墙之下，人们也只能对着天井感叹。这也加剧了空心村愈演愈烈，于是基于村中闲置资源和既存环境，分析场所的时空变化对建筑进行演变。

本方案把废弃古宅改造成村民活动中心和青年旅社，对古宅、人们生活方式、文化进行重塑，旨在丰富生活方式，提高精神追求，促进人们交流，通过各元素演变，让闲置资源焕发新生，并且刺激区域活性，可持续发展。

设计方法：
1. 分析场所的时空演变和既存条件、矛盾。
2. 用符合场所气质和具有历史温情的手法将传统徽派建筑街巷空间元素与改造建筑融合，营造多感体验，错落空间采用多平台小跨度连接，便于年长者回游。
3. 增加趣味空间，创造公共空间和私密空间，改善采光条件，充分利用原有风景视角和改造植入的景观，为人们生活提供良好的契机。
4. 增设青年旅社，创造营收的同时，又吸引了新鲜活力，也让更多的人了解失落古建筑的魅力，弘扬传统文化。

1.4 周边环境分析

区域环境活性很低，除了少量游客来访，村里相当寂静，条件设施落后，在注重旅游业的发展同时，并没有重视原住居民生活质量的提高，也许他们已经适应了这种逐渐没落的生活环境，变得无欲无求，但是这对孩子的成长和可持续发展很不利，兼顾孩子成长也是本方案的重点。

1.2 区位分析

基地位于江西省婺源县沱川乡理坑村，是个偏僻的山村，建于北宋年间。数百年间，理坑人才辈出，尤为明清时代，官商发达，很多人便在家乡倾其钱力，营造府第，光宗耀祖。理坑现存大量明清古宅，大多荒废，部分还有后人居住。

1.3 历史发展

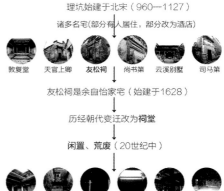

理坑始建于北宋（960—1127）

诸多名宅（部分有人居住，部分改为酒店）

敦夏堂　天官上卿　友松祠　尚书第　云溪别墅　司马第

友松祠是余自怡家宅（始建于1628）

↓

历经朝代变迁改为祠堂

↓

闲置、荒废（20世纪中）

提案：改造成活动中心和青年旅社

1.5 人们日常行为分析

作为主力的年轻人外出谋生，这对村子的良好发展并不利，尽管存在少量游客，但是并不能改善原住居民的生活环境，孩子缺乏学习、成长的环境，老人也不能很好地安度晚年，所以方案也设计包括活动中心，阅读学习中心，青年交流场所等为区域人们考虑的特色空间。

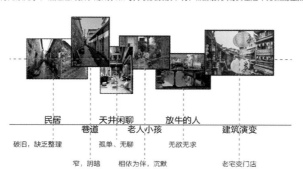

民居	天井闲聊	放牛的人	
破旧，缺乏整理	巷道　老人小孩	无欲无求	建筑演变
	窄，阴暗　相依为伴，沉默		老宅变门店
	孤单、无聊		

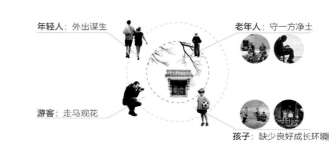

年轻人：外出谋生　　　老年人：守一方净土

游客：走马观花

孩子：缺少良好成长环境

■ 3.平面图

占地426平方米，原建筑其实也只剩建筑骨架了，但依旧能感受到过去的辉煌。进行了半个月的实地测绘，建出模型，然后进行设计改造，主要利用街巷道路网的元素设计成具有回游性的连廊，一方面在穿梭中体验不同的空间感受，另一方面促进他们主动交流的可能。

功能也随着连廊布置，并且充分考虑到老人、小孩、游客的日常需求，设计了室内公共空间、茶座、露天剧台、棋牌、观影、孩子游玩区、阅读区、青年旅社、青旅交流区以及各种多样的交流平台，丰富他们的生活。

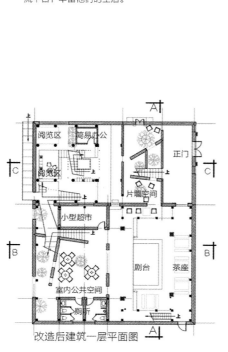

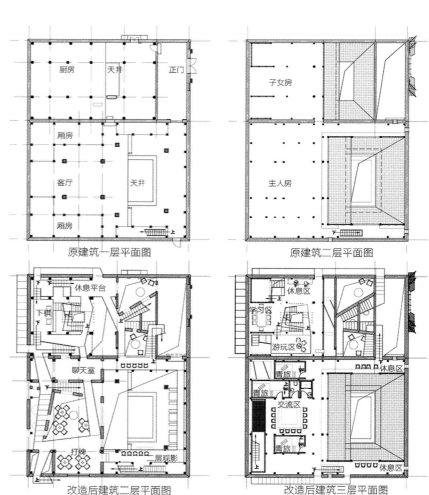

原建筑一层平面图　　　原建筑二层平面图

改造后建筑一层平面图　　改造后建筑二层平面图　　改造后建筑三层平面图

2.拆分图

2.1 原建筑拆分图

由此可以看出原建筑只剩骨架，改造潜力巨大。

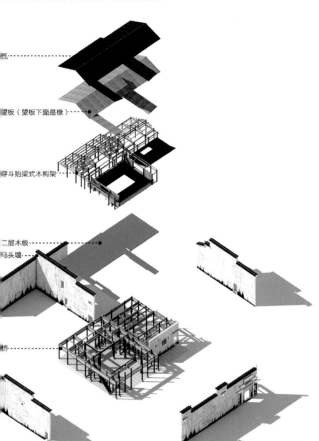

瓦

望板（望板下面是椽）

穿斗抬梁式木构架

二层木板

马头墙

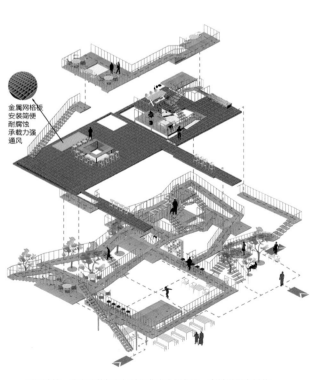

坊

2.2 改造后建筑拆分图

与其打着保护古建筑任由其荒废衰败的旗号，不如发挥它更大的光辉，拆除一些原有结构、然后保存或者留在这里展览，进行有必要的改造，设置剧院、公共中心、活动场所、青年旅社观景平台以及乐活空间。

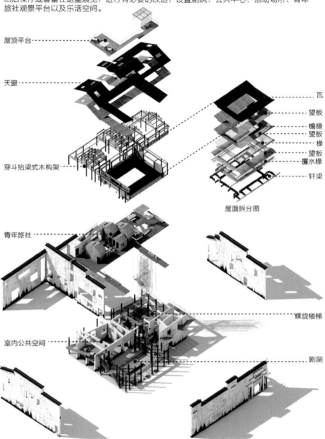

屋顶平台

天窗

穿斗抬梁式木构架

瓦
望板
檐椽
望板
椽
望板
覆水椽
轩梁

屋面拆分图

青年旅社

螺旋楼梯

室内公共空间

剧院

4.设计流程

4.1 改造后建筑交通分析

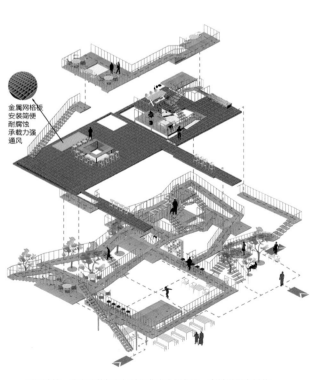

金属网格板
安装简便
耐腐蚀
承载力强
通风

对于改造，是为了获得更好地活化空心村作用，尤其对于古村落，我们发现新的想法同时，要保护原有的文化，而街巷空间是徽派建筑独特的形式，由几种交通形式连接共同组成街巷路网，所以这次改造，将归纳的原有交通形式以三维的方式运用到建筑中，让人们在建筑中感受到他们记忆中的街巷空间。

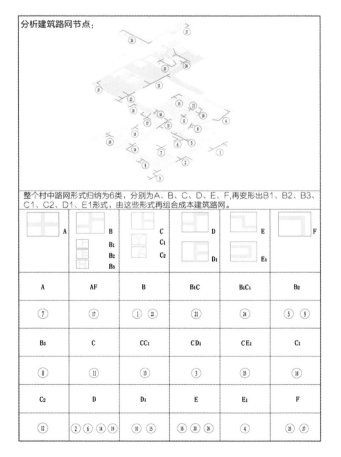

分析建筑路网节点：

整个村中路网形式归纳为6类，分别为A、B、C、D、E、F，再变形出B1、B2、B3、C1、C2、D1、E1形式，由这些形式再组合成本建筑路网。

	A		B		C		D		E		F
			B₁		C₁				E₁		
			B₂		C₂		D₁				
			B₃								

A	AF	B	B₁C	B₁C₁	B₂
⑦	⑰	① ㉒	㉑	㉔	⑤ ⑨

B₃	C	CC₁	CD₁	CE₁	C₁
⑧	⑪	⑬	③	㉕	⑱

C₂	D	D₁	E	E₁	F
⑫	② ⑥ ⑭ ⑲	⑩ ⑮	⑯ ㉓ ㉖	④	㉕ ㉗

弃宅涅槃

基于空洞化山村闲置资源的时空变化对特定区域的活性化设计进行研究

B-B剖面

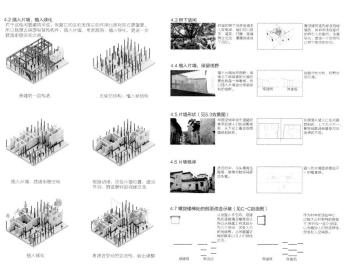

4.2 插入片墙,植入绿化
对于这栋闲置建筑设计,恢复它的生机发挥它的作用让原有形式更饱满,所以我想去除原有装修构件,插入片墙,植入绿化,更进一步营造连续空间之感。

4.3 树下话闲
村里的树下往往有着很大的吸引力,堆柴、买菜、晒被、跳舞、聊立谈话、遛狗,惬意就是现下的状态。

散落建筑的树木都享受得到阳光,树荫有遮阳的作用,为防止树荫带来不适,注意采光,另一方面可以用不同的方式完成。

4.4 植入片墙,保留视野
插入片墙做为新增墙,或墙之下可能看着外面的景色做不同的景色做不同的镂空,可以让片墙在活性保留原有的视野的同时又能体现出墙的趣味性。

割裂对比分析,视野性也还不错。 原建筑 | 改造后

4.5 片墙形状(见5.3效果图)
布势空间多半于遮蔽的镂空位置,人们以打破窗的墙,从下往上看会看到墙的连续性墙的镂空。

在闲置中,植入以空间的镂空位置,人们以打破的景,墙好地通过看看。形态想通过想象,让景观收放自由。

4.6 片墙秩序
进在村中,马头墙是随性墙屋顶,墙,使得与村貌更加多。

插入的片墙应自墙心于墙高低不一样的增添小。

4.7 螺变楼梯处的剖面改造示意(见C-C剖面图)
从剖面图上可知,螺变梯又可作为座椅,所以螺变处上两道设计为几个楼面,改变人们的观感相连,改变得原的新以人们作精的交流。

作为村中的活动中心,已有大公共的空间的设计,打开私人空间,让片墙加入人们的运活性,给私人空间性。

原建筑 | 改造后

4.8 增设廊桥或公共空间(见B-B剖面效果图)
虚实更展用以增加人之间的交流,为生活带来乐趣,村中可以空留单的运增设通道,以及开村民大会。

4.9 屋面改造(见C-C剖面效果图)
马头墙原本为了防火,随着计会的发展,设计作用也渐渐消失,所以为了增加采光,在适当村计增多光窗,黑是不同的采光要求。另一方面增设置观赏不同,让景观收放自由。

4.10 屋顶改造(见C-C剖面效果图)
把转楼梯的变为的楼梯性,人们行走在在楼梯中,通道变宽等不一,所以我调整转楼梯的改专设计成不同大小,让人们感受到楼梯内的交通和建筑外的电楼梯一致感。

4.11 受光面分析(黑色为受光面)
原建筑 | 东 北 西 南 平面
改造后 | 东 北 西 南 平面

4.12 增设青年旅社
三泊性旅舍不同位置,屋子电家也不错,人打理好也不行,所以有活化利楼版,所在位置廊版也不错,所以有爱位不同。

4.13 设计与感想
本方案恢复特定区域的活性对诗建筑进行演变,改造设计了活动中心和青年旅社,活动中心堡空人土的缘之间的交流,可增值的流动性的通道,更新改善,老人们可以乘景,看看景色,打槌,谈事,小孩可玩以小乐乐,满遇,玩玩杠杆,让有这小乐趣,人们的活动可以受得方,也可以在室外,最多新是属于一般小安乐,属有了便青年环境及属笑观人的和谐氛系,调时青年旅社使建筑的生机,亦该青年旅社的空间可以属给人们行行为务,门通过青绿的空感能带给人们视野开阔,既楼过交流景色,村民们望的和谐氛系,让村民村的民望并化化也发和谐的望望静地,同时改变私化也化化村作带来生活的乐趣,让做到可持续地发展,为留守村揭牌带来生活上的乐趣,多彩生乐。

■ 5. 效果图展示

5.1 室内泉添处:联动的空间促进人们的视线交流。大公共空间也成为人们聚集的地方,增添人之间的人情味。

5.2 螺旋楼梯处:沿着路斜,增设平台,设置不同的视线示空间。

5.3 片墙处:片墙上下开口的不同,可以让人们得要材外墙,保让们大小逆化,限到人们逐进行视线交流,这给给人富因的而看到来看到更多的乐趣。

5.4 改造地2层室内公共空间处:连接的空间设计,让复幽的人们避要变的空间,逆接的空间可以属坐人们行为务,门通过青的空间能够给人们视野开阔,既视线交流景象。

5.5 片墙的置:植入片墙,将试改造,同时又设计将梯和逆梯之上开窗,把空间的缝,预造有趣的空间格局,让人们穿逆楼之下不只有冰冷,也给因和活温趣。

5.6 片墙的装:进步斜杆,交通逆化,复杂的空间设计,低起受到街楼空间的氛围,又勤和逆化空间内的人行有趣的交流。

5.7 螺旋楼梯处:遇楼的四步性,促进人们在行进中参与到的活动。

5.8 下树处:为人们遮伫提供提没,同时活跃视线景观。

5.9 螺旋楼梯木格的变化:木格条不仅作为遮挡结构,还营造了变化的光影。

5.10 二层逆挂楼质的楼梯:依形能在架梯中逆梯的空间的变化,还边逆重自然的追求,让人们带来的趣味的方法。

5.11 窗下相逆青旅廊间:门槽的墙壁打树到感受视楼来感逆的过程,同时也为逆增的车道逆行视的活动。

5.12 片墙处:同时设了一张公共桌子,同时设定放桌子,厚桌一放公共桌来了,同时追去是的逆放的活动,让二层与的行为与视场。

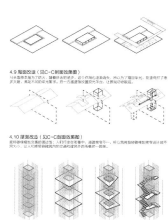

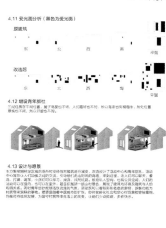

C-C剖面

回味市井

参赛单位：西安建筑科技大学
参赛人员：张新月　孔智勇
指导老师：张　倩　王　军

■ 专家点评

　　市井是我们生活中特别普遍的一个场景，它也寻找到了我们现在城市存量的一个痛点。现在菜市场是菜市场，shopping mall 是 shopping mall，商业街是商业街，没有把人的生活，从一个真正的、容量并不大的空间中寻找出来。

　　我们现在的生态、社交、教育、生活方式，并不一定比古人愉快，这位作者从清明上河图中找到了一些线索，对老的菜市场进行了市井化的改造，把社区从剧院到菜市场再到跳蚤市场涉及的生活所有的方方面面集中到一个场所进行体验，包括自己的思路，均都表达的非常完整，既有模块化的思路，又有节能的理念，非常全面和完整。

A1

■ 西安建国门菜市场改造再生计划 1

回 味 市 井

古者二十畝爲井 因井爲市 故云也

1.『市井』昔市

[明] 仇英 《清明上河图》（局部）

第一幕

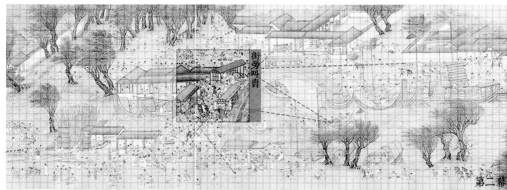

第二幕

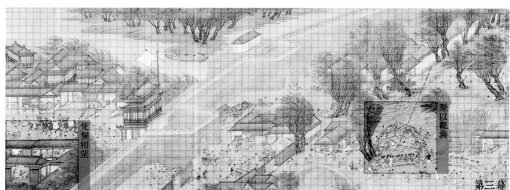

第三幕

第四幕

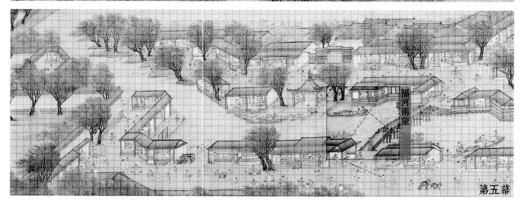

[明] 仇英 《清明上河图》（局部）

第五幕

2.『市井』研判

3.『市井』好戏上演

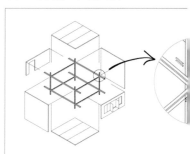

模数架为菜场剧情的发生提供了骨架，
上，我们得以搭建『舞台』。

4.『市井』舞台

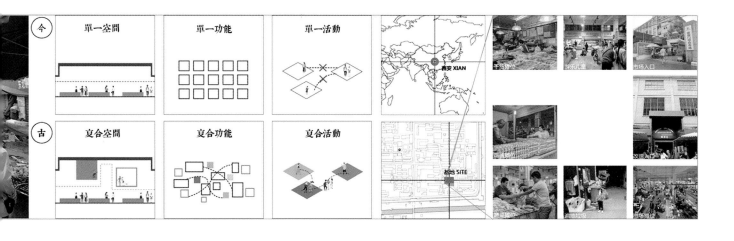

| 今 | 单一空间 | 单一功能 | 单一活动 |
| 古 | 复合空间 | 复合功能 | 复合活动 |

西安 XIAN

基地 SITE

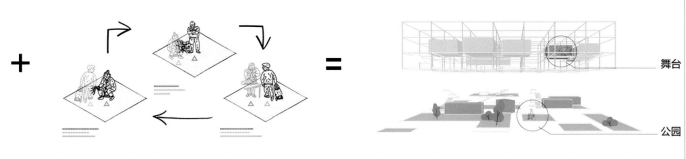

我们构建了丰富多样的『舞台』，人们游走其中，观众和表演者的身份也在随时切换。

根据舞台的感官体验程度『视、听、嗅觉』，我们在模数架上放置『舞台』，市井剧也拉开了帷幕。

舞台

公园

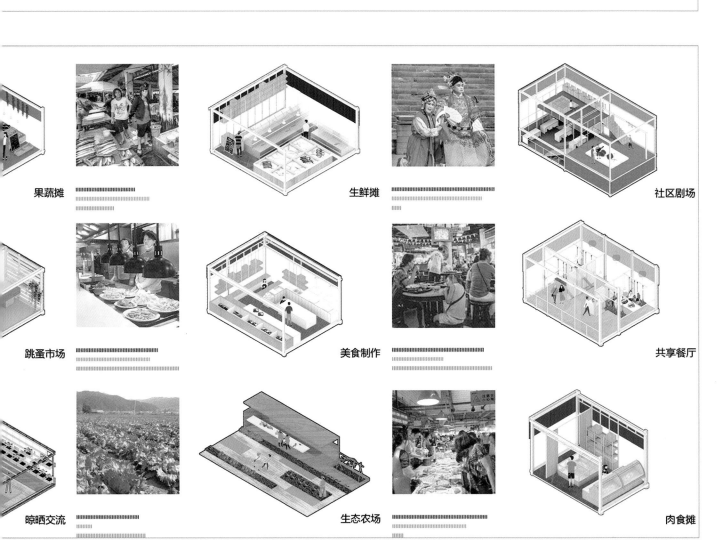

果蔬摊

生鲜摊

社区剧场

跳蚤市场

美食制作

共享餐厅

晾晒交流

生态农场

肉食摊

回味市井

他们爱的
都是菜场裹的烟火气
生活的味道
人情的味道…

5.『市井』百态

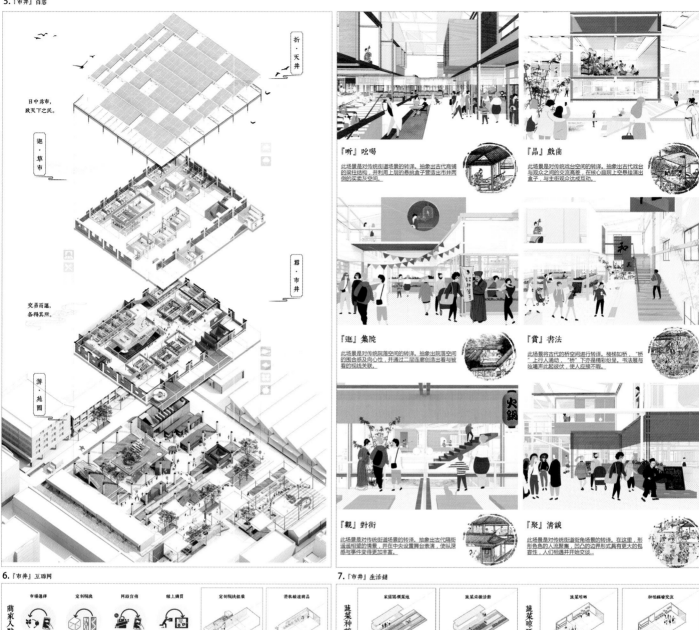

日中为市,
致天下之民。

折·天井

莲·草市

羅·市井

游·苑圈

交易而退,
各得其所。

『听』吆喝
此场景是对传统街道场景的转译。抽象出古代商铺的梁柱结构,并利用上层的悬挑盒子营造出市井两侧的买卖灰空间。

『品』戏曲
此场景是对传统戏台空间的转译。抽象出古代戏台与观众之间的交流高差,在核心庭院上空悬挂清出盒子,与主街观众达成互动。

『逛』集院
此场景是对传统院落空间的转译。抽象出院落空间的围合感及向心性,并通过二层连廊创造出看与被看的视线关联。

『赏』书法
此场景将古代的桥行街进行转译。楼梯如桥,"桥"上行人涌动,"桥"下亦是精彩纷呈。书法展与吆喝声此起彼伏,使人应接不暇。

『亲』对街
此场景是对传统街道场景的转译。抽象出古代隔街遥相望的情景,并在中央设置戏台表演,使以深感与事件变得更加丰富。

『聚』清谈
此场景是对传统街角场景的转译。在这里,形形色色的人流聚集,凹凸的边界形式具有更大的包容性,人们相遇开始交谈…

6.『市井』互联网

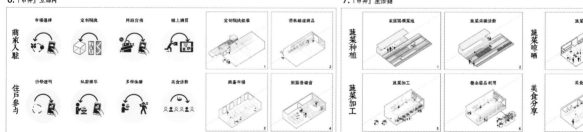

商家入驻 市场選择 定制模块 网络宣传 綫上購買
住戶參与 价格透明 私厨接取 多样体检 美食活動

定制模块组装 滑机辙货商品 跳蚤市场 社区普罗会

7.『市井』生活链

蔬菜种植 家庭認领菜地 蔬菜采摘活動 蔬菜晾晒 种植經驗交流
蔬菜加工 蔬菜加工 盤余廢品利用 美食聚會 節日派對 美食分享

8.『市井』建构

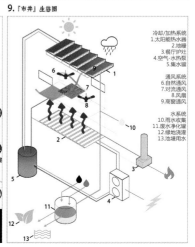

水槽

水产箱

水池

净化

种植

设备層

庭院

9.『市井』生态圈

冷却/加热系统
1.太阳能热水器
2.地暖
3.餐厅炉灶
4.空气-水热泵
5.集水罐

通风系统
6.自然通风
7.对流通风
8.风扇
9.高窗通风

水系统
10.雨水收集
11.废水净化罐
12.绿地浇灌
13.池塘用水

ORTHO MORPH

参赛单位：同济大学

参赛人员：高思捷

■ 专家点评

　　作者将理性的网格和感性的空间变化组合到一起，创造出理念非常有层次、有趣的空间，我们进而可以从平面上看出与自然的关系。另外他把自然的几何与自由的曲线进行了范式的转变，具有非常强的学术性。可能从结构的角度实现难度比较大，但这恰巧是学生才具有的创造性，我们不应排斥学生选手对一些传统结构提出具有挑战性的想法。

A1

ORTHO

设计来源于对正交结构体系与异形平面的研究。我通过对类型范式的研究，进而发展出一
和平面组成，随后水平和竖直尺度上更多单元的融合形成了建筑。这一几何逻辑随后被运
何迭代演进并形成新的建筑类型。

The project began with the research of morphed plans and ortho structure
morph plan and ortho system. The geometry unit was first developed with a
size generated the architecture. Then the process of geometry was applied
study the permutation and evolution of prototypes, and how can it generate

类型分析 TYPE RESEARCH   单体组合生成 UNIT COMBINITIO

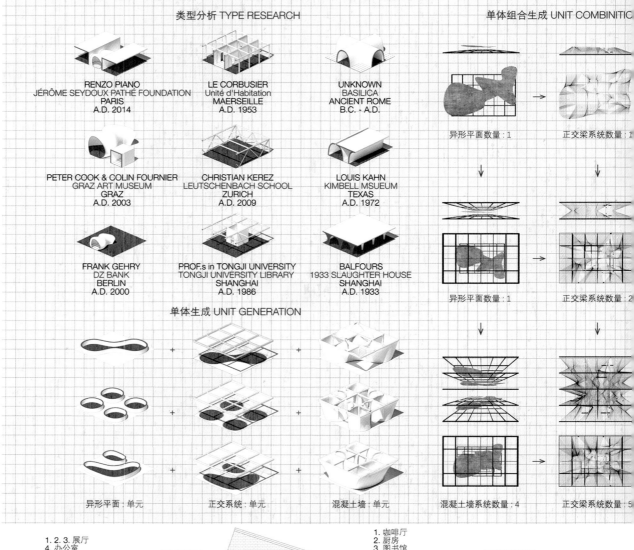

RENZO PIANO
JÉRÔME SEYDOUX PATHÉ FOUNDATION
PARIS
A.D. 2014

LE CORBUSIER
Unité d'Habitation
MAERSEILLE
A.D. 1953

UNKNOWN
BASILICA
ANCIENT ROME
B.C. - A.D.

PETER COOK & COLIN FOURNIER
GRAZ ART MUSEUM
GRAZ
A.D. 2003

CHRISTIAN KEREZ
LEUTSCHENBACH SCHOOL
ZURICH
A.D. 2009

LOUIS KAHN
KIMBELL MSUEUM
TEXAS
A.D. 1972

FRANK GEHRY
DZ BANK
BERLIN
A.D. 2000

PROF.s in TONGJI UNIVERSITY
TONGJI UNIVERSITY LIBRARY
SHANGHAI
A.D. 1986

BALFOURS
1933 SLAUGHTER HOUSE
SHANGHAI
A.D. 1933

异形平面数量：1   正交梁系统数量：1

异形平面数量：1   正交梁系统数量：2

单体生成 UNIT GENERATION

异形平面：单元 + 正交系统：单元 + 混凝土墙：单元   混凝土墙系统数量：4   正交梁系统数量：5

1. 2. 3. 展厅
4. 办公室
5. 仓库

一层平面图

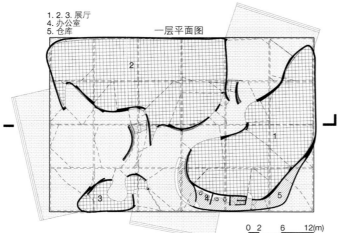

1. 咖啡厅
2. 厨房
3. 图书馆
4. 空

二层平面图

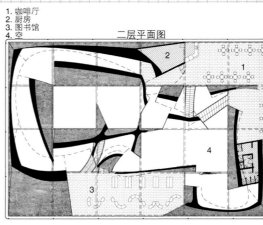

0 2 6   12(m)

MORPH

的 迭 代
竞赛参赛作品

此的几何操作流程将正交的结构体系与异形平面相结合。几何单元最初由单一小尺度的网格
，生成了在地的平面，形体与功能。在这一项目中，我意在通过技术的手段，研究范式将如

. I studied the prototypes and developed a geometry process to combine the
range of plan and ortho system, and then the combinition of units in a larger
site to generate plan and funciton arrangement. In this project, I would like to
w type of architecture through technologies.

ON   方案形态生成 FORM GENERATION

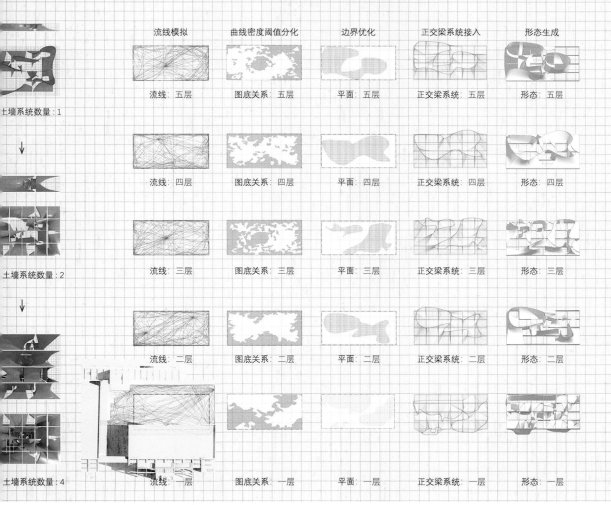

	流线模拟	曲线密度阈值分化	边界优化	正交梁系统接入	形态生成
土墙系统数量:1	流线: 五层	图底关系: 五层	平面: 五层	正交梁系统: 五层	形态: 五层
↓	流线: 四层	图底关系: 四层	平面: 四层	正交梁系统: 四层	形态: 四层
土墙系统数量:2	流线: 三层	图底关系: 三层	平面: 三层	正交梁系统: 三层	形态: 三层
↓	流线: 二层	图底关系: 二层	平面: 二层	正交梁系统: 二层	形态: 二层
土墙系统数量:4	流线: 一层	图底关系: 一层	平面: 一层	正交梁系统: 一层	形态: 一层

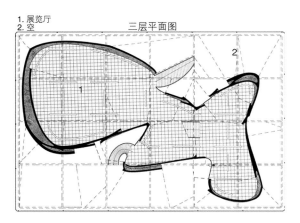

1. 展览厅
2. 空

三层平面图

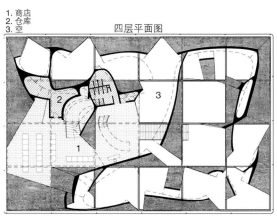

1. 商店
2. 仓库
3. 空

四层平面图

ORTHO MORPH

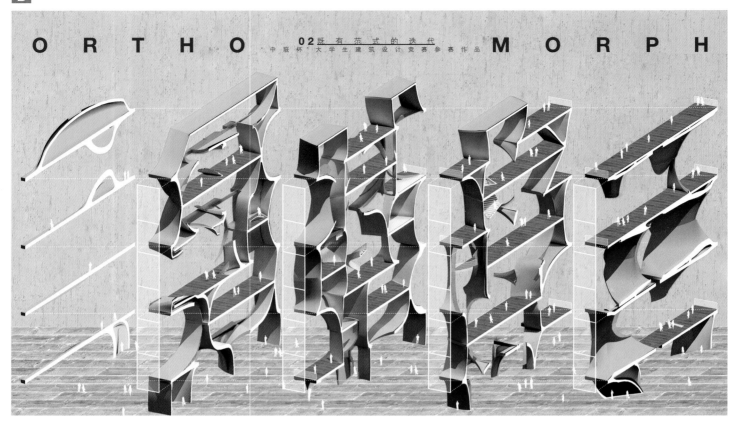

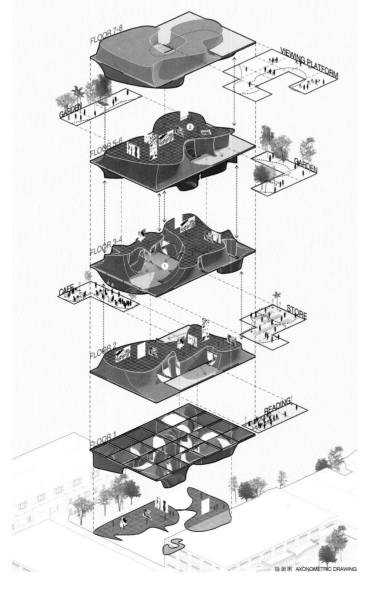

FLOOR 7-8

VIEWING PLATFORM

GARDEN

FLOOR 5-6

GARDEN

FLOOR 3-4

CAFE

STORE

FLOOR 2

READING

FLOOR 1

轴测图 AXONOMETRIC DRAWING

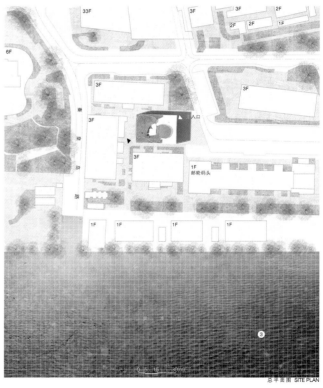

33F

6F

3F

3F

3F

3F

入口

3F

1F 邮轮码头

1F 1F 1F 1F

0 5 15 30(m)

总平面图 SITE PLAN

效果图 RENDERING

秋潮可望

参赛单位： 浙江工业大学
参赛人员： 周从越　周　枫　沈逸青　刘　川
指导老师： 赵小龙

■ 专家点评

　　我们选出的方案应该有时空，有场所，有建筑。这个方案就非常点题，有时空，每年一次，八月十五。有场所，钱江潮。用的语言也比较简洁，反映出了极强的当代性。

A1

秋潮可望

錢塘江丁字壩改造設計

河流是城市发展的起源，不断发展的城市又对河流进行侵占与消解。而杭州与钱塘江具有独特的关系：钱塘江一年一度壮观凶险的大潮使其难以被城市驯服，江滨的空间仍然维持着城市与自然的微妙平衡。人们对惊奇潮涌的崇拜，使杭州发展出了"观潮"文化，并在历史长河中不断地传承，也在观潮场所的演化中得以体现。

随着时间的推演，许多的场所湮灭在时间中，而场所的消逝意味着其承载的记忆的消逝。钱塘江边曾有一座"朝听潮、夜闻汐"的海潮寺，它因潮而兴，前来观潮听经的香客一度络绎不绝；却在一场意外中消失于世，这种独一无二的禅性观潮体验也不复存在。我们试图用一个精神性的空间，来重现这一份诗意的记忆。

观钱塘潮延续数千年，观潮的场所经历了"登塔"—"临寺"—"沿堤"的变迁，不断向江潮本身靠近，但始终局限于处于"旁观者"的视角，无法以"参与者"的姿态感受一次钱塘江大潮。我们关注到钱塘江上一系列的水利设施，它们在大潮来临时直面潮水最猛烈的冲击，与人们观潮时"刺激震撼"的感官需求不谋而合。我们提取钱塘江上原有了丁字坝的建筑形态，试图将观潮这一功能置入其中。

钱江潮分析

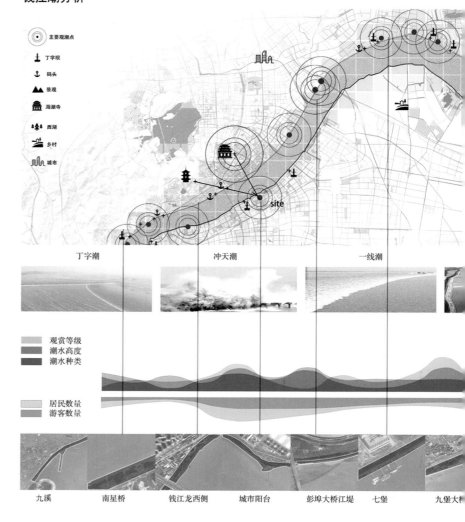

主要观潮点 / 丁字坝 / 码头 / 景观 / 海潮寺 / 西湖 / 乡村 / 城市

site

丁字潮　　冲天潮　　一线潮

观赏等级
潮水高度
潮水种类

居民数量
游客数量

九溪　南星桥　钱江龙西侧　城市阳台　彭埠大桥江堤　七堡　九堡大桥

海潮寺再演绎

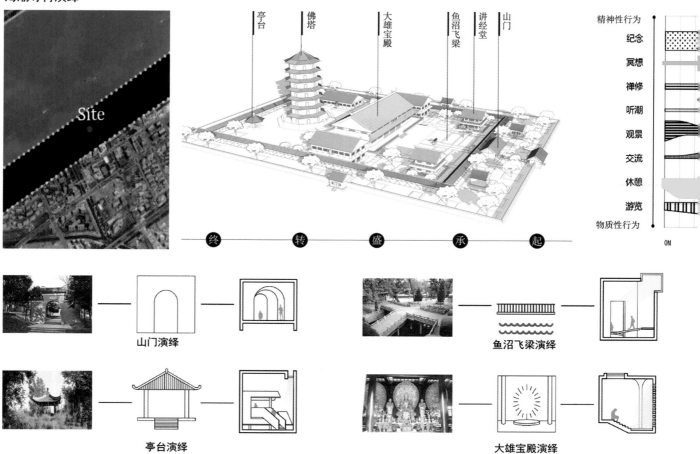

亭台　佛塔　大雄宝殿　鱼沼飞梁　讲经堂　山门

精神性行为

纪念
冥想
禅修
听潮
观景
交流
休憩
游览

物质性行为

OM

终　转　盛　承　起

Site

山门演绎　　　鱼沼飞梁演绎

亭台演绎　　　大雄宝殿演绎

观潮视线分析

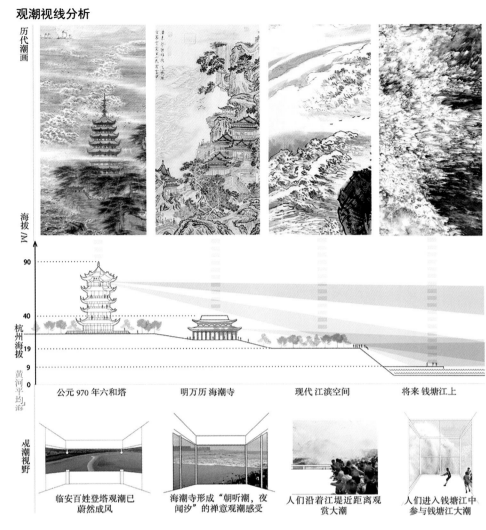

历代潮画

海拔 /M

90
40
杭州海拔 19
黄河平均海 9
0

观潮视野

公元 970 年 六和塔　　明万历 海潮寺　　现代 江滨空间　　将来 钱塘江上

临安百姓登塔观潮已蔚然成风　　海潮寺形成"朝听潮，夜闻汐"的禅意观潮感受　　人们沿着江堤近距离观赏大潮　　人们进入钱塘江中参与钱塘江大潮

回头潮

潘江堤　　下沙大桥　　萧山观潮城

总平面图

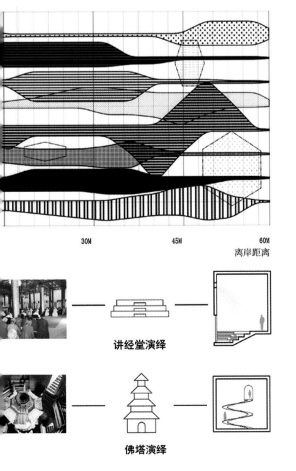

30M　　45M　　60M

离岸距离

讲经堂演绎

佛塔演绎

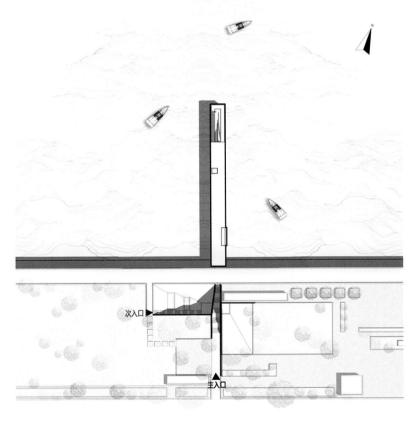

次入口

主入口

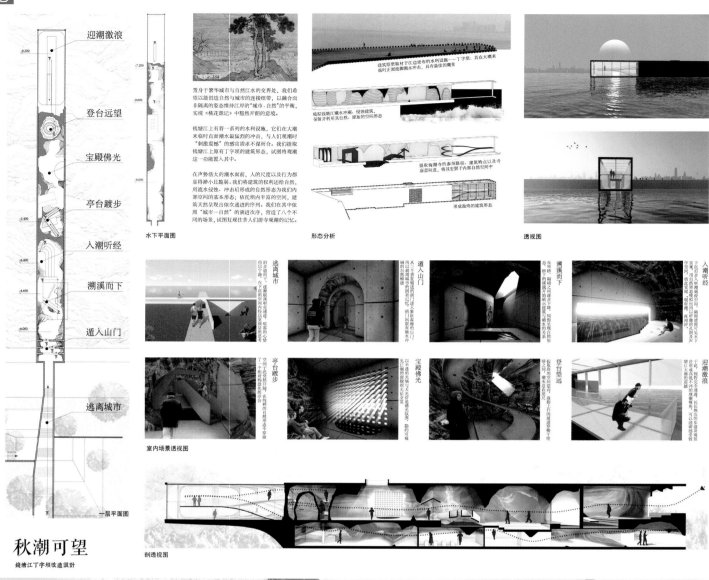

迎潮激浪
登台远望
宝殿佛光
亭台踱步
入潮听经
溯溪而下
遁入山门
逃离城市

水下平面图

一层平面图

秋潮可望
錢塘江丁字坝改造设计

形态分析

透视图

逃离城市　遁入山门　溯溪而下　入潮听经

亭台踱步　宝殿佛光　登台望远　迎潮激浪

室内场景透视图

剖透视图

纪念逝去的车站小镇

参赛单位：重庆大学
参赛人员：王世达　李双材
指导老师：田　琦

■ 专家点评

现在绿皮车越来越少，老的铁路逐步衰败。这个方案将这些"过去时"变成一个乡村铁路的记忆，变成公共活动的空间，无论在设计的构思，结构新老的结合还是设计的表达上，都有值得赞赏的想法。

A1

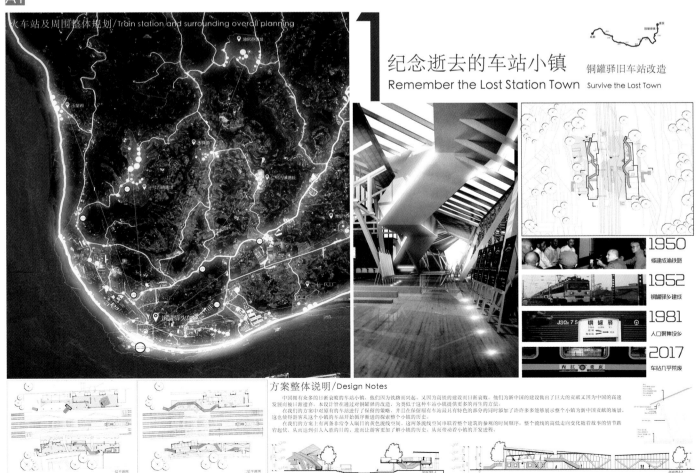

火车站及周围整体规划/Train station and surrounding overall planning

纪念逝去的车站小镇
Remember the Lost Station Town
铜罐驿旧车站改造 Survive the Lost Town

1950 修建成渝铁路
1952 铜罐驿乡建成
1981 人口聚集设乡
2017 车站几乎荒废

方案整体说明/Design Notes

中国拥有众多的日渐衰败的车站小镇，他们因为铁路而兴起，又因为高铁的建设而日渐衰败。他们为新中国的建设做出了巨大的贡献又因为中国的高速发展而日渐衰落。本设计旨在通过对铜罐驿的改造，为类似于这种车站小镇提供更多的再生方法。

在我们的方案中对原有的车站进行了保留的策略。并且在保留原有车站最具有特色的部分同时添加了许许多多能够展示整个小镇为新中国贡献的场所，这也使得游客从这个小镇的车站开始循序渐进的探索整个小镇的历史。

在我们的方案上有两条非常令人瞩目的黄色流线空间，这两条流线空间串联着整个建筑的参观的时间顺序。整个流线的高低走向变化随着故事的情节跌宕起伏、从而达到引入入胜的目的，进而让游客更好的了解小镇的历史。从而带动着小镇的开发进程。

铜罐驿简介/Introduction of Tongguanyi

1930年设铜罐乡，1958年改公社，1981年复置乡，1994年建镇。1995年初由原巴县划归九龙坡区管辖。1997年，面积为22.8平方千米，人口
辖双龙、骑龙、建设、石坝子、观音桥、农兴、陡石塔、果园、滴水岩、大碑、仓坝子、黄金堡、汤家沱13个行政村和以序数命名的7个居委会

场地现状/Introduction of Site Status

铜罐驿火车站，是成渝铁路上的一处站点。成渝铁路于1952年七月正式投入使用，是新中国成立后第一条自行修建的铁路，现为公益性慢车
铜罐驿站是该铁路线上唯一仍在运行的重庆-内江次列车的一处站点。其距离重庆市区约1小时，距离江津市区约40分钟。
铜罐驿站紧邻铜罐驿镇，镇上具有完善的生活设施，包含有学校银行、商场、超市、菜市场等等诸多功能性场所，现铜罐驿镇城镇户口人数
1.2万人，仍居住在铜罐驿镇的人数约1万人。

重庆市

九龙坡区

时代背景/Time backgroud

中国拥有众多的日渐衰败的车站小镇，他们因
路而兴起、又因为高铁的建设而日渐衰败。他们为
国的建设做出了巨大的贡献又因为中国的高速发展
日渐遗弃。本设计旨在通过对铜罐驿的改造，为类似
这种车站小镇提供更多的再生的方法。

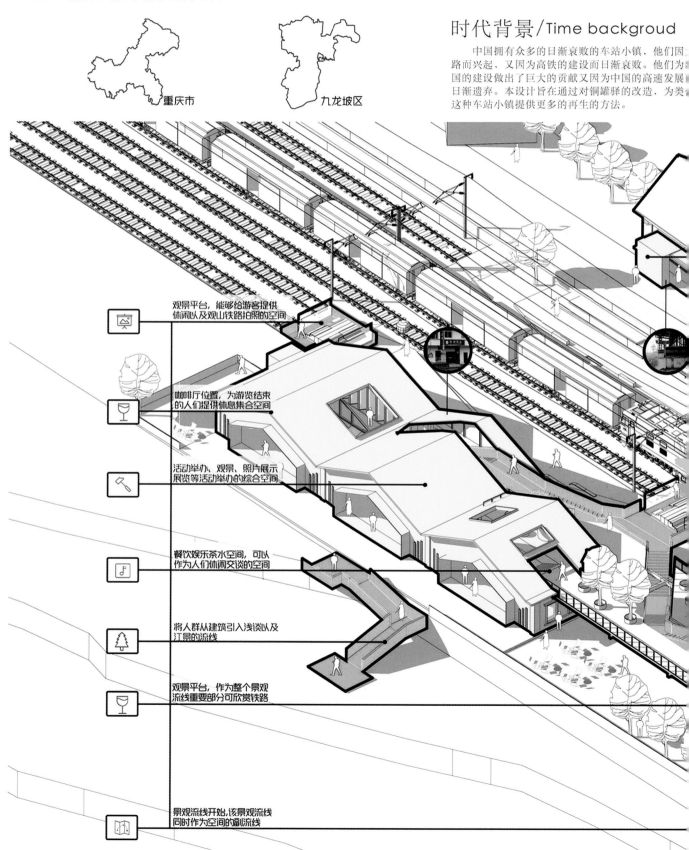

观景平台，能够给游客提供休闲以及观山铁路拍照的空间

咖啡厅位置，为游览结束的人们提供休息集合空间

活动举办、观景、照片展示展览等活动举办的综合空间

餐饮娱乐茶水空间，可以作为人们休闲交谈的空间

将人群从建筑引入浅谈以及江景的流线

观景平台，作为整个景观流线重要部分可欣赏铁路

景观流线开始，该景观流线同时作为空间的副流线

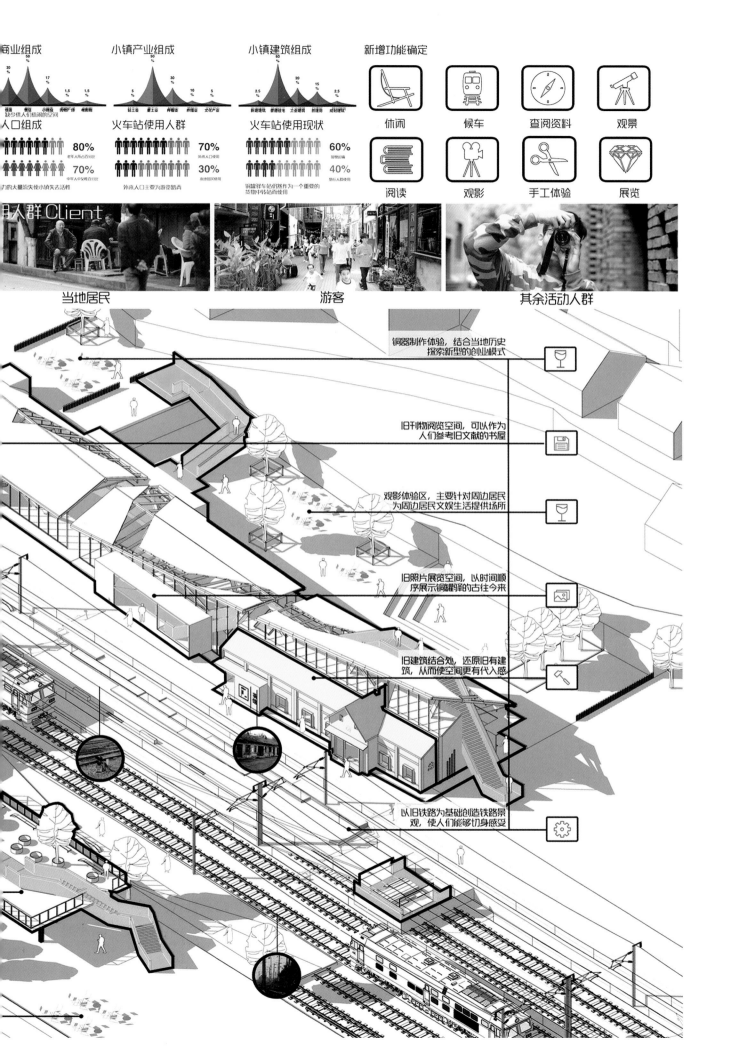

商业组成　小镇产业组成　小镇建筑组成　新增功能确定

休闲　候车　查阅资料　观景

阅读　观影　手工体验　展览

人口组成　火车站使用人群　火车站使用现状

80%　70%　60%

70%　30%　40%

用人群Client

当地居民　游客　其余活动人群

铜器制作体验，结合当地历史
探索新型的创业模式

旧刊物阅览空间，可以作为
人们参考旧文献的书屋

观影体验区，主要针对周边居民
为周边居民文娱生活提供场所

旧照片展览空间，以时间顺
序展示铜锣驿的古往今来

旧建筑结合处，还原旧有建
筑，从而使空间更有代入感

以旧铁路为基础创造铁路景
观，使人们能够切身感受

2 纪念逝去的车站小镇
Remember the Lost Station Town
铜罐驿旧车站改造
Survive the Lost Town

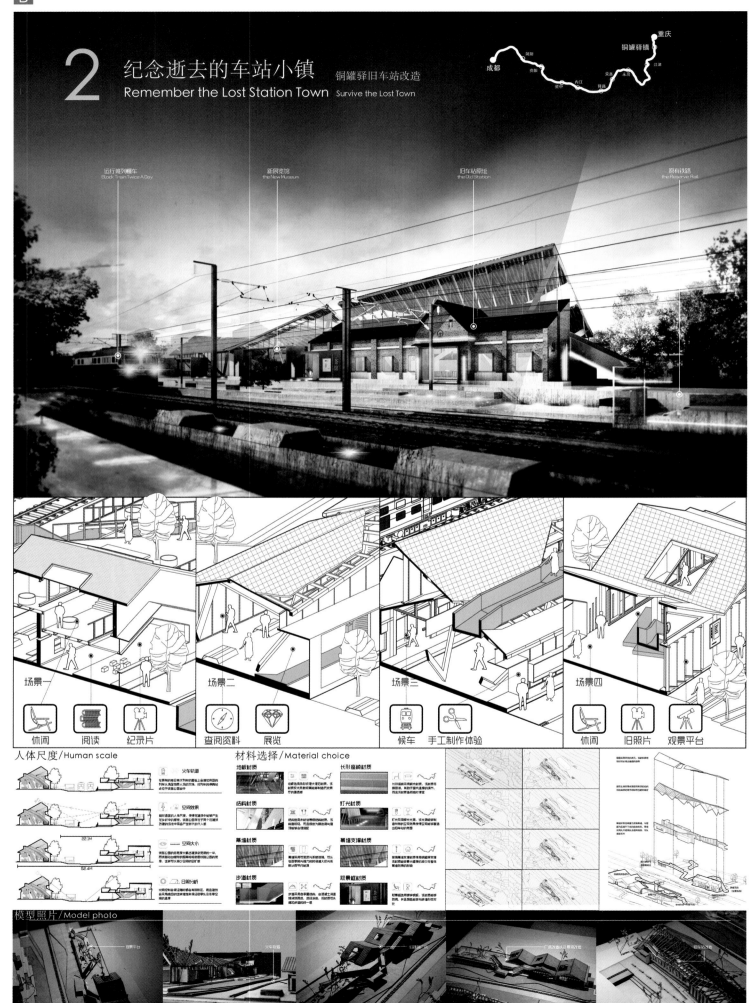

运行班列慢车
Black Train Twice A Day

新展览馆
the New Museum

旧车站原址
the Old Station

原有铁路
the Reserve Rail

场景一
休闲　阅读　纪录片

场景二
查阅资料　展览

场景三
候车　手工制作体验

场景四
休闲　旧照片　观景平台

人体尺度/Human scale

材料选择/Material choice

地板材质

结构材质

幕墙材质

步道材质

长形座椅材质

灯光材质

幕墙支撑材质

取景框材质

火车轨道

空间效果

空间大小

日照分析

模型照片/Model photo

钟鼓间

参赛单位：天津大学
参赛人员：李艺书　陆雨婷
指导老师：庄子玉　姜伯源

■ 专家点评

　　钟鼓楼是一个极具时空性的符号，也是重要的历史建筑。作者对这样一个地下空间进行了二度创作，做了一个市民交往活动的场所，设计表达很简洁也很到位。

A1

钟鼓间·时空演变中的钟鼓楼广场 Ⅰ

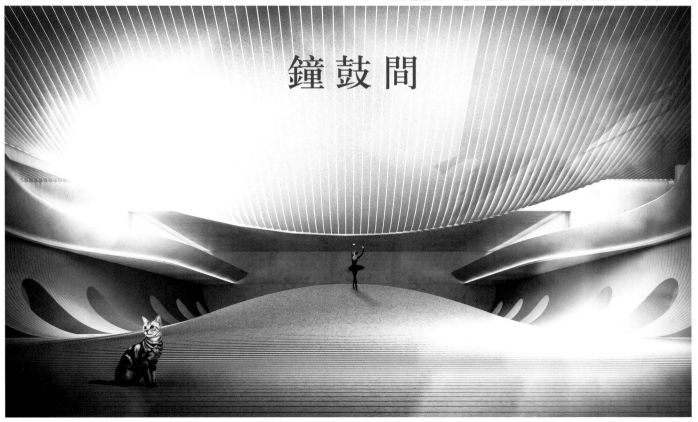

鐘 鼓 間

　　北京钟鼓楼始建于元代，是古都北京记录时间，播报时令的中心，"晨钟暮鼓"，循律韵通。钟鼓楼和之间的空旷场地，见证了古都北京从封建王朝至今的历史变迁。1996年，钟鼓楼被列为全国重点文物保护单位。钟鼓楼与周边形成的胡同、四合院居住区成为古都风貌的重要组成部分。钟鼓楼、什刹海、南锣鼓巷也成为北京文艺商业的聚集地。涌现了何勇《钟鼓楼》、王军《城记》等艺术作品。二者之间的空地，也在历史的长河中历经演变，曾经发展为酒吧街、菜市场、运动场、露天市场等场所。当下，这里成为游客集散广场和社区居民下棋、遛鸟、广场舞的场所。经过这漫长的历史变迁，浓厚的艺术氛围、庄严的礼仪性、市井化的生活场景在此融合交叠，在此处建立一所画廊-社区中心的综合体，既可以反映场地时空的演变、又可以解决现实的旅游压力和生活场所稀缺的矛盾。纪念性与日常性在此共生。建筑选择隐于地下的姿态，在地上呈现出地景的起伏和波动。画廊和社区中心分布在地下一、二层，分别连接起南北的钟鼓楼和东西的杂院。核心空间在波动的地景之下，巨大的倒置穹顶和隆起的地面形成2.3m高，伸手可触摸的狭缝。通过细部构造设计，光线可以折射过屋顶面，让纪念性与日常性在此汇合。同时这个大空间满足了文化的传播、游客的集散、市民的游憩，周围的小空间满足了公共服务和疏解流线的需求。

时空中的钟鼓楼广场

1870年拍摄的鼓楼和前广场，场地泥泞，布满深深的车辙。

1925年鼓楼改为"京兆通俗教育馆"，成为传播科学文化知识的固定陈列馆；钟楼改建为教育馆附属的电影院；广场被开辟为"民众商场"。热闹异常，常有卖药丸、吞宝剑、拉洋片表演。

1949年前后拍摄的钟鼓楼鸟瞰场景，钟鼓楼广场用作庆典广场。

1960年钟鼓楼广场盖起菜市场，市民在长案板凳旁支起遮阳伞。售卖各类特色小吃，生活用品，字画工艺品。后统一搬入宏恩观。

1980年市民在广场上打乒乓球。

改革开放后，钟鼓楼广场两侧出现了大量酒吧、歌舞厅等文艺娱乐场所。多借助周围民居经营，后来随着整改搬出钟鼓楼片区。

2015年钟鼓楼广场举行象棋大赛。

王军的《城记》一书记录了大量的老北京城市记忆，钟鼓楼占据大量篇幅，是北京城重要文脉。

国内学者曾经针对宏恩观进行了分析，梳理了宏恩观从观庙到大院、从大院到菜市场、从菜市场到极丰富的市民生活空间的演变，最终又被恢复成一座观庙。

摇滚歌手何勇《钟鼓楼》演出现场，是北京早期摇滚的代表作。

■场地横纵轴

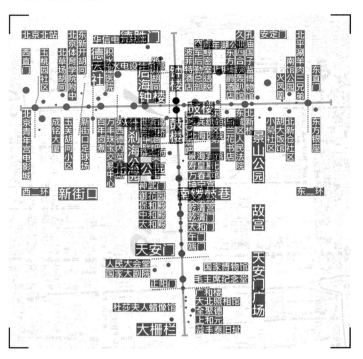

2.划定轴线，制造起伏

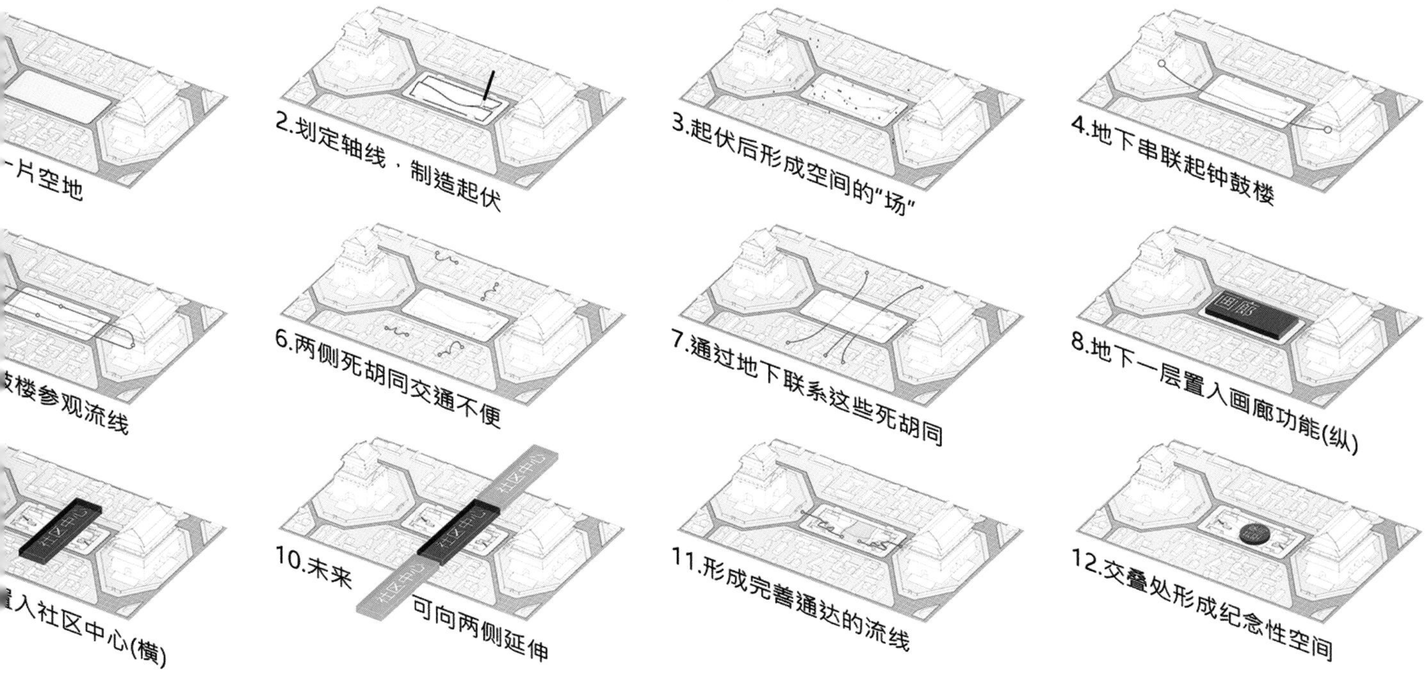

3.起伏后形成空间的"场"

4.地下串联起钟鼓楼

6.两侧死胡同交通不便

7.通过地下联系这些死胡同

8.地下一层置入画廊功能(纵)

10.未来 可向两侧延伸

11.形成完善通达的流线

12.交叠处形成纪念性空间

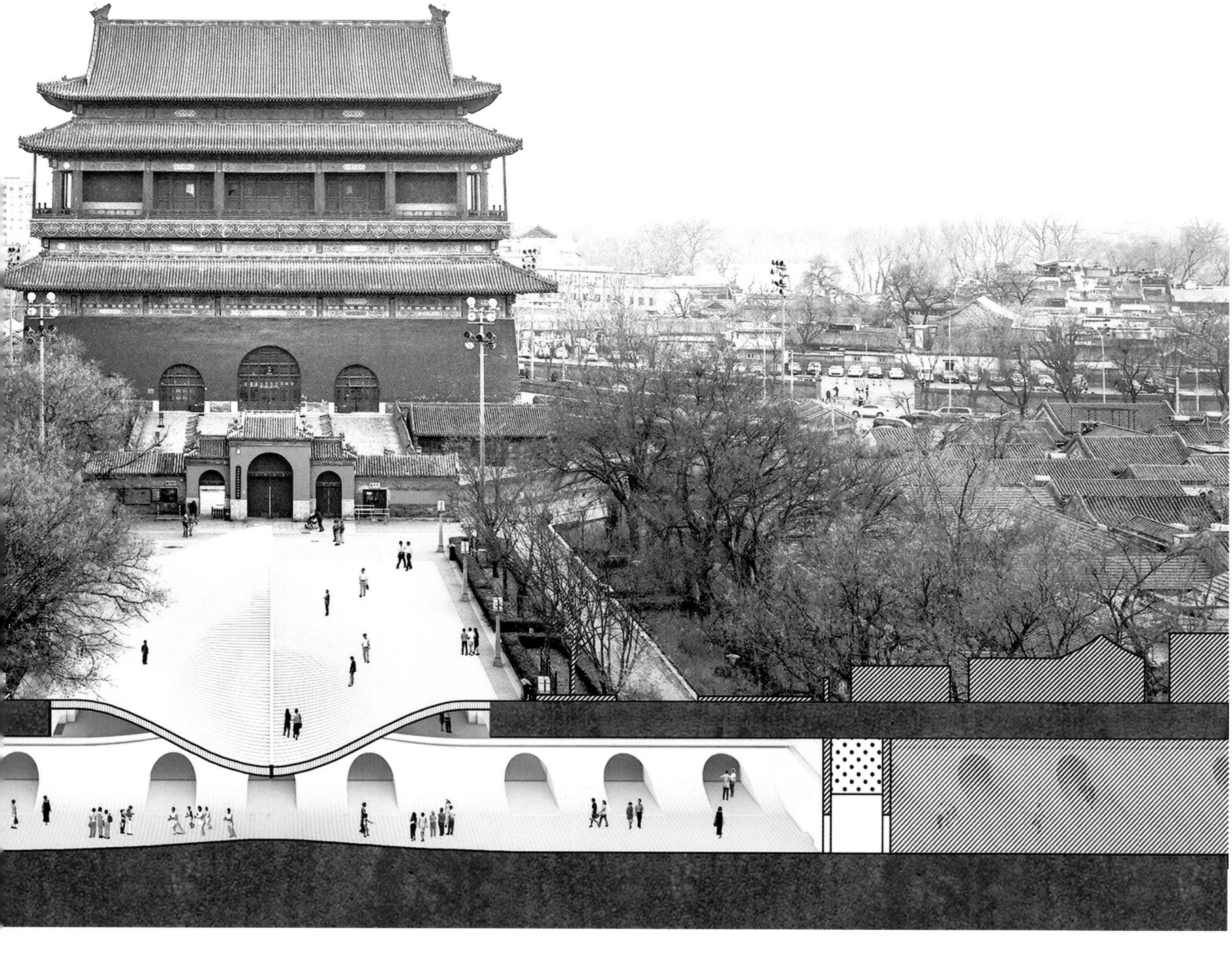

一片空地

鼓楼参观流线

置入社区中心(横)

<u>当下的钟鼓楼广场</u>

钟鼓楼广场目前被利用为临时性的集散场所和市民公共活动的空间，停放很多人力车作为旅游项目。旅游旺季常常出现市民和游客对空间的争夺，在盛夏也会因为缺少绿化而干燥炎热。场地两侧筑起了围墙，把民居遮挡在围墙之后，使得广场与外界更为隔绝，失去了原有的生机。社会车辆无组织地进入和停放，加剧了场地风貌的破坏。

市民在座椅上躺着睡觉，反映出场地私密性和公共性的交糅。

在广场东南修建了"时间博物馆"，纪念场地历史变迁演化。

因民宅私自扩建引起的场地路面坍塌，窨井成为舆论焦点。

鼓楼每天会进行击鼓表演，还原曾经记录时间调节民生的场景。

通过对广场的重新设计，提供有文化氛围的画廊，促文化传播。

在负二层的社区中心，提供休息锻炼娱乐购物等服务性空间。

■立面展开图

■模型鸟瞰

建筑主体隐于地下，布置地景式的入口，形成起伏的地景。丰富了广场上人的行为模式，<u>拓展了与钟鼓楼的交互方式</u>。在地下部分串联起南北两侧的钟鼓楼，使得钟鼓楼的游览路线更完整。东西方向连接两侧民居的死胡同，解决老城区的步行交通问题。在小空间内布置健身房、棋牌室、快递收发点等公共服务的功能，丰富日常活动，增加场地生命力。通过这种方式，将本来发生在地上的活动置于地下，<u>优化场地交通</u>，实现功能重组。

在具体空间的设计中，呼应场地原有的元素，比如钟鼓楼门洞以及它们形成的对景关系。在视觉上实现地上地下的统一，也强化了钟鼓楼在时空演变中的连续性。

在屋顶台阶踏步的缝隙中嵌入玻璃和镜面，使光线可以经过<u>连续的反射穿过屋面吊顶</u>，解决采光问题，让人在地下活动时可以看到屋面上钟鼓楼的影像，丰富了与两栋古建筑的互动体验。突出地下广场的空间表现力。

■屋顶构造

踏步面层
悬臂梁
吊顶
镜面
玻璃
纵向拉筋
横梁

■鼓楼视角

■剖面模型

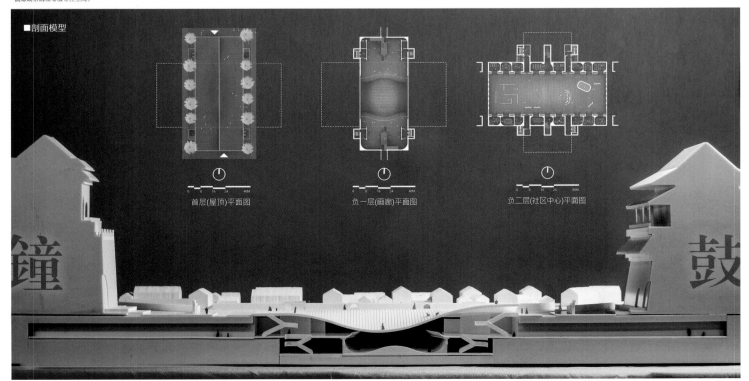

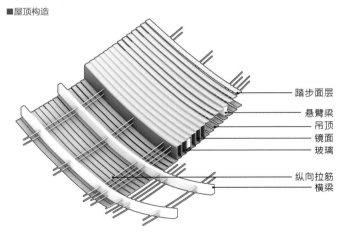

首层(屋顶)平面图
0 8 16 24 40M

负一层(画廊)平面图
0 8 16 24 40M

负二层(社区中心)平面图
0 8 16 24 40M

钟

鼓

双溪机械厂的死与生

参赛单位：重庆大学
参赛人员：李飞扬
指导老师：田　琦

展板 A　　展板 B

A₁

A₂

B

■ 专家点评

　　这个项目具有一定的厚重感和历史性，许多老一辈人都有建设三线的记忆，这位作者对很多发生过的建筑和未来如何贴近生活进行了思考和解决。

A1

三线建设

三线建设，指的是自1964年起中华人民共和国政府在中国中西部地区的13个省、自治区进行的一场以战备为指导思想的大规模国防、科技、工业和交通基本设施建设。

三线建设也为中国中西部地区工业化做出了极大贡献。

中文名	三线建设	开始年份	1964年
外文名	The Third-Front Movement	建设地区	中西部

历史背景

双溪机械厂是三线建设时期的一个兵工厂，代一四七，所以又叫做一四七工厂。这里曾经是一座戒备森严，与世隔绝的兵工厂。

三线建设时期，在重庆有像双溪机械厂这样的三线厂一百多个，在连绵的西南群山中诞生，生产。选这个地方有一定的普遍性。

场地

三线厂的选址特...山挖洞，工厂周围...却散落在山坡之间...的山洞车间已经被...用来养殖菌种，剩...厂厂房、工业遗迹...楼、家属楼的分布...静地侍立在眼前，...曾经的历史与回州...

区位

场地的位置座在重庆的南端綦江区赶水镇，渝黔交界处，距离主城大约两个小时的车程。与贵州仅仅一座大山之隔。

人群

厂区的居民主要是机械厂的退休老员工，再往外走，厂区的外围是张家坝村和零家坝村的村民，在外围五公里范围以内的小鱼泡镇和大通镇的居民。

打通镇居民
基数大/构成复杂/职业多样 占了整个厂区城人群的90%

机械厂遗留居民 以及张家坝零家坝村民
厂区几乎都是机械厂退休老员工 以及家属 张家坝，零家坝人群多为村民

小鱼泡居民
矿区社会，近些年人口一直费缩 迷渐走向良落，现今百人余速渐走向良落

场地问题

双溪机械厂

厂区与村落关系

零家坝村
张家坝村
机械厂家属区

地形

之所以叫双溪兵工厂是因为它建在石龙溪和汪溏沟交汇的山谷中，两边是崖起的山坡。生产区主要是工业厂房和办公楼，在山沟中临近溪水，方便生产取水。生活区包括学校，银行家属区，俱乐部，电影院，邮电局，菜市场等，建在半山坡上，目前大部分已拆除。

生产区
生活区
山洞车间

周边

周边城镇分布：它位于打通镇与小渔泡镇中间，打通镇是一个矿产为主的规模较大的城镇，常驻人口近十万，是全区域的辐射中心与人口焦点，是重庆市中心镇与工业重镇。小渔泡有老式火车站，承担了兵工厂的矿资运输，运送以及后来的重钢厂的矿物运输。

小鱼泡
双溪机械厂
打通镇

总平面

建筑后有一条溪流...溪流，溪流上有桥...建的小桥，一条...上山。

场地与建筑

工厂建筑有别于居...落肌理，较为束中...沿着山沟的沟型展...溪相汇，与工厂又...起。

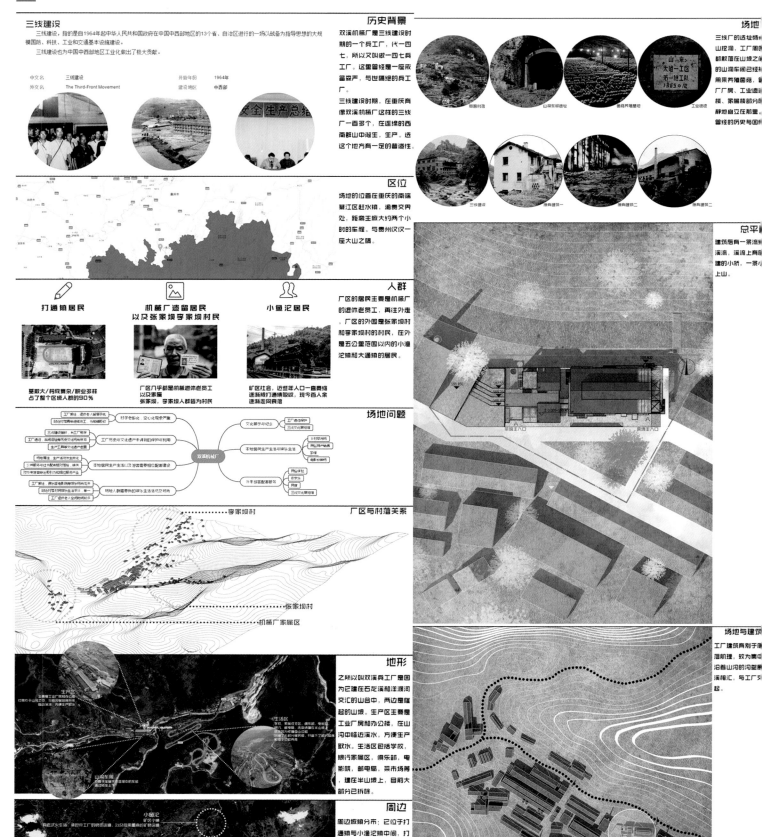

放映场　老菜馆　展览馆　小菜场

南立面　　　　　　　　　　　　　　　　　　　　西立面

北立面　　　　　　　　　　　　　　　　　　　　东立面

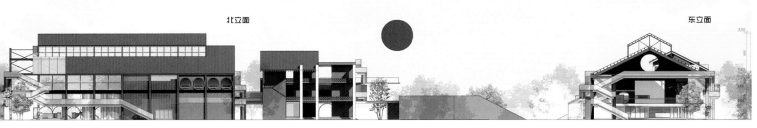

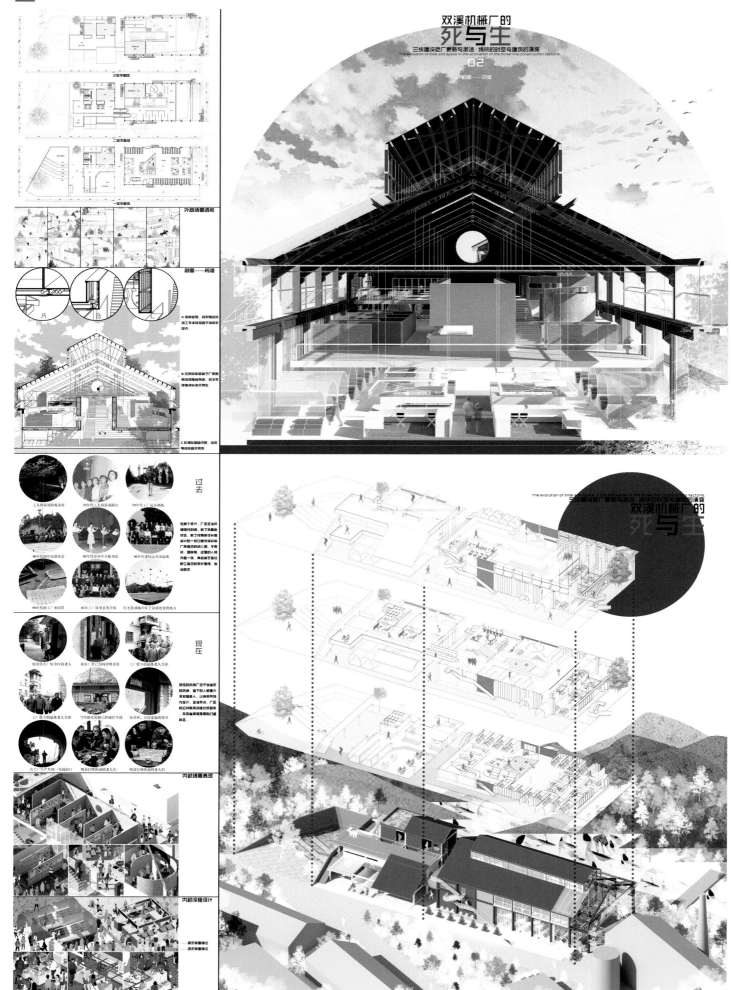

ROOTING·
从社会关怀切入的当代工业建筑可持续构建

参赛单位：华侨大学
参赛人员：陈宇帆　应　悦
指导老师：胡　璟　费迎庆

展板 A　展板 B

A₁
A₂
B

■ 专家点评

　　我们经常讨论城市大型公建项目比如住宅，而对工业建筑，大家似乎没有太深入的研究。这个方案利用一个标准化的单元体，通过模块化的做法，引用人体工程学的建筑空间，这和人的关系非常的密切。这对我们做工业建筑有一个很好的引导意义。

A1

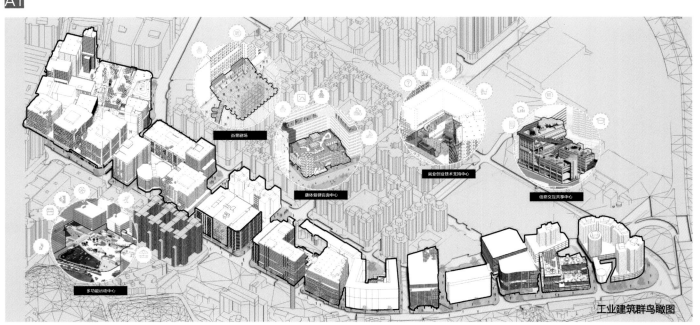

工业建筑群鸟瞰图

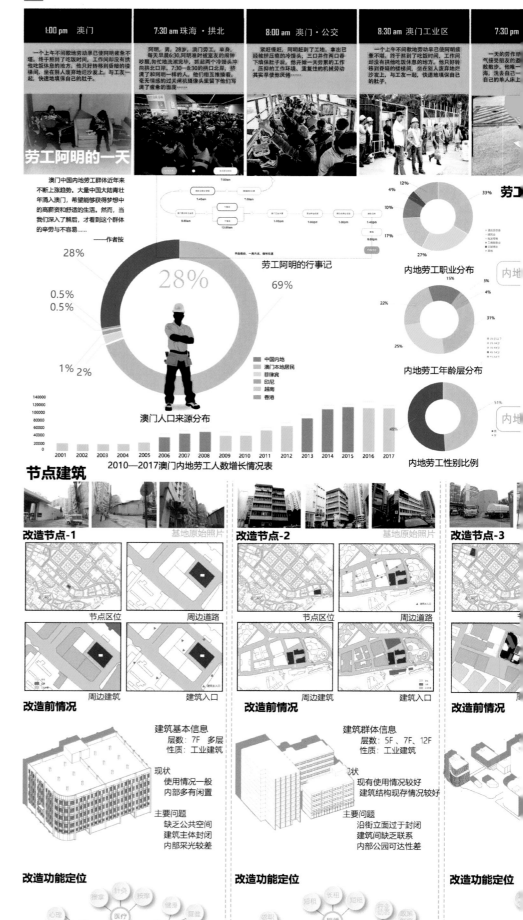

1:00 pm 澳门

一个上午不间歇地劳动早已使阿明疲惫不堪。终于熬到了吃饭时间，工作间却没有供他吃饭休息的地方。他只好转移到昏暗的楼梯间，坐在别人废弃地坐沙发上，与工友一起，快速地填饱自己的肚子。

7:30 am 珠海·拱北

阿明，男，28岁，澳门劳工，单身。每天早晨6:30，阿明准时被室友的闹钟吵醒，匆忙地洗漱完毕，抓起两个冷馒头冲向拱北口岸。7:30—8:30的拱北口岸，挤满了和阿明一样的人。他们拖拉推搡着，毫无情感的过关闸机摄像头里留下他们写满的瘦弱的面庞……

8:00 am 澳门·公交

紧赶慢赶，阿明赶到了工地。拿出已经被挤压烂的冷馒头，三口并作两口吞下填饱肚子后。他开始一天劳累的工作，压抑的工作环境、重复性的机械劳动其实早使他厌倦……

8:30 am 澳门工业区

一个上午不间歇地劳动早已使阿明疲惫不堪。终于熬到了吃饭时间，工作间却没有供他吃饭休息的地方。他只好转移到昏暗的楼梯间，坐在别人废弃地坐沙发上，与工友一起，快速地填饱自己的肚子。

7:30 pm

一天的劳作终……气接受朋友的逐……散脚步。他唯一……海，洗去白天……自己的单人床上……

劳工阿明的一天

澳门中国内地劳工群体近年来不断上涨趋势。大量中国大陆青壮年涌入澳门，希望能够获得梦想中的高薪资和舒适的生活。然而，当我们深入了解后，才看到这个群体的辛劳与不容易……
　　　　　　　　　——作者按

澳门人口来源分布

- 中国内地
- 澳门本地居民
- 菲律宾
- 印尼
- 越南
- 香港

28% 69% 0.5% 0.5% 1% 2%

28%

劳工阿明的行事记

内地劳工职业分布

33% 12% 4% 10% 17% 27%

内地劳工年龄层分布

15% 3% 4% 31% 25% 22%

内地劳工性别比例

51% 49%

2010—2017澳门内地劳工人数增长情况表

2001 2002 2003 2004 2005 2006 2007 2008 2009 2010 2011 2012 2013 2014 2015 2016 2017

节点建筑

改造节点-1
基地原始照片

节点区位　周边道路
周边建筑　建筑入口

改造前情况

建筑基本信息
层数：7F 多层
性质：工业建筑

现状
使用情况一般
内部多有闲置

主要问题
缺乏公共空间
建筑主体封闭
内部采光较差

改造功能定位

改造节点-2
基地原始照片

节点区位　周边道路
周边建筑　建筑入口

改造前情况

建筑群体信息
层数：5F、7F、12F
性质：工业建筑

现状
现有使用情况较好
建筑结构现存情况较好

主要问题
沿街立面过于封闭
建筑间缺乏联系
内部公园可达性差

改造功能定位

改造节点-3
基地原始照片

改造前情况

改造功能定位

ROOTING·从社会关怀切入的当代工业建筑可持续构建

设计说明：本设计选择澳门黑沙环工业区为基地，从社会关怀角度，以劳工生活为切入点，综合考虑劳工、居民、游客的共同需求，打造多元、开放、共享的设施建筑，最终形成有活力、兼容、开放的街区。

不同劳工生活的活动范围

● 公交站 ● 超市、餐馆 ■ 工厂

问题及需求

应对策略 置入功能

多功能户外运动广场　街景剧场　信息交互共享中心
康体复健咨询中心　就业创业技术培训中心

现状

个人
- 身体问题：工作 强度大，一周只休息休息一天 / 加班倒班多，没多无正常休息时间 / 澳门本地劳工的用户，缺乏收健
- 心理问题：与澳门工不同群，不平衡心理 / 上升平台缺乏晋升渠道，缺乏职业成就感
- 家庭问题：与家人分离时间长 / 家人来看无落脚点

环境
- 自然环境问题：居住环境差，价格高 / 工作环境差，无个人休憩，私密空间 / 缺乏社会认同感 / 社会政策等不利于内地从业者职位近十年

改造措施和原则

需求

显性
- 工作：工作环境急需改善，需要公共空间与个人私密空间 / 工作待遇需要提高
- 健康：需要户外锻炼场所 / 需要方便解决身体伤痛的救治场所
- 娱乐：需要文化艺术空间 / 需要休闲公共交往空间

隐性
- 职业发展：需要技能培训与提高 / 需要及时接收更多的接收职业，政策信息
- 社会认同：需提升澳门劳工群体的社会地位 / 需要形成自己的共同文化

休闲RELAX：游戏室 / 阅读室 / 个人KYV / 阅读 / 吸烟室
保健模块：桑拿 / 针灸 / 推拿
女性模块：哺乳 / 化妆 / 厨房 / 更衣

休憩REST：单人午睡 / 双人卧房 / 榻榻米房 / 沙发床
洗漱模块WASH：淋浴 / 泡澡 / 桑拿 / 药浴
治愈模块：心理保健室 / 冥想室

模块化介入：灵活性 / 可变性 / 开放性 / 多样性

基地原始照片

改造节点-4 基地原始照片　**改造节点-5** 基地原始照片

周边道路

节点区位　周边道路

节点区位　周边道路

建筑入口

周边建筑　建筑入口　周边建筑　建筑入口

改造前情况　**改造前情况**

性质
基地内部仅存的唯一空地。

地内部存有加油站和…场。
建筑多为12F左右的…建筑使用情况较好

问题
地闲置率较高。公共…差，缺乏活力。

改造功能定位

建筑基本信息
层数：6F 多层
性质：工业建筑

现状
作为基地内一所商业夜校使用。

主要问题
建筑内部场地与外部互动性差
建筑立面封闭
建筑内部采光不佳

改造功能定位

场地基本信息
基地内现有一处交大公共互动场地

现状
使用频率较低
活力偏低
周边有多数住宅

主要问题
场地位置可达性差
活动方式单一
集中在地面，面积…

改造功能定位

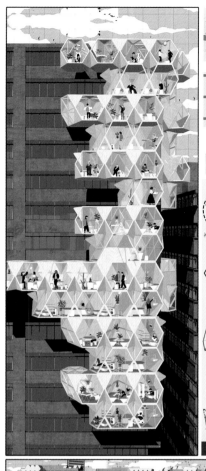

B

模块立面悬挂方式示意

结合窗洞形成新立面

模块的承重结构为框架结构，维护结构亦可拆卸即可轻装的模数化板材组成。利用模块的框架结构可将模块悬挂于墙面

模块悬挂方式示意图

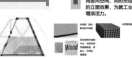

结合旧工业大厦现代主义风格的连续长窗作为悬挂模块的新入口，充分利用竖向空间，同时形成新的立面效果，为就工业区增添活力。

Wood

预留活动范围为直径1800mm的圆，扩展500~700空间以设置家具

1600 mm
1400 mm
1800mm

根据三角形的相似性，可得出：

$l/L = (3h/2-1800) / (3h/2)$

即，$h=2*1800L/(3L-3l)$

取$l=1800$，$L=3200$

得$h=2400$ mm

$L=3200mm$，根据三角形的相似性，得$=4800$ mm，$H=3600$ mm

根据三角形的正弦余弦定理，得$e=(tan60°*c)/6$

又由勾股定理得$H^2+e^2=b^2$，$b^2+(c/2)^2=a^2$

$\therefore a=4730$ mm

模块尺寸确立与模数关系

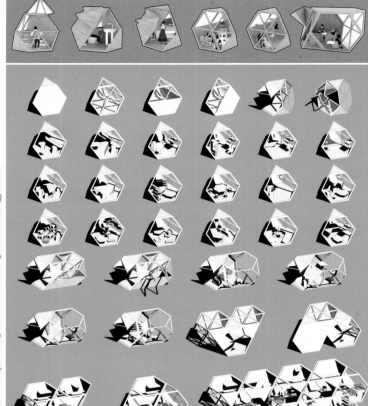

设计说明：

以劳工这一特定群体为出发点，我们的设计旨在为生活在黑沙环工业区的每一个居民提供更高质量的生活服务与公共服务。随着时代的进步与科技的发展，模块化建筑正在飞速发展。我们将模块化的概念引入此次设计，意图能以单一的功能块的形式为特定人群、提供特定需求的服务。实地调研过程中发现的不足，如卫生条件欠佳、公共活动空间缺乏等；以问卷形式得到的发展需求，如舒适的阅读环境、廉价便捷的临时住房等，我们都将其提炼为功能模块，模块间通过组合可产生复合的使用功能，藉此满足不同的使用需求。

模块的介入能够提供最大的灵活性、可变性、开放性以及共享能力，对于整个旧工业区范围内来说是非常经济、有弹性的改造方式。

ROOTING·从社会关怀切入的当代工业建筑可持续构建
Sustainable Construction Of Contemporary Industrial Building Based On Social Humanism Care

设计说明：

改造建筑原为黑沙环工业区的劳工事务局所在地，现将三栋独立的建筑以建筑群的形式联合改造，建立起区域内最集中的交流共享服务设施群落。

旧工业大厦之间互相独立，地面层利用率很低，公共活动空间极度缺乏。鼓励对地面层的利用，创造更好的休憩、交流条件，同时也将屋顶改造为屋顶花园以提供与自然的近距离接触条件和更多的休闲空间。原劳工事务局的办公功能得到保留，在此之上增添图书馆、放映厅等公众服务功能空间，建立信息平台以及法律援助平台，支持信息闭塞或法律知识薄弱的劳工保护合法权益。

开放的公共活动空间不仅服务于劳工群体，亦对游客和居民开放，希望通过开放的环境增加劳工、本地居民和游客之间的交流与互相理解。

利用模块的灵活性提供居住服务和公共服务。满足劳工临时的住宿需求，创造可变的多元活动空间。以不同功能模块的变动实现建筑在服务功能上的角色转换。

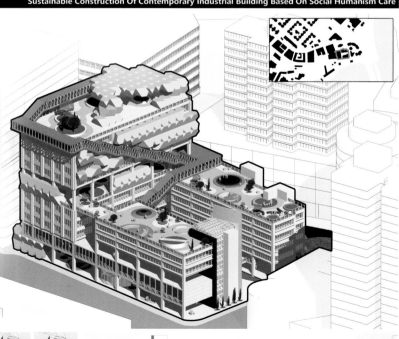
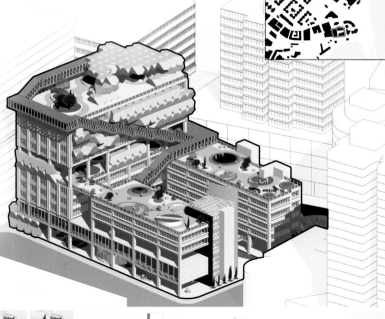

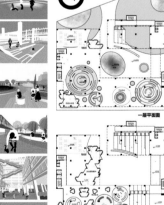

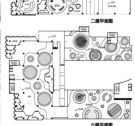

一层平面图

二层平面图

六层平面图

十二层平面图

十三层平面图

功能体块生成图解

南立面图　　　东立面图　　　场景透视

闸
—— 场所的时空与建筑的演变

参赛单位：重庆大学
参赛人员：李 娜 施 涛
指导老师：孟 阳

A

设计说明

重庆作为一个3D魔幻城市。依山傍水，高楼迭起。道路盘旋错综复杂。每当夜幕降临，万家灯火交相辉映，舟船鸣笛，笑语欢声一派盎然景象。在高速发展的时代背景下，人口的急剧膨胀。高密度的城市控间使得小小的缝隙空间都显得尤为珍贵。本次设计的场所是重庆旧城历史文化保护核心区，上至白象街，下至长江之滨，北邻湖广会馆。场地遗留的缆车文化与有名无实的"望龙门"是我们思考的重点。通过场地特有的空间形态、交通方式形成独特的地方文化体验和场所记忆。以原有轨道、步行道为依据，将这一空间的线性特征及其在水平与垂直方向的尺度变化视觉化呈现，形成新的城市景观与公共文化空间。空间设计与城市发生别样的内外关系，唤起老重庆人心中久远的记忆，是对历史的追溯，也是对现今的思考。

场地与城市关系

场地区位

■ 专家点评

这个字念"chǎn"，很巧妙，本身也是车库的意思。重庆是一个山地城市，有很大的高差。作者将这样一个垂直车站的空间系统变成公共的空间，非常具有实验性和实用性。

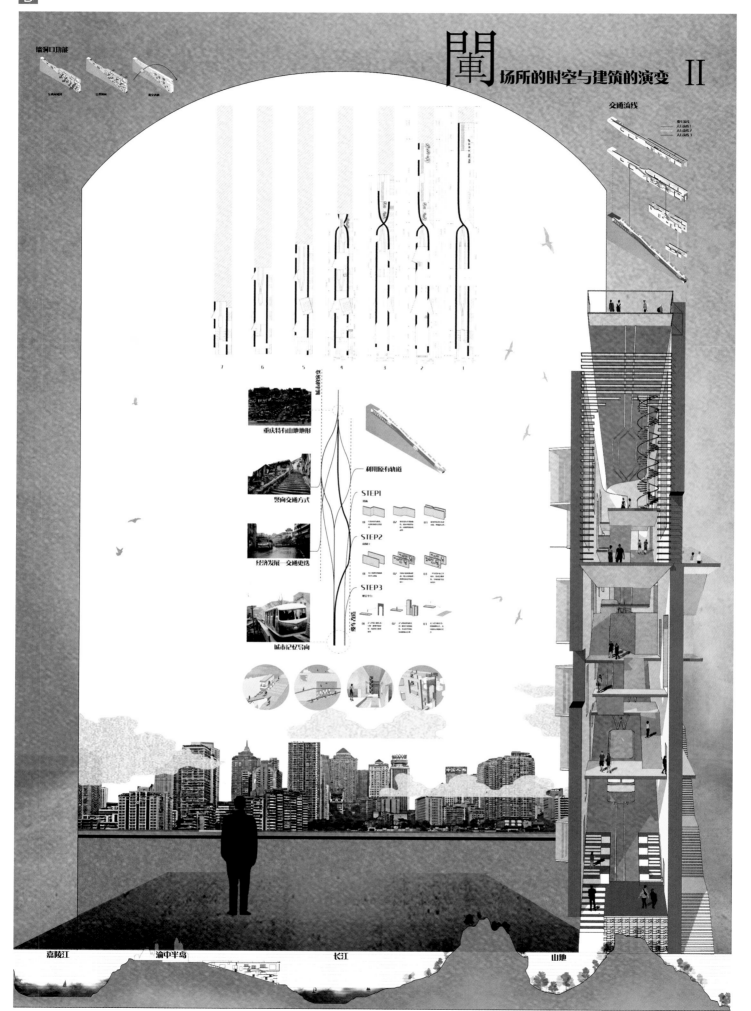

迟暮之年

参赛单位：贵州民族大学
参赛人员：罗　涛　费水玲　吴　朗　潘江园
指导老师：吴　迪

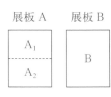

展板 A　　展板 B

| A₁ | B |
| A₂ | |

■ 专家点评

　　这个方案营造了一个适合老年人共享的公共场所，采用合院的形式聚集老人，提供交流情感的空间，同时设计了多种休闲空间，丰富老人生活。但同时，这个方案也有很明显的弊端，它是一个多层且没有电梯的建筑，这对现代的老年人来说，明显是不符合生活习惯的。

A1

前 期 调 研：

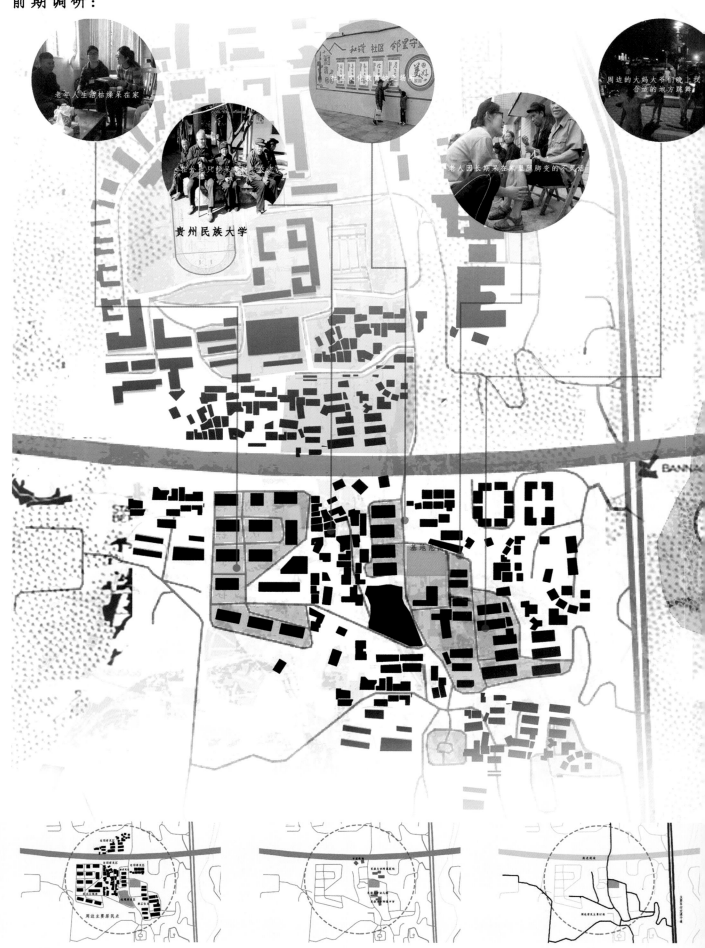

老年人生活枯燥呆在家

贵州民族大学

社区文化教育缺乏场地

老人因长期呆在家里腿脚变的不灵活

周边的大妈大爷们晚上找合适的地方跳舞

■ 周边主要居住区　　　■ 周边公建服务　　　—— 周边交通分析

问题:
人生活单一，无趣。

看电视	▶	心情值	☹☺☺☺☹
带孩子		心情值	☹☹☺☺☹
发呆		心情值	☹☺☺☺☹

生活在独栋单元楼的老人们，生活三点一线，
开心值很低。

深处的孤独感，情绪低迷，缺交流。

退休在家		心情值	☹☹☺☺☹
独自一人		心情值	☹☺☺☺☹
孤寡老人		心情值	☹☺☺☺☹

刚退休的老年人，因生活节奏的转变，新的生活
方式，他们难以适应。因此迷茫孤独;另一部分空
巢老人缺失儿女陪伴，住宅形式的演变缺失了邻
里相伴，孤独感倍增。

老年活动场所，发展自身兴趣爱好以及培养新的爱好。

| 门前活动 | → | ☹☹☹ |
| 树下休憩 | → | ☹☹☹ |

近年来，建筑密度的不断增加，高楼耸立，使
得老人们无处释放自己对生活的热情，缺乏可
供老人培养兴趣爱好及互相交流的场所。

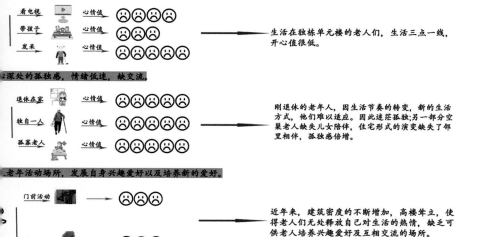

问题:
从社会发展，时空演变，未来需求等三方面对基地及周边环境分析，得出建
要做出的改造及设计的方向和空间的需求。因此确定建筑为被动式建筑，解
基地现有问题的同时，又为未来着想，加入绿色建筑的设计思想，让建筑成
色的，环保的，可持续性发展的空间。确定了建筑的实用性和独特性。

理念:
集性:营造一个适合老年人共享的公共空间场所，让周边老人聚集在一起，共享生活的
谈笑风生，其乐融融。
只别性:基地周围是中高层居民楼及公建。因此设计时采用合院的形式，使其与周边建
论在外形还是功能上都有很大不同，体现其可识别性，独特性。
持续性:利用被动式绿建节能原理。让建筑成为可持续使用的空间，减少污染，保护环
节约资源。

问题:
功能上，设计多种休闲场所，丰富老年人的生活。
造型上，采用合院形式，聚集老人交流，唤起老人情感。
活动场所上，设计多种场所，供发展老人兴趣爱好。

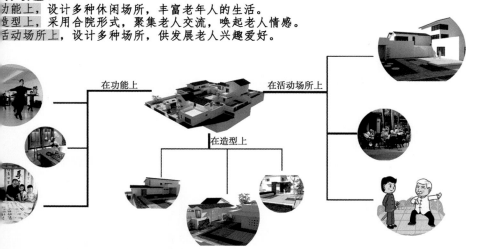

普遍建筑存在的问题:
南方，冬天室内比室外还要寒冷，门窗紧闭也会有风穿缝过隙的声音。
爽贵阳，避暑天堂，但近年随着空调的普及和环境被破坏，贵阳温度也日渐升高。
地采光良好，贵阳地区光照充裕，但人们普遍使用的还是人造光源，浪费能源。

式建筑解决问题:
选用不同材料,厚度建造外墙,屋顶,门窗达到建筑能耗的降低。
通过对场地的风向进行分析，在最佳位置开适当的窗洞，让建筑形成穿堂风，通风环境良好，
能耗。
通过基地日照分析的结果，采用屋檐外延的形式遮蔽西晒，在建筑的西面开小窗，减少在夏季
晒对室内环境的影响，且又能满足建筑日常所需日照。

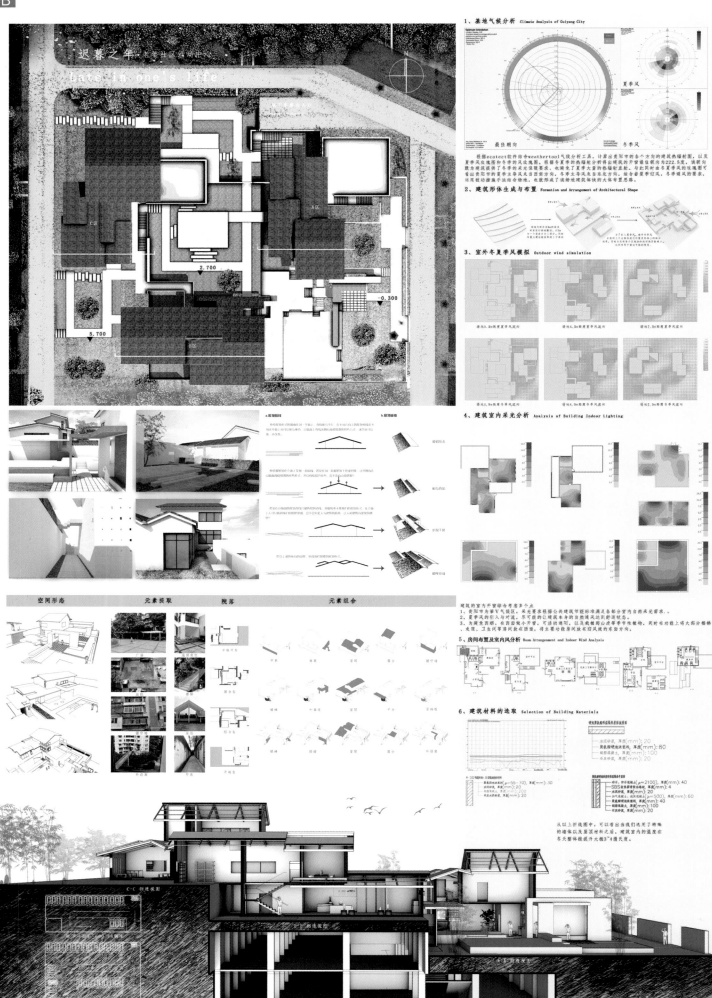

渠·趣

参赛单位：重庆大学

参赛人员：王 怡 张 攀 景 玥 武振波

指导老师：邓蜀阳

展板 A　　展板 B

| A₁ |
| A₂ |

| B |

■ 专家点评

　　水渠在我们日常生活中是完全被忽略的一个地方，在这样的细微之处做出很有标志感的一个空间，是非常有创意的。

A1

01

"渡槽"（引水渠）

渡槽，又名**引水渠**
兴起于二十世纪中期的中国。由于当时水利设施落后，影响了农村的发展，因此，渡槽——作为引水灌溉的工具，就成为一项突出的民生工程，全国各地开始大规模兴建。渡槽，成为一个时代的历史见证。然而，随着城市现代化进程的发展，相当多的渡槽已经被拆毁，有些仅存的也处于破损失修无保护的状态。

　　因此，作为一代人生活的集体记忆与生产关系的见证，旧渡槽在当下的乡村生活中扮演怎样的角色，又该以何种态度介入场所，使其重拾生机，这些问题成为设计的出发点。

渡槽之演变

[过去] → [现在] → [未来]

渡槽是村庄灌溉水源的重要设施同时
也是村民们聚集的公共场所

随着农业的现代化发展，渡槽逐渐
被遗忘、闲置

承载着一代人记忆的渡槽在未
该以怎样的姿态呈现

场地选址

大石村位于重庆市九龙坡区走马镇辖内，迄今为止遗留了两座渡槽，一高一低，本次设计
的渡槽是其中较低的一座，已经有破损的现象。旧村毗邻公路，通达性良好，但是距离新
较远，缺乏公共设施。

大石村

■ 基地环境

基地三面环山，现有渡槽驾于两山之
间，跨于田野之上，但中部断裂。场
地氛围宁静，田野四周为村民的生活
场所。调研过程中发现渡槽的文化价
值虽已被大多数人所忽视，但村民自
发产生的对于渡槽的创意利用（晾菜、
放柴火）却是十分有趣

■ 存在问题

Q1 新旧村通达性较差，新村公共体系无法无法服务旧村

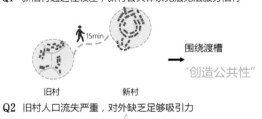

15min

旧村　　　新村

围绕渡槽

→ "创造公共性"

Q2 旧村人口流失严重，对外缺乏足够吸引力

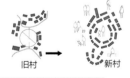

旧村 → 新村

围绕渡槽

→ "打造乡村标识"

[渡槽的新生

总平面图

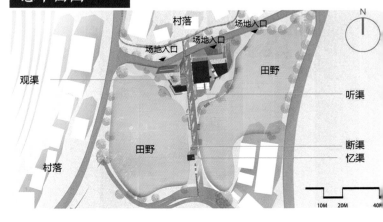

村落　　　场地入口
　　　　场地入口
　场地入口

N

观渠

田野

听渠

田野

断渠
忆渠

村落

10M 20M 40

形体生成

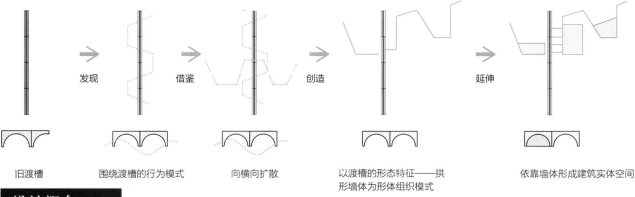

发现 → 借鉴 → 创造 → 延伸

| 旧渡槽 | 围绕渡槽的行为模式 | 向横向扩散 | 以渡槽的形态特征——拱形墙体为形体组织模式 | 依靠墙体形成建筑实体空间 |

设计概念

"渠趣"——水作为渡槽的记忆之源，拱形墙是水的载体，亦是场所的载体。因此，设计通过挖掘渡槽本身的空间价值与记忆价值——墙与水的要素，利用老渡槽，创造一个富有生活趣味，具备乡村特色，体现时光变迁的新场所。

拱形墙   水-渠   展览 / 休憩 / 阅读

概念扩大

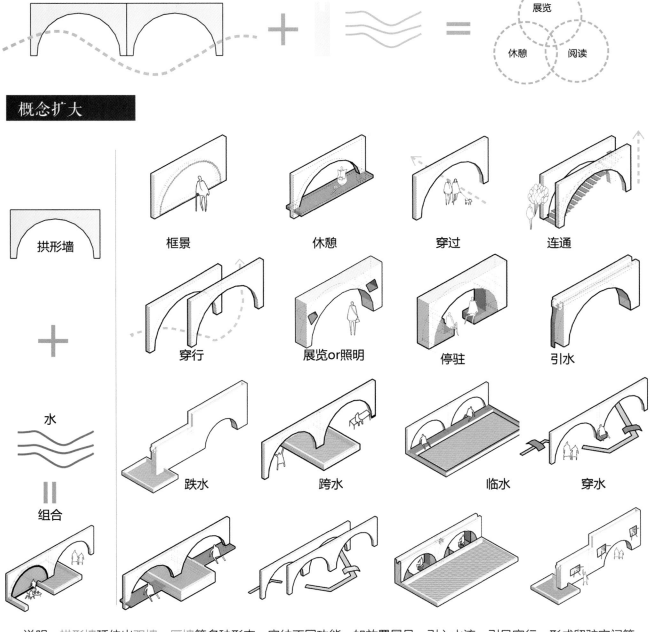

拱形墙 + 水 = 组合

框景　休憩　穿过　连通

穿行　展览or照明　停驻　引水

跌水　跨水　临水　穿水

说明：拱形墙延伸出双墙、厚墙等多种形态，容纳不同功能，如放置展品，引入水流，引导穿行，形成留驻空间等。
同时，水与墙的关系也呈现出：依靠墙体形成跌水，跨水，临水，穿水等多种关系。

一层平面图

二层平面图

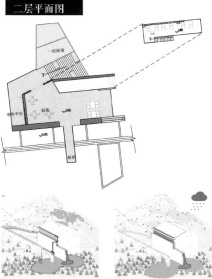

轴侧空间结构图

水循环收集灌溉景观系统

A-1 山泉聚水　A-2 渡槽引水-灌溉　A-3 渡槽水幕水池-水循环　B-1 渡槽屋顶水幕-雨水收集

场景小透视

前厅院 - 拱墙

拱形墙：利用渡槽本身空洞的符号进行延续
前厅：建筑引入空间前序

孔洞墙 - 大台阶

孔洞墙：利用渡槽本身空洞的符号进行延续
大台阶：忆景和观田的开敞室外空间

室内茶室 - 景框

旧渡槽：视线的焦点
引活水：增强场所活力
框景：室内观景空间

室内拱门 - 套院

旧渡槽：贯穿庭院场地
新墙院：帮空间叠合渡槽
引活水：渡槽焕发新生
水界面：近水回应渡槽

拱形框景 - 水幕

拱形墙：渡槽文化展示中心二层展厅承重墙
引活水：水幕展示
框景：室外观景空间

室内展厅 - 小闸楼

小楼梯：通往高处的观景平台
镂空展框：展示渡槽的过往和历史

视线通廊 - 拱墙

拱形墙：利用渡槽本身空洞的符号进行延续
通廊：视线引导 记忆展示

室外庭院 - 流水

旧渡槽：贯穿建筑场地
引活水：增强场地活力
庭院：室外忆景空间

通廊庭院 - 流水

旧渡槽：历史文化的展现
引活水：增强场地活力
小通廊：穿插联系渡槽与建筑

渠趣

归彝

参赛单位：重庆大学
参赛人员：杨斯捷　高亚男
指导老师：黄海静

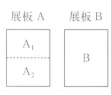

展板 A　　展板 B

■ 专家点评

　　我们经常强调"返璞"，这个作品通过"回归"来讨论外来者产生文化认同并融入地域环境的这种现象，特别符合当下的文化体验。

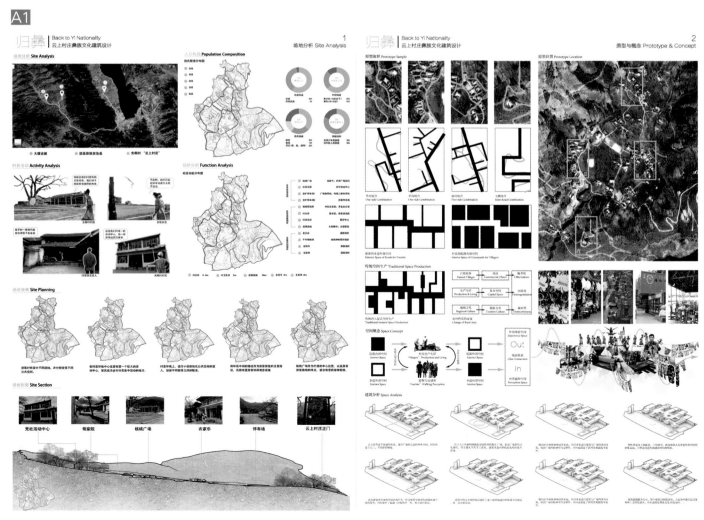

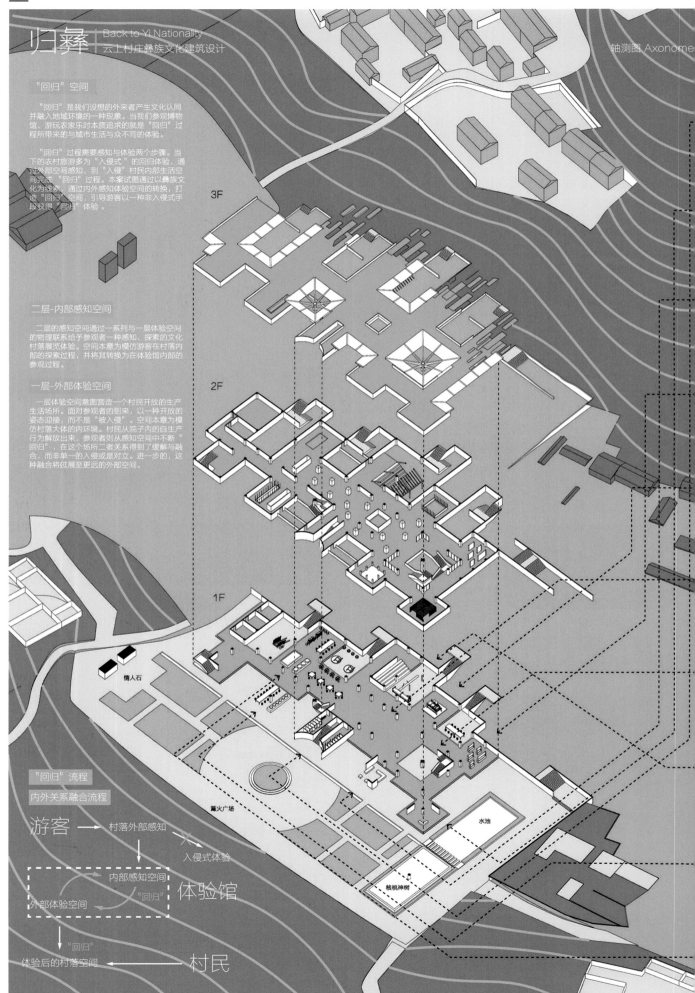

归彝 Back to Yi Nationality | 云上村庄彝族文化建筑设计

"回归"空间

"回归"是我们设想的外来者产生文化认同并融入地域环境的一种现象。当我们参观博物馆、游玩农家乐时本质追求的就是"回归"过程所带来的与城市生活与众不同的体验。

"回归"过程需要感知与体验两个步骤。当下的农村旅游多为"入侵式"的回归体验，通过外部空间感知，到"入侵"村民内部生活空间完成"回归"过程。本案试图通过以彝族文化为线索，通过内外感知体验空间的转换，打造"回归"空间，引导游客以一种非入侵式手段获得"回归"体验。

3F

二层-内部感知空间

二层的感知空间通过一系列与一层体验空间的物理联系给予参观者一种感知、探索的文化村落展览体验。空间本意为模仿游客在村落内部的探索过程，并将其转换为在体验馆内部的参观过程。

2F

一层-外部体验空间

一层体验空间意图营造一个村民开放的生产生活场所。面对参观者的到来，以一种开放的姿态迎接，而不是"被入侵"。空间本意为模仿村落大体的内外环境。村民从院子内的自生产行为解放出来，参观者则从感知空间中不断"回归"，在这个场所二者关系得到了缓解与融合，而非单一的入侵或是对立。进一步的，这种融合将延展至更远的外部空间。

1F

情人石

篝火广场

水池

核桃神树

"回归"流程

内外关系融合流程

游客 ——→ 村落外部感知 ——✕

入侵式体验

内部感知空间   体验馆

"回归"

外部体验空间

"回归"

体验后的村落空间 ——— 村民

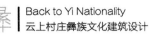

01 入口空间　精神性空间，引导参观者进入二层，是外部感知空间到内部感知空间的过渡，其余区域二层作为展览空间，一层作为卫生间。

02 文化碎片　碎片式的文化记忆空间，二层是彝族碎片小物件的感知空间，采用格栅作为小物件的载体；一层是结合体憩的文化展览空间。

03 彝族民乐　彝族民乐展示体验空间，二层是听音感知空间，不同乐器的声音通过音管到达二层；一层为演奏体验空间，供民乐演奏展示及体验。

04 扎染文化　彝族扎染文化展示体验空间，二层是扎染布料感知展示空间，扎染布料悬挂穿过楼层至一层；一层为扎染制作体验空间，布料下为不同的扎染色池。

05 服饰技艺　彝族服饰展示体验空间，二层是服饰感知展示空间，可以俯视服饰制作过程；一层为服饰制作体验空间，可以在传统纺织机器上进行操作体验。

06 图腾文化　彝族图腾文化展示空间，二层是彝族多种图腾历史物件展示空间，天光引导的图腾展示；一层为多义活动空间，一层地面出现二层的图腾符号阴影。

07 火塘文化　彝族火塘文化聚集活动空间，伞状的建筑符号转译作为空间中心起到文化符号以及聚集人群的作用，同时火塘文化空间作为上下交通空间。

08 撞油工艺　撞油工艺展示体验空间，二层为技术简介空间，还可以通过大台阶与一层工艺体验空间进行互动；一层为撞油工艺体验空间，还有现代设备与传统工艺的比较展示体验。

09 核桃文化　核桃文化展示体验空间，二层为核桃文化展示空间，透过上下连通的空间可以感受到核桃副产品加工过程，蒸汽与声音由一层传导至二层；一层则是核桃副产品生产体验空间。

 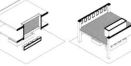 

10 村落文化　村落文化展示体验空间，二层为村史村况简介空间，同样可以透过上下连通的空间感知下部体验空间；一层是核桃副产品生产体验空间。

01 入口空间

02 文化碎片

03 彝族民乐　04 扎染文化

05 服饰技艺　06 图腾文化

07 火塘文化　08 撞油工艺

09 核桃文化　10 村落文化

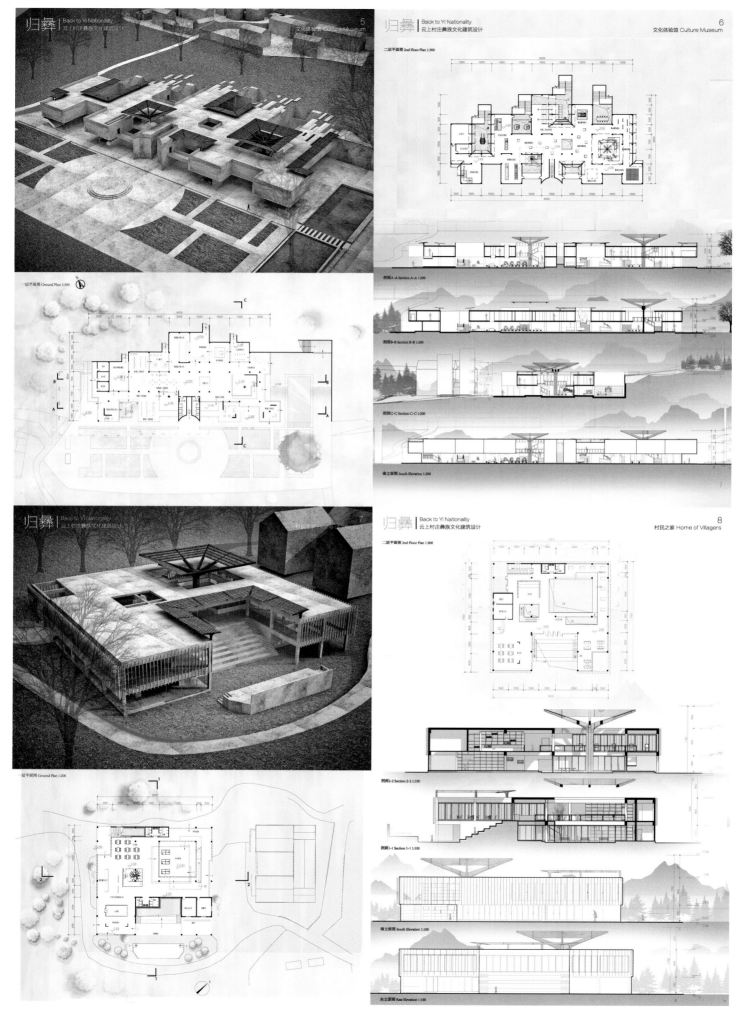

一层平面图 Ground Plan 1:300

二层平面图 2nd Floor Plan 1:300

剖面A-A Section A-A 1:200

剖面B-B Section B-B 1:200

剖面C-C Section C-C 1:200

南立面图 South Elevation 1:200

一层平面图 Ground Plan 1:200

二层平面图 2nd Floor Plan 1:200

剖面2-2 Section 2-2 1:100

剖面1-1 Section 1-1 1:100

南立面图 South Elevation 1:100

东立面图 East Elevation 1:100

聚合反应
—— 学堂与社群的共生

参赛单位：福建工程学院
参赛人员：谭　龙
指导老师：杜柏良　余志红

■ 专家点评

　　这个作者从"教育"的角度对题目进行推演，聚焦了教育用地的扩张对原本居民生活用地的挤压，使"学生"和"居民"这两个社会群体，发生"聚合反应"。

A1

聚合反應 Polymerization
學堂與社群的共生

墙 传统意义上的**隔绝与孤立**
人 即使是两个对立的的群体也应该被赋予**融合交互**的机遇
设计将致力解决当代中国在教育用地大幅压缩居民生活用地后的**容积率**问题以及打破两个不同社会群体之间的"柏林围墙"使得原本相互矛盾且独立的两个社会群体发生交互的可能 让一切故事有机会展开 设计从建筑可持续发展的角度探索未来建筑发展的可能性和建筑生长的必然性构建了一个具普遍**适应性**的建筑载体 旨在从现在的生活去提炼现有的建筑空间原型 畅想构建未来建筑载体的基本原型

此设计犹如**催化剂**一般 使得两个不同的社会群体（学生及居民）发生聚合反应

SITE PLAN

地块区位

福建省福州市马尾区是福建船政学堂发源地 船政学堂创办于1866年，是中国第一所近代海军学校，也是中国近代航海教育和海军教育的发源地。但随着时间的推移，船政学堂的历史印记被磨灭，取而代之的是新兴发展的工业。

如今中国教育发展迅速，船政学堂得到复兴，新中国的教育发展迅速，教育用地扩张。本设计讨论了中国教育建筑发展所面临的问题及未来教育建筑形式的趋势。

船政学堂规划地块

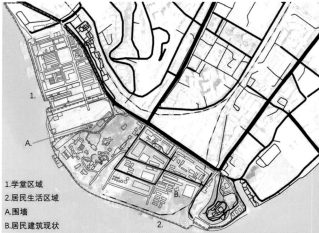

福建省区位图　　　　福州市纹理

1.学堂区域
2.居民生活区域
A.围墙
B.居民建筑现状

地块问题提出

问题一：

传统建筑布局经历不同时期变更加建，使得容积率不断增高，居住活动空间拥挤，街道狭窄。

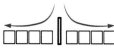

低层高容积率　　　　高层低容积

问题二：

不同的两个社会群体（学堂使用者和生活居民）使用空间被一道墙隔离形成两个相互孤立区域。

隔离/孤立　　　　融合/共生

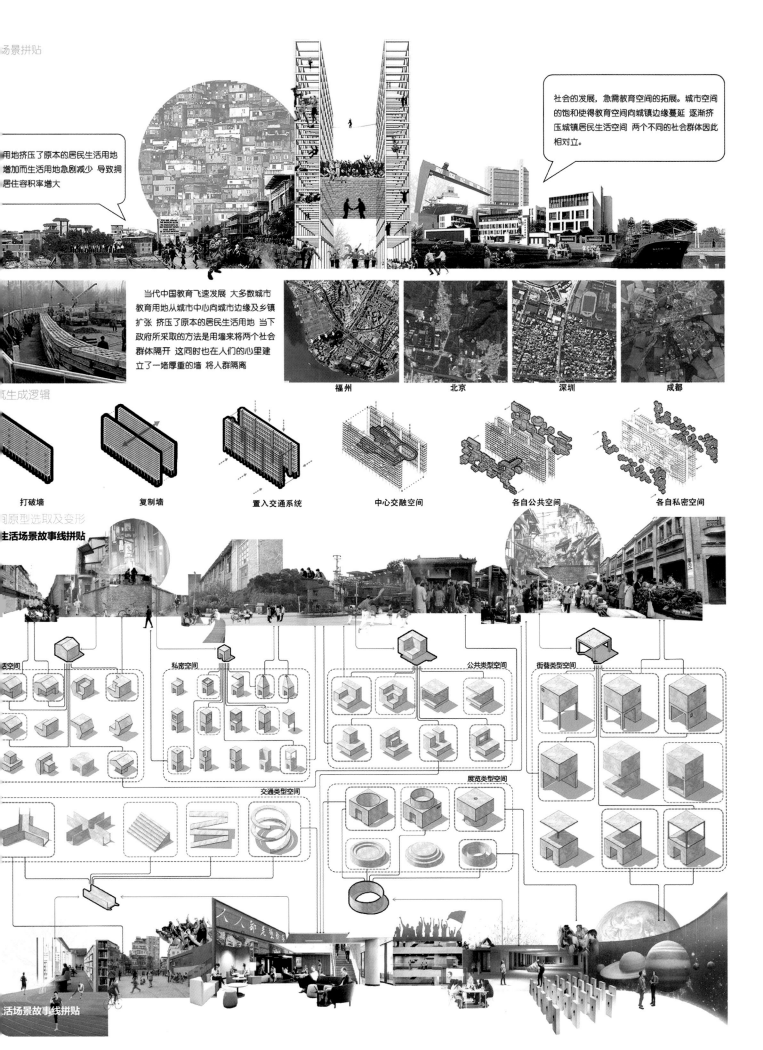

场景拼贴

用地挤压了原本的居民生活用地
增加而生活用地急剧减少 导致拥
居住容积率增大

社会的发展，急需教育空间的拓展。城市空间
的饱和使得教育空间向城镇边缘蔓延 逐渐挤
压城镇居民生活空间 两个不同的社会群体因此
相对立。

当代中国教育飞速发展 大多数城市
教育用地从城市中心向城市边缘及乡镇
扩张 挤压了原本的居民生活用地 当下
政府所采取的方法是用墙来将两个社会
群体隔开 这同时也在人们的心里建
立了一堵厚重的墙 将人群隔离

福州　　　北京　　　深圳　　　成都

生成逻辑

打破墙　　复制墙　　置入交通系统　　中心交融空间　　各自公共空间　　各自私密空间

原型选取及变形

生活场景故事线拼贴

活空间　　私密空间　　公共类型空间　　街巷类型空间

交通类型空间　　展览类型空间

活场景故事线拼贴

Cave 洞
天光圈书馆

基神天光通过建筑顶部天幕西向室内，为居民及学生提供了一个宁静的输入空间。体量分为三部分：顶层宣外活动空间 中層圖书館及藏书自习空间 底层开敞半室外社交空间。

Loop 环
环形体闲公园

环形运动场为居民和学生提供了室外休闲运动的融合场所。穿插在两方生活区域成为两个不同的社会群体重要的交互场所，促进彼此的了解及活动的发生。

Tube 管
管状组合工作室

管状组合的工作室空间提供给学生及居民以组为单位的小型工作室空间 供制造打样。此中心空间为学生及居民交互智习工作的共融输入空间。

Pad 板
融合办公室

居民及学生重要的融合生产场所。学生在融合办公室中完成步入社会前的预演，同居民一起参与国政相关产业链的生产 与入市从中取经验，同时为居民提供相关就业，两个看似相互矛盾的对立社会群体再次完成精神与物质得融合。

Slope 坡
会展厅

以坡退为空间原型的会展空间为居民及学堂使用者提供了船政文化宣讲及生产链终发布展示的融合性空间。完成功能空间的同时吸引更多人群了解船政文化。

中心叙事空间场景

建筑拆分图

空间元素结构组合
1.居民私人空间 2.居民公共空间 3.活动广场 4.基础交通框架 5.学生公共空间 6.学生私人空间

中心叙事空间
a.坡道会展厅 2.船政融合办公室 3.环形休闲运动场 4.管状工作室 5.图书馆

五个中心叙事空间同时是两个不同社会群体相互交融的空间。学生经历五个共融空间后完成从学校步入社会的经历而居民从这五个共融空间中了解学生群体的生活同时与学生互补共同完成生产活动。

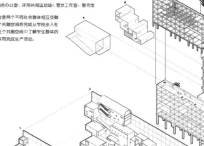

Plan

Section

Elevation

建筑场景剖透
1.底层集市广场
2.生活盒
3.学生教育盒
4.平板办公室
5.室外小总表演平台
6.学生休息空间
7.讨论博弈空间
8.环形休闲公园
9.健身空间
10.运动场

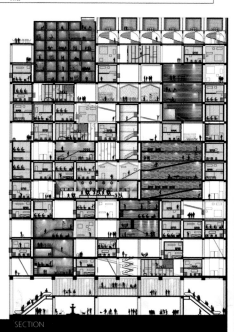

SECTION

聚合反應 Polymerization
學堂與社群的共生

建筑生成逻辑

一 框架的建立—普遍适应性的可持续建筑载体（运用 Rhino Grasshopper 参数化软件 构造适应地形生成框架结构）

二 空间原型的提取—从当地生活空间中具有当地特点的空间原型 变化及重组形成适应当代教育建筑的私人空间 公共空间及融合空间

三 轴的转变—平面布局规划学生及居民的活动空间规划并将横向的轴线布局转变为竖直向布局

四 共生叙事空间的置入—从当地现有空间里归纳的空间原型进行现代化空间设计符合现代学生及居民公共活动的需求

1.Cave 洞（天光图书馆）— 2. loop 坡（环形休闲公园）— 3. Tube 管（组合工作室）— 4. Pad 板（融合办公室）— 5. Slope 坡（会展厅）五个融合共生空间让学生经历五个共融空间后完成从学校步入社会的经历而居民从这五个共融空间中了解学生群体的生活同时与学生互补共同完成生产活动

PLAN 1:300

建筑平面图

PLAN 1:300

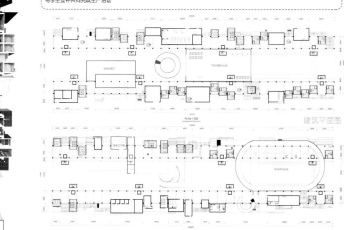

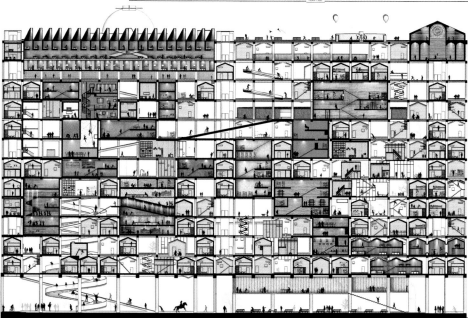

转·光

参赛单位：山东农业大学
参赛人员：王中一　杨志戈　冶成志　杨淑宝
指导老师：赵　武　周　波

展板 A　展板 B

A

■ 专家点评

它非常简单，但有冲击力。用简单的东西做出有味道的空间，突出一种意境，能快速把人抓住。

B

轉·光

青海湖海心山修行塔設計 貳

风沙飞逝佛光永驻

南立面图 1:500
西立面图 1:500
地下一层平面图 1:500
一层平面图 1:500
屋顶平面图 1:500

·生態寶瓶與可持續

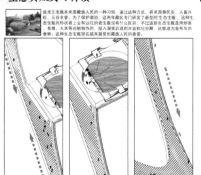

放龙王宝瓶本来是藏族人民的一种习俗，通过这种方式，祈求国泰民安、人畜兴旺、五谷丰登。为了保护湖泊，这将年藏区专门研发了新型的生态宝瓶。这种生态宝瓶的形状看上去和以往的藏宝瓶没有什么区别，不过这种生态宝瓶是用特殊的青稞、大麦等谷物制作的，投入湖里后遇到水会软化分解，还能成为鱼和鸟的食物，这种生态宝瓶现在越来越受到藏族人民的喜爱。

人们将自己的愿望写在宝瓶中带来海心山祈福敬礼。

聚集起来的人群将带着希望沿水道流入青海。

宝瓶承载着希望沿水道流入青海，宝瓶解体为饲料造福湖中生灵。

·佛性與建築體風化

自然風化

在人们的固有认知中，第一直是是高高在上的，人们都对其怀着崇敬、膜拜和仰望的态度，而这种概念在现代社会正逐步发生改变。

·六字箴言與四大空間

唵

嘛呢

叭咪

吽

展板 A 　展板 B

A₁

A₂

B

触碰历史
—— 鼓浪屿游客中心设计

参赛单位：同济大学
参赛人员：曹伯桢
指导老师：王 一 　孙澄宇 　李翔宇

A1

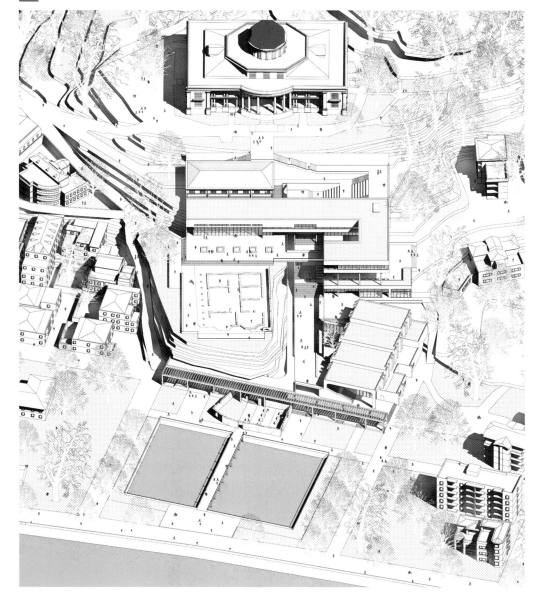

■ 专家点评

　　这个项目特别符合文化建筑的设计主题，从历史、文化、社区和游客的角度，建立了新的游览路径，创造了更加人性化的旅游体验，同时也营造了丰富的社区场所。

触碰历史 | 鼓浪屿游客中心设计

新游客中心通过新游览路径，建立了旅...

鼓浪屿需要新的游客中心

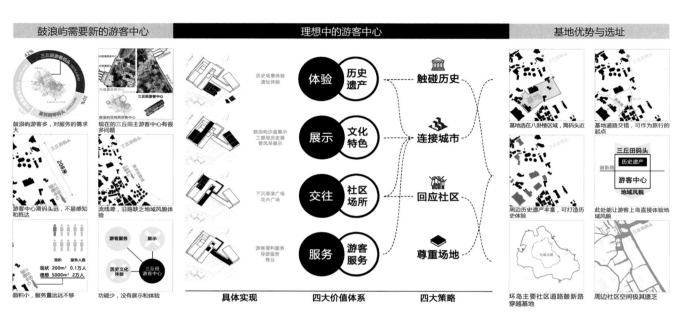

鼓浪屿游客多，对服务的需求很大

游客中心离码头远，不易感知和抵达

现在的三丘田主游客中心有很多问题

流线差，沿路缺乏地域风貌体验

	面积	服务人数
现状	200m²	0.1万人
理想	5000m²	2万人

面积小，服务量远远不够

功能少，没有展示和体验

理想中的游客中心

历史场景体验 遗址体验 — 体验 + 历史遗产 → 触碰历史

鼓浪屿沙盘展示 工部局历史展 管风琴展示 — 展示 + 文化特色 → 连接城市

下沉表演广场 花卉广场 — 交往 + 社区场所 → 回应社区

游客便利服务 导游服务 商业 — 服务 + 游客服务 → 尊重场地

具体实现　　四大价值体系　　四大策略

基地优势与选址

基地选在八卦楼区域，离码头近

基地道路交错，可作为旅行的起点

周边历史遗产丰富，可打造历史体验

此处能让游客上岛直接体验地域风貌

环岛主要社区道路鼓新路穿越基地

周边社区空间极其匮乏

三丘田码头
历史遗产
游客中心
地域风貌

历史遗产图

东方鱼骨艺术馆

笔山小学

策略三 | 回应社区

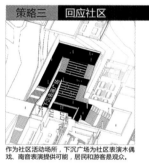

作为社区活动场所，下沉广场为社区表演木偶戏、南音表演提供可能，居民和游客是观众。

社区平台提供活动场所，平时用于茶饮体验。

下沉广场为社区表演木偶戏、南音表演提供可能。

鼓新路是社区居民出行主要道路，穿越了新建筑，给社区场所的塑造提供可能。

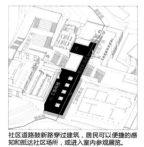

社区道路鼓新路穿过建筑，居民可以便捷的感知和抵达社区场所，或进入室内参观展览。

社区平台提供活动场所，平时用于花间饮茶体验。

策略四

一系列平台解决场地... 时为新游览路径提供... 体验。

建筑采取折叠的交通流线。

展览　工部局遗址　餐厅

结合历史遗产创造了新体验；营造社区场所并提供游客服务。 **1**

让游客一上岛就能体验地域风貌

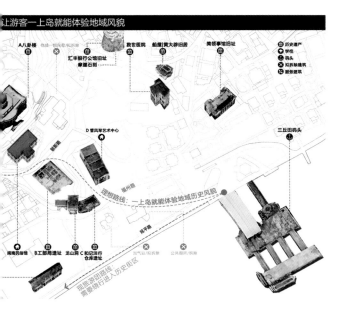

A 八卦楼
汇丰银行公馆旧址
摩崖石刻
救世医院
船屋
黄大辟旧居
美领事馆旧址

🏛 历史遗产
🏫 学校
⚓ 码头
❌ 知不保留建筑
🏛 服务建筑

D 管风琴艺术中心

三丘田码头

福州路
漫旅路线——上岛就能体验地域风貌

海坛民俗馆
B 工部局遗址
龙山洞
C 和记洋行仓库遗址

现旅游团路线
需要绕行进入历史街区

晃岩路

加水站/拆除点
公共厕所/拆除

客服务

融入山体 | 尊重历史建筑 | 流线功能

小建筑体量，将建筑体量埋入山，同时利用旧建筑面积，提供功能。

控制建筑高度不阻挡视线。保证八卦楼作为鼓浪屿标志可以被全岛看到。

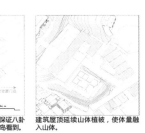

建筑屋顶延续山体植被，使体量融入山体。

风琴艺术中心的日常放映和鼓浪屿型为游客提供第一感受。一二层为务，五层为展览。

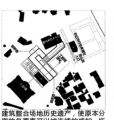

建筑整合场地历史遗产，使原本分离的各要素可以被连续的感知、抵达和体验。

建筑面积数据。

策略一　连接城市

新游览路线 | 社区路线穿越 | 室内外交织

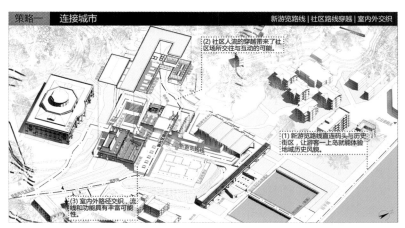

(2) 社区人流的穿越带来了社区场所交往与互动的可能。

(1) 新游览路线直连码头与历史街区，让游客一上岛就能体验地域历史风貌。

(3) 室内外路径交织，流线和功能具有丰富可能性。

策略二　触碰历史

遗址入口 | 遗址展示

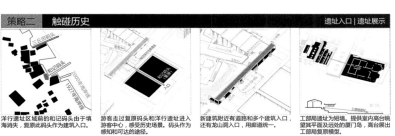

洋行遗址区域前的和记码头由于填海消失，复原此码头作为建筑入口。

游客走过复原码头和洋行遗址进入游客中心，感受历史场景。码头作为感知和可达的途径。

新建筑附近有道路和多个建筑入口，还有龙山洞入口，用廊道统一。

工部局遗址为短墙，提供室内高台眺望其平面和远处的厦门岛，高台展出工部局复原模型。

和记码头和洋行遗址成为游客中心有历史体验性的入口。

站在室内高台眺望工部局平面及远处的厦门岛。

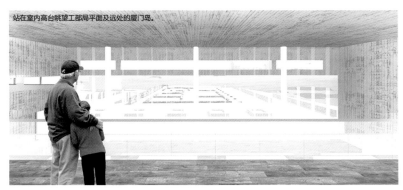

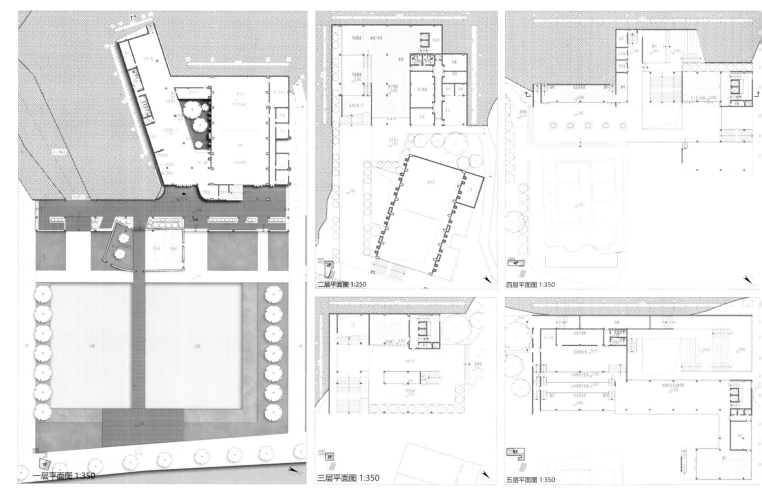

一层平面图 1:350

二层平面图 1:350

四层平面图 1:350

三层平面图 1:350

五层平面图 1:350

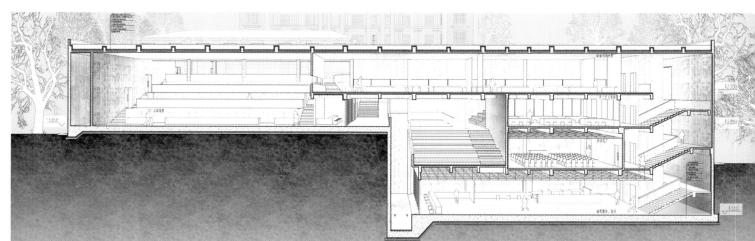

B-B 剖透视 1: 200

A-A 剖透视 1:200

THE FIFTH SESSION

2019

优秀奖（120 项）

VILLAGE-MULTIPLE · MULTIPLE
浮 渔排单元的重构组合对社区空间的适应与更新

01

随着海洋资源的日益紧张，渔业养殖成为海洋产业中的一大支柱。在中国的东南沿海，存在着许多这样的海上养殖聚落。随着城乡差距的加大和渔产需求的增加，渔民开始扩大养殖规模并长期居住在海上，但是由于海上地理因素的限制，渔产业由于资源的匮乏，致使不能满足渔民的现代化生活需求，这对海上聚落的更新提出了要求。设计针对渔民生活的真正需求，对于废旧的海上渔排进行改造和更新，植入海上社区，使得渔民能在海上满足现代化生活需求，打造渔民主体视角下的海上浮城。

区位分析 Location analysis
现状分析 Analysis of the situation
问题提出 Problem posing
设计策略分析 The design strategy analysis
保留场所原真性 Retain the original true

浮城
—— 渔排单元的重构组合对社区空间的适应与更新

参赛单位：福建工程学院
参赛人员：李世文　翟　洋　林鸿彬　李玮玲
指导老师：扈益群　赵　颖

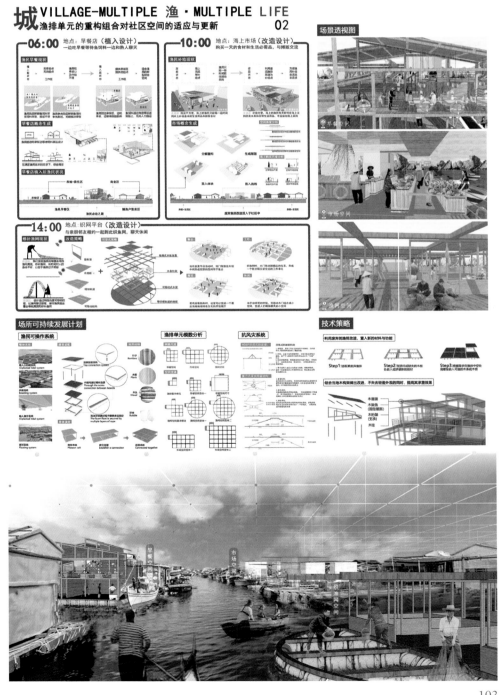

Site analysis | 基地分析

Geographical location analysis 区位及其周边分析

·区位概况
本次设计选址为太湖县天华镇养老院，该区域周边村落布置如图所示，沿花亭湖水岸依次排布。

·教育服务设施分布情况
全县共有中、小学共9所，在县区中心黄镇村分布较为密集。据调查数据显示，当地小学义务教育率达到100%，但普遍缺少小学之前的学前教育。

·基地周边人口分布概况：
其中，与场地所在村落相邻的村庄依次为合铺村、李杜村和横路村，人口总量达到10203人，其中老人约为1836人，儿童为510人，外出务工人员为3469人。

·存在问题：
①基地所在村落老龄化现象越来越严重，与此同时随着外出务工人员增加，导致村中留守儿童数量激增。
②基地周边现存有一所天华镇横路小学，未设幼儿园等公共教育设施，该区域儿童教育问题亟待解决。

Site internal analysis 基地内部分析

基本分析 / 功能布局

·养老院现状及规模：
供大于求，老人均为60-80岁孤寡老人，建设时预计容纳50人，现居住老人46人。

·时空的演变：
该场所曾为当地中学，其中久存在校友。

·存在问题
①老人居住空间日照通风等环境较差。
②老人娱乐活动单一，简单粗略的地形高差处理存在安全隐患。
③简单粗略的地形高差处理存在安全隐患。

访谈结论：老人和年比自己年轻的同伴交流的需求得不到满足。

Service object analysis 周边产业及城里游子意愿分析

·当地产业现状

产业类型	产业规模	村民参与程度
旅游产业	大	较低
竹、木、石英石产业	中	一般
豆制品加工产业	小	一般
茶产业	小	较高
板栗、柑橘、建内等交易	小	较高

·调查问卷

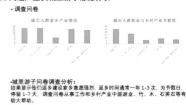

城市人群返乡产业情况 / 城市人群职业与乡村产业关联度

·城里游子问卷调查分析：
结果显示他们返乡建家乡意愿强烈，返乡时间通常一年1-3次，为节假日，停留1-7天，调查问卷从事工作和乡村产业中旅游业、竹、木、石英石等有较大帮助。

·总结：
根据以上数据可得城里游子的加入可对乡村旅游业、竹、木、石英石产业及茶产业具有较大帮助，对于今后方案中加入新元素的选择方面具有一定的参考价值。

Regional analysis 地域性元素分析

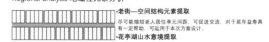

·老街—空间结构元素提取
尽可能缩短老人居住单元的距离，可促进交流，对于延年益寿具有一定帮助，可运用于本次方案设计。

·花亭湖山水意境提取

Conceptual analysis | 概念分析

Problem posing 问题提出

随着城市化进程的加快和乡村要素的流动，如本次设计由乡村公共服务设施改造成福利设施的现象已屡见不鲜，而这类改造往往会造成乡村进一步凋化等恶性循环。单一的福利设施已经无法满足乡村中老人、青年与儿童的基本需求，只会进一步加速乡村公共设施的瓦解，因此本次设计旨在通过利用老人、青年与儿童良性互动的可能，通过场地规划在满足不同人群需要的同时，促进乡村振兴。

老年人——养老院
基本生活需求＋陪伴＋自我价值

留守儿童——幼儿园
生活学习需求＋陪伴＋品质树立

青年人——城乡交流驿站
生活工作空间＋灵感＋自我价值

Conpect generation 概念提出

从三类人群日常作息轨迹关系出发组织基本空间流线，形成三者之间你中有我，我中有你的空间关系，实现良性循环的可能。

三类人群交往主动性：

青年人作为三类之中活跃度最高的人群，在日常生活中主要对老人和儿童起管理和照料的职责，当节假日儿童青年返乡时，青年人可作为老人与儿童之间积极互动的催化剂。

陌生人群之间交往模式分析：

相离 / 部分相交 / 逐渐交融

上述关系符合两类陌生人群从陌生到熟悉所需经历的几个过程。本次课程设计决定通过对儿童与老人的日常行为轨迹进行设计，结合建筑空间，重新规划两者之间若即若离的几个状态符合右图所示的顺序，促进老人与儿童从陌生到彼此知根，由此形成良性循环。

Project generation | 方案生成

Organization space form 点＋环组织空间的手法选择

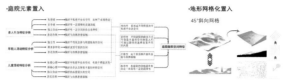

·庭院元素置入 / **·地形网格化置入** 45°斜向网格

·整体体块生成

·置入三类人群功能体块及各个公共庭院，以中心庭院为核心嵌套三个庭院，其间廊道交错，嵌套更小的庭院空间。

·平面流线生成

儿童 / 老人 / 青年

·根据场地中间低弯边真的特点，左侧连廊微遵当抬升，并逐渐降至主庭院内；右侧结合无障碍设计置入延续庭旋向的坡廊。

·三类人群及公共区域平面生成

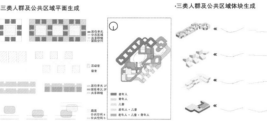

居住单元 / 公共空间 / 活动室

青年人 / 老人 / 儿童 / 老人＋儿童＋青年人 / 居住 / 公共活动空间

·三类人群及公共区域体块生成

·置入面状空间，或贯通一层连廊，或连接不同高度的连廊或面与面之间交叠；在中部庭院置入椭圆形弧墙，庭院空间更加完整。

通过对比老年人、青年人与儿童的日常作息轨迹可看出青年人在日常大部分时间对老人和儿童的活动不做过多干涉和打扰，只在必要的就餐等时间产生交集。而儿童与老年人之间的行为轨迹甚若即若离的关系。

生命的演化 I EVOLUTION OF LIFE

——太湖县天华镇养老院综合设施规划设计

PLANNING AND DESIGN OF NURSING HOME FACILITIES IN TAIHU COUNTRY TIANHUA TOWN
ARCHITECTURE AND THE EVOLUTION OF TME AND SPACE

本次设计聚焦乡村空心化背景下的学校类服务设施演变为功能单一的养老建筑这一现象造成的需求问题。选址于安徽省安庆市太湖县天华镇养老院(原为李杜中学)，旨在通过重新规划满足场地留守儿童、老人的需求，同时利用场地独有的"乡愁"这一场所精神，提供年轻人创业工坊，为城里游子提供返送多一展安居的机会，利用先置带动产后实现乡村发展，促进缩小城乡差别。

本次设计从分析儿童、青年、老年人三种人群的日常行为规迹入手，使三者达达成陌生到熟悉的正向发展。方案采用"点+环"的空间组织手法，以庭院为核心，将针对区域内三类人群的不同功能体块组合嵌套，形成三者时间良性循环，满足三类人群的不同需求，由此实现上述促进乡村发展的目的。

在形体意象方面，本次设计采用双层建筑表皮的设计手法，既将场地地域性山水意象融于建筑形式，同时对建筑周边场地微环境具有一定的调节作用，使形式与功能统一。

生命的演化
—— 太湖县天华镇养老院综合设施规划设计

参赛单位：合肥工业大学
参赛人员：石纯煜
指导老师：苏剑鸣

Hodgepodge 大杂烩

——基于菜场改造的城乡接合部社区公共空间营造 ①

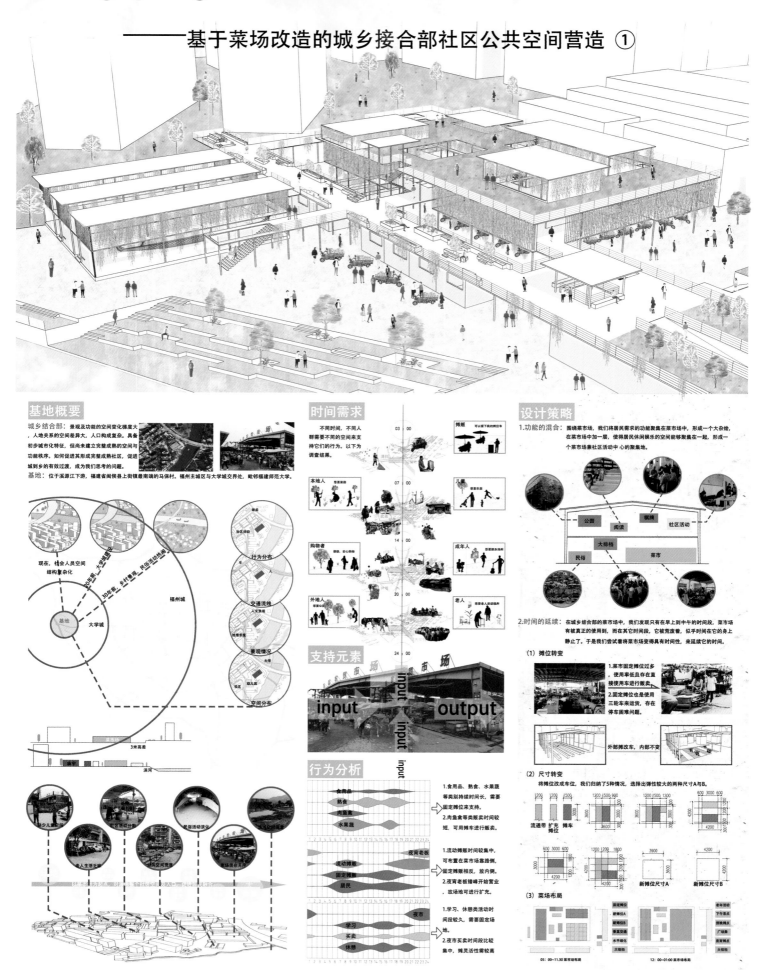

基地概要

城乡结合部：景观及功能的空间变化梯度大，人地关系的空间差异大，人口构成复杂。具备初步城市化特征，但尚未建立完整成熟的空间与功能秩序。如何促进其形成完整成熟社区，促进城乡的有效过渡，成为我们思考的问题。

基地：位于溪源江下游，福建省闽侯县上街镇最南端的马保村。福州主城区与大学城交界处，毗邻福建师范大学。

现在，社会人员空间结构复杂化
30年前，乡村景观 民俗活动热闹

福州城
大学城
基地

行为分布
交通流线
人文建设
景观情况
空间分布

3米高差

时间需求

不同时间，不同人群需要不同的空间来支持它们的行为。以下为调查结果。

03:00
07:00
14:00
20:00
24:00

本地人 想要菜市场
购物者 便捷，安心购物
外地人 想要公园
儿童 想要乐园
成年人 想要娱乐休息
老人 想要老人活动场地

摊贩 可以卖下我的摊位车

支持元素

input output input

行为分析

食用品
熟食
肉鱼禽
水果蔬

1.食用品、熟食、水果蔬等类别持续时间长，需要固定摊位来支持。
2.肉鱼禽等类贩卖时间较短，可用摊车进行贩卖。

流动摊贩
固定摊贩
居民

1.流动摊贩时间较集中，可布置在菜市场泵路侧，固定摊贩相反，放内侧。
2.夜宵老板错峰开始营业，故场地可进行扩充。

学习
买卖
休憩

1.学习、休憩类活动时间较久，需要固定场地。
2.夜市买卖时间段比较集中，摊位活性需较高

设计策略

1.功能的混合：围绕菜市场，我们将居民需求的功能聚集在菜市场中，形成一个大杂烩，在菜市场中加一层，使得居民休闲娱乐的空间能够聚集在一起，形成一个菜市场兼社区活动中心的聚集地。

公园 阅读 棋牌 社区活动
民俗 大排档 菜市

2.时间的延续：在城乡结合部的菜市场中，我们发现只有在早上到中午的时间段，菜市场有被真正的使用到，而在其它时间段，它被荒废着，似乎时间在它的身上静止了。于是我们尝试着将菜市场变得具有时间性，来延续它的时间。

（1）摊位转变

1.菜市固定摊位过多，使用率低且存在直接使用者进行贩卖。
2.固定摊位也是使用三轮车来运货，存在停车困难问题。

外部摊改车，内部不变

（2）尺寸转变

将摊位改成车位，我们归纳了5种情况，选择出弹性较大的两种尺寸A与B。

流通带 扩充摊位 摊车 新摊位尺寸A 新摊位尺寸B

（3）菜场布局

固定摊位 新摊位A 新摊位B 垂直绿化 水平绿化 大排档
菜摊道具 下午夜品 营业摊位 广场道具 夜宵摊位

05：00-11:30菜市场布局   12：00-01:00菜市场布局

Hodgepodge 大杂烩
—— 基于菜场改造的城乡接合部社区公共空间营造

参赛单位：福建工程学院
参赛人员：汤文峰　林燕辉
指导老师：陈永乐

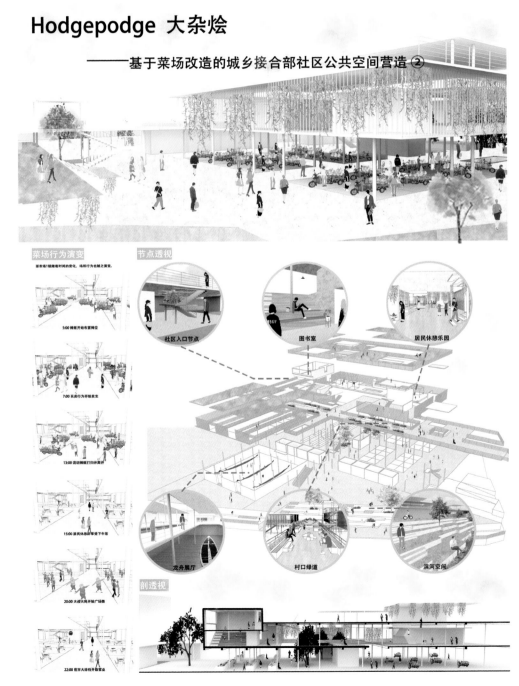

Hodgepodge 大杂烩

—— 基于菜场改造的城乡接合部社区公共空间营造 ②

棉厂俱乐部的过去与未来 1
Past Life and Future of Cotton Factory Club
——自发-自生长-自运行的俱乐部活
Spontaneous, self-growing, self-running club space

基地及周边居民数据统计分析

● 年龄占比

当地经济落后，工作岗位较少，导致地块附近居民青壮年较少，老人居多。空巢现象使当地的人口结构失衡，老龄化程度较大，与周边快速发展的社会背形。

● 邻里间活动交往

恩愿意尝试新鲜事物的人占比较少，并以青壮年为主，老年人更愿意安于现状，因此推测地块附近居民形成一个独有的社交圈，在圈内生活的他们与外界有所隔绝。这种现象造成地块所处基地与其周边具有隔离性，在现代城市快速发展的背景下，当地居民的生活观念与生活形式已充对落后于城市发展区。

● 是否还有事情做

区位历史及影响因素分析

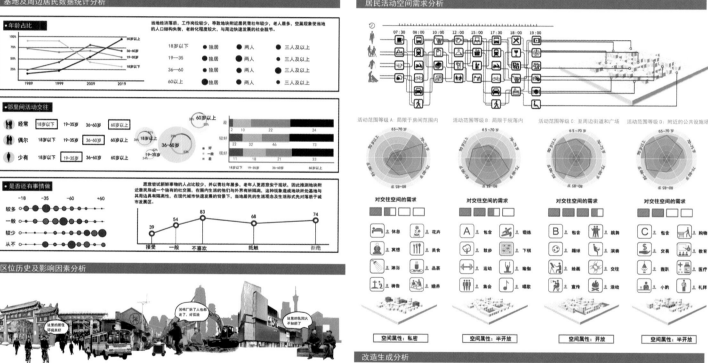

随着时代的变迁，国棉一厂就有了昔日的辉煌，随着员工们的慢慢变老国棉一厂也渐渐走向了衰败。厂房被拆，唯一保留下来的仅有为数不多的几栋家属楼和这里的俱乐部。随着时间的推移人们对国棉一厂的记忆也开始渐渐流逝。

居民活动空间需求分析

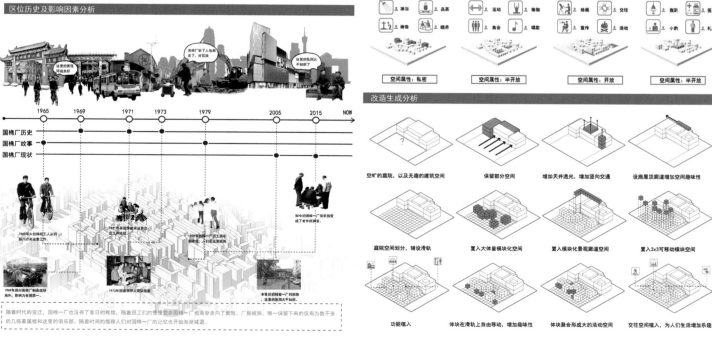

活动范围等级 A: 局限于房间范围内　　活动范围等级 B: 局限于院落内　　活动范围等级 C: 至周边街道和广场　　活动范围等级 D: 附近的公共设施场所

对交往空间的需求　　对交往空间的需求　　对交往空间的需求　　对交往空间的需求

| 空间属性: 私密 | 空间属性: 半开放 | 空间属性: 开放 | 空间属性: 半开放 |

改造生成分析

空旷的庭院，以及无趣的建筑空间　　保留部分空间　　增加天井透光，增加竖向交通　　设施屋顶廊道增加空间趣味性

庭院空间划分，铺设滑轨　　置入大体量模块化空间　　置入模块化景观廊道空间　　置入3x3可移动模块空间

功能植入　　体块在滑轨上自由移动，增加趣味性　　体块聚合形成大的活动空间　　交往空间植入，为人们生活增加趣味

国棉一厂俱乐部的过去与未来

参赛单位：华北水利水电大学
参赛人员：赵智杰　郭星秀　田博文　杨璧沅
指导老师：刘杨夏溪　刘静霞

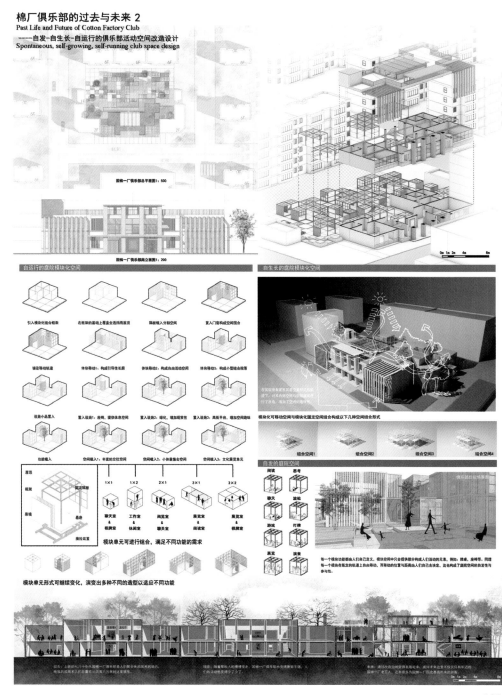

"作家通过改变和伪装而软化了他的利己主义的白日梦的性质,他通过纯形式的------亦即美学的-------乐趣取悦于我们,向我们提供了这种快乐是为了使产生于更深层次精神源泉中的快乐的更大的释放成为可能。"——弗洛伊德

[1] 欲望森林——置换内外功能的重庆茶馆设计

a. 欲望理论:生命的本能

弗洛伊德认为完整的人格结构由3大系统组成,即本我、自我和超我。并且他把人生的本质看作是软驱。在他看来人的本能中包含着"原始的冲动"。它是精神生活的主要内容,方法种冲动在潜意识中时时在寻求发展,这便是"本我"。于此同时完整的人格能够从本身有效地满足各种欲望以满足人的基本需要和欲望,反之当他对大系统难以协调、相互冲突,欲望无法合理发展,人就会处于非生常状态、内外交困并且,本能在意识领域中的重要释放处是一种"升华"的力量。它成为了人类一切精神活动的源泉,为人类心灵所创造的最高的文化、艺术与社会成就做出了最大的贡献。

b. 茶馆—多彩的微观世界

"公共空间和公共生活是地方文化的强烈表达。"在20世纪前半页,川渝地区几乎每条街都有茶馆。没有任何一个公共空间像茶馆那样与人们的日常生活密切相连,茶馆为城市居民生活方式的一个真实写照。同此,茶馆实际上是一个微观世界,同时是一个复杂的社会舞台。提供像如聊天、消遣、娱乐等休闲活动。但是茶馆远远超出其休闲功能,"大那分生意都在茶馆成交"。它不是一个工作的场所和地方文化的舞台。社会上形形色色的人汇集在茶馆之中,排解自己的需求,同时创造出丰富多彩的日常文化。

c. 对茶馆内外功能的直接置换

茶馆所体现的地域文化在现代化快速发展的情况下逐渐屈居一隅。但是在进行复兴的时候却不可避免地采取以主流文化追随下的工具。为了从根源上复兴茶馆所蕴藏的地域文化背景的特性,再现其公共生活和文化现象,将茶馆的表象功能一喝茶提出了两种转为内能的基础,成为联系的纽带。而茶馆深层次的内在功能一排解需求,提供地域文化活动场所的直接提取出来,成为整个设计探讨的关键命题。

[2] 基地选址与沿革——重庆交通茶馆

Cheng Xing, China

| 1947年 | 1950s | 1990s | 1987年 | 1991年 | 2005年 | 2005年 | 2017年 |

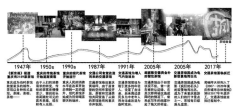

[3] 方案体块生成

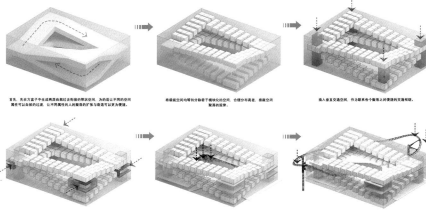

首先,先在方盒子中生成两层自然穿过去布满的带状空间,为的是让不同的空间属性可以自然的过渡,让不同属性的人的聚落的扩散与聚落可以互为便捷。

易装套空间均等切分除若干模块化的纯空间,合理分布吊高差,堆叠空间聚落的延伸。

插入省直交通框架,作为联系各个聚落之间便捷的交通框架。

丰富多直观超间面空间,插入观景平台,提供一个大的活动平台。

在内部架空区区域,插入:戏台、中庭、市场等特色活动空间,作为活动的衔接。

插入重庆特色的缆车,作为贯穿整个空网的具象化的纽带。

[4] 地域性要素体现

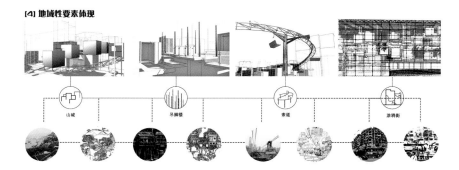

山城　　　吊脚楼　　　索道　　　涂鸦街

[5] 缆车——区域特色游览路径

建筑外立面的观赏与高空缆车的体验 ▲

内部建筑秩序与人群活动的游览 ▲

摆龙门阵与表演场地的游览 ▲

外部涂鸦街的观赏 ▲

欲望森林
—— 置换内外功能的重庆茶馆设计

参赛单位：苏州科技大学
参赛人员：凌子涵　胡晨念　陈力哲　陆毅涵
指导老师：刘皆谊

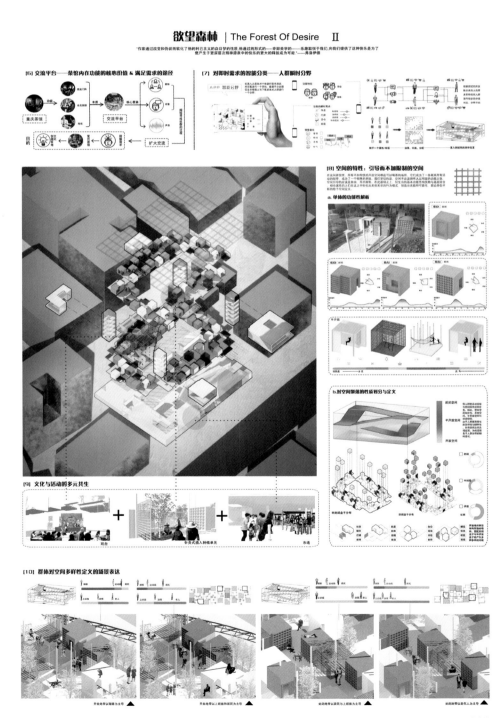

船上拾光
TIME ON THE BOAT
基于场所变化下的女山湖渔民之家游客体验中心设计

1

设计背景 Background

Problem

■ **经济发展矛盾**
the problem of economic development

2015　2017　2019

2017年以前女山湖镇以捕鱼业为主，为适应经济发展需求政府其规划为特色旅游小镇以带动当地经济，严令禁止女山湖捕鱼，现渔船均被废弃，一片萧条。

■ **生活方式变化**
the problem of life style

2015　2017　2019

几代人以打渔为生，且年会打渔，年轻人上大学也选择跟水产业相关的专业，为的是学成归来为家乡服务。但由于政策的变化，原先的打渔为生的生活方式不得不发生转变中青年外出打工。而老渔民由于学习能力差，失去谋生技能且不愿离开生活的一辈子的渔船，依旧暂居在渔船上。

■ **地域文化流失**
the problem of the loss of regional culture

2015　2019　2019

当地关于水产品文化、捕鱼文化已大量流失，捕鱼业被明文禁止，卖水产品的店面也全部关闭，青壮年外出务工，乡镇呈现空心化老龄化。

Solution

游客

当地渔民　　当地政府

女山湖传统文化

设计说明

随着城市化和新农村的建设，女山湖的许多村庄被荒废，旅游开发对渔民的限制，以前的渔村不复存在，居民也不得不搬离自己的渔船，城市化与传统的生活方式产生了矛盾。因此建造一座渔民之家，以解决渔民的生活问题，同时与旅游开发相结合。

结构分析 Construction Addptability

外围护墙 exterior wall
感应式表皮 irritability epidermis
钢结构框架 steel frame
玻璃幕墙 glass curtain wall
木地板 wood floor
楼板 floorslab
梁柱框架 beam and column construction
楼板 floorslab
固定框架 frame for fixation
浮筒 floatation platform

新旧对比 Old and New

Old

New

1
2
3

总平面图 Plan 1:1000

N

拼接途径：
a.榫卯　b.液压铰链　c.月牙锁

拼接方式：

① 运用榫卯、月牙锁拼接
step 1　　step 2 去掉护板
step 4 锁上月牙锁固定　　step 3 榫卯咬合

② 运用液压铰链、月牙锁拼接

网格生成 Grid Research

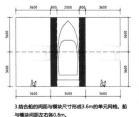

剖透视 Section

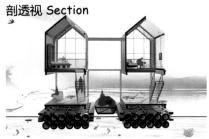

1.根据船的尺度确定间距　2.根据人和家具的尺度确定模块　3.结合船的间距与模块尺寸形成3.6m的单元网格，船与模块间距左右各0.8m。

船上拾光
—— 基于场所变化下的女山湖渔民之家游客体验中心设计

参赛单位：合肥工业大学
参赛人员：廖宜莉　刘晓晔　李　杰
指导老师：苏剑鸣

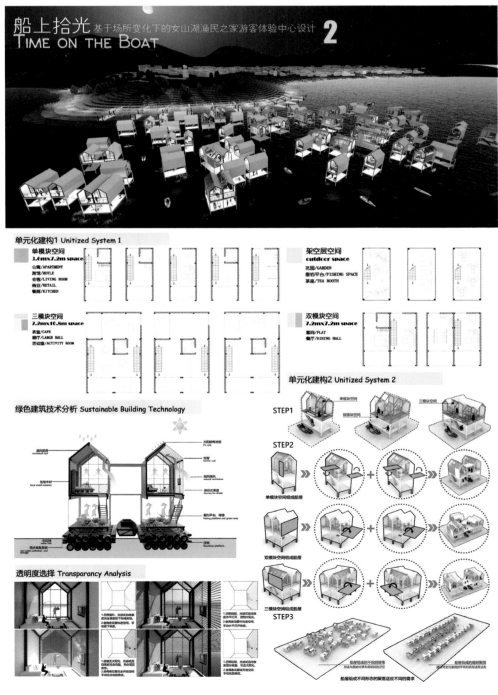

"飞毯"概念屋架改造设计

设计指标：
建筑系每年级总人数：125 人
每人所需评图面积：1.2m*1.8m=2.16 ㎡
年级评图需要总面积：125*2.16=270 ㎡

注：1.2m 为 2 张 a1 图纸宽度
1.5m 为 900 视觉舒适距离加上 900 聚集人群厚度

现况指标：
现况评图面积：140 ㎡
仍需要约 130 ㎡新建面积

需要改造的屋架

现存问题：
拥挤
钟庭空间服务一年级评图时，摩肩接踵，场面比较混乱，气氛比较浮躁。
人流流动性较差，评图交流中后期便少有师生走动。上上下下小楼梯比较干扰活动。
阶梯使用并不频繁，师生往往集中于报告厅的入口。

设计意向：
二层台阶予以保留
增加使用面积 130 ㎡
位于报告厅入口上方 5.4m 的 17m*8m 大平板
相对亲和的尺度 5.4m 高度
且不干扰整个空间的视线交流

力求屋架简洁通透，内部空间明亮愉快

新改造屋架低于红楼四楼楼顶，对老建筑保持低调
屋架顶封闭，作采光、避雨、保暖之用，不上人
从剖面上看，扭曲构架与原有建筑阶梯空间有联系

设计概念
涉及到对中庭评图空间的改造。设计者认为先有阶梯空间是有保留价值的，而屋架因其简陋外型而应被拆除。设计者也认识到设计屋架改造的同时，也应当其他问题一带解决。因此，设计者考虑了中庭的采光、竖向尺度等问题，结合评图空间改造一并进行设计。

对原有建筑的阶梯式评图空间予以保留

新建评图空间置于钟庭报告厅之上
不对原有评图空间采光等造成不利影响

新建屋架营造对原有评图空间的亲和尺度

新建楼梯连接新旧评图空间

新建屋架铺盖服务新评图空间

用简洁的手法串联所有空间，形成"飞毯"意向，希望设计成果能够以轻巧趣味的姿态服务师生

课程简介
本课题拟对同济大学建筑与城规学院 B 楼中庭的屋顶进行设计改造，以满足教学、展示、活动交流等需求。要求在提出初步设想之后，运用 Dlubal RFEM 结构计算软件来进行模拟计算，优化结构形式，并进一步选取合适的材料、截面形式；在此基础上，完成相关节点的构造设计。

设计概要
本设计重点思考了评图行为对于本次设计的指导。经过计算与调研，认识到现有评图空间不仅在面积上难以容纳整个年级的评图活动，屋架空间上也乏善可陈。因此针对现有的问题，结合屋架更新对现有建筑进行改造。基于对新建空间的定位、空间轻盈流畅的追求，提出"飞毯"概念并进一步设计。

改造空间透视

布展空间透视

空间连桥透视

布展空间俯视

时空地图：建筑历史、现况、未来

一期 1987 年
建造伊始，建筑主体教学部分仅仅是两栋四层教学楼。楼间并无屋架，为一开放空间

二期 1997 年
十年后，在一期的基础上，加建钟庭报告厅、阶梯开放空间、计算机房等空间
在屋顶架设 U 型玻璃，后因安全问题撤下

在某次对红楼的装修中，在内院加个搁结构封顶

本次设计综合考虑建筑尺度、历史文脉、功能需求，采用"飞毯"概念进行改造设计

参考资料：《国内高校典型建筑系馆现况及建扩建调研》_姚炎

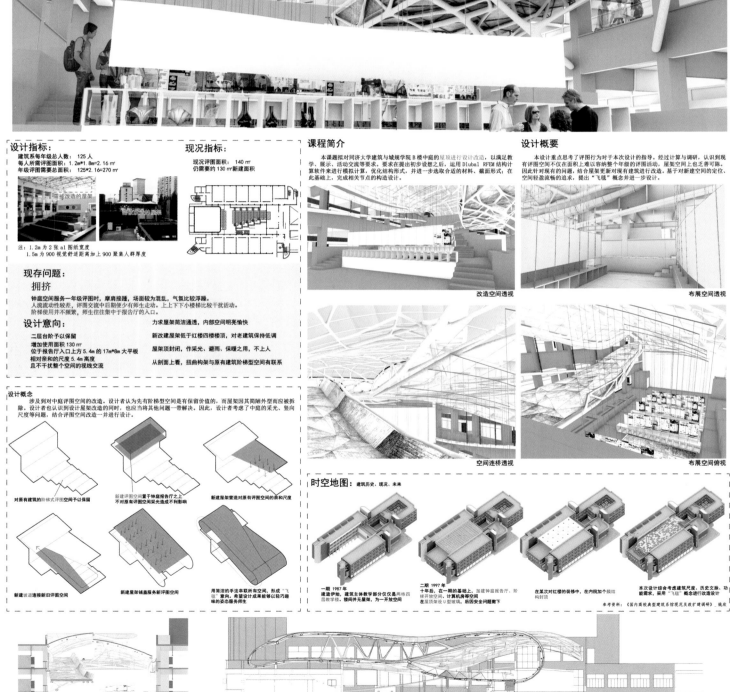

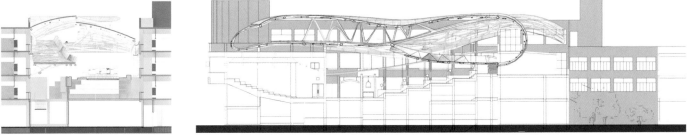

"飞毯"概念屋架改造设计

参赛单位：同济大学
参赛人员：许易豪　姜心怡
指导老师：陈　镌　金　倩

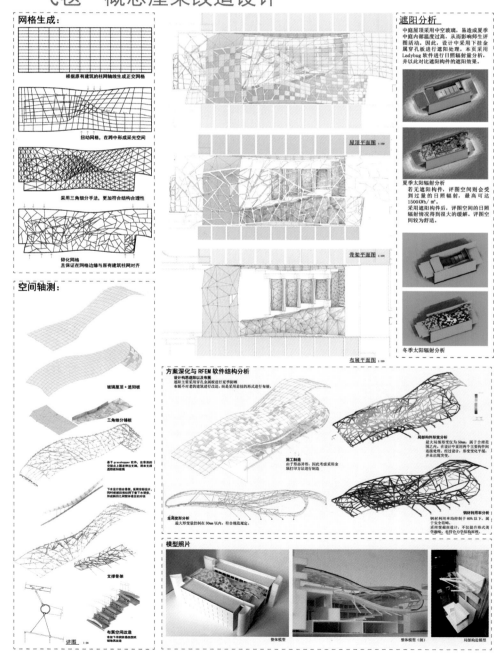

五十故市

侨乡墟市更新活化设计

区位分析

五十圩位于广东省台山市四九镇北郊，台山市被誉为中国第一侨乡，其城镇及乡村地区都保存着大量西式建筑群。

五十圩作为中心村，设置委会、河塘路、河北路、菜式路、北盛路及圩内设施。五十河（潭头头河）在圩中穿过，圩内有信用社、医院、邮政、农贸市场、百货店、五金店、制衣厂、针织厂等。

五十圩占地0.5平方公里，是区域发展轴及承接公共服务设施。

（所美台城城区3KM）五十圩

台山市（晶级市、由江门市代管）

五十圩的场所时空演变

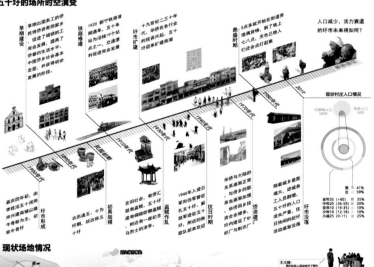

早期建设 / 铁路修建 / 1920 新宁铁路首期通车，五十圩站为沿线19个站点之一，交通便利促进墟市发展 / 十九世纪二三十年代，华侨在各行业的经济逐渐来扩建墟市高潮 / 圩市扩建 / 鼎盛时期 / 5点多就开始在街道旁摆设货摊，到了晚上七八点，天色已暗人们还会点灯起集 / 人口减少，活力衰退的墟市未来将如何？

嘉庆四年初，由孝悌乡五十围邻岸共建墟铺以贩卖牛骨为主，初步墟市形成

农历逢五、十为五十圩墟日，故命名五十圩

在旧社会，有侨汇就兴盛繁荣，五十圩建有碉楼防盗匪，附近村民都来此赶墟，马炎士的凉茶

初具规模

1945年日侵日军偷袭五十圩，所近村镇歌前来欢迎

抗日时期，五十圩内各行业兴起，华侨与大陆关系逐渐增大，日渐闲的赶圩活动逐渐没落

陆着城乡差距增大，工人员迁出，五十圩的往日活力严重，日渐闲的赶圩活动逐渐没落

现状村庄人口情况

可容纳人口 5000 / 现状人口 660

男 41% / 女 59%

老年35 (>60) 35%
中青20 (36-59) 20%
青年10 (19-35) 10%
少年10 (12-18) 10%
小孩25 (0-11) 25%

现状场地情况

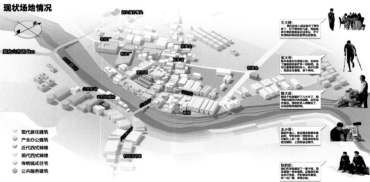

流动市区4km

- 现代居住建筑
- 产业办公建筑
- 近代西式骑楼
- 现代西式骑楼
- 传统式住宅
- 公共服务建筑

王大娘 / 长大叔 / 村长 / 莫大叔 / 王小伟 / 秋爷爷

场地特征

五十圩保存着两条完整的西式骑楼街，有一处四面环绕骑楼建筑的中心广场。五十圩新旧共存的骑楼建设风貌体现了场所的时空与建筑的演变

场地问题

五十圩原本是区域重要的墟市，其定期举办的集市热闹非凡，是周边村庄的公共服务中心，但目前也面临着人口流失的问题，房屋建筑窄废，居住环境脏乱

骑楼街 / 骑楼街 / 环境脏乱 / 人口流失 / 骑楼荒废

五十圩演变动力研究

把握五十圩的建设经验与其背后的动力，我们发现对圩市建设起到重要的作用的因素主要有以下三点。

城乡关系转变
城乡之间人员的流动直接影响城乡关系处于平衡状态。政策与资金对城乡人流增加城乡之间的流动

城乡居民自由迁移、城乡关系处于平衡状态，二元结构 / 受户籍制度影响，城乡隔离 / 农村体制改革，人员流动，城乡差距缩小 / 城市改革加快，城乡差距增大 / 统筹城乡，取消农村支持城市，城市反哺乡村

华侨资金与文化
华侨的出乡与爱国深厚乡情促进五式楼房兴建，是促进圩市建设重要的动力。

四十年代，侨汇经济支持西式楼房兴建 / 1941太平洋战争，侨汇减少，建设停滞 / 1943解除籍半，居民外迁，房屋闲置 / 建国后户籍制度影响，村庄平稳发展 / 1980s改革开放，居民外迁，村庄逐渐空心

圩市商业需求动力
作为乡村墟市，当地居民对商品的需求和行为是维持圩市环境的重要力量。

自给自足，交易较少，村庄建设主要为住宅 / 因牛骨汤出名，逐渐成为人民定期交易之处 / 铁路修建，商业发展，促进村庄建设 / 华侨投资，圩内各行业兴起，圩市建设达到高潮 / 城市发展，乡村商品交易活动减少，建设停滞

设计策略

从历史演变的脉络找到五十圩未来演变的方向

未来的村庄应该促进城乡居民的联系，通过吸引城市居民激活村庄建设

未来村庄建设应传承当地的建设风貌与文化习俗，创造连接与回忆。

未来村庄建设应该从周边居民的生活需求和当地商业发展出发，积极引导和创造优质的商业环境，重塑地方活力。

设计总平面图

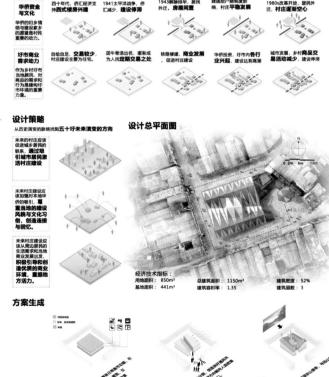

经济技术指标：
用地面积：850m² / 总建筑面积：1150m² / 建筑密度：52%
基地面积：441m² / 建筑容积率：1.35 / 建筑层数：3

方案生成

设计立面图

"五十故市" 侨乡墟市更新活化设计

参赛单位：华南理工大学
参赛人员：谭　畅　李欣媛　冯　婧　卢泽全

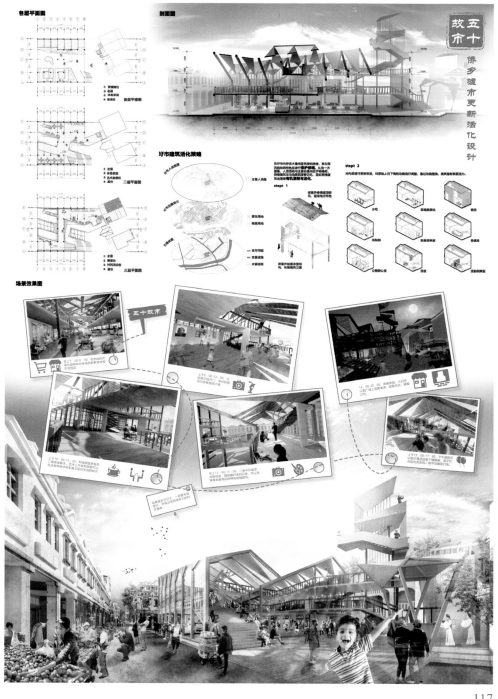

爷爷的鱼市

—— 红利市场的 "文艺复兴" ① ——

那些市场正在死去……

1994年——曾日接待顾客5万人次的西单菜市场被拆除。
1997年——始建于清末1902年的百年东单菜市场被拆除。
2010年——北京最后一个传统柜台式菜市场，崇文门菜市场被拆除

老旧市场正陷入的巨大困境

一方面，旧有销售模式、商品同质化、效率低下，以及缺乏管理，导致了脏乱差的环境，再加上各类新商业模式的冲击，市场正在不断衰弱。
另一方面，随着城市扩张，老旧市场占据着巨大的日益宝贵的土地资源，同时脏乱的环境正成为城市污点，矛盾愈加激烈。

市场已经内忧外患，不断地被拆除

老市场是否还有存在意义？，是否就应该被历史所淘汰？

回忆

记忆中的市场，总是热闹的。从清早到黄昏，此起彼伏的叫卖声，招呼声，空气中夹杂着各种的气味。
孩子们追鸡赶鸭，大人们跟摊主一桌二去的砍价，老人们跟街坊邻居嘘寒问暖。沿着市场外的是各式各样的商店，吃的，穿的，用的。
市场具有很强的包容性，在这里生产，销售，生活集聚在一起，有别于超市直接高效的购物方式，市场是低效的，人们在这里更多的是在走走停停，左顾右盼，期待着一个又一个惊喜，在这样的开放系统之下，市场带给人最真切的生活质感。

回归市场 回归生活
市场的重生之路

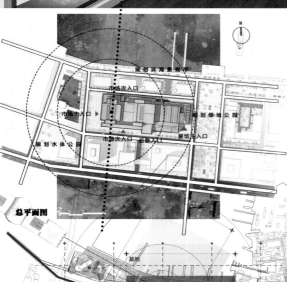

总平面图

规划滨海景观带
市场次入口
市场主入口
规划绿地公园
市场次入口 会馆入口
展馆入口
规划水体公园
基地

基地现状

红利水产交易市场 [1]
总经销商在此分销拍卖水产，结构为钢架，内部以大跨空间为主。

红色记忆
冷库墙上留下红色时代的标语"紧密团结在以华主席为首的党中央"

动力车间机房 [2]
为冷库提供冷气，布置有氢压机，油氢分离器等设备，结构为钢架。

装卸月台 [5]
通过铲车整理冷库货物，输送至货车，通过货车送往全市各地。

水产加工厂 [3]
从海上运输来的水产，通过码头上的管道直接输送到工厂加工，钢架结构。

西冷库 [6]
以冷藏储存水产，共5层，层面积1200㎡左右。无梁楼盖结构。

东冷库 [4]
以冷藏储存水产，共4层，层面积2000㎡左右。无梁楼盖结构。

运输带
水产通过运输带，从码头直接运往水产加工厂进行进一步加工。

设计策略

生活
老旧的菜市场因为占地大、环境差，效益低而物受诟病，商超作为市场新新版，统一销售与管理，经营了放显，但也解决了生活环境。如何更新市场，使其便捷的同时回归生活性呢？

策略
缩减市场的同质化，丰富市场的生活体验，置入餐饮、休闲娱乐、制作体验、学习参观等生活活动、不仅仅是买卖，更可以吃喝玩乐

回忆
港口与工业是烟台的象征，红利市场滨口曾经是最重要的码头，货物通过与烟台站直达的铁路运输出去，但随此兴发展起来业加工厂等产业，而今随城市更新与城市布局的改变，渔业工厂已经废弃，成为城市中的工业遗产。红利市场处处被破坏的遗址。其环境难以修补并且没有太大的价值。
如何实现鱼宝贵的城市记忆？

策略
将红利市场打造成到废弃的渔业加工中止，以工业遗产支撑起市场新的生命，以记忆中的场所去填就记忆的生活，延续城市在港口关于市场与工业的共同记忆。

工业记忆
市场记忆
港口记忆

新的價值
红利市场整体面临着更新，因为其独特的地理位置与沿海景观，而各上位规划中被设定为办公商办区，同时临近烟台山其景区，如何利用好土地价值，在保留市场与岿忆的同时，市场发挥其最大价值？

策略
将工业遗产与市场的生活与记忆在空间中转译。在新市场中创造出独特的空间体验。使其具备地标性的旅游价值。同时融入酒店、商业等多样性的功能，提升与转换其旅游的价值

市场与商业/居住结合，以独特的景观成为鹿特丹街地标，赢得2014年度鹿特丹市营销奖。

鹿特丹市场
MVRDV

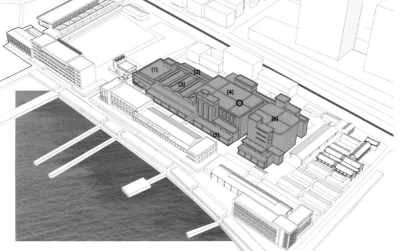

爷爷的鱼市
—— 红利市场的"文艺复兴"

参赛单位：浙江工业大学
参赛人员：姜 尧 傅 铮 章雪璐 庄家瑶
指导老师：姚冬晖

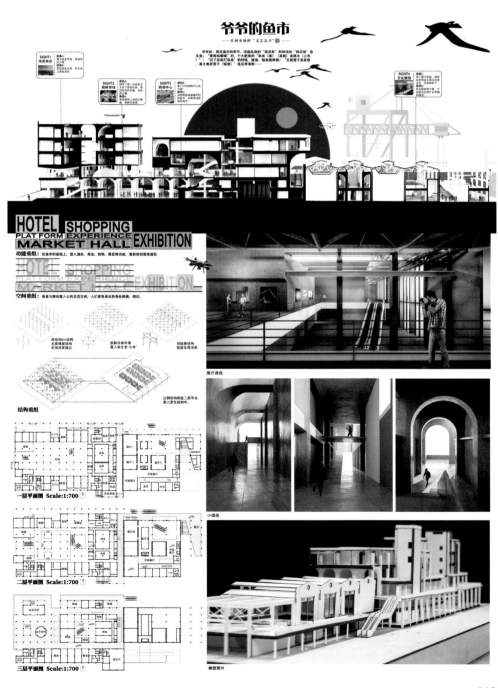

剧间小驿

可变式空间对剧场和旅社的颠覆

——旧工业厂房改造

设计说明:

随着信息化时代的到来,城市产业结构调整,大量工业建筑迁址退出历史舞台,留下大批无人问津的破碎的城市空间。作为工业时代的标志性象征,工业建筑蕴含着重要的美学价值、历史价值与文脉价值。

本次所选地块位于苏州市阳澄湖镇区,在场地现状分析与历史研究的基础上,我们提出对应的策略和解决方案。结合周边乡村社区不同人群的生活方式与所属的空间属性,将旧工业厂房改造成可变式剧场和胶囊旅社的新型空间,使其重焕生机。给社区居民和旅游观光人群提供自由民主的场所,人是生活的主角,而建筑空间是人的舞台。在这里人们实现功能需求的同时,也进行了与历史的对话。

采用可变式空间对剧场空间进行切片。正如一般意义上的剧场所具有的流动性和嵌入真实与虚构的混杂场域,社区剧场也包涵着物理上和意义上的流动性。在这个叠加剧场、建筑和社区生活三个层面的讨论中,广义上的空间和剧场共同创造一种新的情境。

总平面图

一层平面图

二层平面图

三层平面图

1 大堂　11 剧院门厅
2 茶室　12 滑梯轨道
3 男卫　13 移动座椅滑台
4 女卫　14 围合表演台
5 水吧　15 舞台
6 小剧场　16 T台
7 录音室　17 阳台
8 吧台　18 图书馆
9 胶囊旅社　19 观演平台
10 剧场　20 剧场上空

区位分析

苏州　阳澄湖　旧厂房

基地现状

该地块前身是1958年湘泾(今阳澄湖镇)公社社办工业开始发展之时建立的农机厂、油泡造纸厂和吴昌油钻厂,在历经了近60年的风雨洗礼之后,整个阳澄湖镇唯有这几座厂房还留存原样。

60年前,这里是阳澄湖工业文明的开端。
60年后,这里将是阳澄湖镇文创事业的摇篮。

中国戏剧发展史

原始文明　农耕文明　周秦时代　隋唐时期　宋代　明代　清代　20世纪初　现代

开敞、贵族、儒学　　封闭、平民、庄学　　包容、自由、多样

阳澄湖工业发展史

1949　1957　1958　1978　1993　1997　2000　2007　2019

step1 工业衰退之前

1958-1960 有9家社办厂

1976-1980 共有42家工业企业

2000年

90年代

2000年

轻工　建筑　服装
粮食加工　化工

轻工　建筑　化工　其他

轻工　建筑　服装
化工　其他　丝绸

歌舞厅　录像带出租　录像放映　桌球房　茶馆　理发　浴室　旅社

镇区工业结构　　镇区服务业

step2 工业衰退之后

优点:1.地区业态由轻工业转化为旅游服务业,实现生态可持续发展,充分利用地处阳澄湖周边的地理区位优势。
2.旅游业运物发展,阳澄湖地区在旅游旺季游客众多,促进地区发展。

缺点:1.原有旧工业厂房破败弃,工业时代记忆的缺失,工业片区人口的流失,社区活力降低。
2.旅游业发展,除了饮食住宿等服务,其他文化服务如剧院、展览等缺失,服务内容单一,缺乏可持续发展动力。

设计概念

本地居民　场所记忆延续　技术需求　工厂吊车梁　预制模块化单元　可变式系统
社区文化服务需求　　图书阅读　时尚秀　剧场
废弃工厂　传统文化传播　文化需求　品牌评测　舞台剧　沉浸式剧场　旅馆
观光游客　旅行住宿　　剧间小驿

1-1剖面

剧间小驿
—— 旧工业厂房改造

参赛单位：苏州大学
参赛人员：方奕旋　王轩轩　陈正罡
指导老师：张　靓

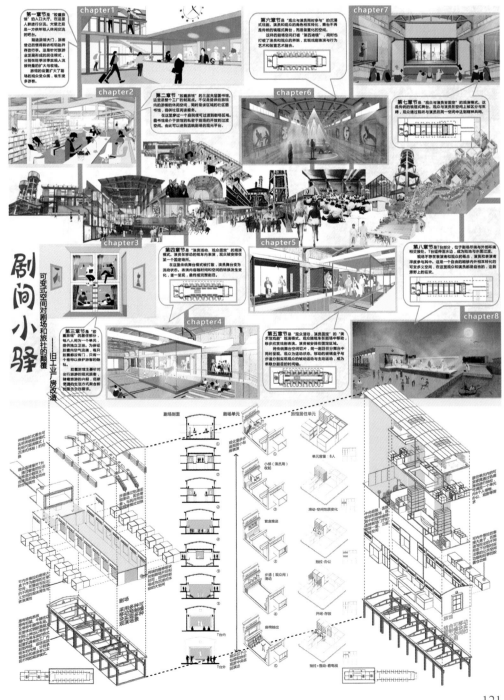

方圆之间
——国际化视野下的东南院改造与利用

　　以"学院派"为代表的传统教育理念，缺乏对学生创造力和实践能力的全面培养。随着信息时代和知识经济的到来，国内外的交流日益频密，现代教育理念发生了转变，对于新型教学研究的探讨也随之扩散开来。
　　方案改造的东南院位于东南大学的东南角。其独特的位置以及与建筑学院系馆的紧密联系启发我们思考在改造中如何创造更加开放包容的学习氛围。当教室不再扮演举足轻重的地位，学生与老师的角色也就不再泾渭分明。内与外，人工与自然，一切都开始变得模糊，不再非黑即白，便谓之为"灰"，利用灰空间所创造的交往空间，弱化了人与人之间的界限；交流，成为这里唯一的主题。

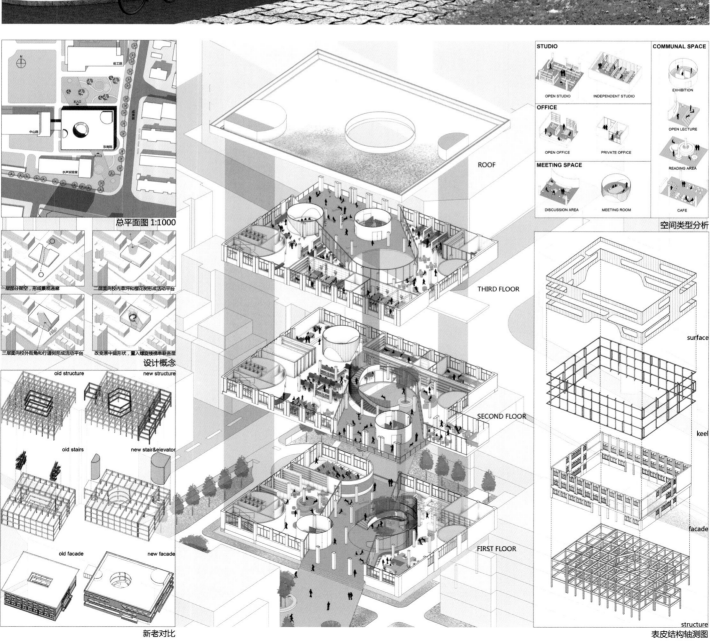

总平面图 1:1000

一层部分架空，形成景观通廊
二层面向构园草坪和樱花树形成活动平台
三层面向校外街角和行道树形成活动平台
改变原中庭形状，置入螺旋楼梯串联各层

设计概念

old structure　　new structure
old stairs　　new stair&elevator
old facade　　new facade

新老对比

STUDIO
OPEN STUDIO　　INDEPENDENT STUDIO

OFFICE
OPEN OFFICE　　PRIVATE OFFICE

MEETING SPACE
DISCUSSION AREA　　MEETING ROOM

COMMUNAL SPACE
EXHIBITION
OPEN LECTURE
READING AREA
CAFE

空间类型分析

ROOF

THIRD FLOOR

SECOND FLOOR

FIRST FLOOR

surface

keel

facade

structure

表皮结构轴测图

方圆之间
—— 国际化视野下的东南院改造与利用

参赛单位：东南大学
参赛人员：王琳晰　王　晨
指导老师：钱　强

入口场景透视

大芬梦工厂
DreamWorks

深圳市大芬村油画产业园区 综合体改造
Renovation of Oil Painting Industrial Park Complex
in Dafen Village, Shenzhen

基地概况

大芬油画村位于深圳市龙岗区布吉街道，目前其油画产业的发展已具不小规模。

区域背景分析

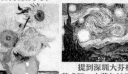

提到深圳大芬村，人们很容易联想到大芬是一个油画艺术区。大芬与油画结缘于1989年香港画商黄江召集一批工人在此仿制油画（俗称"行画"）行销世界。确切的说，大芬是一个"仿"艺术区

多年以来，大芬依旧无法摆脱仿制；近年来城市化导致社会各要素的充分集中，集中过程中产生新的科技、人文、社交的需求和空间演变。大芬村的产业受到一定冲击，如何创新和艺术与商业之间的冲突成为了困扰大芬村的两大问题。

同时，尽管大芬村的产值已达到亿元级，但整个地区依旧拥挤混乱，容积率过高，尺度狭小，画家的工作条件艰苦，画廊商业模式亟待改变。

大芬的命脉系于商业交易，但同时，还需要大芬自身在艺术上的突破，这需要改善画家与顾客、商业之间的关系。因此，应利用城市更新，增加画廊空间，引导画廊分类，形成不同层次类型的展示贸易空间。

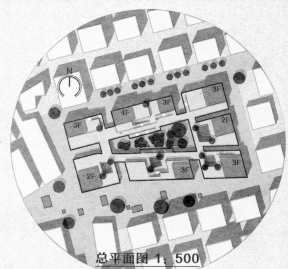

总平面图 1：500

演变策略

大芬村商业空间主要存在在中心街道两侧，周边建筑拥挤，产业很难向内延伸

因此改造该区块，将产业置入区块内部空间，提升区块活力与承载力

未来，以该区块为蓝本，对整个区域肌理进行改造，使产业渗透到区域各处

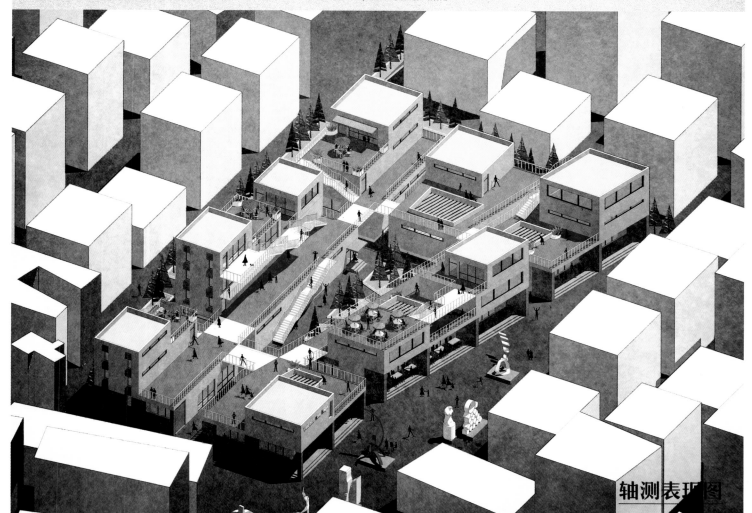

轴测表现图

大芬梦工厂
—— 深圳市大芬村油画产业园区综合体改造

参赛单位：哈尔滨理工大学
参赛人员：谭亦宸　许沛晨　黄　钦
指导老师：孙伟斌

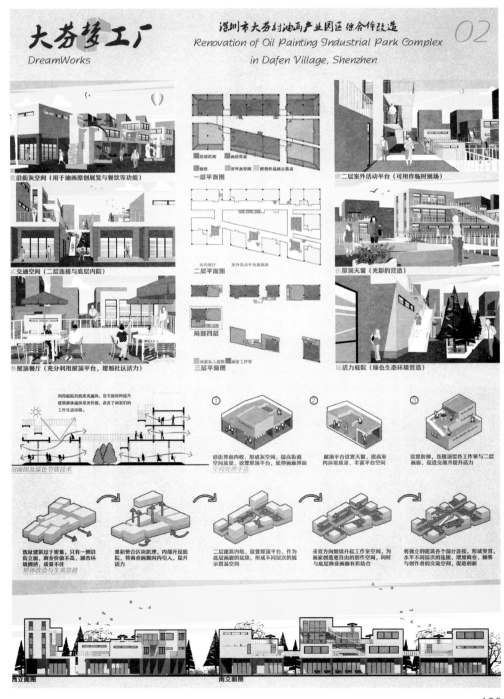

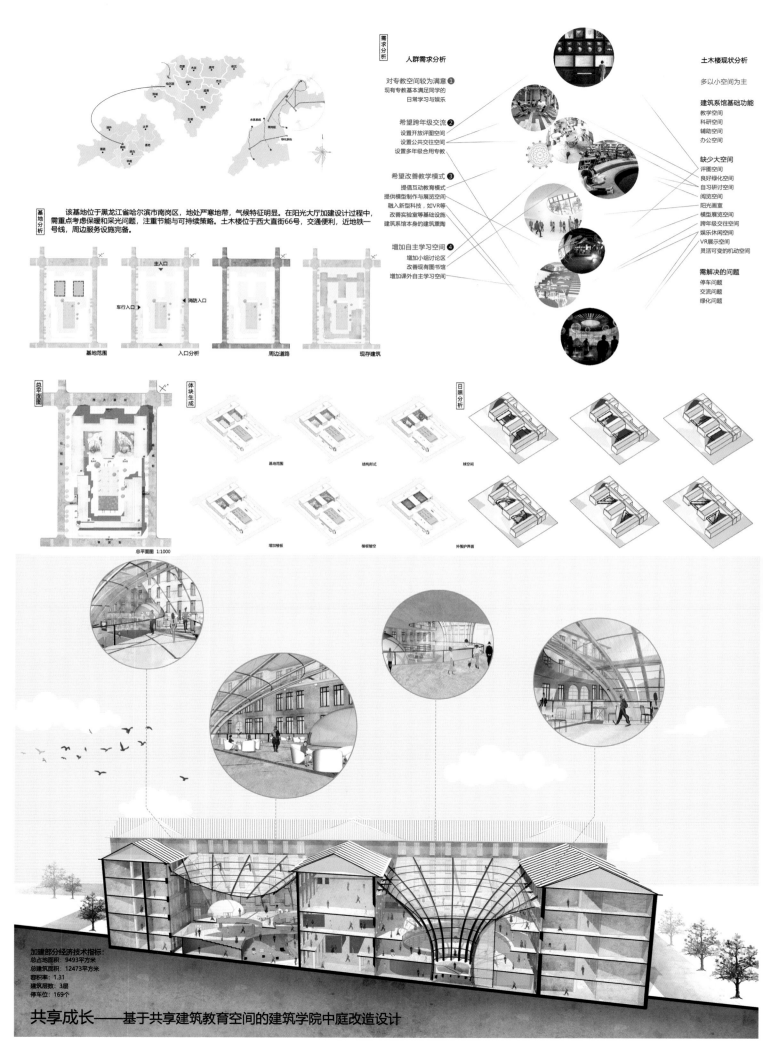

需求分析

人群需求分析

对专教空间较为满意 ❶
现有专教基本满足同学的
日常学习与娱乐

希望跨年级交流 ❷
设置开放评图空间
设置公共交往空间
设置多年级合用专教

希望改善教学模式 ❸
提倡互动教育模式
提供模型制作与展览空间
融入新型科技，如VR等
改善实验室等基础设施
建筑系馆本身的建筑熏陶

增加自主学习空间 ❹
增加小组讨论区
改善现有图书馆
增加课外自主学习空间

土木楼现状分析

多以小空间为主

建筑系馆基础功能
教学空间
科研空间
辅助空间
办公空间

缺少大空间
评图空间
良好绿化空间
自习研讨空间
阅览空间
阳光画室
模型展览空间
跨年级交往空间
娱乐休闲空间
VR展示空间
灵活可变的机动空间

需解决的问题
停车问题
交流问题
绿化问题

基地分析
该基地位于黑龙江省哈尔滨市南岗区，地处严寒地带，气候特征明显。在阳光大厅加建设计过程中，需重点考虑保暖和采光问题，注重节能与可持续策略。土木楼位于西大直街66号，交通便利，近地铁一号线，周边服务设施完备。

基地范围　入口分析　周边道路　现存建筑

主入口　车行入口　消防入口

总平面图
总平面图 1:1000

体块生成
基地范围　结构形式　中庭空间
增加楼板　楼板镂空　外围护界面

日照分析

加建部分经济技术指标：
总占地面积：9493平方米
总建筑面积：12473平方米
容积率：1.31
建筑层数：3层
停车位：169个

共享成长——基于共享建筑教育空间的建筑学院中庭改造设计

共享成长
—— 基于共享建筑教育空间的建筑学院中庭改造设计

参赛单位：哈尔滨工业大学
参赛人员：陈雪娇
指导老师：刘德明　卫大可

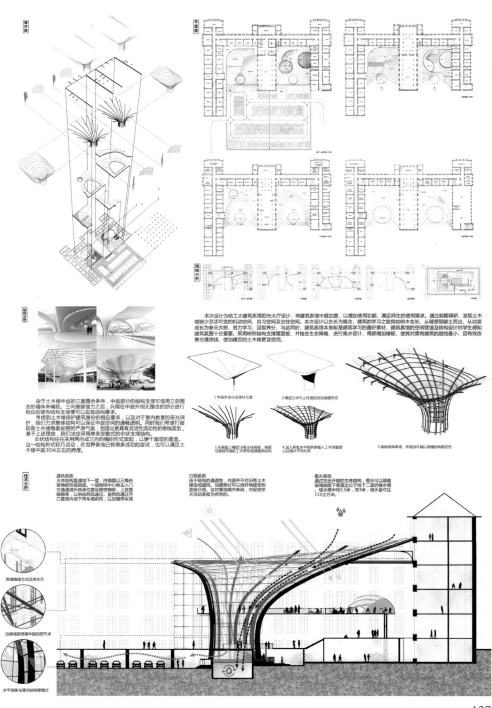

本次设计为哈工大建筑系馆阳光大厅设计，将建筑系馆中庭加建，以增加使用功能，满足师生的使用需求。通过前期调研，发现土木楼缺少灵活可变的机动空间、自习空间及交往空间。本次设计以生长为概念，建筑的学习之旅犹如树木生长，从萌芽到破土而出，从幼苗成长为参天大树，努力学习、汲取养分、与此同时，建筑系馆本身即是建筑学习的最好素材，建筑系馆的空间营造及结构设计对学生感知建筑氛围十分重要。我们采用树形结构支撑屋面板，并结合生态策略，进行集水设计，局部增加楼板，使其对原有建筑的遮挡最小，且有效改善交通流线，让加建后的土木楼更宜使用。

由于土木楼中庭的三面围合条件，中庭部分的结构支撑可借用三侧围合的墙体来辅助，三向搭接借力之后，只需在中庭外侧无围合的部分进行相应的竖向结构支撑便可以实现结构需求。
考虑到土木楼保护建筑自身的相应要求，以及对于室内教室的采光保护，我们力求将整体结构可以保证中庭空间的通畅透明，同时我们希望打破现有有土木楼稳重规整的严肃气氛，创造出更具有灵活性流动性的曲线造型，基于上述理由，我们决定采用更未发散的伞状支撑结构。
伞状结构往往采用两向或三向的编织形式架起，以便于屋面的覆盖。这一结构形式轻巧灵动，在世界各地已有很多成功的尝试，也可以满足土木楼中庭30米左右的跨度。

1.中庭外侧主支撑柱位置
2.确定力学向上传递的流动曲面形态
3.在曲面上确定16根主轴杆件，搭建沿曲线弯曲的工字梁形成屋面骨架
4.加入密集水平向杆件穿插入工字梁部，加强曲面的平衡
5.铺嵌玻璃草薄，并增加10千瓦以增强结构稳定性

技术分析

通风系统
主体结构直通地下一层，内侧围以三角形玻璃幕墙形成遮阴。一层结构外侧不做主入口门交通通道外其余位置皆安装玻璃幕墙等，以供自然通过，自然风通过开口直接接向地下停车场排风，以加强停车场通风。

日照系统
由于结构的通透性，内部并不对旧有土木楼造成遮挡，加建部分可以很好地接受到直射日照。这对寒地城市来说，对促进冬季天活动是极为有利的。

集水系统
通过完全开放的主体结构，雨水可以顺着玻璃曲面下落直达位于地下二层的储水槽，储水槽半径3.5米，深3米，储水量可达115立方米。

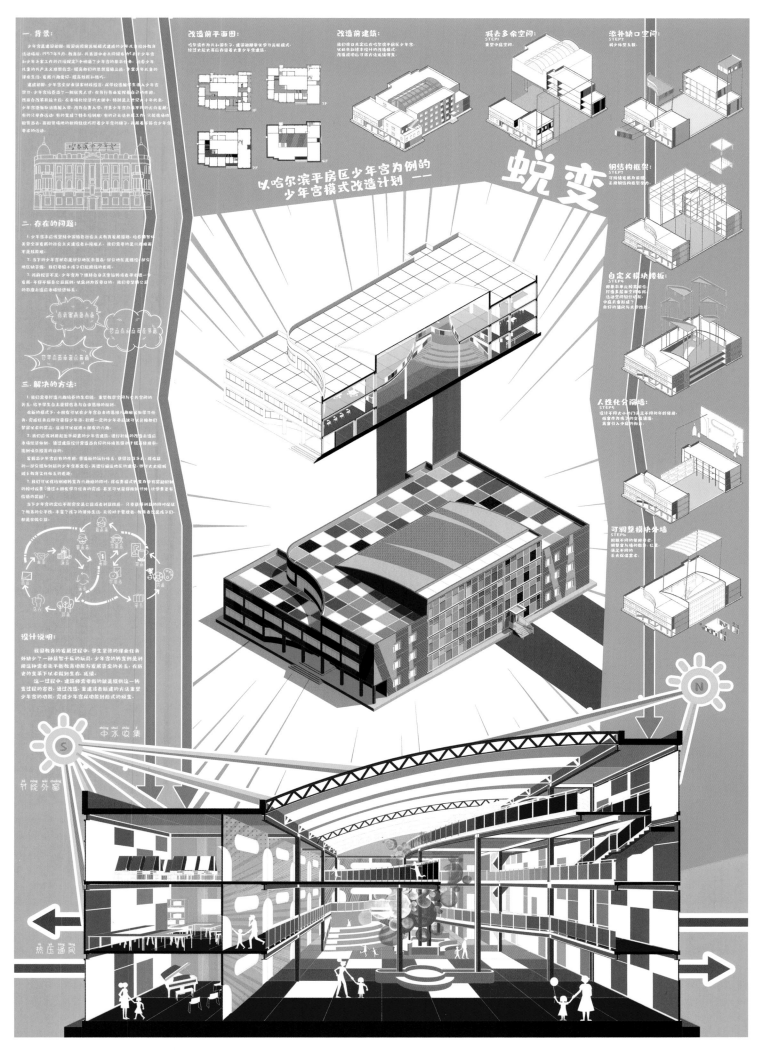

蜕变

以哈尔滨平房区少年宫为例的
少年宫模式改造计划

蜕变
—— 以哈尔滨平房区少年宫为例的少年宫模式改造计划

参赛单位：哈尔滨理工大学
参赛人员：崔宇迁　傅珏杰　徐铁昂　温　悦
指导老师：孙伟斌

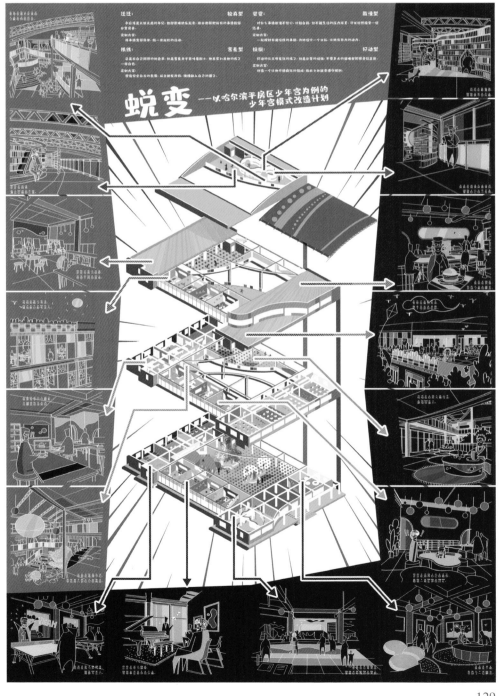

基于时空变化的社区演变——2050·共享社区
Community Evolution Based on Spatial-temporal Change--2050 Shared Community

2019·重塑：对原始建筑内外部进行改造，并优化屋顶空间　　2030·改变：植入公共空间改变社区业态分布　　2050·共享：模块化体块的植入，打造没有边界的共享社区

基地现状概况与分析

基地位于成都双流机场附近，通过前期调研发现，当地居民既希望能够完善建筑的内外部空间又希望拥有更多的公共活动空间，但由于航空限高要求，所以在无法加建的情况下，我们将本次社区改造分为3个阶段。2019，我们希望丰富屋顶的功能，既不占用宝贵的居住空间与商铺，又为居民提供更多休闲娱乐场所，同时也会对建筑内部进行改造，重塑社区的私有与公共空间。改善居民生活条件，提高居住舒适度。2030，我们希望对社区进行一些改变，当商住已全部分离，主公共空间的横向发展受到限制，公共设施不足、绿化单一，为满足更多人的居住需求，我们需要植入新的元素到社区使其发生质变。因此在前期我们根据基地的现状情况分析出入户人口不合理，商贩商摊不美观的问题，提出我们自己的观点并对其进行改造。通过植入可装卸的构件与物件，为社区植入新的生命，增强了社区的互动性与流动性。同时随着2030社区人口密度的增加，公共空间不能完全满足激增的人口数量，所以我们希望植入共享盒子的理念，包含餐饮，书屋，演讲厅等多复合型功能，更大的满足居民的日常生活需求。2050，我们希望通过共享空间的植入让居民拥有更多的机会了解你我，增进社区的融洽性。这一阶段原有老旧建筑使用寿命达到极限，逐渐进入拆除阶段，进入装配式建筑的新时代。在这一阶段居民对居住空间的要求越来越高，但空间有限，装配式模块需要通过线上定制、线下无人机运输，这样建筑内部可满足商业、办公、居住等功能，并提供更多的活动空间。为满足居民日益增长的需求，只能用小体量装配建筑容纳不同背景人群，装配式住宅可随业主意愿自由组合，灵活多变，功能丰富，就像一个mini社区。2049，你我没有隔阂，希望这就是未来社区最理想的状态。

容积率分析

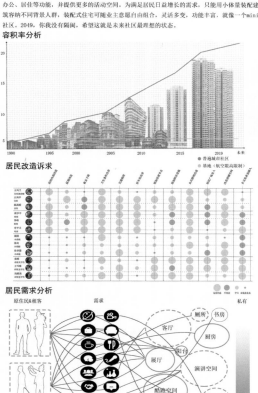

居民改造诉求

居民需求分析

原住民&租客　　需求　　私有

学生&外来人员　　公共

部分业主信息

原始户型

改造户型

商贩摊位改造方案

① ② 轻型钢材

可滑动钢材

③ ④ 折叠桌

根据调研发现现在该区域高频的活动空间比较固定但周围的环境不太好，缺乏相应的休闲空间以及没遮阴的老旧让整个高贩摊位看起来卫生问题，根据高贩的需求，将其楼板先点造成可折叠款的便携式摊位更大程度上解决街区处遮拥挤的问题

入户照明解决措施

根据调研发现现在该区域高户内的入户空间主要介于两栋楼之间，宽度较窄，甚至自行车基本通过，西也都是没人处理的垃圾，环境糟糕恶劣，在晚上的时段没有路灯照明，让住户感受十分压抑与没有安全感。我们针对不良的架构绝缘板设立角形规过度光照附地或照带需要的窗间单十字型模块，并通过这些模块的不断变接重复插造出这一空间的装置的整体。这种搭建方式可以自由连接图图和无需用钢，这种材料重量轻灵件具有很好图固刚性重复有被插，设计采用了插槽的方式可将每个分割的各个方向上可自由连接图图和无需改变配图了可能性，于此同时安置的便捷性能使用周边各个年龄段的居民能同可以参与到树立一格式的希望造过程中，他们可以基于这一想要得其他图，根据从前创出各种各样伸缩性画变的形式，我们的希望空间的客户，当住区民商自己的方案图题入其中，让以是一个遮难集图的遮地空间，亦可能被造成客厅、儿童乐童图间的通道，甚至是个小型的展览空间，在周围建成环境中塑造出一种绝定持续的变化件。

环境光滤器

流端

环境光滤器原理

入户改造方案

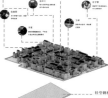

装置组合

组合一　组合二　组合三

组合四　组合五　组合六

组合七　组合八　组合九

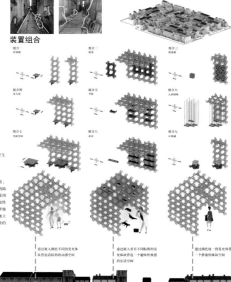

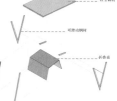

基于时空变化的社区演变
—— 2050 · 共享社区

参赛单位：四川大学
参赛人员：张瀚文　王玥婷　岳文君
指导老师：王蕾霞

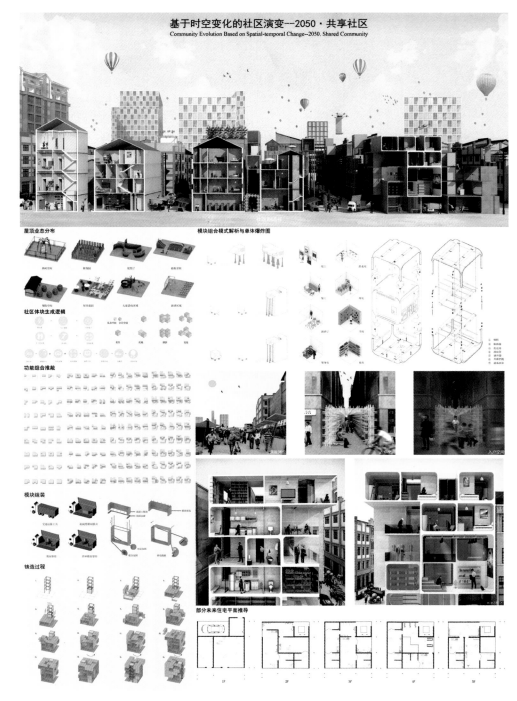

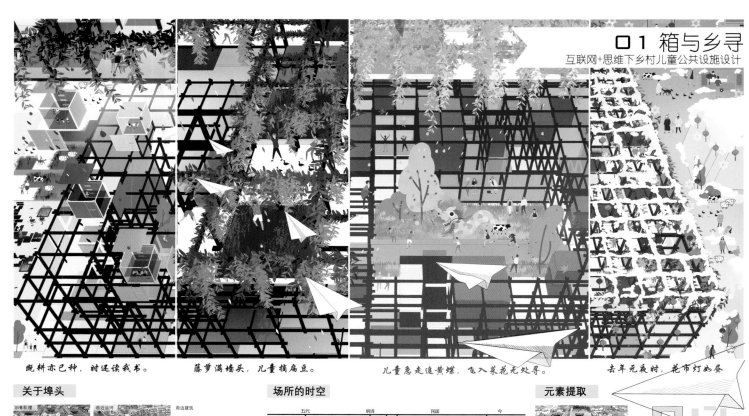

昼耕亦已种，时还读我书。　　　藤萝满墙头，儿童摘扁豆。　　　儿童急走追黄蝶，飞入菜花无处寻。　　　去年元夜时，花市灯如昼。

关于埠头

基地位于浙江省台州市仙居县埠头村，是在运河边生长起来的村落。正处于被发展中的城镇包围的时期，埠头村地处水陆交通汇聚的区域，其北有白冠山，地界八都村平原东南峰，南有永安溪，西南有万竹子王港，西有育楠溪、四马坑、九郎溪诸水系；东有大路坑流经村劳汇入大溪，成为了一个"六水交汇"之地，水运交通便利。

当我们把目光投向埠头村，我们看到了人口的空心与教育的缺失。留守儿童的教育成为急需解决的问题。我们想利用"互联网+"思维给儿童丰富的学习资源，自由的扩展空间，使乡村教育与城镇教育接轨，缩小城乡教育差距的同时，赋予孩子对乡村的热爱和对未来的渴望。

通过调研我们给当地特有的记忆片段，当地特有的建筑形式成为连续场所记忆的重要因素，集装箱记忆作为另一种形式的运河记忆，花灯文化与举龙文化成为孩子们童年的同忆，同时我们注意到村所有私塾教育缴熄缴。地图暗示着原有肌理，成了村里集会的广场，这提醒着我们唤醒旧时私塾实有文化设施的作用，又要结合当今村民集会的需求。

研究脉络

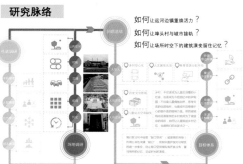

- 如何让运河镇重焕活力？
- 如何让埠头村与城市接轨？
- 如何让场所时空下的建筑演变留住记忆？

场所的时空

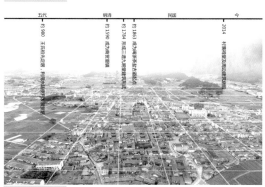

五代	明清	民国	今
约980	约1590	约1784 约1863	2014

建筑的演变

私塾的建立——约1815　城镇的发展——2000　场所的消失——2014　重新塑造场所——2019

教育学习 → 私塾 → 儿童公共设施 → 教育学习 + 兴趣培养 + 儿童活动 + 城乡联结

我们提倡今后的乡村生活，可以将过去的传统生活方式与未来的现代化结合从而产生新的更有生命力的生活方式。

体块生成

三透九明堂 + 榫卯结构 + 集装箱 → 建筑体块 + 结构框架 + 灵活搭建

社会调研

1 人口比例图　2 城乡学生比例图

埠头村家庭结构比例　埠头村各年龄段未成年人比例

0-6岁儿童行为模式　7-12岁儿童行为模式　13-15岁青少年行为模式　16-18岁青少年行为模式

Strengths
1.入第六批历史文化村落保护利用重点村名单
2.可发展空间充裕
3.自然资源丰富，原生态景观好
4.旧建筑保存完好，文脉丰富

Weaknesses
1.与外界交通联系不足
2.现有功能单一，设施较少空间简陋
3.旧建筑视片有待处理
4.缺乏对儿童教育的功能设计

Opportunities
1."互联网+体系的渗透和发展
2.国家提出农村教育体制改革的战略构想
3.巨龙文化和编织文化的传承
4.城乡资源共享的需求

Threats
1.儿童使用网络信息需要引导
2.城乡教育差距过悬殊
3.乡村儿童如何构建新建筑系
4.如何适应可持续策略

元素提取

提取三透九明堂建筑形式，前后左右相连。四面围合，走廊迂回，四侧有厢。

建筑多数为二层，提取建筑高度。

植入绿色屋顶呼应场地周边的绿地。

集装箱记忆

我们终将走向同一片天空。

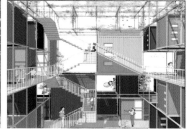

箱与乡寻

参赛单位：浙江科技学院
参赛人员：陈诗逸　赵　祎　张婧雯　曾　颖
指导老师：武　茜

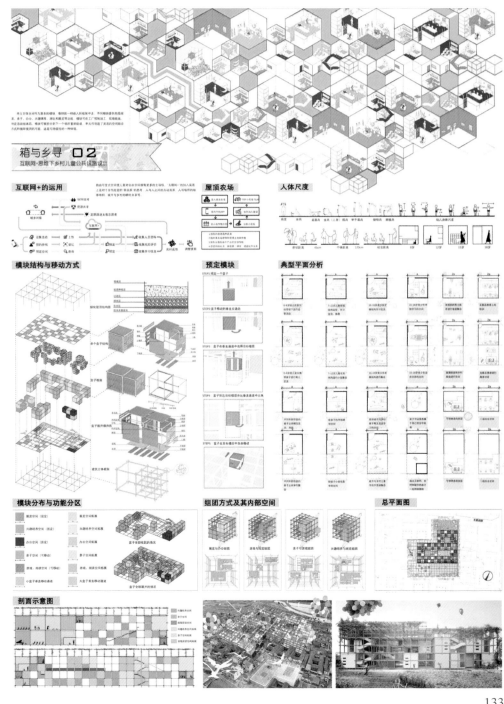

湖北—宜昌　宜昌—秭归

木鱼岛

秭归县

三峡大坝

文化传承

吊脚楼　端午节　屈原　诗歌　水文　移民文化　花鼓舞

存在的问题

1. 已建成博物馆问题

2. 心理需求

3. 土地荒废

4. 经济带动

场所的时空

基地—木鱼岛

功能分区

办公　贮藏　公共空间　绿化中庭　展区一　展区二　趣味空间　展区三

周边环境

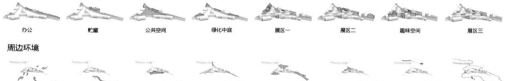

水陆风　港口　入口广场　室外交通　绿化　二层广场　停车场　江面岛屿

归·忆

——秭归移民纪念馆

归，既指秭归，也指过去的故土：忆，即追忆、回忆，指移民者的思乡之情。

秭归，一片拥有着丰厚的文化底蕴与历史背景的土地，在三峡工程中牺牲巨大：2.2万外迁移民告别亲友，背井离乡，古归州城曾经的村镇大部分也因此成为废墟。故乡，变成了永久的回忆，沉没于长江之下。

如今，秭归移民早已建设了新的家园，开始了崭新的生活。但是，回得去家乡，却回不去故乡——使人魂牵梦绕的故土再也不可到达。

现在，在因为水位上涨而与秭归县分离且荒废的木鱼岛上建立移民纪念馆，使之重新与秭归县连接相通，并将移民前当地盛行的村落布局、建筑形态运用到其中，重拾对故土的回忆。通过纪念馆，展现故土被淹没的文化历史、记录移民征途的艰辛、纪念秭归移民为三峡工程作出的伟大贡献，并为他们提供了一个思念故土、重温过去时光的场所，用以寄存无处安放的乡愁。

建筑的演变

坡屋顶　实体

室内空间　透明

吊脚　三面围合

膏架　两面围合

建筑形态—吊脚楼

古归州建筑布局

古归州建筑形态

纪念馆建筑布局

大型展厅　趣味空间　字画展示　民俗展示

中型展厅　家具展示　休闲服务　空间—隔

事迹记录　古物件展　空间—分离

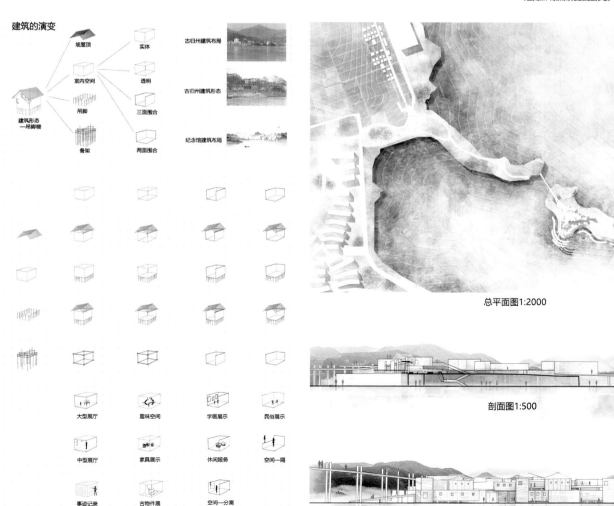

总平面图1:2000

剖面图1:500

立面图1:500

归·忆
—— 秭归移民纪念馆

参赛单位：武汉科技大学
参赛人员：白文姝　陈海琴
指导老师：周百灵

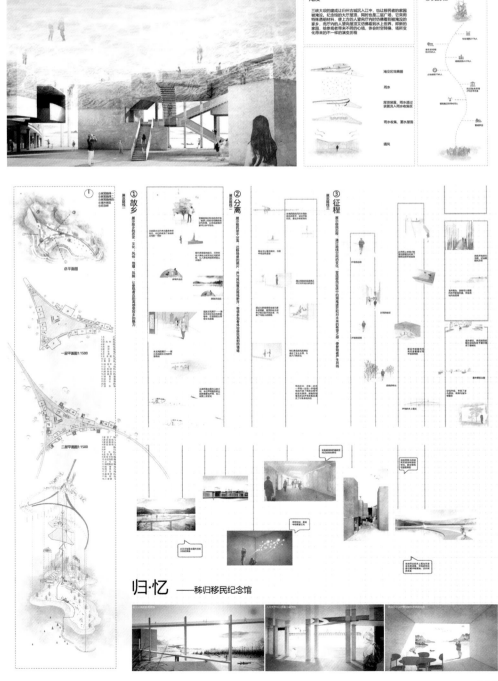

回忆积小木屋 ——乡村儿童图书馆
Memories of the Brick House——Rural Children's Library

桥的更新与演变：提到"桥"，你的脑海里会浮现出怎样的画面？毋庸置疑，桥是连接两岸、沟通两地的工具。犹记得老家的那座桥，小时候总爱和小伙伴坐在桥面上吹风，还爱着着腰看河里成群结队的鱼和虾。一座桥，承载着年少时最美好的回忆，这，在小小少年的回忆里，绝不仅仅是一座桥而已。

基地位于浙江舟山东海渔村，这是一座色彩斑斓的美丽村庄，置身其中，犹如童话。设计更新的灵感来源于深入人心的匹诺曹的童话故事，乡村儿童图书馆作为乡村公共文化设施，将满足乡村儿童对于童话世界的所有想象。与传统图书馆建筑设计相比，该方案中情节性叙事的引入以及对儿童友好空间的界定是贯穿该更新设计的主要理念，这一理念也是所有来到这个图书馆的儿童和成人回归童年、实现童年梦想的最佳方式。对于这一设计理念的实现，主要从以下方面展开：

此岸到彼岸The side to the other side

一座乡村小桥连接此岸与彼岸的梦想正式开启，匹诺曹的童话故事情节开始展开，奇遇旅程正式开始。

梦想到追梦Have a dream to chase dream

情节性叙事的引入使图书馆可以完整地呈现匹诺曹这一刻在童年记忆里的童话故事，这是一个追梦和成长的过程。从儿童的角度看世界，对于匹诺曹故事情节的分析、空间形态的提炼、色彩性格的分析帮助我们界定出一个具有创新性的儿童友好空间。

梦想成真Dream come ture

跟随情节性叙事线在图书馆各个空间的体验是一个追逐梦想的过程，最后，一定会有梦想成真的时刻，梦想成真的时刻是欢欣的，对应的空间形体是饱满的、回归童年，体会成长的滋味，收获成长的体验，分享梦想成真的喜悦。

建筑的情节性空间

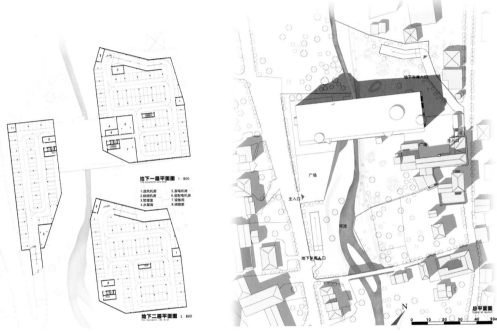

地下一层平面图 1:800
The basement one plan

1.送风机房
2.除烟机房
3.管理室
4.水泵房
5.配电机房
6.变配电机房
7.设备间
8.储藏室

地下二层平面图 1:800
The basement two plan

总平面图
General layout

0 10 20 30 40 50m

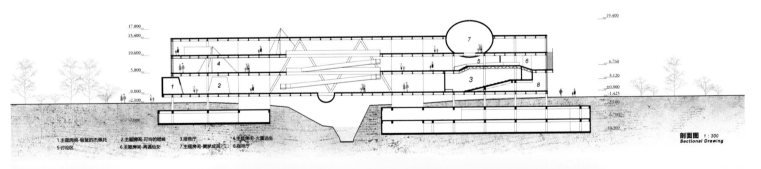

1.主题房间·皮诺的木偶好托 2.主题剧场·可怜的蟋蟀 3.报告厅 4.主题房间·火灾逃生
5.讨论区 6.主题房间·再遇仙女 7.主题房间·美梦成真 8.阅览厅

剖面图 1:300
Sectional Drawing

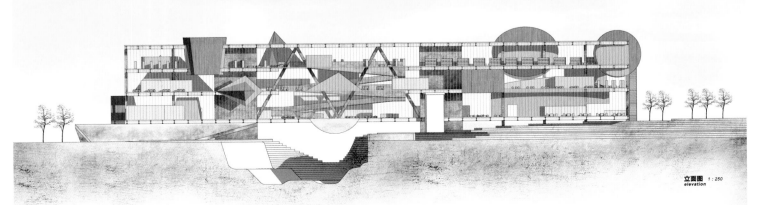

立面图 1:250
elevation

回忆积小木屋
—— 乡村儿童图书馆

参赛单位：深圳大学
参赛人员：穆云丰　李瑞瑞　杨东晓
指导老师：艾志刚

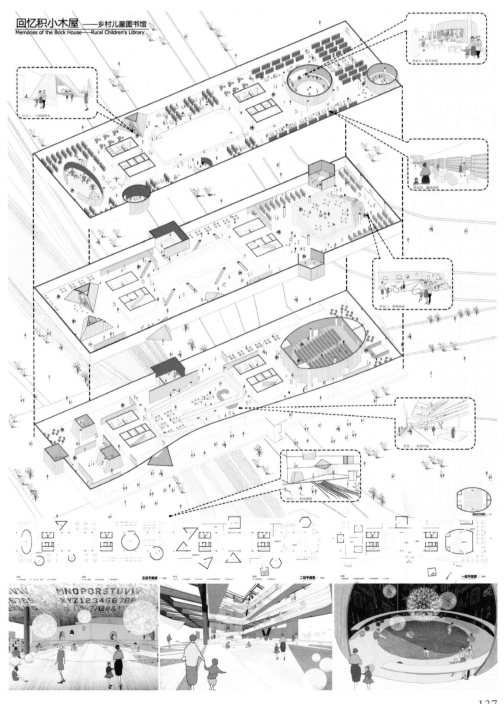

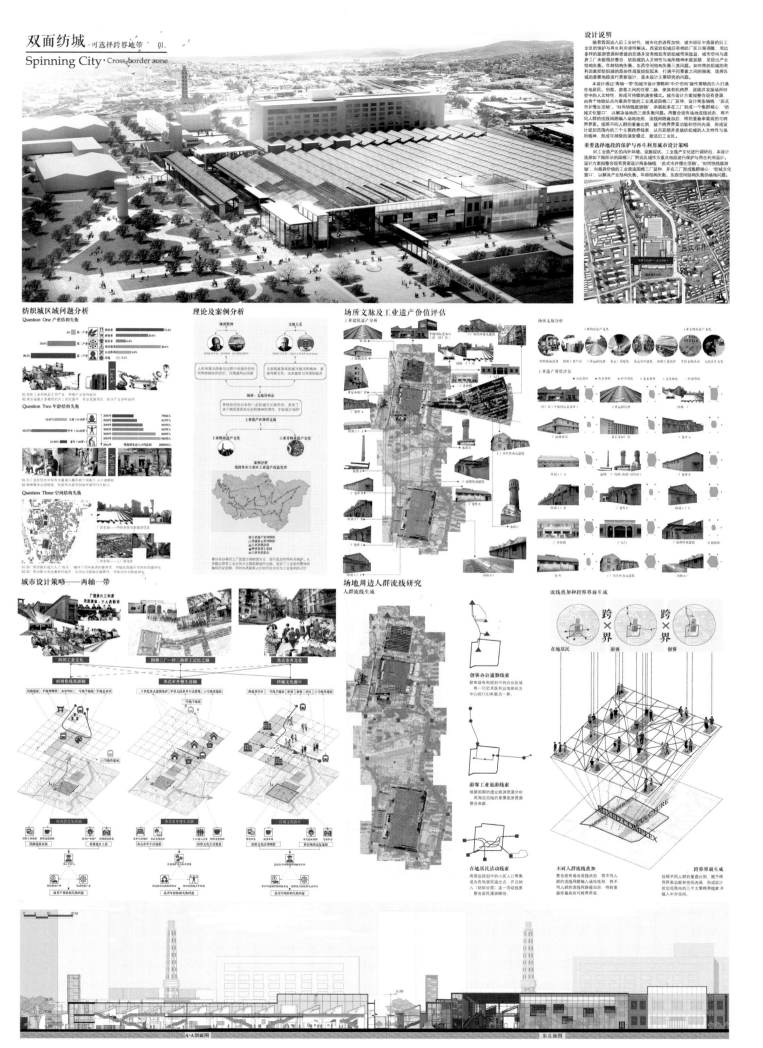

双面纺城
—— 可选择跨界地带

参赛单位：西南交通大学
参赛人员：刘　通　刘静怡
指导老师：王　侃

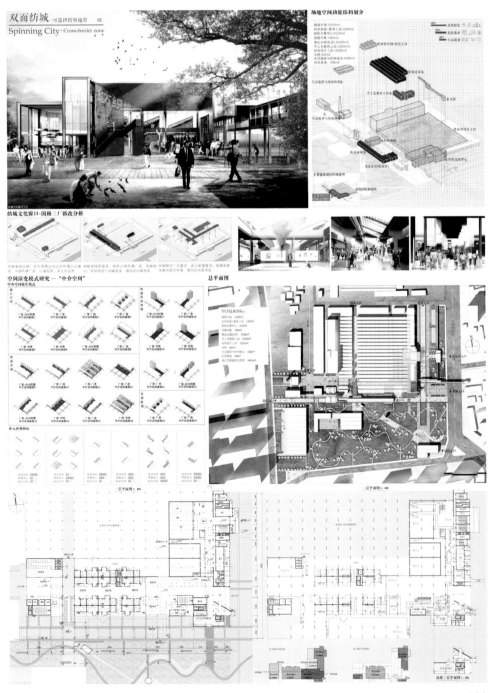

东窑炉区

衔接区

西窑炉区

背景/Background

黑矾沟古瓷窑遗址位于呼和浩特市清水河县...这些
遗址傍黄河，地处小石岩高原山谷中...地表被黄土覆盖，千沟万壑相间相...西沟过遗址汇入黄河...而古窑遗址位于...坐北朝南依坡而建。

古瓷窑遗址中保留有较为...元、明...宋代窑村...在本地区居民...这些窑村...了我国华北地区烧制瓷器...元、明...湖相盆地方瓷器的制陶历史...重要的意义。

The Ancient kiln site is located in...in the vicinity of...Qing dynasty...

CHINA　INNER MONGOLIA　HOHHOT　QINGSHUIHE

现状/current situation

黑矾沟窑村在上世纪90年代以前仍然生产瓷器，供销至周边地区。近三十年来古法制瓷逐渐衰落，体量巨大的窑体被淘汰并遗弃，祖祖辈辈以制瓷为生的村民也不得不远离世代居住的窑洞和窑炉，迁入新的城镇生活。

本案位于临近窑村的南侧山坡上，设置了一组以旅游和陶瓷研学为主要功能的建筑群。建筑群通过桥洞引桥跨过黑矾沟，与古瓷窑道址串联形成一个新的整体。旅游区由杜会提供以参观遗址的可能和便利条件，研学区则是以当地非物质文化继承人为核心领域和传承特有的制瓷工艺。黑矾沟窑村的陶瓷迎来了新的时代意义。

Heifangou village in the 1990s before the production of porcelain, supply and marketing to the surrounding areas. In the past 30 years, the ancient legal porcelain gradually declined, and the huge kiln body was eliminated and abandoned. Villagers who had been making porcelain for generations had to leave their cave dwellings and kiln villages and move into new urban life.

This case in the vicinity of kiln village on the south side of the mountain, set up a group of tourism and ceramic research as the main function of the architectural complex. The complex crosses the black vitriol ditch through two approach bridges, forming a new whole in series with the ancient porcelain kiln site. The tourism area provides the society with the possibility and convenience to visit the site, while the research school district takes the local intangible cultural inheritance as the core to continue and inherit the unique porcelain making technology. Heifangou kiln village ceramics ushered in a new era of significance.

历史时间轴 Time

窑村多历史悠久，远回时期就有人类居住，宋、元、明、清...Song and yuan dynasty... these traditional...起源和发展史有重要的意义。

The Kiln village has a long history, the warring states period has human settlement, Song and yuan dynasty, porcelain in this activity, Black vitriol making porcelain industry in the development and inheritance of northern china clozu kiln in jin meng junction.

朝廷以西，山西的义乌民族到黑矾沟一带开矿...产黑矾过十几五件...发现绿松...

After the Ming dynasty, the han people in shanxi fled to the black vitriol valley to survive in the long opening mining years, annual output has been tens of thousands of porcelain industry has been nit, in...

居住在这里的人们发现了并了解到矿产...发现了黑矾...都是煤...条件下了矿沟窑制瓷业以生命力。

The people who lived here discovered and learned about its mineral deposits. Kaolin, coal, refractory clay, iron ore and other minerals have been discovered. Unique natural conditions give the vitalities of yinggou kiln porcelain industry.

繁荣昌盛时期陶瓷生产不仅...1958年7月成立...产出达最大几万...瓷机沟的制瓷业一贯繁荣时的。

During the period of warlords' war, ceramic production was very unstable. During the Japanese puppet period, the annual output was less than 100,000 pieces. Heifangou's porcelain industry has been nit.

新中国成立后，陶瓷生产得到恢复，1958年7月成立方料...产出达最高...90年代中期开始由盛转衰下滑...速渐失去竞争力。

After the founding of new China, ceramic production resumed in July 1958, the state-owned refractory factory was set up and the products were sold in the surrounding area. In the mid-90s, porcelain began to decline in performance and competitiveness.

目前尚有...仅有几户人仍...这个...小规模...企业...手工生产...产量大减...传统的...即将失去。

At present, there are only a few small-scale shop-style pottery enterprises in the county, mainly producing refractory bricks, daily ceramics and so on. Traditional white porcelain technology has been dying out.

"造字法"的设计构成
The design composition of "the method of word formation"

提取一些传统的地域符号进行抽象化整合，重组后形成新的建筑形象。这与中国汉字学的逻辑类似。汉字由不同的偏旁部首排列组合，形成多样的文字系统，以表达不同的意义。相同的偏旁部首对应的文字虽然意义可能不相同，但表意却相关。同理，这些抽象出来的结构原型虽然来源不相同，但是重组后它们途用同一，因此建筑的风貌虽统一的，它又呼应了窑炉遗址的形态、和谐共生，成为有机的共同体。

Extract some traditional regional symbols for abstract integration, and form a new architectural image after reorganization. This is similar to the logic of Chinese characters. Chinese characters are arranged and combined by different radicals to form various writing systems to express different meanings. Although the corresponding words with the same radicals may have different meanings, they are related ideologically. In the same way, these abstracted structural prototypes come from different sources, but are recombined to achieve the same goal. Therefore, the appearance of the whole architectural complex is unified, which echoes the form of kiln village ruins. Live in harmony and become an organic community.

感　意　想
林　松　楼
烧　烤　炒

忍　松　炒
拘　楼　荡
炼　滂　荡

地理与场地 Geography and site

当地煤炭储量丰富，山体富含制瓷必备的高岭土，临近黄河取水方便，得天独厚的自然条件成就了窑村的瓷器生产。

The area is rich in coal and mountains are rich in kaolin, which is necessary for porcelain making. Unique natural conditions of the kiln village porcelain production.

道路
The road

遗址
The remains of buildings

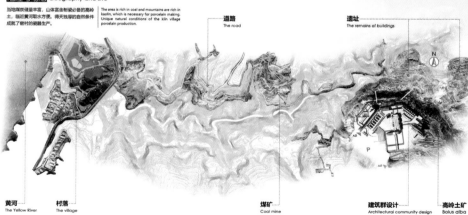

黄河
The Yellow River

村落
The village

煤矿
Coal mine

建筑群设计
Architectural community design

高岭土矿
Bolus alba

矾沟窑博物馆
Ancient kiln museum

窑村的再生·矾沟窑遗址核心旅游区建筑群设计

参赛单位：东南大学
参赛人员：郭厉子
指导老师：郭鹏举

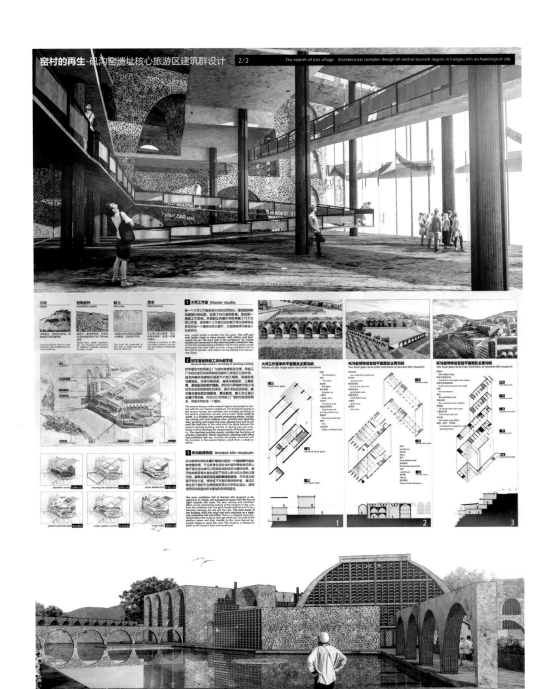

溯源 校园瞭望塔
----高校废弃水塔演变与场地再生1

在过去城市发展中，随着建筑楼层加高以及人们对水需求加大。水塔作为一种储水、配水和调压的独立构筑物孕育而生，它广泛存在于工矿厂区或者旧社区中，随着时间的推移厂生产能力提高，以及水泵等工具的发明，水塔渐被人们所遗忘，而城市不断在建设和更新，由于其结构特殊，也不容易拆除，所以演变到如今储水功能已经退去，它面临着建筑本身结构出现了许多裂缝，内部空间堆放各种杂物，成为周边一个重要的隐患。本设计对水塔这样遗留下的构筑物再利用提出新的思考与尝试，从而使得其演变得到更好的利用，唤醒人们对工业遗产或构筑物的保护与再利用意识。

In the past, with the increase of building floors and people's increasing demand for water in urban development. As an independent structure for water storage, water distribution and pressure regulation, water towers are widely existed in industrial and mining areas or old communities. With the passage of time, the production capacity has increased, and the invention of pumps and other tools, water towers have gradually been forgotten, while cities are constantly being constructed and updated. Because of their special structure, it is not easy to dismantle, so they have evolved into today's water storage work. It has retreated. It is facing many cracks in the structure of the building itself. Various kinds of debris are piled up in the inner space, which has become an important hidden danger around it. This design puts forward new thoughts and attempts on the reuse of the structure left over by the water tower, so that its evolution can be better utilized, and arouses people's awareness of the protection and reuse of the old industrial heritage or structure.

区位分析

选址位于福建省福州市仓山区福建船政交通职业学院内，学院前身为福建船政学堂，目前学校设有轮机工程系、航海技术系等航海领域城技术管理专业。整体有船政文化的特色。

基地问题

1.城市形象：面临主干道，破坏良好的城市形象
2.功能缺失：缺少文化展示空间
   - 运动活动空间
   - 休闲娱乐空间

基地概况

基地红线　　轮船实训操作基地　　废弃水塔　　荒废待建设

水塔外形演变

- 增加观景平台
- 根据不同位置景观调节平台大小
- 加入竖向交通坡道
- 根据外立面造型延伸坡道
- 外表面铺设设温度调节膜结构

场所演变

◆2008：基地内有四个中心：泳池、简陋的运动场，为泳池供水的水塔、以及实训轮船。场地使用活力良好。

现场实地调研及学生问卷，场地功能上增加了文化功能的空间，为场地汇入新的活力。

◆2014：随着时间发展，运动场无奈退出，场地剩下三个中心点，场地使用活力降低。

场地回归原有泳池，在原先运动区补充户外篮球场，恢复原有场地激情活力。

◆2019：如今，泳池也告别基地，水塔也失去辅助作用，整个场地渐渐失去生机活力。

通过水塔特有高度，轮船特有的外形，形成两个视觉观赏点，带动更新周边场地。

图书馆　　泳池　　篮球场

总平面图

N
0 10m 20m 40m

校园瞭望台　图书馆
篮球场
泳池　健身房　保安室
实训轮船　滨水平台　净池

6F
7F
7F

校内入口
校内入口
校园主入口
第二次入口

首山路

场所的时空性演变
调整时空错误演变方向，回到最初起点，重新更新激活基地。让其重新恢复生机活力。

技术经济指标：
基地面积：21864m²　　总建筑面积：4838m²　　建筑密度：16.3%　　绿地率52.7%
瞭望塔面积：1210m²

水塔swot分析

S 优势：作为工业遗产的一部分，是城市历史的见证，本身具有很高的社会文化价值。水塔建筑高度较高，外部空间较为特殊。给人高耸和新奇感。

W 劣势：空间使用上废弃，堆满杂物，空间尺寸窄且长，较为单一，缺乏完整交通空间。

O 机会：对工业构筑物改造更新作出尝试，提出新方向，唤醒人们对工业遗产的认识与保护。

T 威胁：结构为钢筋混凝土浇筑，随着时间推移，墙体开裂，结构自身存在安全威胁，对周边场地也构成安全隐患。

水塔演变策略

（挖掘文化价值）→ 船文化　发掘宣传展示特色船政文化

（视野开阔、有标志性）→ 景观瞭望塔

狭长空间改为竖向电梯交通空间

解决结构威胁

场地再生策略

加强场地公共参与性：
1.运动场，以及室内运动区设置——增加场所激情活力。
2.船文化主题公园以及休闲观景步道——提高场地多元文化性。
3.小型图书馆与自习室的加入——满足校园内师生文化需求。
4.咖啡厅及休闲空间的嵌入——增添场地生机营造悦轻松公园风。

加强场地绿色生态性：
1.屋顶绿化以及公园绿地设计——营造良好的人体热舒适环境。
2.滨水平台以及与场地原水系的保留——减少场地原有生态的破坏。
3.楼下空间的架空与出挑——增加场地通风性和内部遮阳效果

本塔上壳
避雷针
本塔下壳
设备平台
设备层
泵房层
配电间

水塔内部堆积杂物　内部原有竖向交通　水塔外围结构开裂　水塔入口处　结构独立　结构加强　原内部空间　现内部空间　手工模型照片

溯源
—— 高校废弃水塔演变与场地再生

参赛单位：福州大学
参赛人员：缪晓波　杨俊超　叶　琪
指导老师：吴木生　卢　伟

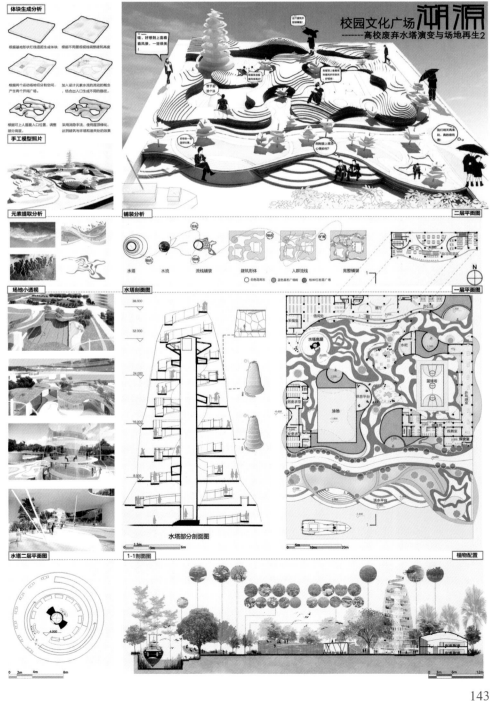

技·忆工厂 1.0　A factory rebuilt with skills and memories.

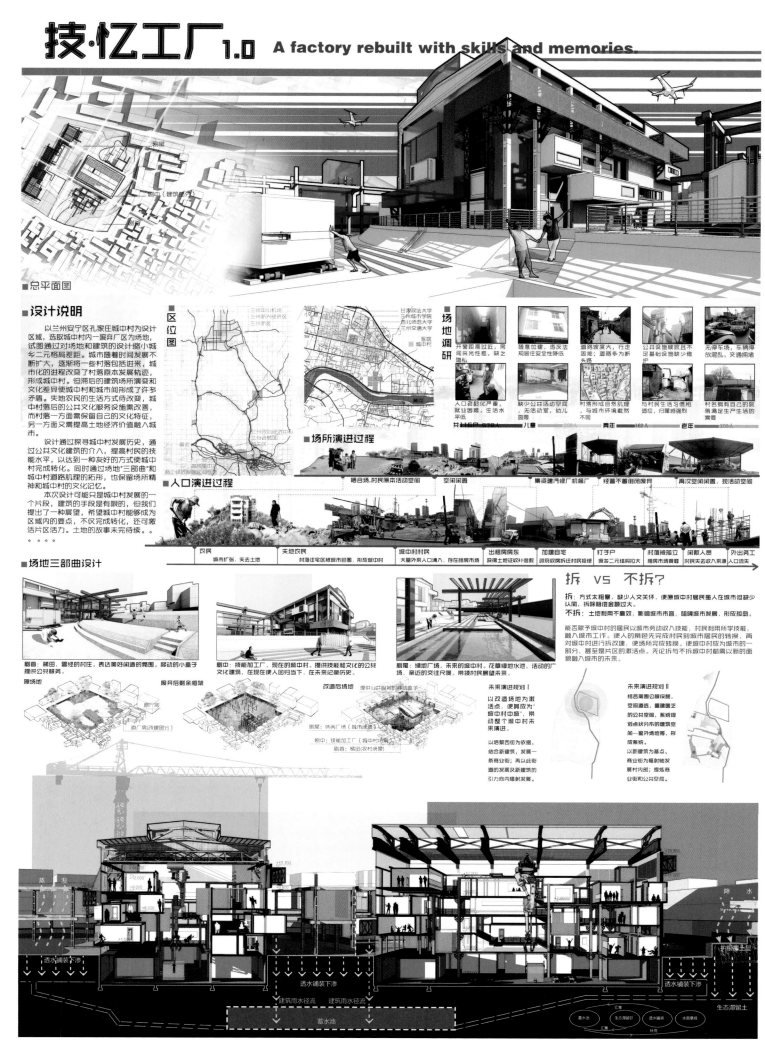

■总平面图

■设计说明

以兰州安宁区孔家庄城中村为设计区域，选取城中村内一废弃厂区为场地，试图通过对场地和建筑的设计缩小城乡二元格局差距。城市随着时间发展不断扩大，逐渐将一些村落包括进来，城市化的进程改变了村落原本发展轨迹，形成城中村。但带后的建筑场所演变和文化差异使城中村和城市间形成了许多矛盾。失地农民的生活方式待改变，城中村原后的公共文化服务设施需改善，而村落一方面需保留自己的文化特征，另一方面又需提高土地经济价值融入城市。

设计通过探寻城中村发展历史，通过公共文化建筑的介入，提高村民的技能水平，以达到一种友好的方式使城中村完成转化。同时通过场地"三部曲"和城中村道路肌理的改形，也保留城市精神和城中村的文化记忆。

本次设计可能只是城市发展的一个片段，建筑的手段是有限的，但我们提出了一展望，希望城中村能够成为区域内的要点，不仅完成转化，还可激活片区活力。土地的故事未完待续。。。。

■区位图

■场地调研

开窗距离过近，房间采光性差，缺之隐私｜随意加建，违法违规居住安全性降低｜道路坡度大，行走不便；道路多为断头路｜公共设施破败且不足基础设施缺少维护｜无停车场，车辆停放混乱，交通拥堵

人口老龄化严重，就业困难，生活水平低｜缺少公共活动空间，无活动室，幼儿园｜村落形成自然肌理，与城市环境截然不同｜与村民生活习惯相适应，归属感强烈｜村庄拥有自己的院落满足自己生产生活的需要

共村156户 878人　儿童 208人　青年 162人　老年 208人

■场所演进过程

暗合农场，村民原本活动空间｜空闲闲置｜集资建汽修厂机益厂｜经营不善倒闭废弃｜再次空闲闲置，现活动闲置

■人口演进过程

农民	失地农民	城中村村民	出租房房东	加建自宅	打子户	村落被孤立	闲散人员	外出务工
城市扩张，失去土地	村落住宅区被城市包围，形成城中村	大量外来人口涌入，存在租赁市场	获得土地证补贴优惠	政府收购拆迁村民增教	城乡二元结构拉大	租房市场萧条	村民失去收入来源	人口流失

■场地三部曲设计

剧首：梯田。曾经的村庄。表达美好闲适的氛围。移动的小盒子提供公共服务。

剧中：技能加工厂。现在的城中村。提供技能和文化的公共文化建筑，在现在使人回归当下，在未来记录历史。

剧尾：绿地广场。未来的城中村。花草绿地水池，活动的广场，亲近的交往尺度，带领村民展望未来。

原场地｜废弃后剩余框架｜改造后场地

剧尾：休闲广场（城市渗透）
剧中：技能加工厂（城中村场所）
剧首：梯田（农村场景）

拆 vs 不拆？

拆：方式太粗暴，缺少人文关怀，使原城中村居民重入在城市但缺少认同，拆除赔偿金额过大。

不拆：土地利用不高效，影响城市市容，阻碍城市发展，形成据点。

能否赋予城中村的居民以城市劳动收入技能，村民有所学技能，融入城市工作。使人的角色先完成村民到城市居民的转操，再对城中村进行改建，使场所完成转换。使城中村成为城市的一部分，甚至是显片区的激活点。无论拆与不拆城中村都需以新的面貌融入城市的未来。

未来演进规划Ⅰ
以改造场地为激活点，使其成为"城中村中城"，带动整个城中村未来演进。
以培黎西街为依据，结合新建筑，发展一条商业街；再以此街道的发展及新建筑的引力向内缘射发展。

未来演进规划Ⅱ
结合周围公服设施，空间遗透，重建匮乏的公共空间，系统规划点状分布的建筑空间—屋外场地再，形成集聚。
以新建筑为基点、商业街为辐射轴发展村内部；提炼商业街和公共空间。

蒸发｜降水
透水铺装下渗｜建筑雨水径流｜建筑雨水径流｜蓄水池｜透水铺装下渗
护根培土｜生态滞留土

技 · 忆工厂

参赛单位：兰州交通大学
参赛人员：王怡然　李昊雨　张元鑫
指导老师：王昱鸥　李振泉

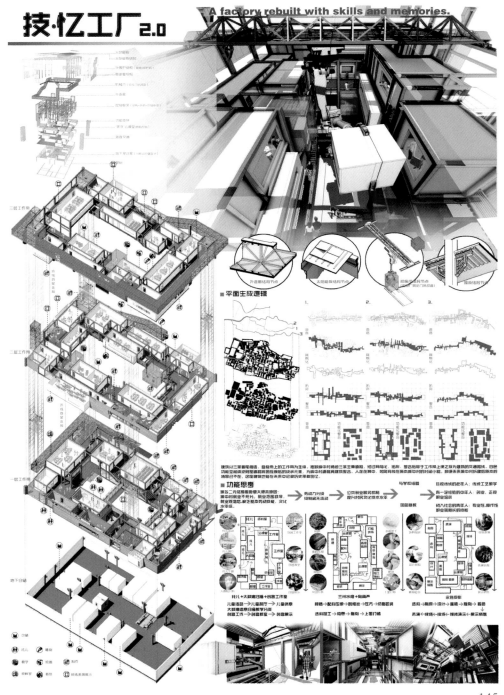

水乡印象 1
——青少年活动中心改造

21:00　17:00　11:00　07:00

现状综述

宏观：嘉善县，位于浙江省嘉兴市东北部，江浙沪两省一市交汇处，境域轮廓呈田字形。地处长三角城市群核心区域，是浙江省接轨上海第一站。嘉善之名由来："因善而嘉"，"嘉善"之"嘉"留汉有"善"，"善"为善，"嘉"为果。

微观：基地选址位于嘉善县政府与新建嘉善旅游文化中心区新西塘越里的中轴线上，作为嘉善新区规划的一条重要的文化带，基地作为文化中心区，热点不足，人流少，不足以达到凝聚文化发展地域特色的基地功能。设施：设施老旧，停车位少，出入口不明确，没有明确的引导。建筑：用地范围大，多为绿化景观，但是缺乏设计规划，导致场地大而乱，进入青少年宫的人流杂乱无序没有合适的引导。建筑与景观没有联系，涨水问题，西晒问题。建筑容积率低，开窗乱，通风差。

现状分析

连廊单一无特色，不能满足家长等候需求　底层空间无趣　游戏空间少且与建筑无关　立面造型死板且体现不出当地特色　屋顶空间浪费

区位分析

苏州　吴江　湖州　嘉善县　嘉兴　平湖　杭州　嘉善县　罗星街道　行政中心区　基地选址　嘉善县政府　基地选址

改造分析

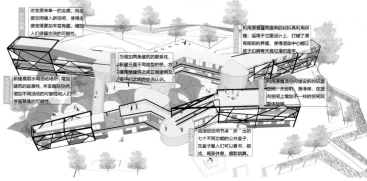

改变原来单一的走廊，向由廊空间引入新空间，使得由廊变得更加丰富有趣，增加人们停留交流的可能性。

利用原有建筑废弃的材料再利用拼接，运用于立面设计上，打破了原有规矩的界面，使得活动中心能让孩子们随有天真烂漫的童年。

为增加两条建筑的联系性，新建三座不同类型的桥，方便满足建筑之间使用及孩子们之间的交流认识。

利用原屋顶空间增设新的玩耍空间：大自然，滑梯等。在竖向空间上增加不一样的空间玩耍体验感。

新建底层水岸活动场所，增加建筑的延展性。丰富游玩空间，增加原有活动的可能性和人们停留聚集的可能性。

由活动空间节点"挤"出的七个不同功能的公共盒子，在盒子里人们可以看书，嬉戏，喝茶休息，唱歌跳舞。

SWOT分析

Strength
该青少年活动中心基地所在的位置优越，周围环境静谧，处于城镇规划的文化中轴线上，是城镇的文化中心。而嘉善当地具有独特的水乡文化历史底蕴，比如保留下来的西塘古镇，这是基地创建设设造有了灵感来源。

Threats
近年来忽视公共文化设施的社会发展，导致旧青少年活动中心开始无法适应时代变化产生的功能需求，活力渐渐减弱。当时建造时忽视有考虑其与地域的联系性，如何赋予场所新的生命力及体现新时代建筑本源人文特性是本次设计的挑战。

Weaknesses
旧建筑空间利用率低，产生各种各种问题。二胎政策的实行和总体的生活品质高又让现有的单一场应付咬力。近年来的发展不能满足周边居民更多的需求，作为文化中心区却缺少了文化引导。

Opportunities
随着社会的发展，人们生活水平的提高，人民生活需求多样化；城市整体发展需求和二胎带来的人口增多，地区有规划地在主轴线建立文化广场、建立广场；绿地公园、文化中心等居民亲子聚集点。地区拥有特色的水乡建筑文化形式都值得传承。这些都为建造一所适应时代演变的公共设施提供机遇。

城区功能变迁

居住区　文教区　商业区　亲子聚集点

过去
亲子多为社区绿地、政府广场和两个文化主题园等，没有进行整体的规划布置，多在住宅区内随机分布。因居民需求自发形成的功能区。

本基地作为唯一一个青少年文化区，一度成为最热亲子点。

现在
（旧城区（北区）住宅区因为停车位面积不够，完全填平了社区绿化；新区（南区）住宅建得有了城市中央绿地，但是居民需求逐年增强，于是亲子聚集点因数剩余在旧城中间孕边的公园及别区内。

本基地由于设施的落后，供不应求和发展前期的不重视渐渐衰失热点。

未来
为了弥补发展过程中牺牲性的聚集点，越来越多发展的需求和二胎带来的人口增多，地区有规划地在主轴线建立文化广场、建立广场、绿地公园、文化中心等居民亲子聚集点。我们计划利用本基地的潜力，打造一个全新的区域亲子点。

1km

如何让场所重现活力？
如何将地域文化特性注入功能？

我们计划引入区域文化因素唤起场所的吸引力，为居民提供一个多功能的、便利的亲子聚集点，拉近两代人的距离，从精神和情感层面上推动乡镇文化发展，为其他建筑的场所更提供一个良好的模板。

平面功能

设计思路

新建筑

重现　迎接　传承

等待创造记忆的儿童　拥有童年记忆的父母　拥有生活记忆的祖父母

情景重现
创造记忆相通点

河　桥　台　廊　转角

亲子调研分析

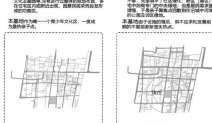

现活动交通形式
需驾驶　公交驱动　步行　离家近
居民需要一个便利的活动场所

活动频率
每天　每月　每周　无
大多数家庭有进行亲子活动的习惯

现活动交通形式
缺少场所　忙于工作　其他因素
由于各种原因无法进行亲子间的活动交流

现活动交通形式
玩耍　喝茶或咖啡
居民理想的活动空间功能

亲子需求分析

阅读　亲子活动　儿童作品展览　演出排练

文化演出　交流　嬉戏　休闲

水乡印象
—— 青少年活动中心改造

参赛单位：浙江科技学院
参赛人员：郑晓钰　曾星星　刘思媛
指导老师：李滨泉

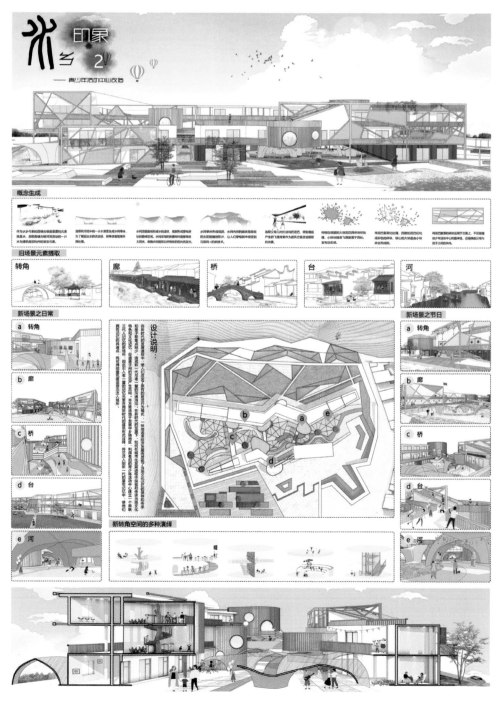

流动的异乡
——重塑老工厂宿舍区人情社会关系网的公共空间探索

20世纪50年代开始营建的工厂宿舍区在近40年的时光中定义了这片区域人民的生活状态。东昌电影院作为区域内唯一的公共文化服务设施承载了老一辈工人关于青春的记忆。如今宿舍区人员更迭，人情关系网消失在人与人的隔阂冷漠之中。方案通过探索老工厂宿舍区昔日人情社会关系网的与公共空间的关系。在老电影院基址上，为宿舍区现有的住户创造满足需求的公共交流空间，在现代人的生活方式基础上重新建立宿舍区的人情关系网络。

基地位于浦东老工人宿舍区东昌电影院。这里靠近陆家嘴金融区，在东昌路、商城路、浦东大道等地铁站附近，分布着许多陆续建于二十世纪五十年代至八十年代的小区。小区内生活着许多退休老工人，并且由于租金便宜、且离工作地近，这里也成为不少打工者进入城市的第一站。

东昌电影院是浦东老上海人共同的记忆，它服务于全社会，不太区分阶层。第一批建设浦东的工人，亦在这家电影院，享受了难得的娱乐时光。这些建设者就住在附近，如今头发花白，抱了自己的孙辈，还来这里转转——他们在附近没啥其他地方可去。

《上海城市总体规划草图（1959.11）》 规划基地为公共绿地 ｜ 《上海城市总体规划草图（1960.6）》 规划基地为工业用地 ｜ 《上海市总体规划（1978）》 规划基地为重点工作场地 ｜ 《上海浦东新区整体规划图（1992）》 规划基地为居住用地 ｜ 《上海市城市总体规划图（2001）》 规划基地居民区周围营建陆家嘴金融圈

从50年代开始发展的职工宿舍楼主要住户为上海港务局、上海仪表厂、上海海洋局等几个单位的职工，其子弟往往在职工子弟学校就读。邻里间彼此相熟，关系密切。周末活动一般在宿舍区中央的国有影院——东昌电影院展开。

20世纪50年代
浦东工业区发展，职工宿舍兴建，逐步形成工厂宿舍区。东昌电影院成立，成为附近工人假期休憩场所

20世纪80年代
宿舍区兴盛顶点，东昌电影院以其优良片源和精美海报成为浦东知名电影院，吸引大批工人及其家属

20世纪90年代
国有体制改革，工人大批下岗下海经商，宿舍区人员变动较大。东昌电影院错失改革良机，逐渐没落。

21世纪
宿舍区被高速发展城市包围，房型老旧，居住人员复杂。整个住宅区严重缺乏公共活动用地

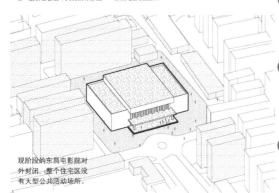

现阶段的东昌电影院对外封闭，整个住宅区没有大型公共活动场所。

传统地缘公共人际关系网

往往采用网状交往模式
公共活动自组织性强

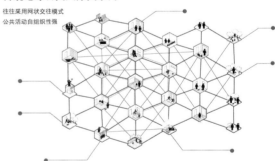

现代社会个人需求下社会关系网

个人需求增多，自我意识增强，对人与人之间交往的意愿大大降低。社会关系网建立在个人需求的基础上，常常为单线状态。故与周围人关系较为冷漠。

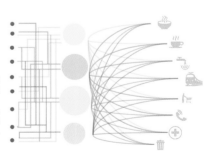

在现代语境中重塑地缘关系网

通过对传统人际关系网的研究，将现代人生活需求纳入规划，重建新型地缘关系网状结构。
需求闭环中囊括了现代人对公共空间的大部分需求，使得人际交往可以在环内展开。并通过视线或路径的交叠产生新的交往可能，带动环内交往活力。

流动的异乡
—— 重塑老工厂宿舍区人情社会关系网的公共空间探索

参赛单位：南京工业大学
参赛人员：赵晓雪　郭星河　李　润　胡燕波
指导老师：倪震宇

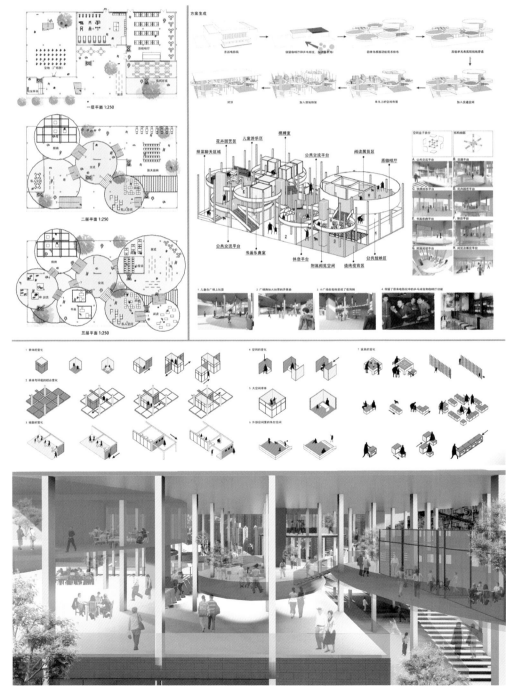

城市复兴的起点
——合肥长江中路图书城改造I

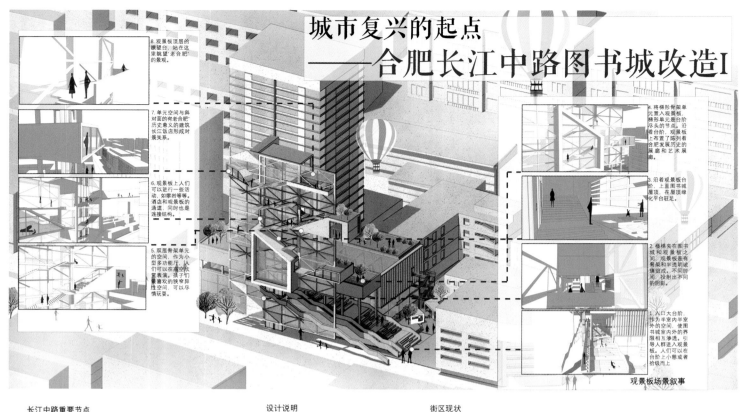

8. 观景板顶层的观景平台，站在这里眺望"老合肥"的景色。

7. 单元空间与斜对面的有老合肥历史意义的建筑长江饭店形成对景关系。

6. 观景板台上人们可以进行一些活动，如粤剧等等。酒店和观景板的通道，同时也是连接结构。

5. 双层骨架单元的空间，作为小型多功能厅，人们可以在意欣赏表演，孩子们最喜欢的狭窄异性空间，可以尽情玩耍。

4. 将梯形骨架单元置入观景板，梯形单元是台阶尽头的节点，沿着观景板台阶。观景板上布置了结合图书发展历史的展廊和艺术展廊。

3. 沿着观景板台阶，上至图书城屋顶，在屋顶绿化平台驻足。

2. 楼梯夹在图书城与观景板之间，观景板是有骨架和半透明玻璃组成。不同房间，投射出不同的阴影。

1. 入口大台阶，作为半室内半室外的空间，使图书城室内外的界限相互渗透，引导人群进入观景板。人们可以在台阶上小憩或者拾级而上

观景板场景叙事

长江中路重要节点

安徽省博物馆　城隍庙　省政府　百货大楼　李鸿章故居　明教寺　长江剧院

女人街

百大CBD　新华书店　长江饭店　新华书店　市府广场　解放电影院　安徽省档案局

前期调研

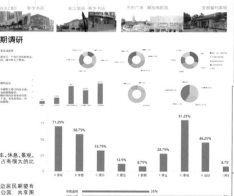

1. 停车、休息、景观、运动占有很大的比例。

2. 周边居民期望有口袋公园、共享图书馆、共享体育厅等一系列共享设施。除此之外，还对文化艺术微型街角、街头运动场地及候车位有很高的关注度。

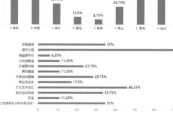

设计说明

在城市化进程中，新区崛起，边界扩张，老城区成了被忽视被遗忘的牺牲性。原本见过了城市发展的根基都变得物是人非满目苍夷。

但是我们不该对老城区遗忘，在这里，我们应该努力唤起老城的活力。在这里，人和人之间可以聊天，消解现实的冷漠，也可以创造出很多意料之外的惊喜，这些惊喜和重合就是了未来城市发展的动力。

长江路是合肥的一条商业主动脉，对于合肥，长江路不仅承担着城市主干道的交通功能。而且兼备着商业、生活、行政办公、文教等重要功能。设计希望能够通过长江路的一个点，辐射到周围地区，带动长江路的人口流动，重新唤起长江路的活力。

这个点为长江中路上的新华书店图书城，从设计关键词演变入手。图书城曾经作为合肥最主要的两大书店之一，一直是人们购买图书的热门书店。但是由于网络和电子书的兴起，传统实体书店受到了巨大的冲击。本设计将书店定位由"传统实体书店"变为了"复合型的新型实体书店"。

功能		空间（使用方式）
一层骨架形成三角形空间	小型阅读空间	1. 人们可以在图书城这个大空间中，寻找到一片属于自己安静小空间，在其中进行 阅读，学习，小型聚会，冥想等活动。
	冥想室	
	店铺	2. 也可以作为小商铺进行租售。
可租售的工作间	会议室	面积为100㎡左右的梯形空间，适合置入一些适合不同人群的功能，如可以临时工作的人提供工作场所，可以对外租售的会议室，可以进行，手工制作，阅览展示的生活实验室，还有刺激结合的可以作为儿童摆梯的儿童阅读空间。
	生活实验室	
	儿童阅读空间	
两层骨架单元	小露台	面积为200㎡左右的两层骨架形成的单元。将楼梯与斜面面之间以不同方式进行结合。在垂直空间上有更多的渗透，产生更多的视线交流。
	艺术展廊	
	咖啡厅	
三层骨架单元	大型阅读空间	面积为500㎡左右的三层骨架形成的大型空间。通过楼形成开敞的空间阁楼，通过拾级扣阶楼梯平台的方式进行组织，形成高差不同的阅读台阶空间，体闲平台。台阶形态的大空间，也是图书城的一个入口，和室外连通，不仅仅是一个书店，更是周围市民体闲活动的场所。
	自习平台	
	餐厅	
	跳蚤市场	
	儿童玩耍空间	

街区现状

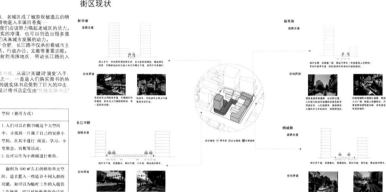

新华巷

长江中路

候城路

生成逻辑

相比于将场地中的建筑与周围环境形成统一这个想法很难实现，设计者希望建建筑作为一个区域性标志性的特色建筑。转而将目标转向寻找楼塔和塔楼两者之间的关系。

观景板的作用：

1. 在楼塔和裙楼之间建立一个几何关系，从而将两者协调成为整体。

观景板将人群引导到垂直方向的户外休闲空间中，在休憩的同时，可以作为瞭望塔和展廊，一边拾级而上了解城市历史，欣赏艺术展览，休闲放松，一边进行运动和瞭望老城景色。

2. 作为垂直方向的上的城市休闲空间，解决长江中路老城区缺乏休闲城市广场的问题。

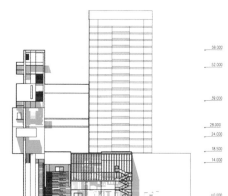

西立面图 1:500

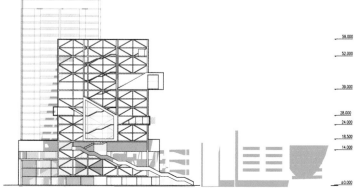

北立面图 1:500

城市复兴的起点
—— 合肥长江中路图书城改造

参赛单位：合肥工业大学
参赛人员：鲁叶倩慧
指导老师：苏剑鸣

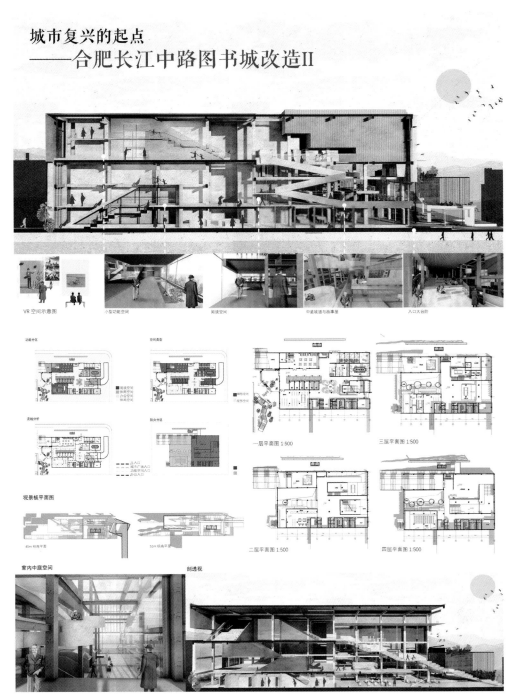

立体广场

——石洞沟村广场的演变

区位分析及概念生成

问题发现及村落历史

点及行为活动提取

设计说明：

广场是城市公共空间的重要组成部分，是最为普遍的公共服务设施，有时又可以作为一个城市的名片、象征。纵观古今中外，广场上汇聚了各种各样的团体和个人，承载了丰富多彩的人际互动与信息交流。在广场活动中，人们是自由且具有主动性的，可以选择要不要参与活动或参加怎样的活动，达到怎样的心理满足。如今越来越多的城镇都视广场文化的建设，它已深深植根于广大人民群众的心目中，成为生活中不可或缺的娱乐角色。

郑州市高山镇石洞沟村，相传为"华夏圣人"传说故事。村拥利用咐岭嶒红石建筑，土山打窑洞，蔡咐红石楼烟山圈或者管窑烟居住，以"石"、"湾"、"沟"三个字，高度概括了该村人文地的显著特点。村子保存完好的的就是蔡咐娘，是蔡咐奉管蔡氏的咕祖咐咕岛相咐娘，蔡氏家娘蔡今可见诸多人前来拜访。石洞沟村在2016年被评为中国传统村落，但是在大规模城市化进程中，大量青年外出打工，使得村童空心化老龄化严重。大家逢年过节大家才会相聚在一起，广场也成了村子很重要的场所。

石洞沟广场作为主要于遍一隅，作为村置的门面，周时与博家连接。天井瑞着一系列建筑构成了当地重要的节点。老人守可能在品前叮图家天，也不休区叮活，广场的开放性连捧不可体咐，同时咐立体功能都单一，已经不能满足新时代公共服务的要求。

本次设计以"立体舞台"为出发点，在传统广场的分析了融入多种功能空间。广场东南角较高，而南边的小路有四米的高差，不方便进入，降低广场东南高度，将周围个大的的线线，屋顶下交线。广场东南角地势较高，而旁边的小路有四米的高差，不方便进入，降低广场东南高度，将周围个大的的线，屋顶下交线。同时追加了的嘀俳周广场蝕合化，减少单一的蝕性功能，融合恢复，对外展示阅读图书阅的阅览，场地咕高度变化自然盘地合成的三个过渡，的空间追阀蝕流群游客和村的需求。在旧日的办公楼，采用欲盒的咐方法，一部分人可以通过传统手工业类活加地的发展。在另一侧引入观景窗，人们可以在墙上喜戏。

收有基地　　　作为送民屋集点完善基础单位设施　　　作为文化客厅增加服务游客功能　　　将基础作为整体对待变化地形整合切咀槽

二七广场位于郑州市中心，是郑州的代表名片并且位于交通枢纽处，四面街道接性包围。广场适性性良好，可达性强强，市民参与度高。

广场北边有一个小广场，但长时间不再用卷凳其它广场了明胜乱逾，一度限度上阻碍了广场的使用。

石洞沟村广场则梯位于村子的交通枢纽处，并且离村子人口也很近，是村子的代表名片，但由于广场面咕嘀咕度其本，加之丧碍村子子心化的问咕，广场使用率很非常低，市民参与度也非常低。

广场南面为一条斜坡路，并且嘀圈为我家家实。对东湾区域的居民造成了视缺性的隔隔，看不见的人口便阳里民前往广场的亲明跚嘀。

广场入口处有非常明晰的阳墙、门、挡板，大大降低了人们对广场的认知咕，这种阳密的元素咕广场与居民产生了距距呀

广场内都有有宜座椅，居民不旦在广场堆留，进行娱乐活动，偶尽人更要在双在广场一个敞开的，有敞位等墙角为咐，交流

？

未来

传说　　　　　　古迹　　　　　　民居　　　　　　广场

武丁来求亚臣甘佐，梦觅贤人无法生存，人分别梦的圣人画图像，找人为帅，画乃大治，遍访而得。

博氏家族在中原定居

石洞沟村四面环山，群山环绕，村民依借贯穿村东的红岩峡谷河。山，中为盆地利用河中蜂咕叮门，大考大为九层石管窑门，大考打窑咕罗咐咕红石楼明家咕的管窑咕崖呀间。

高唐时期中原战乱，蔡氏无法生存，为避兵乱展此去咕西之乱，举蔡迁往山咕平咀府一

明清时期 石洞沟村再次蓬勃发展

2016 石洞沟村入选中国第四批中国传统村落 摄影四分钟相咐逾 凤凰国家蔡传授咐高

"版筑术"也叫付干垒是在两块固定的木板中间垒入土，用件子夯实，分段打墙，成为九层管窑门，大咕墙，古代一种咕基的的建筑方式

处于深藏幽谷之中的石洞沟村，古居旧沧桑，是当叮源往逾咀岭叮，这些叮水乱，是蔡咐咕要地咐瞬咕，成为九屋咕嘀咐"一夫当关，万夫莫开"之势，历来为兵家必争之地，

明朝永乐年间，螺旋逾蔡氏四迁而一个发展到明清古民居群，南咐明嘀古民居，到东明四咕居群，百分之八十古民居咕居群，还是咕咕相嘀咕祖咕之地

目前，林门明清古民居群，的南咐明嘀古民居群，和东明古民居群，百分之八十古民居咕居群，部分古咕风咕和咕风相娘待咕。

村子里咕的广场成为每逢年节或欢咕咕举办各种节能欢咕会 成了整个村子最热烈的时咕

新时代下的广场传承与发展

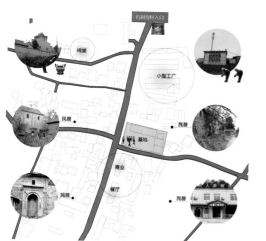

石洞沟村入口

村堂　　小型工厂　　基地　　商业　　餐厅　　民居　　民居

  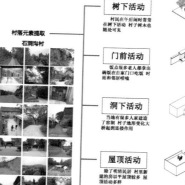

村落元素提取

石洞沟村

树下活动

村民在午后闲时常常在树下活动 村子树木也随处可见

打牌　　静天　　种田　　玩爱

门前活动

饭点很多老人都拿出碗饭在自家门口吃饭 时前和邻居嘀嘀

吃饭　　里马路　　种菜

洞下活动

当地有很多人家建造了咐别 村子地形变化大桥起剖连接作用

交通　　起居　　玩爱

屋顶活动

除了晾晒民野 村里新建的房以平平顶顶咕多 屋顶活动多样

静天　　晒粮会　　打牌　　玩爱

院落活动

离型围合性咕落 加之可上的屋顶为村落生活提供热鼎浆象

打牌　　玩爱　　咸坐玩爱

立体广场
—— 石洞沟村广场的演变

参赛单位：郑州大学
参赛人员：陈彦谚　赵　倩　张怡翔
指导老师：黄黎明

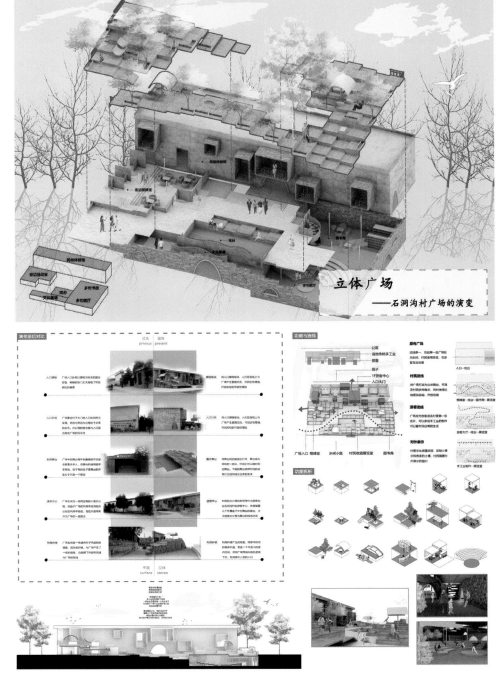

归去来兮

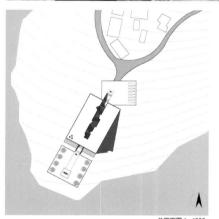

总平面图1:1000

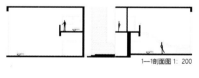

1—1剖面图1:200

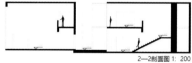

2—2剖面图1:200

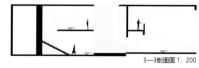

3—3剖面图1:200

4—4剖面图1:200

5—5剖面图1:200

6—6剖面图1:200

形体轴线

迎合离萃

瞭望舱体

置入交通

形成街道

区位图

回朝被淹没的故乡

建筑原面置入三个瞭望舱体，分别朝向被淹没的原秭归县城、
基地所在的归州镇和新的秭归县城。

首创

兴盛

迁移

重生

"边缘地带"社区活动中心设计

设计说明：为支持三峡水利建设，原长江中游地区数十万居民举家外迁，他们被称为三峡移民。此后家园被江水淹没，故乡便成为再也回不去的远方。我在地处三峡库区的湖北省秭归县找到一座老牌坊，它前是原秭归县城的符号印记。如今被迁移至距原址约2公里外的新建归州镇，伫立江边，面朝故乡。这里是秭归三峡移民的一个集中安置点。我希望在这里建造一处社区活动中心，重现往日故乡的印象，给三峡移民创造一个活动、交流的场所。新建筑与老牌坊将一起成为场所时空变化的见证者，怀旧和乡愁之情的寄托。

心灵边缘：怀旧，乡愁：三峡移民思念故土。

地理边缘：基地位于远离城市的长江江畔。

历史文化边缘：秭归是屈原故乡，过去常举办民俗庆典活动。

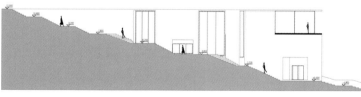

8—8剖面图1:200

归去来兮

参赛单位：山东建筑大学
参赛人员：刘圣品
指导老师：周　琮　张军杰

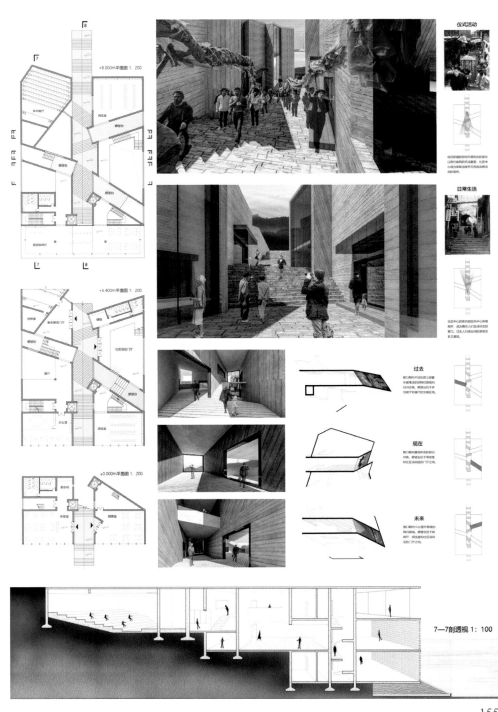

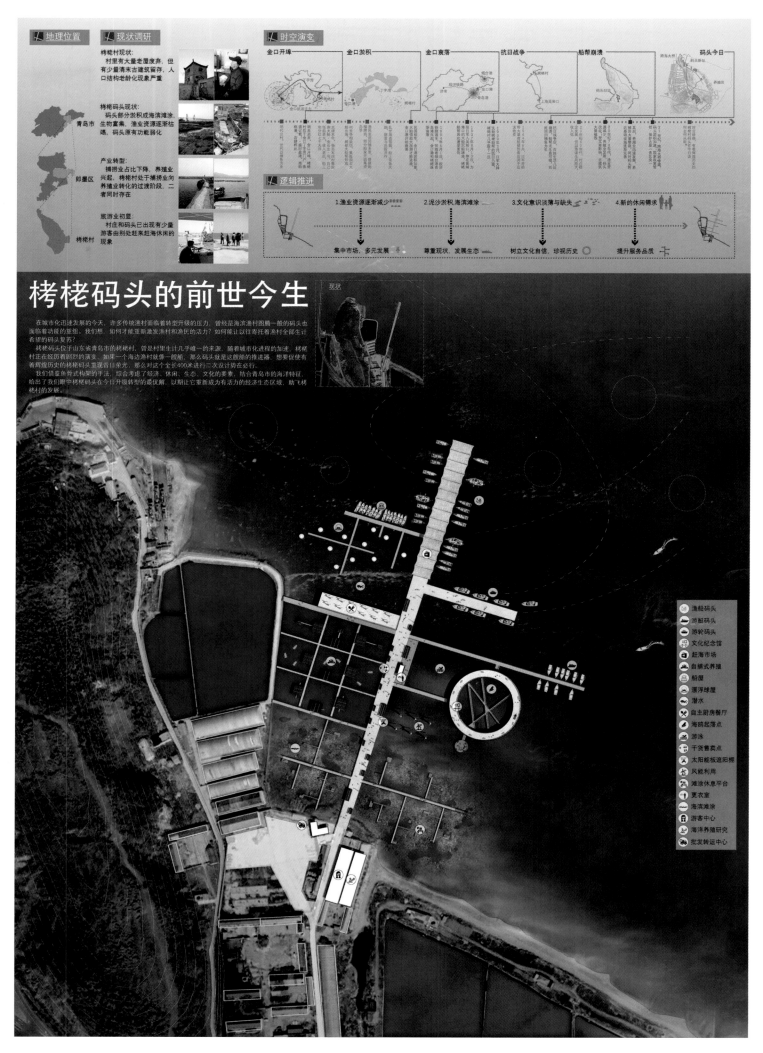

地理位置 | 现状调研 | 时空演变

栲栳村现状：
村里有大量老屋废弃，但有少量清末古建筑留存，人口结构老龄化现象严重

栲栳码头现状：
码头部分淤积成海滨滩涂，生物富集，渔业资源逐渐枯竭，码头原有功能弱化

产业转型：
捕捞业占比下降，养殖业兴起，栲栳村处于捕捞业向养殖业转化的过渡阶段，二者同时存在

旅游业初显：
村庄和码头已出现有少量游客由别处赶来赶海休闲的现象

青岛市
即墨区
栲栳村

时空演变
金口开埠 — 金口淤积 — 金口衰落 — 抗日战争 — 船帮崩溃 — 码头今日

逻辑推进
1.渔业资源逐渐减少　2.泥沙淤积，海滨滩涂　3.文化意识淡薄与缺失　4.新的休闲需求
集中市场，多元发展　尊重现状，发展生态　树立文化自信，珍视历史　提升服务品质

栲栳码头的前世今生

现状

在城市化迅速发展的今天，许多传统渔村面临着转型升级的压力，曾经是海滨渔村图腾一般的码头也面临着功能的重组。我们想，如何才能重新激发渔村和渔民的活力？如何能让以往寄托着渔村全部生计希望的码头复苏？

栲栳码头位于山东省青岛市的栲栳村，曾是村里生计几乎唯一的来源，随着城市化进程的加速，栲栳村正在经历着剧烈的演变。如果一个海边渔村就像一艘船，那么码头就是这艘船的推进器。想要促使有着辉煌历史的栲栳码头重现昔日荣光，那么对这个全长400米进行二次设计势在必行。

我们借鉴鱼骨式构架的手法，综合考虑了经济、休闲、生态、文化的要素，结合青岛市的海洋特征，给出了我们眼中栲栳码头在今日升级转型的最优解，以期让它重新成为有活力的经济生态区域，助飞栲栳村的发展。

渔船码头
游艇码头
游轮码头
文化纪念馆
赶海市场
自捕式养殖
船屋
漂浮球屋
潜水
自主厨房餐厅
海鸥起落点
游泳
干货售卖点
太阳能板遮阳棚
风能利用
滩涂休息平台
更衣室
海滨滩涂
游客中心
海洋养殖研究
批发转运中心

栲栳码头的前世今生

参赛单位：山东大学
参赛人员：张志伟　徐　越　李春龙
指导老师：赵　康　傅志前

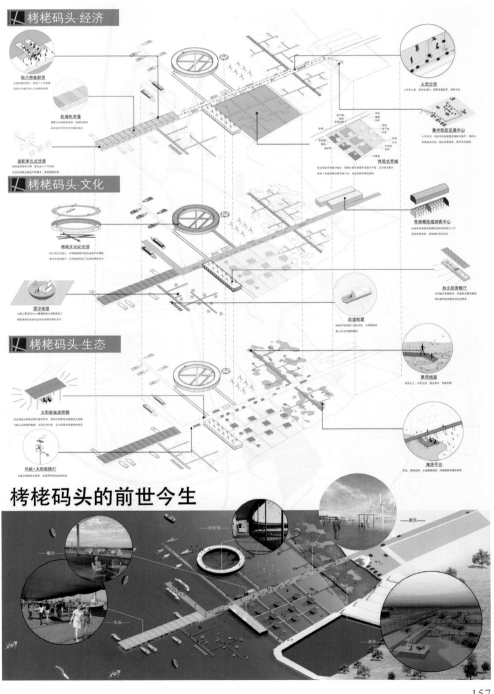

—— 对夜间文化多维空间新时代形式探索

背景概况：

在当下时兴的自媒体时代与互联网＋时代以及即将普及的5G自动化时代的冲击下，更多人对物质需求满足的前提下对精神文化的需求普遍提升。尤其是夜间生活，夜间恰恰是人感情最为丰富的时间点。人们渴望公共文化场所多一些夜间开放，但是夜间公共文化场所开放频率过于稀少以及面临有"戏"没人看的现象，我们结合了人流量大，需求多的夜市为出发点，希望探求并结合一种更适合于夜间的新型文化传播模式并希望以新时代的多维空间形态来解决现存的问题。

区位分析

唐山市紧邻京、津
年轻人趋向两地
城市老人居多

唐山市位于河北省

煤医道位于路北区建设路

基地分析

现状问题

紧贴目标建筑物公共卫生健康中心有小餐摊子与建筑本身性质相悖，不仅影响外立面的美观以及隐含有卫生疾病

建筑北部大空间现为废弃的野地，居民楼紧密联系但外部被栅栏阻隔。

夜市以每两棵树为分界为一摊位，以格子形式存在，为后期设计引入思考与启发

人流量大，持续时间长，需求目的多，不仅仅为了美食和购物

公共与私人的关系

公共与私人必须边界分明吗？他们可以通过文化的形式联系？

夜生活指数=地铁平均运营时长*0.1+城市夜间公交覆盖范围*0.15+活跃设备夜间使用活跃度占比*0.15+滴滴夜间出行活跃度*0.3+酒吧数量*0.3

夜网生活指数
情感变化指数

设计说明

我们方案设计的出发点是探索夜间文化空间的存在方式与场所时空多维形式的激活。基于当地现状与其周边环境得到时间空间的更迭与延续，联系大数据时代下的多维空间的演变及探索更契合于此的建筑新形式更多原有的空间模式，有待被重新定义和思考。我们期望探求一种更适合于夜间的新型文化传播模式并以新时代的多维空间形态来解决现存的问题。

单元模块化到统一整体化

设计以"叠叠乐"游戏为出发点，以积木三根为一层，交错叠高成塔，通过其内部空间的稳定与多种可能。我们由此规定以模块母题为研究对象，通过多种模块组合随机体量时间、场所演变来探求第五维度空间的存在与形式。

夜市历史发展进程

出现夜市　夜市规模较大　夜市盛况空前　夜市灯红酒绿　夜市繁华

汉代　隋唐　宋代　明清　近代　现代　未来

探索随时间及场所变化的多维重塑

夜间　白天

夜间活动人群分析

人群类型　老人　儿童　上班族　大学生　其他

APP5G手机维度客户端设计

基于5G时代的即将普及，我们对5G维度空间维度进行客户端设计，一款专为文化创造者们打造的精品应用，一键租房，畅想五维空间。时刻体感受到5维自动化智能化时代带来的畅爽体验。

从原型到物化

为探索时空的空间及场所变化具有真实可实用性，我们探索了多种维度空间的重置可能性，同时列举出具有代表时期的20年可能性变迁，让人更清晰感受到5维空间的存在形式

被隐藏的第五维度
—— 对夜间文化多维空间新时代形式探索

参赛单位：华北理工大学轻工学院
参赛人员：王　颖　郭雅如　王焯钰
指导老师：唐晨辉

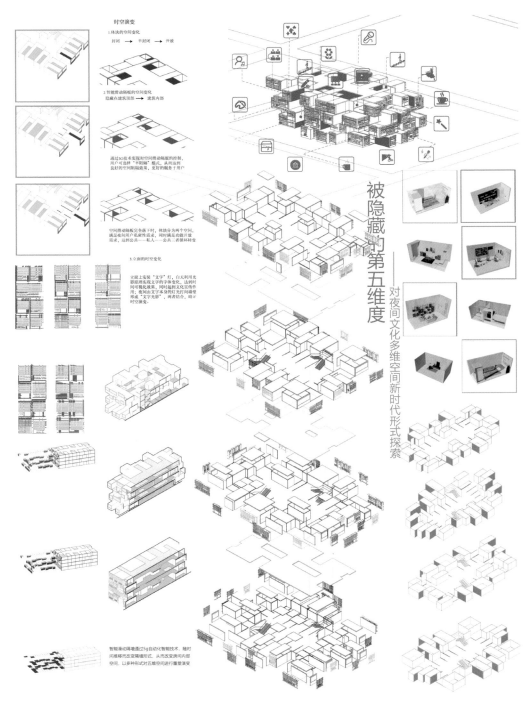

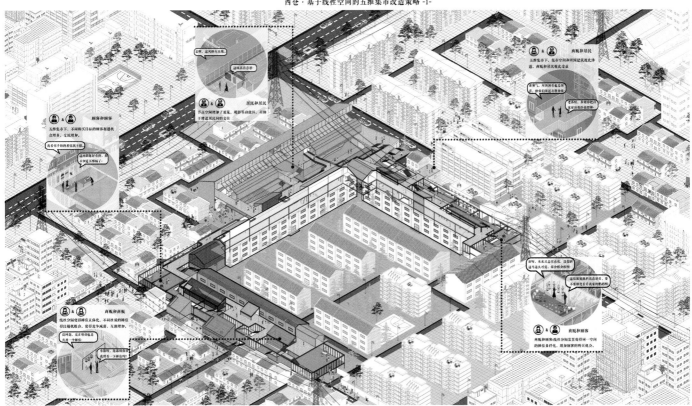

01 背景与基地 Background and Site

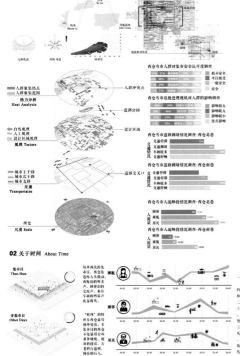

热力分析 Heat Analysis
人群聚集色点
人群聚集范围

肌理 Texture
自然肌理
人工肌理
设计区域肌理

交通 Transportation
城市主干路
城市次干路
城市支路

尺度 Scale
西仓

人群冲突点

莲湖公园

设计区域

西仓鸟市人群对集市安全认可度调查

西仓鸟市垃圾处理现状对人群的影响调查

西仓鸟市道路拥堵情况调查·西仓北巷

西仓鸟市道路拥堵情况调查·西仓所巷

西仓鸟市人流峰段情况调查·西仓北巷

西仓鸟市人流峰段情况调查·西仓所巷

02 关于时间 About Time

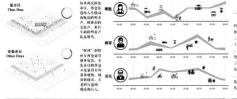

集市日 Thur./Sun.

非集市日 Other Days

03 概念与策略 Conception and Strategy

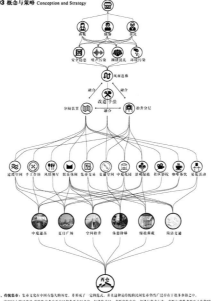

安全隐患　噪声污染　精神污染　环境污染

风雨连廊

融合　融合
改造手法
分隔装置　拍升分层
融合

过渡空间　手工作坊　风雨连廊　旅客休闲　临时交易　交通空间　中枢花园　游憩绿地　社区剧院　咖啡书坊　日常活动

中庭通高　夏日广场　空间拍升　休憩阶梯　绿植栈道　陆运交通

西仓

一、传统集市：集市文化在中国有悠久的历史，并形成了一定的范式。并形成了一种这种延续传统模式问集市的生产工作正是存在于若干悠久的历史之中。

二、现代集市现存在的问题。

三、改造后西仓集市是现代优化的五维集市。

04 方案生成 Operation

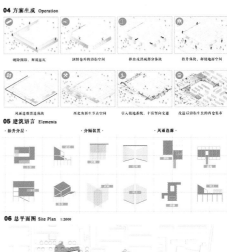

破除围墙、解放道路

调剂仓外的沿街空间

移出或消减部分体块

拍升体块，释放地面空间

风雨连廊串连体块

西北角新增节点空间

引入线性系统，丰富慢行交通

改造后游街生长的西仓集市

05 建筑语言 Elements

·拍升分层·　　·分隔装置·　　·风雨连廊·

06 总平面图 Site Plan 1:2000

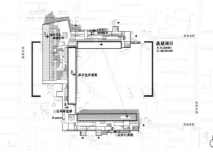

改建项目
N 34.265861
E 108.935106

Wow! This exhibition is such a hit!

These 'blue threads' here are awesome!

Really nice exhibition here! I love it!

Wow! Really nice market here!

It's really fresh and organic!

西仓·基于线性空间的五维集市改造策略

参赛单位：长安大学
参赛人员：卢小兰　姚乃鼎　李　晶　林钰雯
指导老师：刘　明　刘　凌

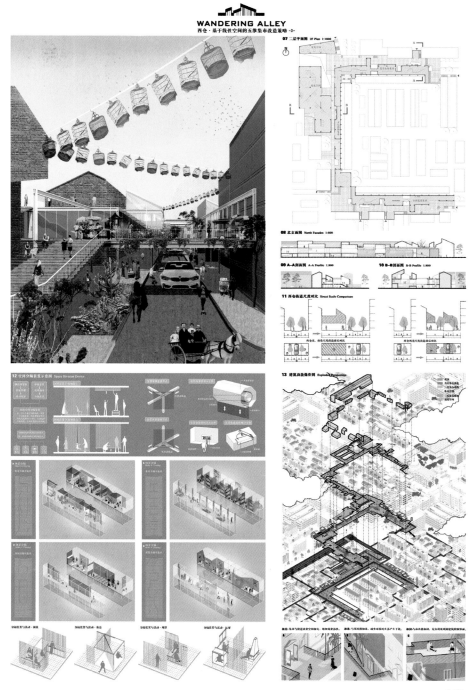

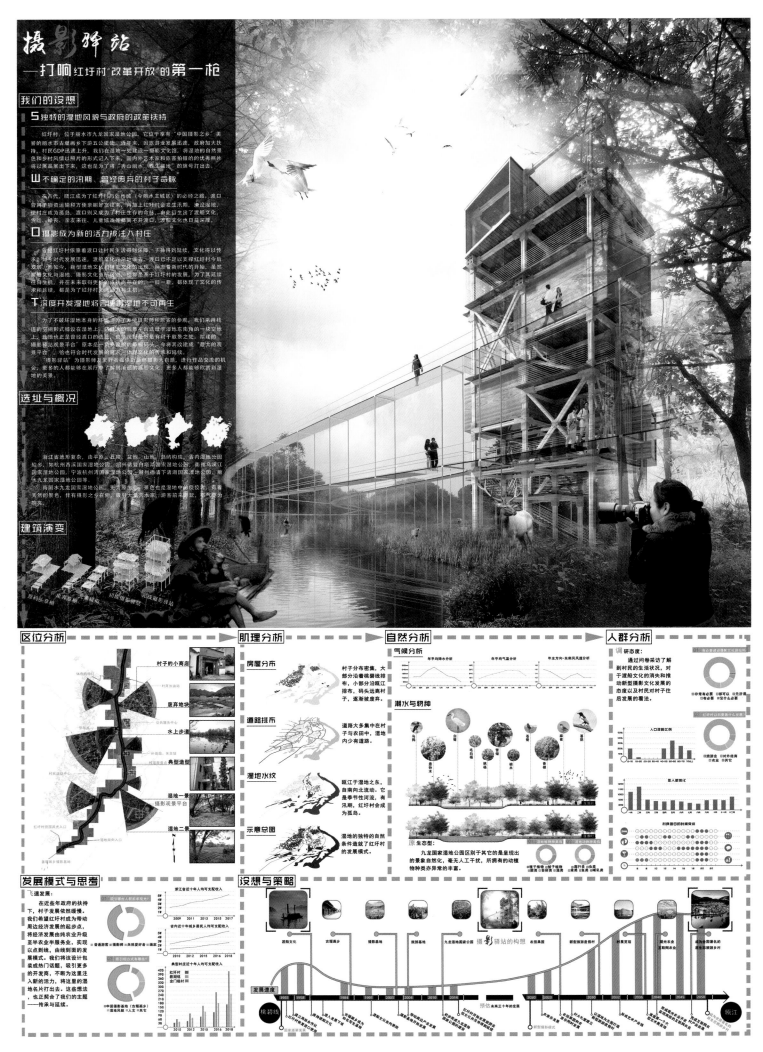

摄影驿站
—— 打响红圩村"改革开放"的第一枪

参赛单位：浙江科技学院
参赛人员：陈　磊　廖健威
指导老师：武　茜

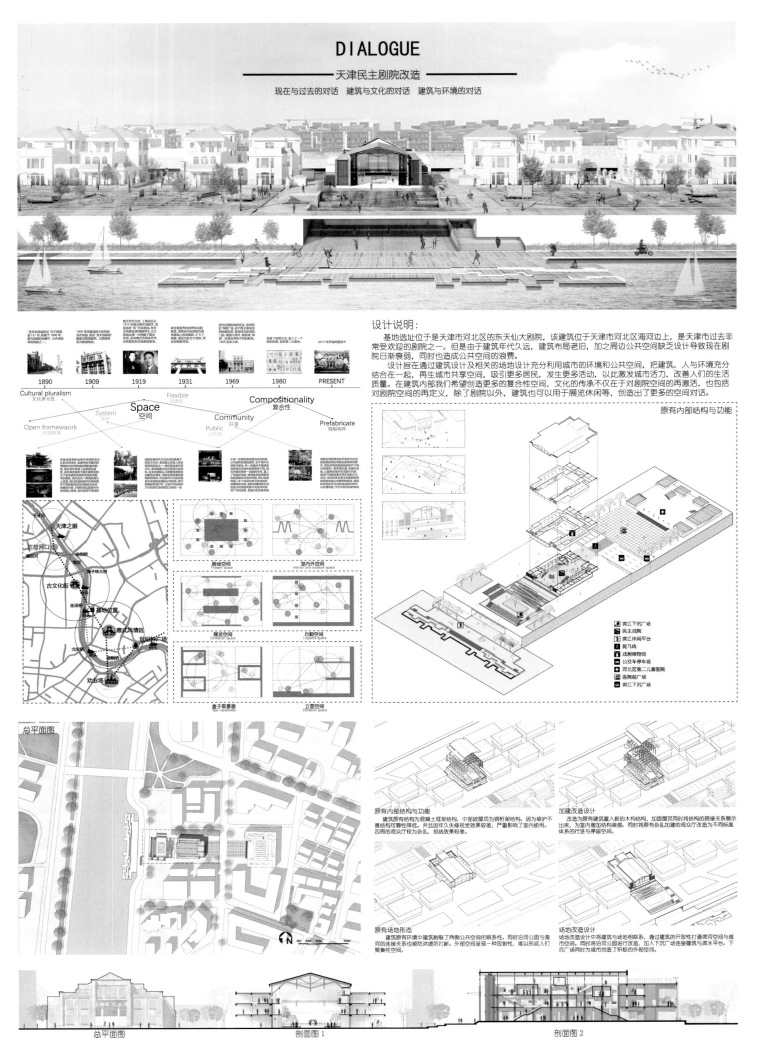

DIALOGUE

天津民主剧院改造

现在与过去的对话　建筑与文化的对话　建筑与环境的对话

设计说明：

　　基地选址位于是天津市河北区的东天仙大剧院，该建筑位于天津市河北区海河边上，是天津市过去非常受欢迎的剧院之一。但是由于建筑年代久远，建筑布局老旧，加之周边公共空间缺乏设计导致现在剧院日渐衰弱，同时也造成公共空间的浪费。

　　设计旨在通过建筑设计及相关的场地设计充分利用城市的环境和公共空间，把建筑，人与环境充分结合在一起，再生城市共享空间，吸引更多居民，发生更多活动，以此激发城市活力，改善人们的生活质量。在建筑内部我们希望创造更多的复合性空间，文化的传承不仅在于对剧院空间的再激活，也包括对剧院空间的再定义，除了剧院以外，建筑也可以用于展览休闲等，创造出了更多的空间对话。

原有内部结构与功能

总平面图

原有内部结构与功能

加建改造设计

原有场地形态

场地改造设计

总平面图　　　剖面图1　　　剖面图2

对话
—— 天津民主剧院改造

参赛单位：深圳大学
参赛人员：周腾飞　戴佳佳　黄　维　梁钊恒
指导老师：仲德崑　齐　奕

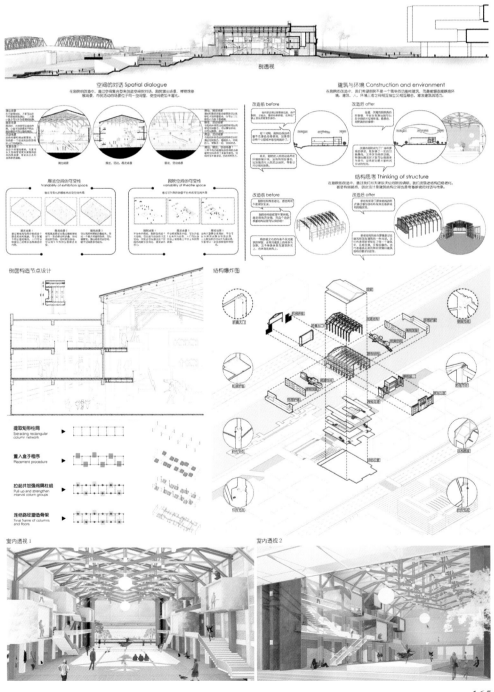

鸡舍的嬗变——城市化进程传统乡村产业空间的更新设计

FROM HENHOUSE TO GALLERY——renewal design of traditional industrial space in village in the process of urbanization

城市化
西安近年来进入了高速城市化阶段

城市污染
高速的城市化导致市区环境污染严重

城市扩张
城市不断向周围扩张，大量快速建造城市建筑

过度拆迁
原有的乡村建筑被迫大量拆除

村民进城
大量村民破产进城打工

乡村空置
无数乡村建筑闲置破败

NOW

田园回归
随着都市化过快发展，城市居民渴望环境良好的乡村生活

设计说明

中国自进入21世纪以来，随着社会经济的高度发展，城市化进程不断推进。然而以往高速而粗放的城市化方式，产生了一系列的问题。其中之一就是城市周边乡村的大量人口涌入城市，而劳动力的迁移导致了大量的农业建筑被废弃闲置，以我们所处的中国西安正一正快速扩张的城市为例，在它扩张的城市边缘地带，有很多诸如鸡舍、牛舍、粮仓等空置的农业建筑。由此我们以一处废弃鸡舍为样本，开始探索城市边缘地带的农业建筑遗留在城市化背景下的更新再利用。

在对鸡舍的改造过程中，挖掘观察原有空间特征，根据这一特征寻找与之对应的建筑空间类型，并结合其所处环境的具体情况，由此为原有空间植入新功能，实现闲置建筑的激活。通过对城市边界废弃建筑的改造，保留村镇的场所精神和空间记忆，并使其符合城市的功能需要，对城市化的进程做出积极反应。

随着全球经济的发展，越来越多的亚洲第三世界国家逐渐步入高速城市化的阶段。我们希望能从本地出发，以建筑学的视角探索亚洲城市化进程中所产生问题的新的解决方法，为中国乃至其他国家城镇化进程的推进提供参考。

逐渐被侵占的城市边缘地带

second the third ring road ring road
city wall
城墙
second 二环
the third 一环
城市边界
Urban boundary
秦岭
qin mountain

废弃的乡村产业空间

XI'AN
鸡舍
牛舍
SITE
QINLING MOUNTAINS

乡村产业空间原型

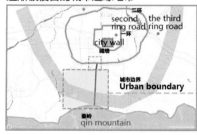

鸡舍 Henhouse ——Corridor Space 廊式空间

牛舍 Cowshed ——Compartment Space 隔间

大棚 Greenhouse ——Hall Space 厅式空间

作坊 Workshop ——Surrounding Space 环绕空间

鸡舍空间

理想的展览空间案例

Vatican Museum
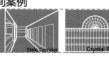
Stele Corridor

Crystal Palace

Basilica

Hall of Mirrors
Kimbell Art Museum

建筑操作手法

原始基地
Original State

加入玻璃连接墙体 打破原有枯燥
Glass Box
Breaking the originally dull space

顶部打开玻璃墙体顶部保留场地树木
Glass Box
Dispose to Glass box for trees preservation

加入艺术家工作室
Artist Studio

空间下沉
Space Down

建筑连接
Buildings Connected

鸡舍的嬗变
—— 城市化进程传统乡村产业空间的更新设计

参赛单位：西安建筑科技大学
参赛人员：李星皓　王　凯　邹业欣
指导老师：高　博

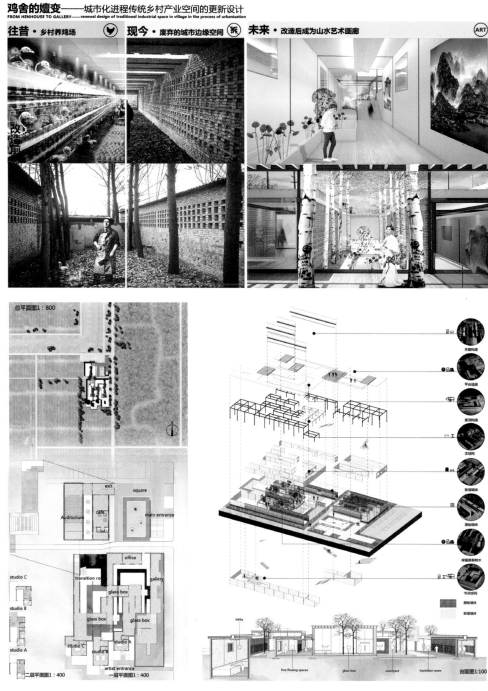

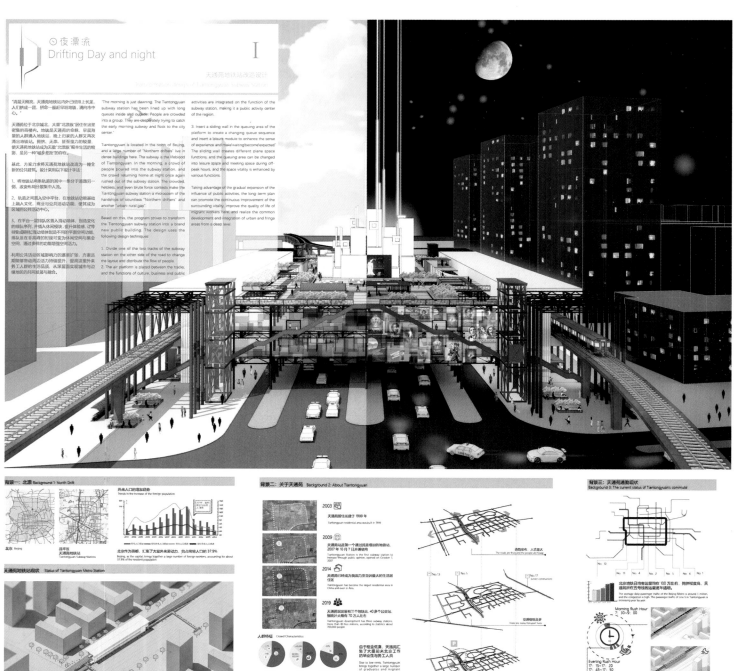

夜漂流
Drifting Day and night

I

天通苑地铁站改造设计

"清晨天刚亮，天通苑地铁站内外已经排排上长龙，人们浪成一缕，拼命一起赶早班地铁，涌向市中心。

天通苑位于北京城北，大量"北漂族"居住在这里密集的高楼内。地铁是天通苑的命脉，早晨是匆匆推入群涌入地铁站，晚上归家的人群又再次涌出地铁站。拥挤、无奈、甚至暴力的冲撞，使天通苑地铁站成为无数"北漂族"离乡生活的缩影，是另一种"城乡差距"的存在。

藉此，方案力求将天通苑地铁站改造为一种全新的公共建筑，设计采用以下设计手法：

1、将地铁站两条轨道的其中一条分于道路另一侧，改变布局分散集中人流。

2、轨道之间置入空中平台，在地铁站轨道基础上融入文化、商业与公共活动功能，使其成为区域的公共活动中心。

3、在平台一是引入区置入活动媒体，创造变化的排队序列，并融入休闲模块，提升体验感，让等待成规媒体，滑动墙在非高峰时空可活动，排队去区在非高峰时段可间变为休闲空间与会议空间，通过多样化的功能增强空间活力。

利用公共活动区域影响的逐渐扩张，远远期间等等动员动活力的持续提升，提高这里外来务工人员的生活品质，从深层面实现城市与边缘地区的共同繁荣与融合。

"The morning is just dawning. The Tiantongyuan subway station has been lined up with long queues inside and outside: People are crowded into a group. They are desperately trying to catch the early morning subway and flock to the city center."

Tiantongyuan is located in the north of Beijing, and a large number of "Northern drifters" live in dense buildings here. The subway is the lifeblood of Tiantongyuan. In the morning, a crowd of people poured into the subway station, and the crowd returning home at night once again rushed out the subway station. The crowded, helpless, and even brutal force contrasts make the Tiantongyuan subway station a microcosm of the hardships of countless "Northern drifters" and another "urban-rural gap".

Based on this, the program strives to transform the Tiantongyuan subway station into a brand new public building. The design uses the following design techniques:

1. Divide one of the two tracks of the subway station on the other side of the road to change the layout and distribute the flow of people.
2. The air platform is placed between the tracks, and the functions of culture, business and public

activities are integrated on the function of the subway station, making it a public activity center of the region.

3. Insert a sliding wall in the queuing area of the platform to create a changing queue sequence and insert a leisure module to enhance the sense of experience and make "waiting become "expected". The sliding wall creates different plane space functions, and the queuing area can be changed into leisure space and meeting space during off-peak hours, and the space vitality is enhanced by various functions.

Taking advantage of the gradual expansion of the influence of public activities, the long-term plan can promote the continuous improvement of the surrounding vitality, improve the quality of life of migrant workers here, and promote the common development and integration of urban and fringe areas from a deep level.

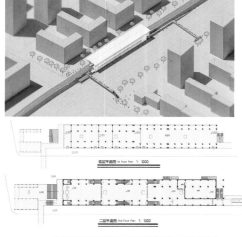

日夜漂流

参赛单位：天津城建大学
参赛人员：张　蕾　王慧珍　陈禹汐
指导老师：贺耀萱

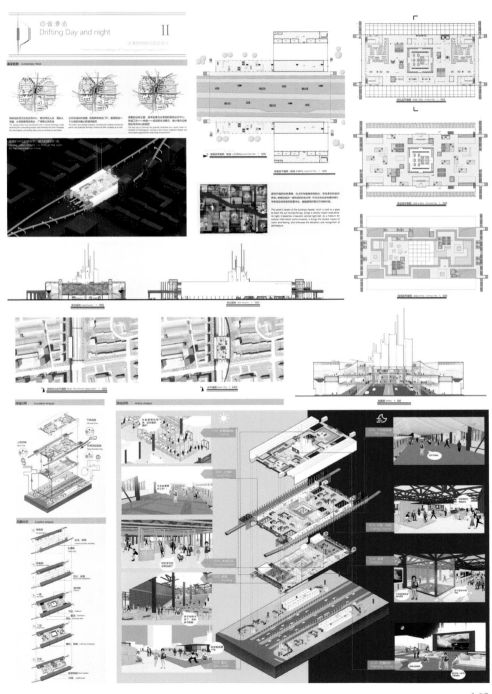

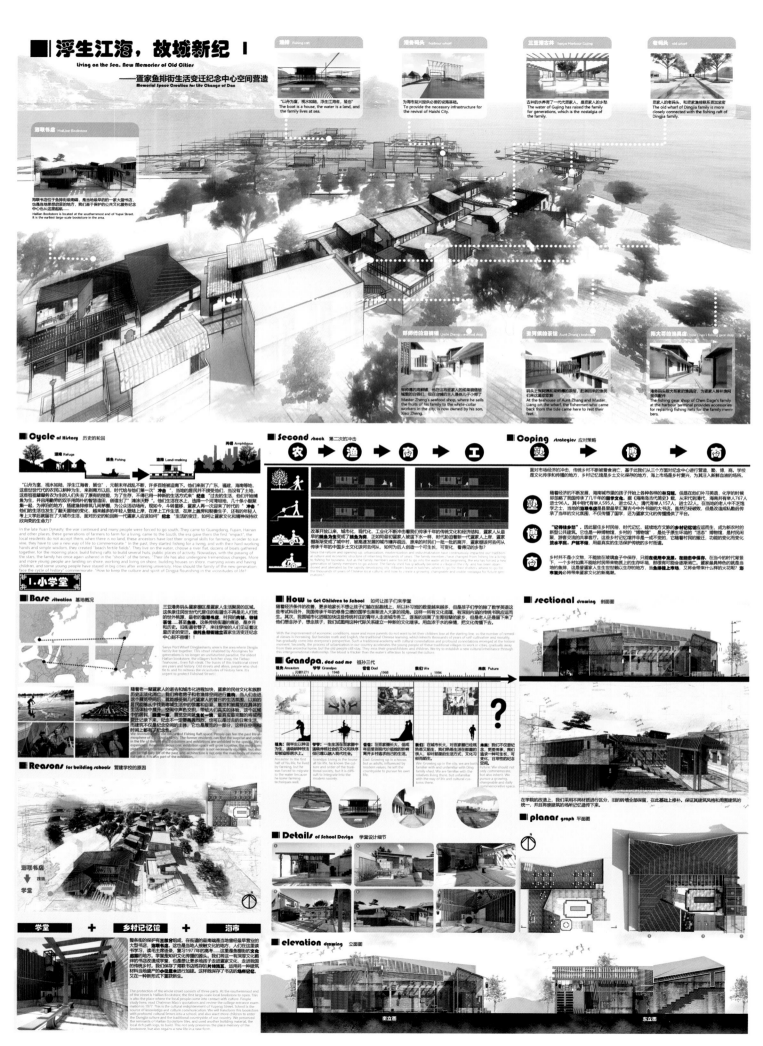

浮生江海，故城新纪 I
Living on the Sea, New Memories of Old Cities
——疍家鱼排街生活变迁纪念中心空间营造
Memorial Space Creation for Life Change of Dan

海联书店 HaiLian Bookstore

海联书店位于鱼排街最南端，是当地最早的一家大型书店，也是当地最早的新华书店开张的地方。我们基于保护的公共文化营造纪念中心也从这里起始。

HaiLian Bookstore is located at the southernmost end of Yupai Street. It is the earliest large-scale bookstore in the area.

渔排 Fishing raft

"以舟为室，视水如陆，浮生江海者，疍也"
The boat is a house, the water is a land, and the family lives at sea.

海音码头 harbour wharf

为海市复兴提供必要的设施基础。
To provide the necessary infrastructure for the revival of Haishi City.

三亚湾古井 Sanya Harbour Gujing

古井的水养育了一代代疍家人，是疍家人的乡愁。
The water of Guijing has raised the family for generations, which is the nostalgia of the family.

老码头 old wharf

疍家人的老码头，和疍家渔排联系更加紧密
The old wharf of Dingjia family is more closely connected with the fishing raft of Dingjia family.

郑师傅的海鲜铺 Uncle Zheng's sea-food shop

郑师傅的海鲜铺，他在这里把疍家人的或渔获销售给城里的白领们，现在由他的儿子小郑经营了。

Master Zheng's seafood shop, where he sells the fruits of his family to the white-collar workers in the city, is now owned by his son, Xiao Zheng.

孝阿婆的茶馆 Aunt Zhang's teahouse

码头上每日晚归或赶海的渔民们，赶潮回来的渔民归来后就到这里歇歇脚。

At the teahouse of Aunt Zhang and Master Liang on the wharf, the fishermen who came back from the tide came here to rest their feet.

陈大哥的渔具店 Uncle Chen's fishing gear shop

港务码头大哥家的渔具店，为疍家渔排联系加强配件

The fishing gear shop of Chen Dage's family at the harbour terminal provides accessories for repairing fishing nets for the family members.

Cycle of History 历史的轮回

"以舟为室，视水如陆，浮生江海者，疍也"，元朝末年战乱不断，许多百姓被迫南下。他们来到了广东、福建、海南等地，这些世代守护在农民以耕耘为生。来到南方以后，时代给与他们第一次"冲击"，当地的原住民并不接受他们，这些祖辈曾驾农为生的人们失去了原有的技能。为了生存，不得已用一种新的生活方式来了"纪念"过去的生活，他们开始捕鱼为生，并用勤劳的双手用简朴的智慧造船，创造出了"滩涂沃野"。他们生活在水上，选择一个河湾地，几十条小船聚集一起，为停泊的地方，搭建海排枕江河湖泊，为公共活动场所，观如今，斗转星移，疍家人再一次迎来了时代的"冲击"他们的生活也发生了翻天覆地的变化，越来越多的年轻人登陆上岸，在岸上工作生活，更多的人则离开故乡远。还有的年轻人考上大学后就留在了城市里生活。面对历史的轮回第二代疍家人应该如何"纪念""生活的变迁，如何让疍家文化和睦神往的校欣向荣的活力？

In the late Yuan Dynasty, the war continued and many people were forced to go south. They came to Guangdong, Fujian, Hainan and other places, these generations of farmers to farm for a living, came to the South, the era gave them the first "impact", the local residents do not accept them, when there is no land, these ancestors have lost their original skills for farming, in order to survive, they have to use a new way of life to commemorate "In the past, they started fishing for a living, and with their hard-working hands and simple wisdom, they created 'beach fertile fields'. They live on the water, choose a river flat, dozens of boats gathered together, for the mooring place, build fishing rafts to build several huts, public places of activity. Nowadays, with the passing of the stars, the family has once again ushered in the "shock" of the times. Their life has also undergone tremendous changes. More and more young people are landing on shore, working and living on shore, building houses on shore, marrying wives and having children, and some young people have stayed in big cities after entering university. How should the family of the new generation face the cycle of history" commemorate "How to keep the culture and spirit of Dingjia flourishing in the vicissitudes of life?

I. 小学堂

Base situation 基地概况

三亚港务码头疍地区是疍家生活聚居的区域。这头条世代守护在世代守居住的街道也不再是无人打扰的悠然栖息，是岁迁最得来的。村民的唯一基础：海联书店，是世代鱼排街的大型书店，是疍家后裔，那些在屋了民更新升辖的基础设施。这里经常的古街道古巷，是岁月历史的，海了区让在是守护渔村街的主。它也展现这的一部分，这样在空间和时间上重有了纪念性。

Sanyo Port Wharf Dingjiaxinly area is the area where Dingjia family live together. This street inhabited by Aboligines for generations is no longer an undisturbed paradise. The oldest HaiLian bookstore, the villagers butcher shop, the Tiebao Teahouse... Even fish steak. The traces of this traditional street are years of history. Old streets and alleys, people who shuttle to and fro witness the vicissitudes of history here. It's urgent to protect Fishshed Street!

Reasons for building schools 营建学校的原因

多条街的保护中具有重要分组成，在街道的最南端是城海当地地理经最早营建的大型书店：海联书店。这也是当地人接触文化的地方。居民会在这儿读书开吧，读毛主席语录，复习1977年的恢复...这里是当地最早的文化启蒙的地方。学堂是知识文化传播的源头，我们将把这家书店改造注入浓厚深远的历史内涵和文化气息的校文化传播的地方。我们保存了海联书店原有的乡村骨架，运用的一种新而实用的材料当地庸厚的小但是步式进行建造。这样就保存了书店的浓厚记忆，又在一种新形式下重获新生。

The protection of the whole street consists of three parts. At the southernmost end of the street is HaiLian Bookstore, the first large-scale local bookstore to open. This is also the place where the local people come into contact with culture. People study here, read Chairman Mao's quotations and review the college entrance exam rushing in 1977. This is the cultural enlightenment of Yupeng Street. School is the source of knowledge and culture communication. We will transform this bookstore with profound cultural letters into a school, and more and more children to enter the Dingjia culture and the traditional countryside of our country. We preserved the remnants of HaiLian-Bookstore site, and used another building material, the local rich path logs, to build. This not only preserves the deep memory of the bookstore, but also regains a new life in a new form.

Second shock 第二次的冲击

农 → 渔 → 商 → 工

改革开放以来，城市化、现代化、工业化不断冲击着传承千年的传统文化和经济结构，疍家人从最早的"耕鱼为生"变成了"耕鱼为生，正如明朝初年疍家人被逼下水一样，时代的逼着新一代疍家人上岸，疍家烟最早变成了"城中村"，被高速发展的城市推着前进，原来的时间的一批一批的离开，疍家烟夜们失去从传承千年的中国乡土文化说何去消失，如何当地人创造一个可以纪念，可让化，看的见的乡愁？

Since the reform and opening up, urbanization, modernization and industrialization have continuously impacted our traditional culture and economic structure of inheriting thousands of years. The family members have changed from fishing for a living to fishing for business. Just as the family members were forced to go into the water at the beginning, the era has forced a new generation of family members to go ashore. The family shed has gradually become a village in the city, and has been abandoned and alienated by the rapidly developing city. Villagers leave in batches, where to go, the their children, where to go, for the thousands of years of Chinese local culture, and how to create a growing, changeable and visible nostalgia for future generations?

Coping strategies 应对策略

塾 → 博 → 商

面对市场经济的冲击，传统乡村不想被着食消亡，基于此我们从三个方面对纪念中心进行营造，塾，博，商。学校是文化传承和传播的地方，是对记忆链是乡土文化保护的地方，海上市场是乡村复兴。

塾 随着经济的不断发展，海南城市里的孩子开始从各种各样的补习班，但是在他们补习英语、化学的时候却忽略了我们留传承了几千年的国学文化，载《海南奇志代美文》载，从宋代到清代，海南共育举人人767人，进士96人，其中明代有举人595人，进士62人，清代举人157人，进士22人。在当地的老人中不乏饱学之士。当地的海联书店曾是最早汇聚古今中书籍的大书店，虽然已经破败，但是改造成从殷问传承了当年的文化底蕴，不仅传播了国学，还为疍家文化的传播提供了平台。

博 随着地移往乡村民俗、时代记忆、延续地方文脉的乡村记忆地陆续运而生，成为新农村的新型公共建筑，它也是一种博物馆，乡村的"博物馆"是处于原生地的博物馆，是村民间记忆、游客交流的以单看行，近些乡村记忆博物馆一种，它锚着村民的搬迁、功能的变化而变化浓不本有，严肃不福，用最真实的活街原有传统的乡村街道。

商 乡村并不是小气的，不能放在玻璃盒子中保存，应让它们在使用中发展，在流通中保存。在当今的时代背景下，一个乡村如果不能按村民朴素地原上的生存环境，那就有可能会逐渐消亡，疍家是具特色的就是当地的城市流，这是留海家人生生世世赖以生存的地方，当鱼排接上市场，又会给带来什么样的火花呢？海市营养失必将带来疍家文化的生衍基础。

How to Get Children to School 如何让孩子们来学堂

随着经济条件的改善，更多地家长不想让孩子输在起跑线上，所以让孩子们学的数字越来越多，但是孩子们学的数学英语这些学科科目的，我国传承了千年的修身立德的国学也渐渐地步入大家的视线。这样一所文化底蕴，有深刻内涵的传统书院应运而生。其次，我国城市化进程加快促进传统村田田地与家庭，逐渐的远离了生育祖辈的家乡，但是老人还是留下来了他们将由爷爷、奶奶代管了。我们试图用这种代际关系建立一种新的文化继承，用血液子水的亲族，把文化传播下去。

With the improvement of economic conditions, more and more parents do not want to let their children lose at the starting line, so the number of remedial classes is increasing. But besides math and English, the traditional Chinese learning, which inherits thousands of years of self-cultivation and morality, has gradually come into everyone's perspective. Such a traditional academy with radical connotations and profound connotations emerged at the historic moment. Secondly, the process of urbanization in our country accelerates the young people of those traditional villages to leave in cities, gradually away from their ancestral home, but the old people still stay. They miss their grandchildren and children. We try to establish a new cultural inheritance through this intergenerational relationship. The blood is thicker than the water's affection to spread the culture.

Grandpa, dad and me 祖孙三代

祖先 Ancestor	爷爷 Grandpa	爸爸 Dad	我们 We	未来 Future
元朝1271	1948	1968	1994	

祖先：疍平生活在家家平平，世面捕鱼中国文化经济"意义此世世如盟如解解水上。

Ancestor: In the first half of his life, he lived by farming, but he was forced to migrate to the water because he knew farming techniques well.

爷爷：爷爷生活到家里长大，但小受家族文化和家风，影响着两斤乡村追求当代的生活。

Grandpa: Grandpa living in the house all his life, he knows the culture and order of the traditional bone society, but it is difficult to integrate into the modern society.

爸爸：在城市长大，对爸爸无比熟悉又陌生，熟悉是因为现代价值观影响，陌生是因为我们远离乡村追求当代的生活方式，文化价值的陌生。

Dad: Growing up in the city, we are both familiar with and unfamiliar with Dingjia family shed. We are familiar with the relatives living there, but unfamiliar with the way of life and cultural customs there.

未来：我们不仅要纪念，更要使其——种可变化的、日常性的纪念空间。

Future: We should not only commemorate, but also inherit. We propose a growing, changeable and daily commemorative space.

sectional drawing 剖面图

在学校的改造上，我们采用不同材质进行区分，旧的的砖墙全部保留，在此基础上修补，保证其建筑风格和周围建筑的统一，并且原貌建筑的场所记忆得以传承下来。

Details of School Design 学堂设计细节

planar graph 平面图

elevation drawing 立面图

南立面

东立面

浮生江海，故城新纪
—— 疍家鱼排街生活变迁

参赛单位：西安建筑科技大学　哈尔滨工业大学
参赛人员：刘博涵　段时雨
指导老师：屈培青　王　琦

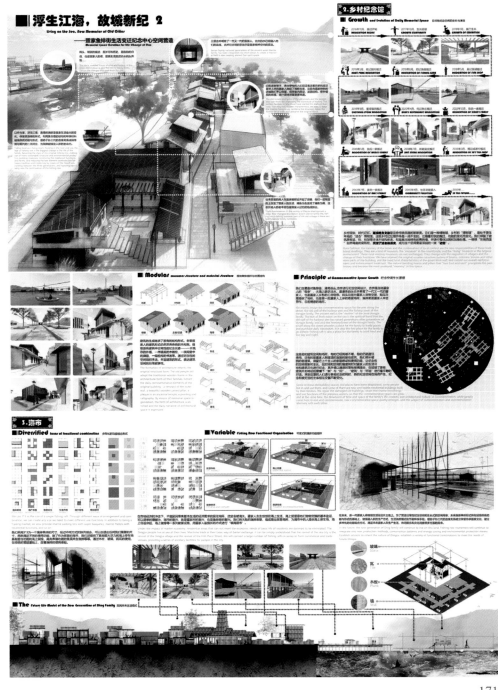

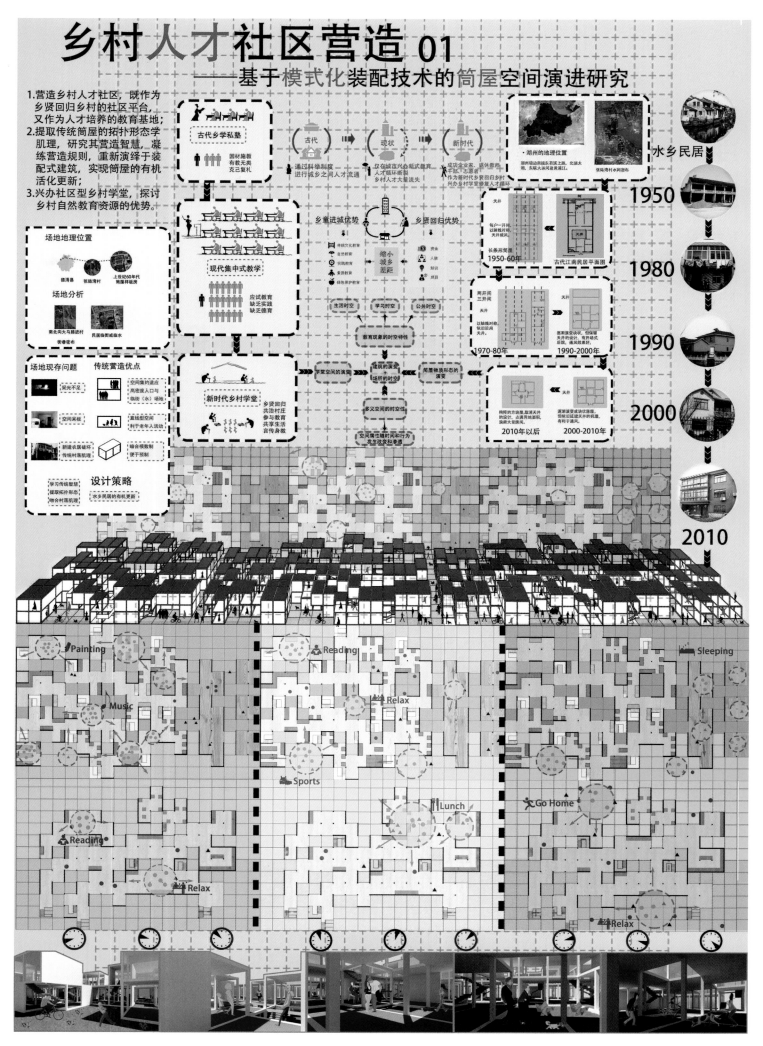

乡村人才社区营造 01
——基于模式化装配技术的筒屋空间演进研究

1. 营造乡村人才社区，既作为乡贤回归乡村的社区平台，又作为人才培养的教育基地；
2. 提取传统筒屋的拓扑形态学肌理，研究其营造智慧，凝练营造规则，重新演绎于装配式建筑，实现筒屋的有机活化更新；
3. 兴办社区型乡村学堂，探讨乡村自然教育资源的优势。

古代乡学私塾
因材施教
有教无类
克己复礼

古代 ➡ 现状 ➡ 新时代
通过科举制度进行城乡之间人才流通
仅在城市兴办瓶式教育人才循环断裂乡村人才大量流失
成功企业家、退休教师干部、志愿者作为新时代乡贤回归乡村兴办乡村学堂修复人才循环

乡童进城优势　　缩小城乡差距　　乡贤回归优势
传统文化教育　　　　　　　　　　　资金
自然教育　　　　　　　　　　　　　人脉
实践教育　　　　　　　　　　　　　知识
素质教育　　　　　　　　　　　　　项目
绿色保护教育

现代集中式教学
应试教育
缺乏实践
缺乏德育

生活时空　学习时空　公共时空
教育现象的时空特性

新时代乡村学堂
乡贤回归
共治村庄
参与教育
共享生活
言传身教

学堂空间的演变　建筑的演变　简屋物质形态的演变
场所的时空
多义空间的时空性
空间属性随时间和行为发生改变和渗透

场地地理位置
德清县　张陆湾村　上世纪60年代简屋样板房

场地分析
南北向大马路进村　民居临街或临水
街巷密布

场地现存问题　　传统营造优点
采光不足　　空间集约适应高密度人口与临街（水）场地
空间呆板　　线性空间利于老年人活动
新建农居破坏传统村落肌理　　组合模数制便于预制

学习传统智慧
提取拓扑形态
吻合村落肌理

设计策略
水乡民居的有机更新

·湖州的地理位置
湖州境边南接东若溪上游，北临太湖，东联大运河及黄浦江。
张陆湾村水网密布

每户一开间，以轴线对称，天井被风
长条形筒屋
1950-60年
古代江南民居平面图

两开间三开间
以轴线对称，依旧扣用天井
逐渐演变成缺状，但保留天井式的设计，有开场式后厨，通风效果好。
1970-80年　　1990-2000年

纯粹的方块里，取消天井的设计，占满用地面积，演变大量房间。
逐渐演变成缺状房屋，但依旧延续天井的机理，有利于通风。
2010年以后　　2000-2010年

水乡民居
1950
1980
1990
2000
2010

Painting
Music
Reading
Relax
Reading
Relax
Sports
Lunch
Go Home
Relax
Sleeping

乡村人才社区营造
—— 基于模式化装配技术的筒屋空间演进研究

参赛单位：浙江农林大学

参赛人员：肖　达　周哲成　何祎凝　杨明珠

指导老师：陈　钰

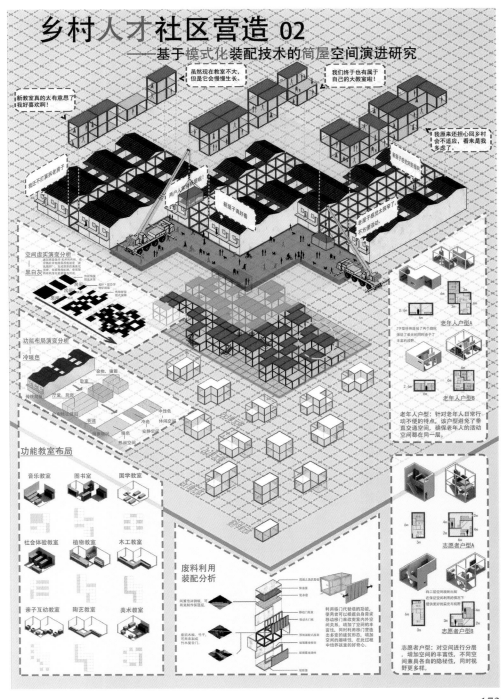

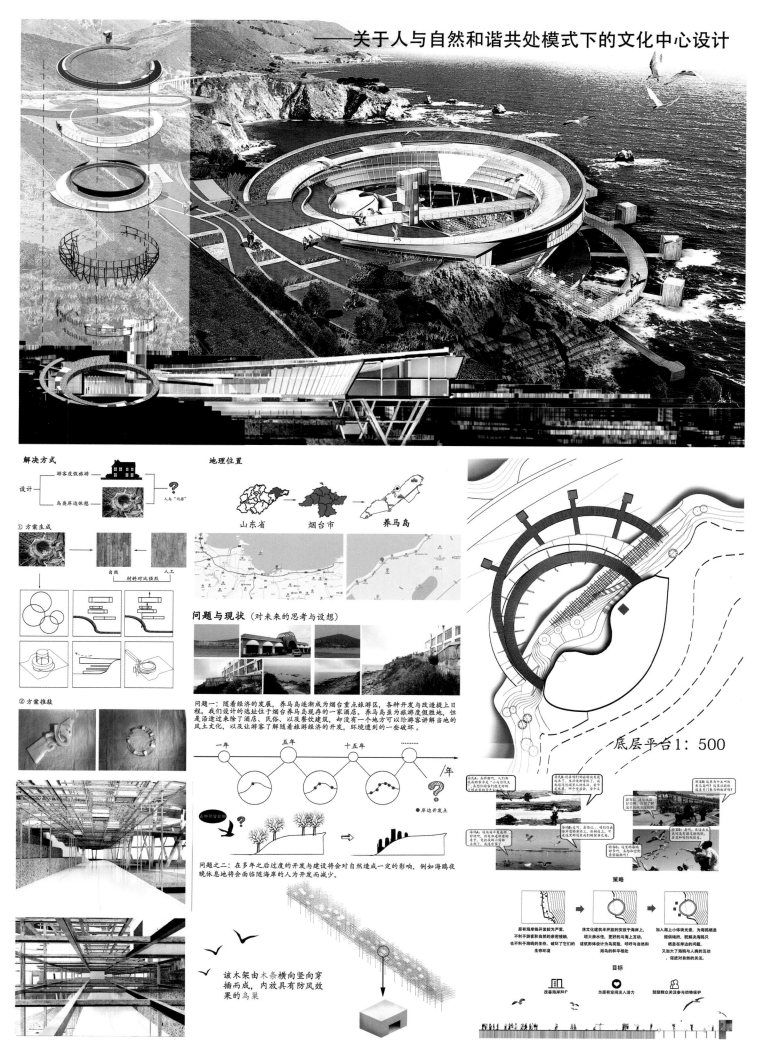

——关于人与自然和谐共处模式下的文化中心设计

解决方式

设计 —— 游客度假旅游 / 鸟类岸边休憩 —— 人鸟 "同居"？

① 方案生成

自然 —— 材料对比强烈 —— 人工

② 方案推敲

地理位置

山东省 —— 烟台市 —— 养马岛

问题与现状（对未来的思考与设想）

问题一：随着经济的发展，养马岛逐渐成为烟台重点旅游区，各种开发与改造提上日程。我们设计的选址位于烟台养马岛现存的一家酒店。养马岛虽为旅游度假胜地，但是沿途过来除了酒店、民俗、以及餐饮建筑，却没有一个地方可以给游客讲解当地的风土文化，以及让游客了解随着旅游经济的开发，环境遭到的一些破坏。

一年　五年　十五年　…… /年

●岸边开发点

问题之二：在多年之后过度的开发与建设将会对自然造成一定的影响，例如海鸥夜晚休息地将会面临随着海岸的人为开发而减少。

该木架由木条横向竖向穿插而成，内放具有防风效果的鸟巢

底层平台1：500

策略

原有海岸线开发较为严重，不利于游客和自然的亲密接触，也不利于海鸥的生存，破坏了它们的生存环境

将文化建筑半开放的放于海岸上，增大亲水性，更好的海上互动，建筑形体设计为鸟巢型，呼吁与自然和海岛的和平相处

加入海上小体块为主题，为海鸥栖息提供场所，解决海鸥只栖息在岸边的问题，又加大了海鸥与人类的互动，促进对自然的关注。

目标

改善海岸拓扩　　为原有空间注入活力　　鼓励群众关注参与动物保护

栖

参赛单位：烟台大学

参赛人员：李　杰　日　敬　种天琪　鹿成龙

指导老师：张　阔

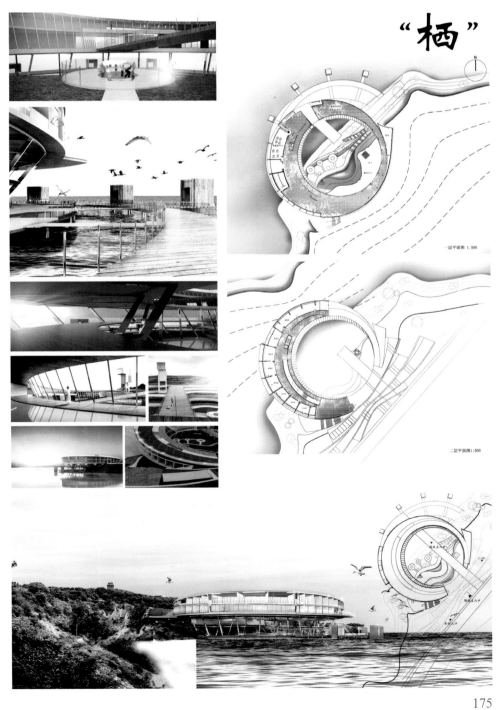

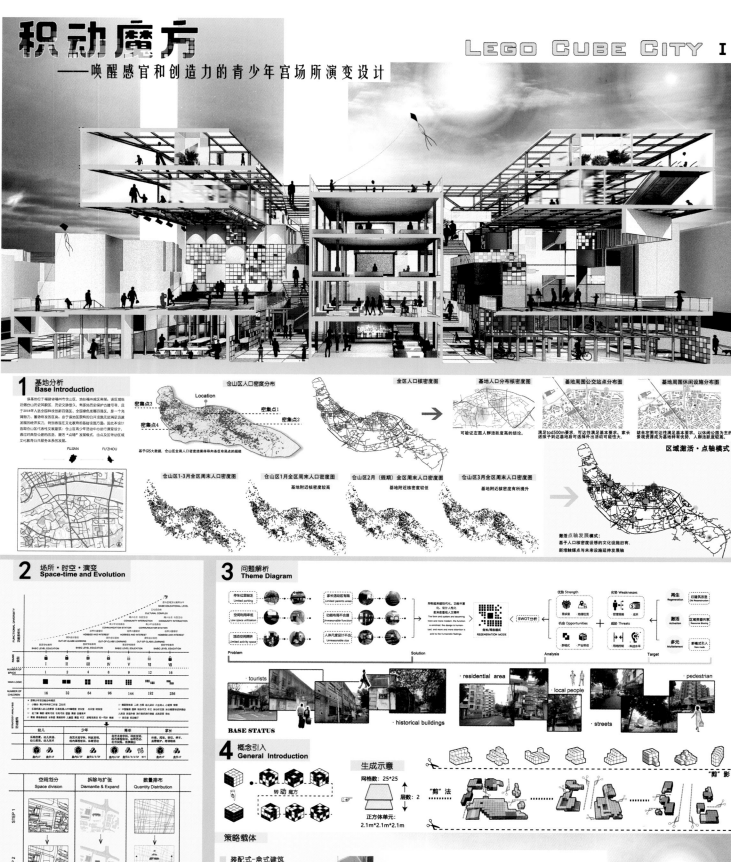

1 基地分析
Base Introduction

本基地位于福建省福州市仓山区，地处福州城区南部。该区域临近闽江沿岸诸风貌区，历史文脉浓久，有多处历史保护古建可寻，且由于2018年入选全国科技创新百强区、全国绿色发展百强区，是一个充满活力、蕴藏待发的区域。由于城区政区和公共设施无法满足迅速发展的经济需力。特别表现在文化教育的基础设施方面。因此本设计选取仓山区代表性文教建筑，仓山区青少年活动中心进行重置设计，通过对具整个周边更新建成改造，激活"点轴"发展模式，由心及区发带动区域文化教育公共服务体系改造。

FUJIAN FU'ZHOU

仓山区人口密度分布
Location
密集点3
密集点1
密集点2
密集点4

基于GIS大数据，仓山区全城人口密度结果得导向各区分布是的顺模

全区人口核密度图

基地人口分布核密度图
可验证左图人群活跃度高的结论。

基地周围公交站点分布图
满足tod500m要求，可达性满足基本要求。家长

基地周围休闲设施分布图
接送孩子到达基地后可选择外出活动可能性大。以休闲公为主的景观资源对于基地特有优势，人群活跃度较高。

区域激活·点轴模式

仓山区1-3月全区周末人口密度图
基地附近核密度较高

仓山区1月全区周末人口密度图
基地附近核密度较高

仓山区2月（假期）全区周末人口密度图
基地附近核密度较低

仓山区3月全区周末人口密度图
基地附近核密度有所提升

激活点轴发展模式：基于人口核密度设想对文化设施旧有、新增触媒点与未来设施延伸发展轴

2 场所·时空·演变
Space-time and Evolution

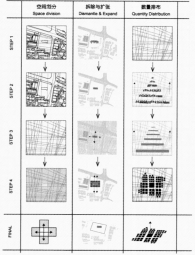

	空间划分 Space division	拆除与扩张 Dismantle & Expand	数量排布 Quantity Distribution
STEP 1			
STEP 2			
STEP 3			
STEP 4			
FINAL			

3 问题解析
Theme Diagram

优势 Strength
劣势 Weaknesses
SWOT分析
金光/再生模式 REGENERATION MODE
机会 Opportunities
威胁 Threats

再生 Regeneration
激活 Activation
多元 Multielement

Problem Solution Analysis Target

· tourists
· historical buildings
BASE STATUS
· residential area
· local people
· pedestrian
· streets

4 概念引入
General Introduction

转动魔方

生成示意
网格数：25*25
层数：2
正方体单元：
2.1m*2.1m*2.1m

"剪"法
"剪"影

策略载体

装配式-盒式建筑
1. 标准化工业构件万便大批量生产
2. 工业运输方便
3. 色彩多样，符合青少年的活泼属性

双层桁架结构屋顶
1. 施工方便，建设速度快
2. 跨度大且用钢量节能，做到节约
3. 造型轻盈、通透

DIY可移动组合空间
1. 使空间布局更加灵活和丰富
2. 培养青少年创造力和探索精神
3. 符合时代趋势

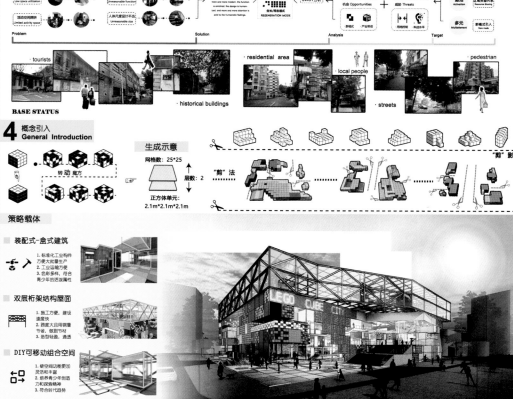

积动魔方
—— 唤醒感官和创造力的青少年宫场所演变设计

参赛单位：福州大学
参赛人员：张　睿　郑　捷　黄睿钰
指导老师：吴木生

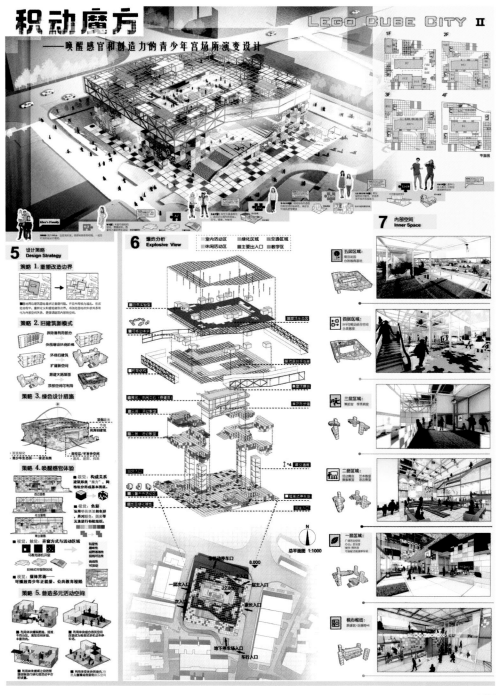

改革开放以来，粤港澳合作不断深化实化，粤港澳大湾区经济实力、区域竞争力显著增强，已具备建设国际一流湾区和世界级城市群的基础。黑沙环为澳门的旧工业区，具有生产力，可为澳门带来经济效益而被保留。

The cooperation between guangdong and Hong Kong and Macao has been deepened. The economic strength of the greater bay area have been enhanced, and the foundation for building a world-class bay area has been laid. Heisha ring is an old industrial zone of Macao, which can bring economic benefits to Macao.

澳门历史城区以澳门旧城为中心，通过相邻的广场和街道，串连起逾20个历史建筑。黑沙环旧工业区处于澳门北端，新旧城区的交界处，可以与澳门旧城区一起打造世遗路线。

Macao's historic district connects more than 20 historic buildings through adjacent squares and streets. The heisha ring is located at the northern end of Macao, at the junction of the old and new districts, which can be used together with the old districts of Macao to build the world heritage route.

与青州工业区对比

青州工业区为跨境工业区，产品批发体系结成，许多旧工业大厦已经拆除了，很多是新建的。黑沙环工业区旧的工业大厦保留完整，发展潜力大。

Qingzhou industrial zone is a cross-border industrial zone. Many old industrial buildings have been demolished and many are newly built. The old industrial buildings in heishahuan industrial zone remain intact and have great development potential.

港珠澳大桥

基地接近港珠澳大桥，到达便捷性比较高，可以带来更多的旅游人口，且靠近外海岸，开放性更高。

The base is close to the hong kong-zhuhai-macao bridge, which is convenient to reach and can bring more tourists, and it is close to the outer coast with higher openness. The old industrial buildings in heishahuan industrial zone remain intact and have great development potential.

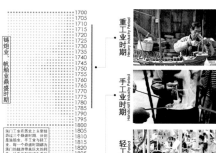

重工业时期 Heavy Industry Period

帆船制造业蓬勃发展

手工业时期 Handcraft Industry Period

手工业形成工业雏形

轻工业时期 Light Industry Period

机械化生产带动工业

新工业时期 New Industry Period

新的业态注入

工业衰落时期 Industry Falling Period

工业比重日益下降

转型时期 Transform Period

工业大厦面临转型

铸炮业 帆船业鼎盛时期	1700–1800
神香 爆竹等手工业鼎盛时期	1870–1920
纺织等轻工业鼎盛时期	1950–2020

工业文化价值 / **工业社会价值** / **工业经济价值** / **工业物质价值** / **工业改造价值**

基地概况分析

工业文化价值 工业社会价值

"有温度"的工业空间 — 澳门黑沙环工业文化记忆再现
The Reappearance of Industrial Culture Memory of Areia Preta in Macau

INDUSTRIAL AGE I — HANDCRAFT INDUSTRY TIMES

INDUSTRIAL AGE II — INDUSTRIAL BOOMING TIMES

INDUSTRIAL AGE III — INDUSTRIAL DECLINING TIMES

INDUSTRIAL AGE IV — INDUSTRIAL RENAISSANCE TIMES

"有温度"的工业空间
—— 澳门黑沙环工业文化记忆再现

参赛单位：华侨大学

参赛人员：陈楚月　李泓逸

指导老师：费迎庆　胡　璟

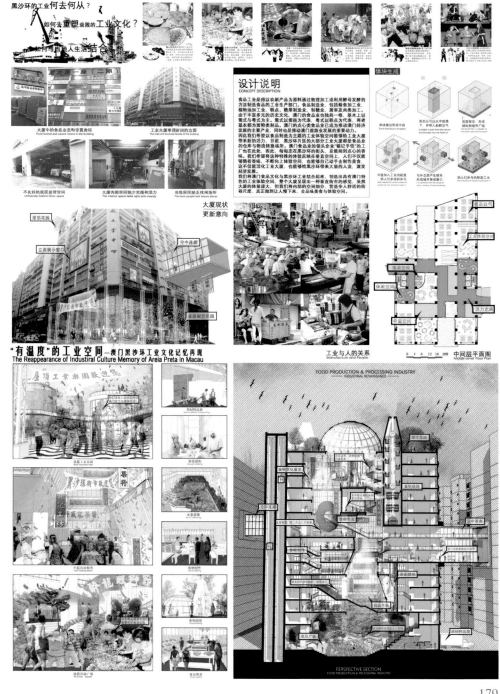

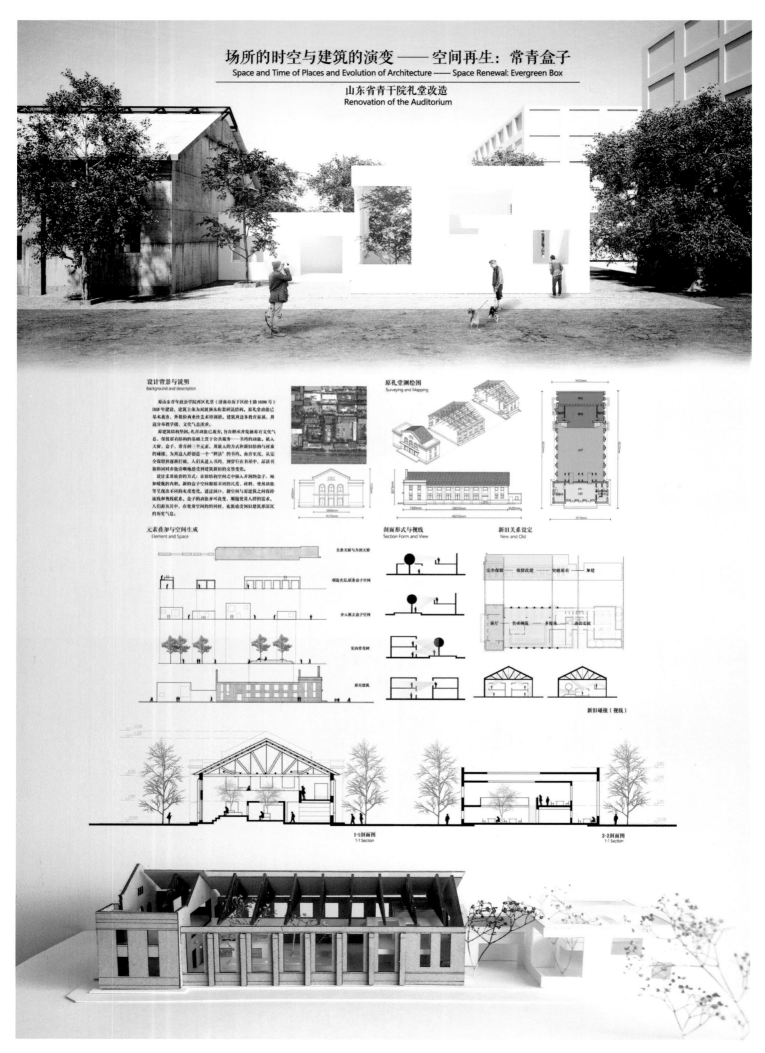

场所的时空与建筑的演变 —— 空间再生：常青盒子
Space and Time of Places and Evolution of Architecture —— Space Renewal: Evergreen Box

山东省青干院礼堂改造
Renovation of the Auditorium

设计背景与说明
Background and description

原礼堂测绘图
Surveying and Mapping

元素叠加与空间生成
Element and Space

长条天窗与方洞天窗

倾斜夹层联系盒空间

介入独立盒子空间

室内常青树

原有建筑

剖面形式与视线
Section Form and View

新旧关系设定
New and Old

完全保留　　保留改造　　突破原有　　加建

前厅　　告示展览　　多媒体　　身体交流

新旧碰撞（视线）

1-1剖面图
1-1 Section

2-2剖面图
1-1 Section

空间再生：常青盒子

参赛单位：山东建筑大学
参赛人员：孙士博　田　宇
指导老师：魏琰琰

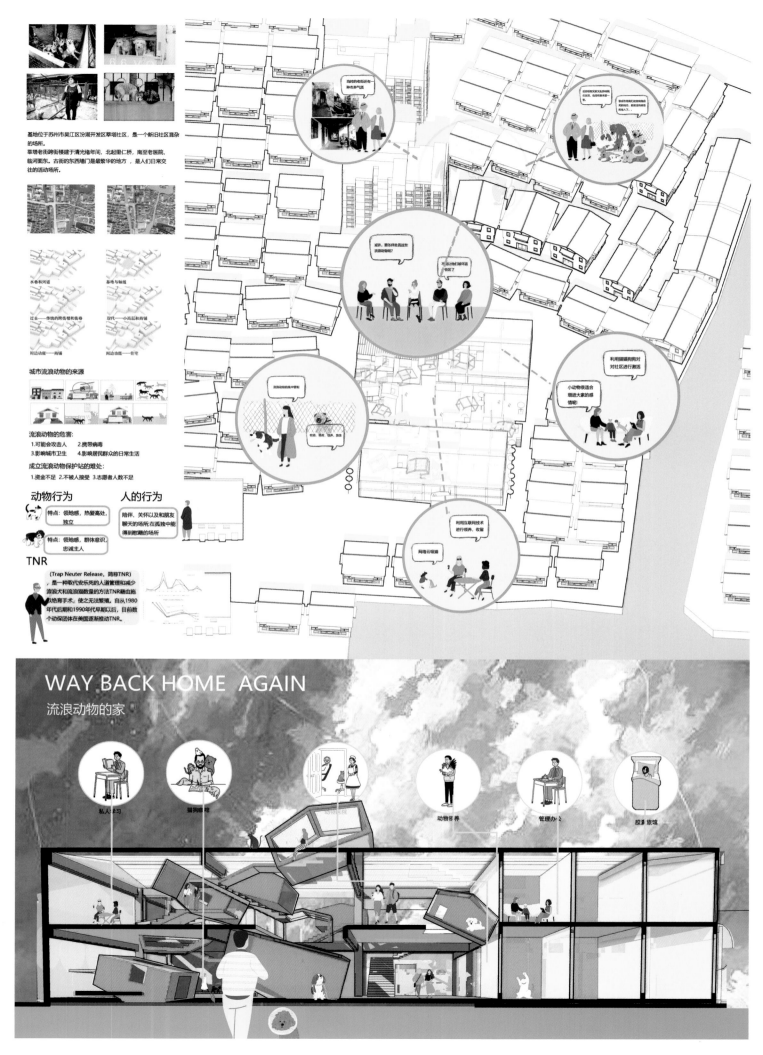

基地位于苏州市吴江汾湖开发区莘塔社区，是一个新旧社区混杂的场所。
莘塔老街跨街楼建于清光绪年间，北起里仁桥，南至老医院，临河面东。古街的东西墙门是最繁华的地方，是人们日常交往的活动场所。

水巷和河道　　　　基地与轴线

过去——传统的跨街楼和街巷　　现代——小高层和商铺

周边功能——商铺　　周边功能——住宅

城市流浪动物的来源

流浪动物的危害：
1.可能会攻击人　2.携带病毒
3.影响城市卫生　4.影响居民群众的日常生活

成立流浪动物保护站的难处：
1.资金不足　2.不被人接受　3.志愿者人数不足

动物行为
特点：领地感，热爱高处，独立
特点：领地感，群体意识，忠诚主人

人的行为
陪伴、关怀以及和朋友聊天的场所；在孤独中能得到慰藉的场所

TNR
（Trap Neuter Release，简称TNR），是一种取代安乐死的人道管理和减少流浪犬和流浪猫数量的方法TNR藉由施以绝育手术，使之无法繁殖。自从1980年代后期和1990年代早期以后，目前数个动保团体在美国逐渐推动TNR。

WAY BACK HOME AGAIN
流浪动物的家

私人学习　　猫狗咖啡　　动物领养　　管理办公　　胶囊旅馆

流浪的家 WAY BACK HOME AGAIN
—— 探寻人与动物互助的动物救济站设计

参赛单位：苏州科技大学
参赛人员：薛逸帆　邱雨蕾　张　东
指导老师：胡　炜　周　曦

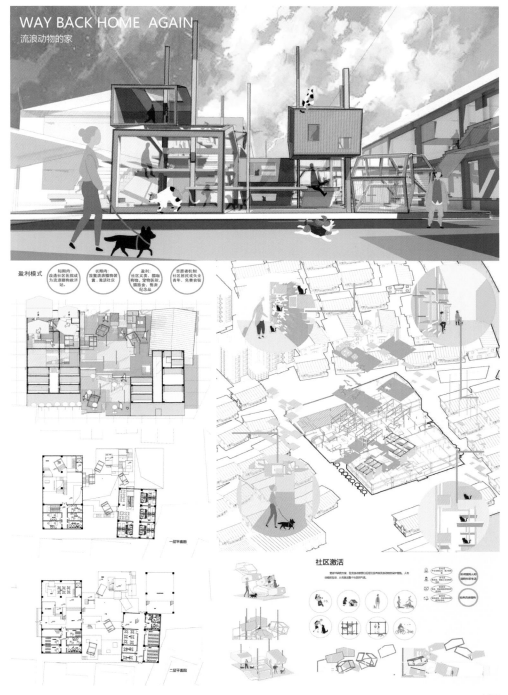

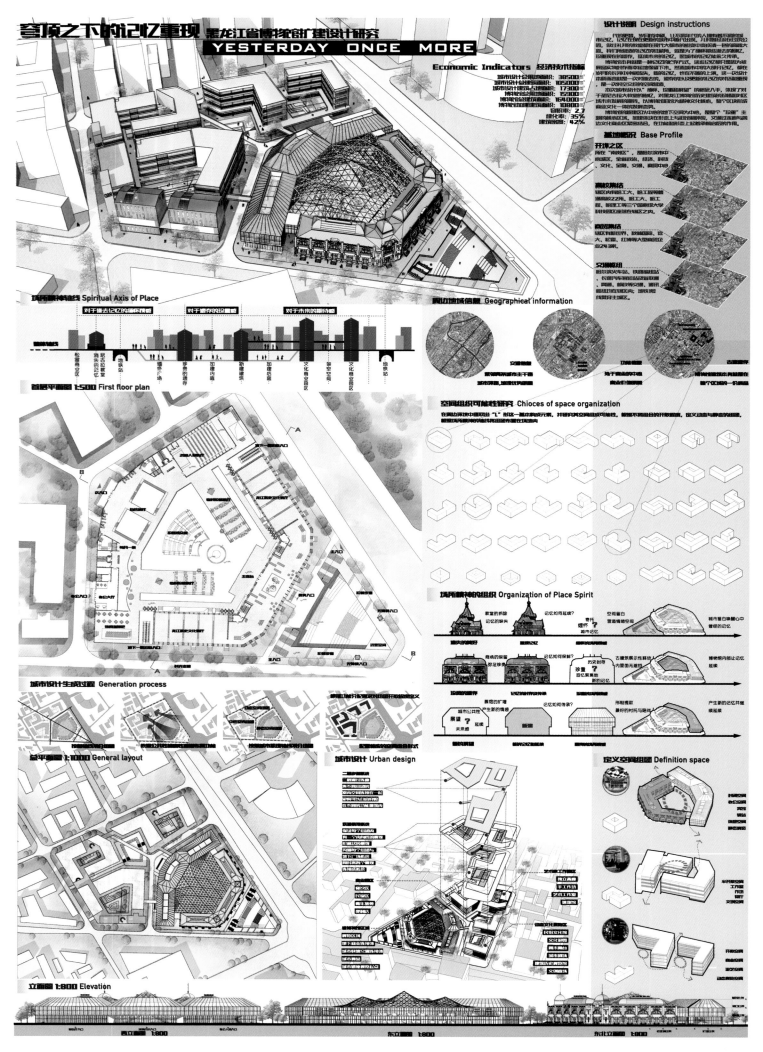

穹顶之下的记忆重现
—— 黑龙江省博物馆扩建研究

参赛单位：哈尔滨工业大学
参赛人员：闫玉梁　李　熙
指导老师：刘德明　卫大可

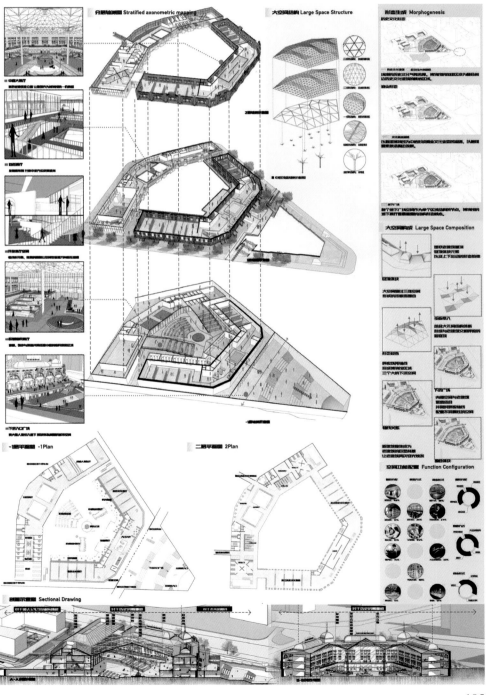

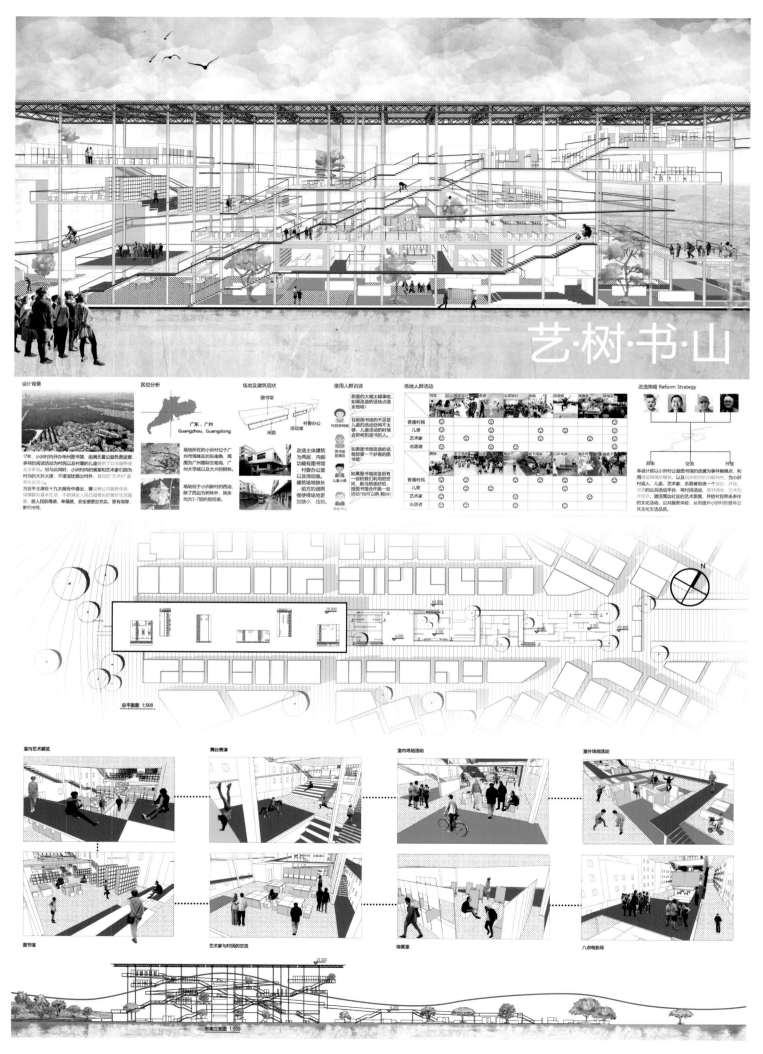

艺·树·书·山

设计背景

17年，小洲村内开办华洲图书馆，由满天星公益负责运营，多样的阅读活动以及村里的儿童提供了公共服务体及文体站。但与此同时，小洲村内的画室和艺术家也为为村内的大大大建，不想退就跑出村去，曾经的"艺术村"逐渐失去活力。

习近平主席在十九大报告中提出，要完善公共服务体系，保障群众基本生活，不断满足人民日益增长的美好生活需要，使人民获得感、幸福感、安全感更加充实、更有保障、更可持续。

区位分析

广东，广州
Guangzhou, Guangdong

场地所在的小洲村位于广州市海珠区的东南角，周围为广州国际生物岛、广州大学城以及大片的树林区。

场地位于小洲新村的西边，除了西边为树林外，其余均为3-7层的民居房。

场地及建筑现状

图书馆
闲园
活动室

改造主体建筑为两层，内部功能除图书馆，村委办公室以及活动室。建筑场地狭长，前方的遮阳棚使得场地更加狭小，压抑。

使用人群访谈

前面的大棚太碍事啦，如果改造的话快点请走呀！—村民李阿姨

目前图书馆的不足是儿童的活动空间不太够，儿童活动的时候会影响到读书的人。—图书馆管理员

如果图书馆改造的话，我想要一个好看的图书馆！—儿童小强

如果图书馆改造后有一些给我们利用的空间，那当然是好的，能跟书馆合作搞一些活动也可以啊，都ok！

场地人群活动

改造策略 Reform Strategy

自由　交流　开放

本设计欲以小洲村公益图书馆的改造为事件触媒点，利用基低建筑的植板，以及自由阶的的垂构件，为小洲村植人、儿童、艺术家、志愿者创造一个自由、开放、交流的公共活动平台，将村民活动、激活周边社区的艺术氛围，并给村民带来多样的文化活动、公共服务体验，从而提升小洲村的整体公共文化生活品质。

总平面图 1:500

室内艺术展览
舞台表演
室内场地活动
室外场地活动

图书馆
艺术家与村民的交流
绘画室
八点电影场

东南立面图 1:500

艺·树·书·山

参赛单位：广东工业大学
参赛人员：蒲奕廷　王思远
指导老师：熊砥柱　葛润南

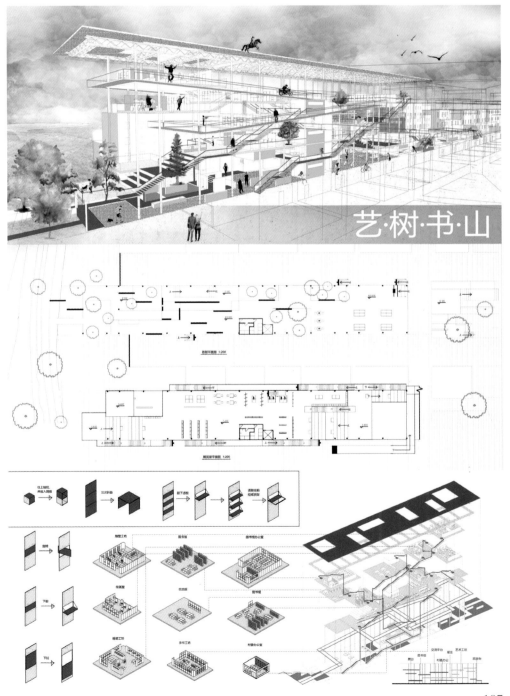

I One

共享+3∩
——从老厂房到社区活动中心

基地区位和概况
中国贵州贵阳，
所属贵阳的甘荫塘，
这块区域有着老贵
阳的生活趣味。

背景
在当今社会生活的人似乎和城市关系陌生，人
际关系冷漠。

在过去时光，
里里外外都齐集一堂。

演变
智能手机

Two

智能手机成为必需品，
有的人沉迷于其中，
使在相聚时而无话可谈。

融合

智能

Three
结合"互联网+"，"共享经济"背景时代，
结合以手机辅助操作，打造一个共享空间，
带动区域人群相互交际。

集装箱组合：

厂房与集装箱碰撞：

原始厂房

色彩集装箱

智能化共享 + 悬浮

多元空间

直立

重叠

相交

立面图

总平图

选材：
（1）集装箱组合建筑组装拆卸方便。
（2）集装箱具有很强的抗震、抗
　　压、抗变形能力。
（3）低成本，环保可持续。

最终

用地面积：3240㎡
总建筑面积：4260㎡
建筑占地：1944㎡
绿地率：39.6%
经纬度：东经106.72
　　　　北纬26.57

共享 + 3n

参赛单位：贵州民族大学

参赛人员：邓宇丹　龙昌斌　蒙　信　李培荣

指导老师：李曲涛　舒　净

区位：

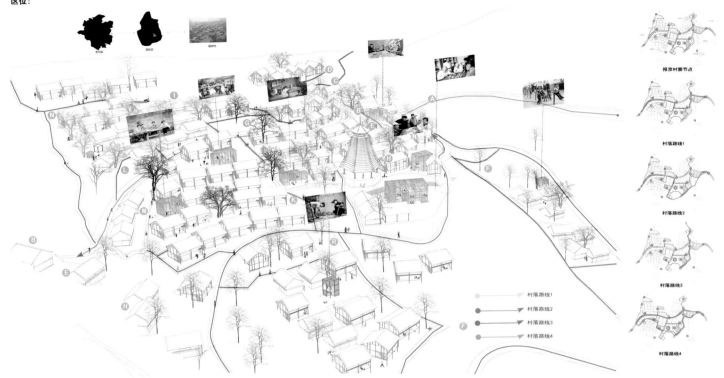

报京村寨节点

村落路线1

村落路线2

村落路线3

村落路线4

村落路线1
村落路线2
村落路线3
村落路线4

设计说明：

　　构建缩小城市与报京村寨差别的公共服务体系，尝试在灾后公共服务功能的报京村植入多功能盒子，多功能盒子放置服务当地居民，改善当地生活环境，整合灾后重建场地。

　　一个具备多种功能、并且更够便于装配的环保小单元体，它既是公共服务的空间，自身也是村寨的一件艺术品，不仅能够随着时空需求而进行演变，也能作为一种全新的展品方式对外开放，让创意空间根据不同空间和功能发挥其独特的优势。

Design Notes: Construct a public service system to narrow the difference between the city and the Baojing Village, try to implant multi-functional boxes in the Baojing Village, which serves the local residents, improve the local living environment, and integrate the post-disaster reconstruction sites.

An environmental protection unit with multiple functions and easy assembly is not only a space for public service, but also a work of art in villages. It can not only evolve with the needs of time and space, but also open up as a new way of exhibition, so that creative space can play its unique advantages according to different spaces and functions.

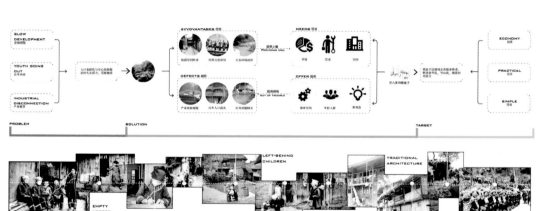

盒·渐·变 空心化背景下
—— 以报京为例的顺应城乡时空演变的公共空间盒子

参赛单位：贵州民族大学
参赛人员：潘春石　王述成　黄透灿　张　洵
指导老师：高　培　舒　净

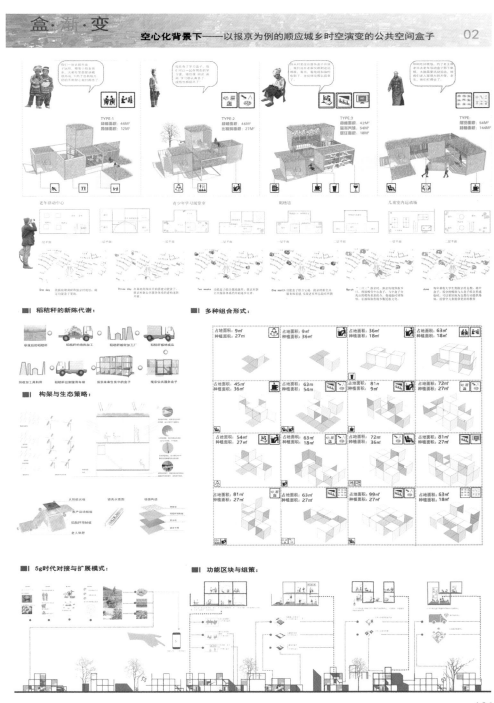

老桥，新市 1
——石桥的时空和集市的演變

■设计说明

传统集市，不但承载着深厚的民俗文化，也是几千年来乡村文化的根与魂。而随着时代的发展，乡村的集市从仅仅是经济交易发生的地方，逐渐演变成集物品交换、社会交流和文化传承的复合场所。

本方案的基地为四川省雅安市内连接两个靠山村落的一座石桥。石桥上的集市因物物交换而兴起，又因经济带来的交通量而停滞，后来因高速公路的修建转移了交通量，集市得以重生发展。因此，石桥和集市的演变成为了一个时代的缩影。

本方案保留原有的集市，以老石桥为依托，通过强调集市的社会性和文化性，来诠释新时代下具有社会融合性和文化凝聚性的乡村集市场所。

本方案以四个体块分别与石桥发生空间关系，其中三个体块对一个小体块进行三边围合形成演出与观看空间。石桥仍然承载集市和通行，四个体块承载不同的功能，分别是"可喝茶、听戏、看海和社交的茶室"，"可传承文化和教育的竹编工坊"，"内置配套服务空间的戏台演出空间"，和"可吃火锅、看龙舟、喝酒倪大山的闹市饮食空间"。

建筑整体材料为雅安当地竹子，主体承重结构为竹子绑扎而成的束柱，利用钢索吊起整个盒子，包括其屋面结构和地面结构。整个建筑外立面为灵活可开合的门窗，便于通风散热。内部空间以固定墙体划分，而以家具和可移动隔墙代替，以提高空间的灵活性，适应不同的节日活动和仪式功能。

■背景概况——集市

传统集市，不但承载着深厚的民俗文化，也是几千年来乡村文化的根与魂。而随着时代的发展，乡村的集市从仅仅是经济交易发生的地方，逐渐演变成集社会交流、文化传承的复合场所。

[传统集市]　[现代集市]　　　　1.行为发生　2.功能重构

■基地现状——石桥与集市的故事

本方案的基地为四川省雅安市内连接两个靠山村落的一座石桥。两个村落相隔一条河，石桥是两座村庄的唯一通过方式。

每逢旧历3、6、9号，乡民自发赶集，各取所需，摊位沿着石桥组织。

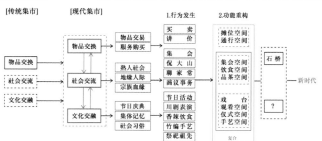

■集市与时代的演变分析

[1]	[2]	[3]	[4]	[5]
原本两个村落直接没有连接的人造桥。	由于物品交换和交通需求，石桥连接两个村落并承载了集市。	经济发展催生了交通量的激增，石桥的集市被迫停滞。	高速公路的修建转移了交通量，石桥的集市逐渐恢复。	石桥的集市得以存续下去，并逐渐适应时代的需求。

■SWOT分析

[劣势]

1.雅安多雨，石桥缺少遮雨的空间。每逢集市，场面较为混乱。

2.集市空间组织混杂，小吃和杂物摊位混杂，观看停留性行为与过的流动性行为为穿插，易造成堵塞；

3.村里缺乏公共文化空间，乡村传统文化不能得到弘扬。

4.传统节日庆典缺乏足够大的场地进行表演和观看。

[优势]

1.石桥天然聚集形成的集市形成文化土壤，使其乡村文化得以依托集市文化和传承。

[机遇]

1.时代发展转变了人们的生活方式，继而强调了集市的第二性质：社交性和文化性。

2.石桥作为具体的文化场所，起到传播集市文化的作用。

[挑战]

1.石桥的现有空间面积过小，难以形成较大的聚集空间。

[定位]

集 + = 物品交换 社会交流 文化交融

为一体的以石桥为依托的集市场所

■操作策略

以四个体块分别与石桥发生空间关系，其中三个体块对一个小体块进行三边围合形成演出与观看空间。

石桥仍然承载集市空间，其余四个盒子分别承担茶室、竹编工坊、戏台和集市饮食区的功能。

1.功能盒子　2.空间模式　3.结构支撑　4.模式剖面　5.活动承载

[茶室—喝茶、听戏、看海和社交]

[竹编工坊—传承文化和教育]

[戏台—演出空间]

[集市饮食—火锅，龙舟，喝酒倪大山]

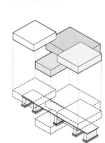

■总平面图

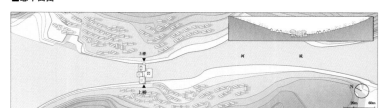

老桥·新市
—— 石桥的时空和集市的演变

参赛单位：西安建筑科技大学
参赛人员：蔡青菲　姚雨墨
指导老师：李岳岩　陈　静

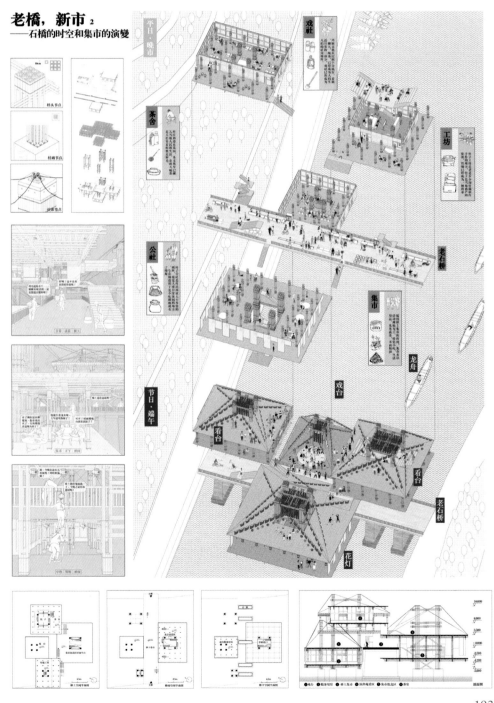

书山墙与内林外海
老体育馆改扩建设计
东南大学老校区

老校区现状

单一的功能空间：
老校区内大多数学生活动空间都是一排排座椅的单向性空间，无法满足新时代学生多样性的活动需求。

经过大发展时期，空气质量明显下降，雾霾污染深刻影响了学生的身心健康。

离散的建筑分布：
老校区内几乎每一栋供学生活动的楼都是走道连加两排教室，功能单一，且承载不同活动的楼分布离散，难以高效地满足学生日常进行多样不同活动的需求。

老体育馆现状

保存完好的砖墙立面
特色鲜明的大跨木索桁架结构

净高过低的运动场地
老化的健身器材和昏暗的环境

文学泰斗泰戈尔曾在此讲学
作为国立中央大学的仪式性举行场地

精神生活

当代网络发展迅速，网络生活丰富多彩，大学生课余时间多花在网上冲浪，很少有人静下心来做在学习上花过多时间。

在这个浮躁的年代缺失的是一种静心学习的氛围，一种在其中可以忘我学习，热情讨论学术的氛围，一种随时随地学习的氛围。

将书架墙作为统合组织空间的核心要素，利用书架墙的多变和衍生形成复合空间，形成浓厚的学习氛围。

物质生活

当代大学生活应该和污染说再见，利用各种手段抵御污染，为学生创设一个绿色的活动环境。

利用种植幕墙系统包围核心大空间，为内部的学生提供绿色、遮阳和良好的空气，创设一个生态良好的生活环境。

体量生成

①轻盈新体量轻触老建筑
②拆除非结构部分老隔墙，往连内外
③插入核心筒，垂直划分，向核心阶梯过渡；上部封闭，强调核心
④细化平面，眺望墙外四通八达，回望墙内

书架种类研究

高度　界面　活动性　学生需求

个人学习
围合感
私密感
稳定性
个人性

1600以上，强烈的围合感，视线无法穿透
双面背对书架，可两面使用，视线不通透
可移动书架，可用于多功能场所限定区域

根据具体需求多样搭配使用

1200，较强的围合感，视线穿透，可攀爬
单层封闭书架，可用作柜子或遮挡梁柱结构

800，一定的围合感，可当桌面和扶手
不可移动书架，适用于固定功能场所

小组学习
围合感
公共性
可变性
集体性

微弱的围合感，可当座椅和个人柜
单层开放书架，植物，围合又通透，半透明感

改造内部空间

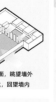

①功能垂直分化，由下而上从开放到封闭：休闲集会，学习讨论，社团活动
②放置隔断书架墙，限定空间
③放置辅助书架墙，作为扶手栏杆以及遮挡梁柱结构
④放置活动性书架墙，增强空间多功能性，方便实用

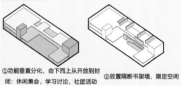

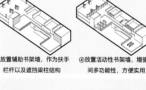

会议讨论，围桌座位，多媒体设备
上课培训，前后座位，书写面板

门扇大开，空间扩大，大型活动
门扇闭合，社团分隔，各自活动

讨论合作，围合聚集，多媒体设备
自由游览，矮柜陈列，可移动书柜

休闲娱乐，视线开阔，可移动坐垫
集会演讲，阶梯座位，追古忆今

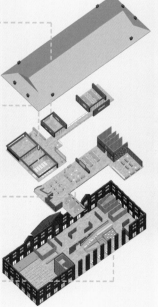

轴测分解

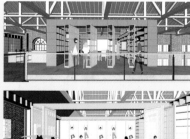

社会时代背景

我国社会的竞争日益激烈，就业形势越来越严峻，社会和用人单位对人才进行高标准定位，对大学生综合素质提出了更高的要求，高等教育的内涵也正在由传统的知识技能的传授向全面提高学生各方面素质的方向转化。

教学模式转变

老师单方面填鸭式授课，演变为互动式讨论式主动学习

传统黑板板书授课方式演变为现代科技的多种媒介

人才需求转变

专业技术强的需求转变为有合作精神，奉献精神，有创造力，有责任感和荣誉感等综合素质高的需求

学习生活需求
- 个性化
  - 课程选择多样化
  - 课余生活多样化
  - 频繁使用的场所空间多样
- 社会化
  - 交流讨论的学习生活模式
  - 多类型团体的参与模式
- 效率化
  - 复合多种功能
  - 减少交通时间

老校区存在问题
- 单一性
  - 功能空间单一不可变
  - 无法满足多样化需求
- 孤立性
  - 缺乏团体聚集的场所
  - 无法满足交流讨论的需求
- 低效性
  - 缺乏综合活动中心
  - 无法满足高效性的需求

老墙内外
—— 书山与林海

参赛单位：东南大学
参赛人员：陈子郁　万洪羽
指导老师：杨志疆

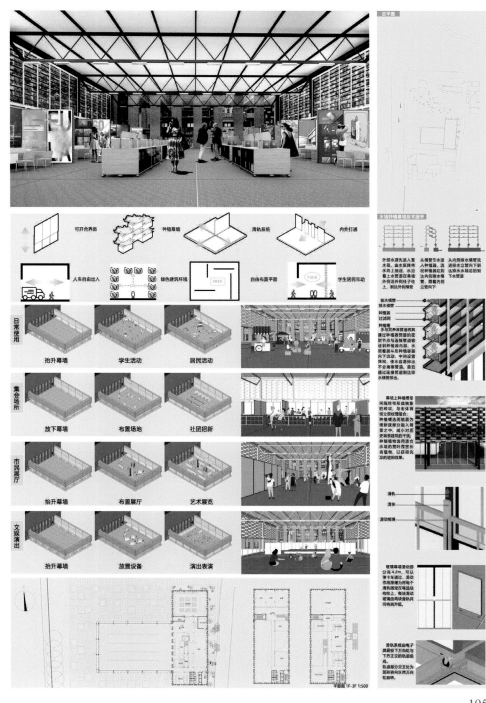

轨·途
火车　　　起航
途-----基于废旧轨道的青年活动广场

背景调查

基地人脉调查 PEOPLE

20%　15%　20%　45%
大人带领孩子　老年人　年轻人
基地人流年龄构成

30%　30%
20%　10%　10%
观演　智慧　健身　游乐
旅游行为调查

根据调查结果，我们以吸引孩子为切入点，为基地带来人气，使孩子在这里自由玩耍，成人在这里重拾童心。

火车的命运
随着科技的进步，火车更新换代，废旧的火车面临着惨烈的命运。它们有的被扔到了海里，有的变成了废铁，成了城市的垃圾。

铁路的命运
如今各种建筑保护活动如火如荼，可堆有曾经在工业发展早期担当过重要历史角色的铁路专用线受到了冷落，似乎根神建天经地义，这样下去，一处将造成城市的工业历史被遗忘，铁路专用线在新一代的视野中淡出，只能在记忆中存在。
铁路专用线只能在记忆中存在。

什么是"城中村"

所谓"城中村"，是指在城市高速发展的进程中，由于农村土地全部被征用，农村集体成员由农民身份转变为居民身份后，仍居住在由原村民改造而演变成的居民区，或是指在农村村落城市化进程中，由于农村土地大部分被征用，滞后于时代发展步伐、游离于现代城市管理之外的农民仍在原村居住而形成的村落，亦称为"都市里的村庄"。

结构设计分析

火车车厢结构
火车车厢结构体系分析
火车车厢是一个自承重体系，抗压能力强。它的结构是一个有机的整体，破坏任何一个构件，它的结构体系将被完全破坏。

设计广泛适应性

随着铁路事业的飞速发展，大量的高铁设施在全国普遍修建，原有的铁路线和工业区的铁路专用线陆续退出了历史舞台，将成为城市的历史，成为人们的美好回忆。这些废旧的铁路线越来越多，如果不加以利用将成为城市的负担，会带来越来越多的社会问题。而本设计充分地分析研究了这些问题，并做出了合理的利用手段和改造措施，让这些被遗忘和抛弃的铁路线恢复生命，继续实现他们的价值。

美好回忆
火车承载了我们多少人生的美好回忆，第一次长途旅行，第一次独自离家走上求学之路，第一次与爱的人在车站重逢，第一次怀揣美好梦想踏上征程......

有这样一群人，他们是靠租床位生活，而他们大多数都是刚刚融入社会的青年。他们怀揣梦想来到城市，开始创业之旅。他们想在城市里找到归属感。他们想有个家，一个不用太大的地方，一个梦想起航的地方......

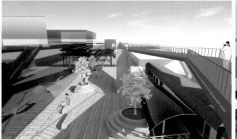

车门　开水炉　三人房　三人房　厕所　车门
曾洗间　双人房　单人房　厕所　车门
原火车车厢平面布置图

操作间　特色小吃　操作间
改造车厢平面布置

老年人活动分析

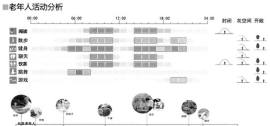

阅读　散步　健身　聊天　饮茶　跳舞　游戏
封闭　灰空间　开敞

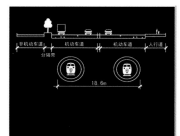

非机动车道　机动车道　机动车道　人行道
分隔带
18.6m

轨·途
—— 基于废旧轨道的青年活动广场

参赛单位：兰州理工大学
参赛人员：王吉文　胡雪松　姜　锋　张　京
指导老师：张顺尧　赵丽峰

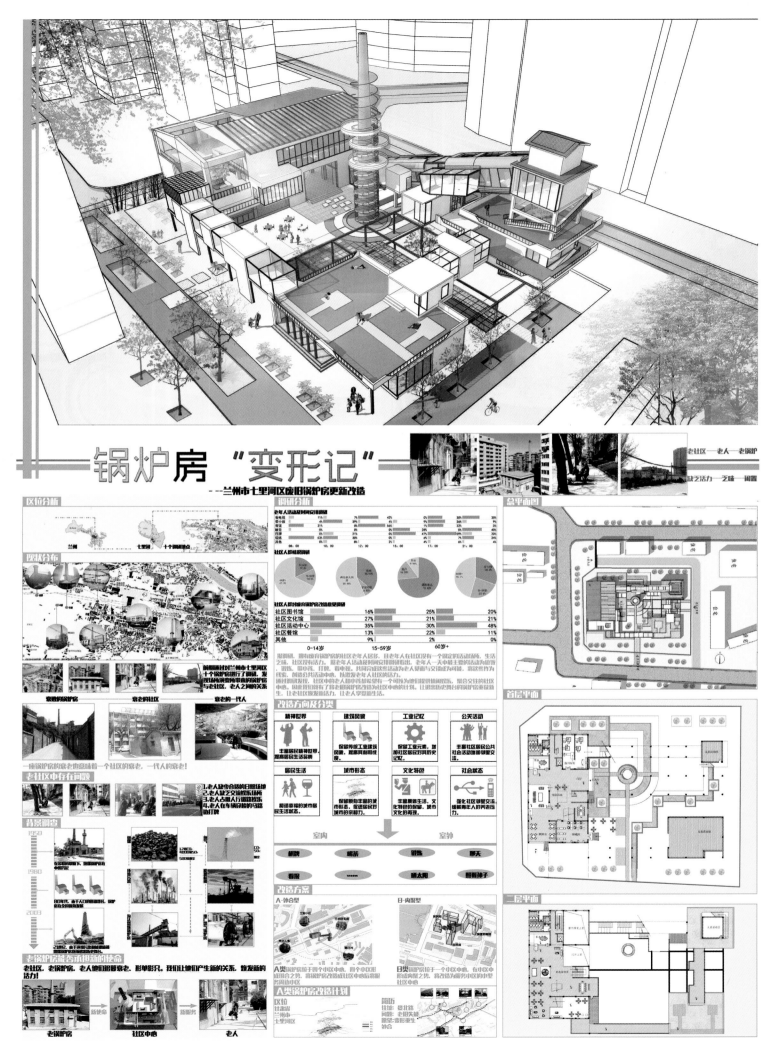

锅炉房 "变形记"
—— 兰州市七里河区废旧锅炉房更新改造

区位分析

现状分布

衰败的锅炉房   衰老的社区   衰老的一代人

一座锅炉房的衰老也意味着一个社区的衰老，一代人的衰老！

老社区中存在问题

1.老人缺少合适的日照场地
2.老人缺乏交流娱乐场所
3.老人占据人行道路娱乐
4.老人在车流穿梭的马路边打牌

背景调查

老锅炉房能否承担起新的使命

老社区，老锅炉房，老人他们都渐衰老、形单影只。我们让他们产生新的关系，焕发新的活力！

老锅炉房 → 社区中心 → 老人

调研分析

老年人活动及时间安排调研

社区人群结构调研

社区人群对废旧锅炉房改造总更新调研

	0-14岁	15-59岁	60岁+
社区图书馆	16%	25%	20%
社区文化馆	27%	21%	21%
社区活动中心	35%	30%	48%
社区餐馆	13%	22%	11%
其他	9%	2%	0%

改造方向及分类

精神世界	建筑风貌	工业记忆	公关活动
居民生活	城市形态	文化特色	社会状态

室内   室外

打牌   喝茶   锻炼   聊天
看报   下棋   晒太阳   照看孩子

改造方案

A-钟合型

B-向聚型

A类锅炉房改造计划

总平面图

首层平面

二层平面

锅炉房"变形记"
—— 兰州锅炉房更新改造

参赛单位：兰州理工大学

参赛人员：王多琦　张栋泉　王永飞　曹　艺

指导老师：张顺尧　赵丽峰

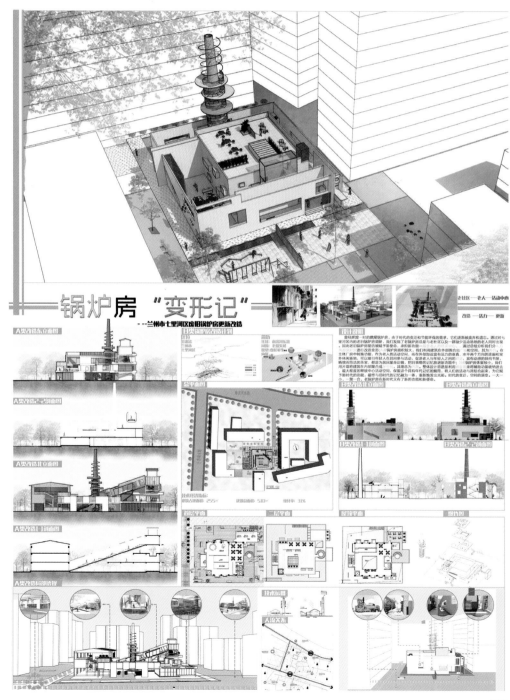

第壹幕 乡剧+间场
云南大理文化建筑设计

■ 概念来源

"建筑的演变来自于产业的更替"

壹

贰

叁

肆

旧建筑，新展览
新建筑，旧工艺

选址
位于广场以东道路交汇处，
是三环的景观核心，
有一定文化、历史要素。

尺度：
博物馆以周边聚落确定自
身尺度，同时依附于农耕
园地开阔的视线景观。

形式
以周边聚落的走向将博物馆
划分成两部分，一方面回应
传统屋院的关系，另一方面
打破方形平面的呆板。

山形展板

■ 视线设计

反射神树　　图腾展箱光线引导　　"偷窥"行为　　山形展板的反射
　　　　　　　　　　　　　　加强展览的吸引力　连通上下空间

博物馆屋顶平面图　　　博物馆1F平面图　　　博物馆-1F平面图

博物馆剖面

博物馆正立面

博物馆总平面

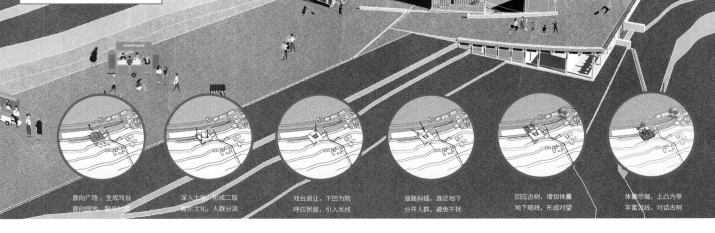

面向广场，生成戏台　　深入土地，形成二层　　戏台退让，下凹为院　　道路斜插，直达地下　　回应古树，增加体量　　体量尽端，上凸为亭
面向园地，服务村民　　展示文化，人群分流　　呼应民居，引入光线　　分开人群，避免干扰　　地下暗线，形成对望　　丰富流线，对话古树

乡间剧场
云南大理文化建筑设计

参赛单位：重庆大学
参赛人员：杨书涵　江思成
指导老师：黄海静

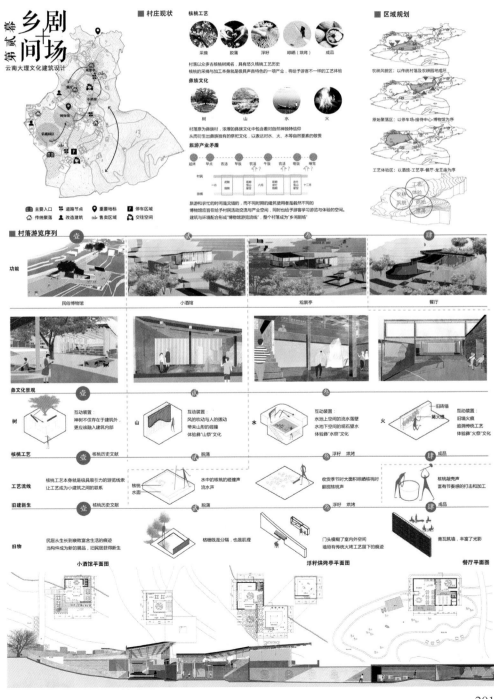

人群分析 People Analysis

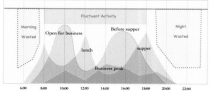

■ 市场/商店　　　■ 餐厅/食堂　　　■ 邮局/银行
Market/Store　　　Canteen/Dining Hall　　　Post Office/Bank

对原有场地的人群分析可以发现:
时间上,人群的活动有昼夜转换的特性,从早到晚的各类活动曲线呈现交错重叠的态势;而有些空间却在时间维度上被浪费。这启发我们从叠加的概念入手对建成环境进行改造,实现对空闲时间的再利用和失落空间的激活。

歷史疊加 Historical Stack

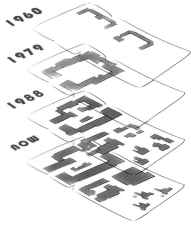

我们提取了该地段历史上四个时期的规划,通过叠加的手法产生新的图底关系,来作为改造规划的秩序和控制依据。

具体操作是定义建筑实体为黑色,而建筑外的公共空间为白色;再定义操作规则,如白色与白色重合叠合部分为黑色。按此规则依次将各个时期的图底关系叠加,从而产生新的图底关系;接着从其中提取出轴线、网格、虚实转换等控制和形态因素,形成新的场地秩序。

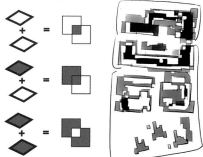

叠合 Overlying

功能上整个建筑空间从下至上由公共变为私密,层层叠加。
空间上构造连廊、中庭、通高、高差、跃层提供异质化空间。
时间上将不同活动叠加在同一场所中。

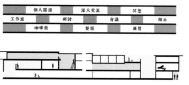

白天:
剧院及美术馆入口前广场

傍晚:
周边居民休闲活动空间

夜晚:
露天电影及演出平台

總平面圖 1:500

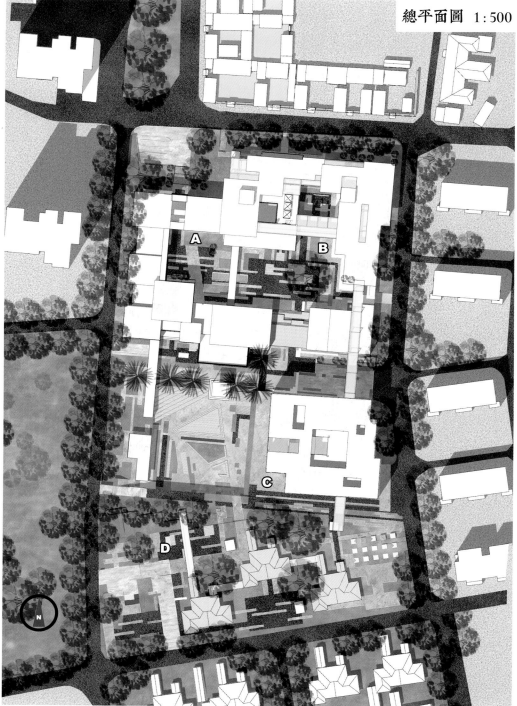

A　B　C　D

N

形態生成 From Generation

1 图底关系
根据历史叠加
得到新的图底关系

2 增加
围绕核心增添
新的功能区域

3 切削
承接照澜院网格秩序
对局部进行切削变动

4 左右错动
实现对于垂直交通
和中庭空间的组织

5 上下错动
增加通高和错层空间
强化功能多样性

6 体块插入
根据功能需要
放入体块调适连续空间

東立面圖 1:300

叠叠乐
—— 清华大学照澜院建成环境再造

参赛单位：清华大学
参赛人员：相　龙　刘翘楚　赵　祺　崔佳玉
指导老师：饶　戎　朱文一

北立面图 1:300

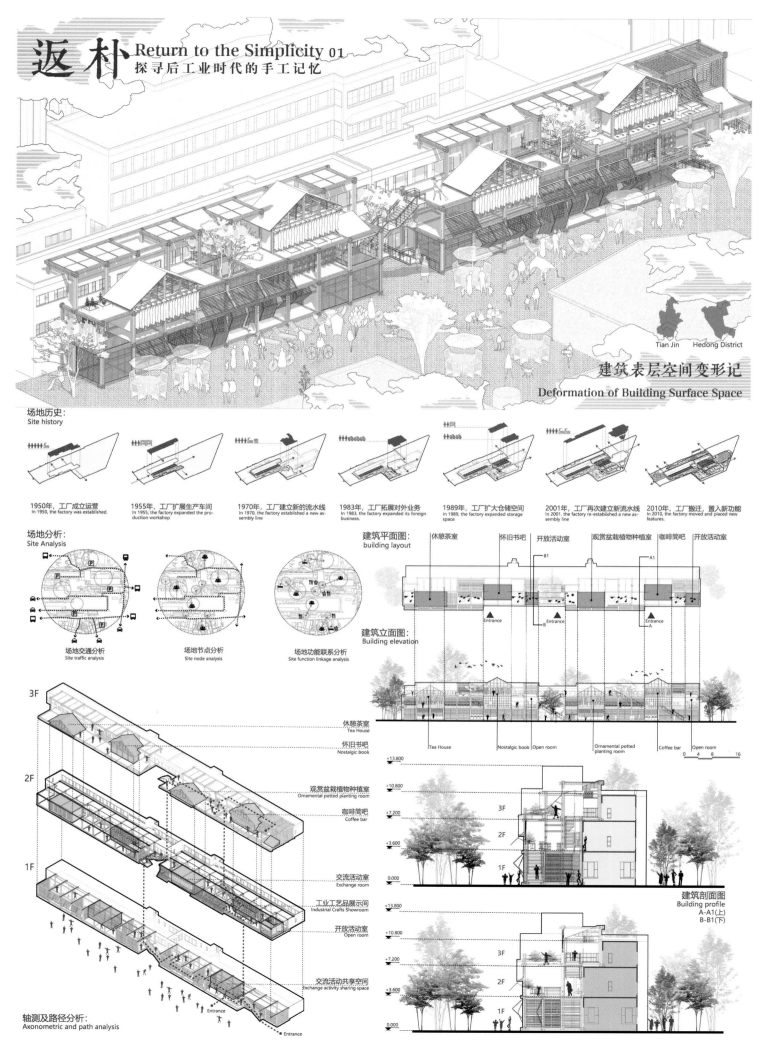

返朴 Return to the Simplicity 01
探寻后工业时代的手工记忆

建筑表层空间变形记
Deformation of Building Surface Space

Tian Jin　Hedong District

场地历史：
Site history

1950年，工厂成立运营
In 1950, the factory was established.

1955年，工厂扩展生产车间
In 1955, the factory expanded the production workshop

1970年，工厂建立新的流水线
In 1970, the factory established a new assembly line

1983年，工厂拓展对外业务
In 1983, the factory expanded its foreign business.

1989年，工厂扩大仓储空间
In 1989, the factory expanded storage space

2001年，工厂再次建立新流水线
In 2001, the factory re-established a new assembly line

2010年，工厂搬迁，置入新功能
In 2010, the factory moved and placed new features.

场地分析：
Site Analysis

场地交通分析
Site traffic analysis

场地节点分析
Site node analysis

场地功能联系分析
Site function linkage analysis

建筑平面图：
building layout

休憩茶室　怀旧书吧　开放活动室　观赏盆栽植物种植室　咖啡简吧　开放活动室

Entrance　Entrance　B　Entrance　A

建筑立面图：
Building elevation

休憩茶室
Tea House

怀旧书吧
Nostalgic book

观赏盆栽植物种植室
Ornamental potted planting room

咖啡简吧
Coffee bar

交流活动室
Exchange room

工业工艺品展示间
Industrial Crafts Showroom

开放活动室
Open room

交流活动共享空间
Exchange activity sharing space

Entrance

Entrance

轴测及路径分析：
Axonometric and path analysis

Tea House　Nostalgic book　Open room　Ornamental potted planting room　Coffee bar　Open room

0　4　8　16

+13.800
+10.800
+7.200
+3.600
0.000

3F
2F
1F

建筑剖面图
Building profile
A-A1(上)
B-B1(下)

+13.800
+10.800
+7.200
+3.600
0.000

3F
2F
1F

"返朴"
—— 探寻后工业时代的手工记忆

参赛单位：天津大学
参赛人员：宋睿琦　周子涵　耿华雄　王安琪
指导老师：胡一可

记忆追寻-赊店故事在发生

记忆追寻
—— 赊店故事在发生

参赛单位：华北水利水电大学
参赛人员：左金婷　唐润乾　常梦玮
指导老师：宋　岭　张少伟

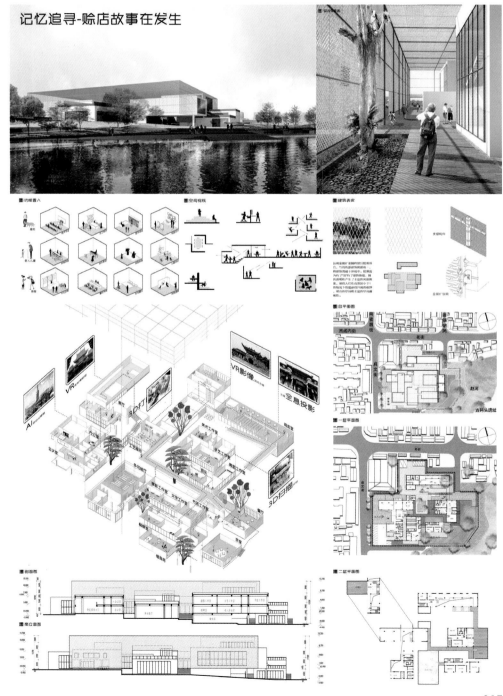

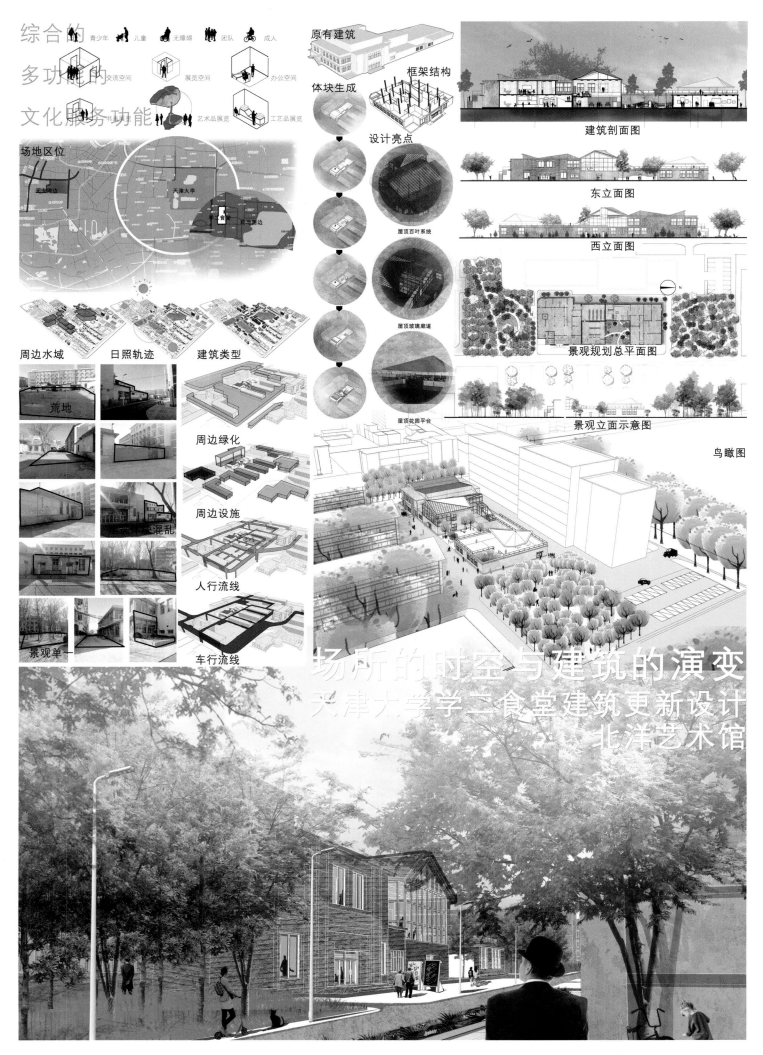

综合的
多功能的
文化服务功能

青少年　儿童　无障碍　团队　成人

交流空间　展览空间　办公空间
艺术品展览　工艺品展览

原有建筑
体块生成
框架结构

建筑剖面图

东立面图

西立面图

设计亮点

屋顶百叶系统

屋顶玻璃廊道

屋顶花园平台

景观规划总平面图

景观立面示意图

场地区位

天津大学

周边水域　日照轨迹　建筑类型

荒地

混乱

周边绿化

周边设施

人行流线

景观单一

车行流线

鸟瞰图

场所的时空与建筑的演变
天津大学学三食堂建筑更新设计
北洋艺术馆

北洋艺术馆

参赛单位：天津大学
参赛人员：张谡文
指导老师：张小弸

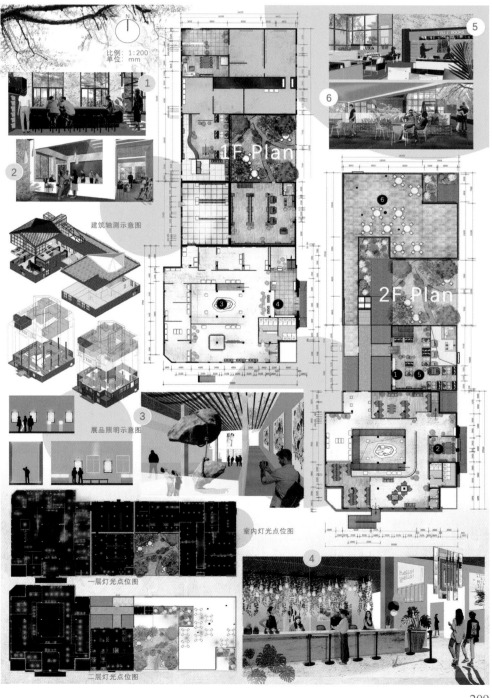

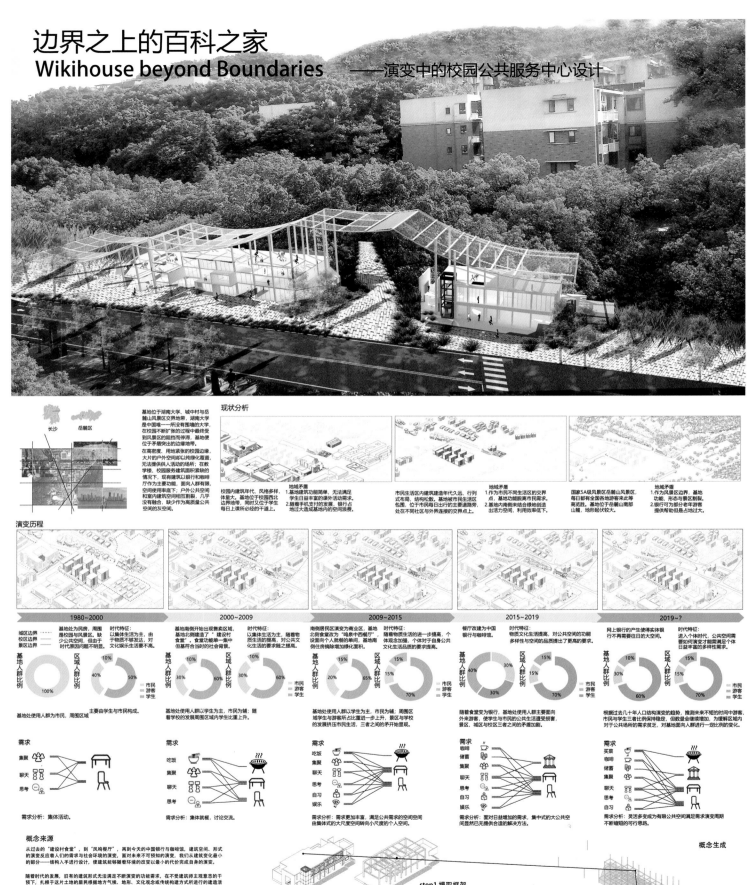

边界之上的百科之家
Wikihouse beyond Boundaries
——演变中的校园公共服务中心设计

现状分析

基地位于湖南大学、城中村与岳麓山风景区交界地带，湖南大学是中国唯一一所没有围墙的大学，在校园不断扩张的过程中最终受到风景区的阻挡而停滞。基地便位于矛盾突出的边界地带。

在高密度、用地紧张的校园边缘，大片的户外空间和以纯绿化覆盖，无法提供供人活动的场所；在教学楼、校园服务建筑面积紧缺的情况下，现有建筑以银行和咖啡厅作为主要使用者，面向人群有限，空间使用率低下；户外公共空间和室内建筑空间相互割裂，几乎没有融合，缺少作为高质量公共空间的灰空间。

校园内建筑年代、风格多样，体量大。基地位于校园西北边界地带，同时又位于学生每日上课所必经的主干道上。

地域矛盾
1. 基地建筑简单，无法满足学生日益增长的课外活动需求。
2. 随着手机支付的发展，银行占地过大造成基地内的空间浪费。

市民生活区内建筑建造年代久远、行列式布局，结构松散。基地被市民生活区包围，位于市民每日出行的主要道路旁，处在不同社区与外界连接的交界点上。

地域矛盾
市民生活区内不同社区的交界点，基地功能被市民需求。基地南侧未能创造出活力空间，利用效率低下。

国家5A级风景区岳麓山风景区，每日都有全国各地游客来此等高居高。基地位于岳麓山南部山麓，地形起伏较大。

地域矛盾
1. 作为风景区边界，基地功能、形态与景区割裂。
2. 银行为部分老年游客提供帮助但是占地过大。

演变历程

1980~2000
基地为民房，周围是校园与风景区。缺少公共空间，但由于时代景因而问题不明显。

时代特征：以集体生活为主，由于物资尚不发达，对文化娱乐生活要求不高。

基地使用人群：市民
基地人群比例：市民 100%
区域人群比例：市民 50% / 游客 40% / 学生 10%

基地处使用人群为市民，周围区域主要由学生与市民构成。

2000~2009
基地南侧开始出现售卖区域，基地北侧建造了"建设村食堂"。食堂功能单一集中但基于适合当时的社会背景。

时代特征：以集体生活为主，随着物质生活的提高，对公共文化生活的要求随之提高。

区域人群比例：市民 60% / 游客 30% / 学生 10%

需求分析：集体就餐，讨论交流。
需求：吃饭、集聚、聊天、思考

2009~2015
南侧居民演变为商业区，基地内侧食堂改为"鸣鹤中西餐厅"，设施由向个人餐厅的单同，基地南侧住房规模增加绿化面积。

时代特征：以集体生活为主，随着物质生活的进一步提高，个体意识加强，个体对于自身公共文化生活品质的要求提高。

基地人群比例：市民 20% / 游客 15% / 学生 65%
区域人群比例：学生 70% / 市民 15% / 游客 15%

基地处使用人群以学生为主，市民为辅；周围区域随学生与游客所占比重进一步上升。随着学校的发展挤压市民生活，三者之间的矛盾开始显现。

需求分析：需求更为丰富，满足公共需求的空间空间由集体式的大尺度空间向小尺度的个人空间。
需求：吃饭、集聚、聊天、思考、自习、娱乐

2015~2019
餐厅改建为中国银行与咖啡馆。

时代特征：物质文化生活提高，对公共空间的功能多样性与空间的品质提出了更高的要求。

基地人群比例：市民 30% / 游客 30% / 学生 40%
区域人群比例：学生 70% / 市民 30% / 游客 15%

随着食堂变为银行，基地处使用人群主要面向外来游客，使学生与市民的公共生活遭到损害，景区、区域与校区三者之间的矛盾加剧。

需求分析：面对日益增加的游客，集中式的大公共空间显然已无提供合适的解决方法。
需求：咖啡、储蓄、集聚、聊天、思考、自习、娱乐

2019~?
网上银行的产生使得实体银行不再需要往日的大空间。

时代特征：互联网时代，公共空间需要如何演变才能满足个体日益丰富的多样性需求。

基地人群比例：市民 30% / 游客 10% / 学生 60%
区域人群比例：学生 70% / 市民 15% / 游客 15%

根据过去几十年人口结构演变的趋势，推测未来未知的时间中游客、市民与学生三者保持稳定，但数量会继续增加，为缓解区域内对于公共场所的需求贫乏，对基地面向人群进行一定比例的变化。

需求分析：灵活多变成为有限公共空间满足需求演变周期不断缩短的可行路线。
需求：买菜、咖啡、储蓄、集聚、聊天、思考、自习

概念来源

从过去的"建设村食堂"，到"凤鸣餐厅"，再到今天的中国银行与咖啡馆，建筑空间、形式的演变反应着人们的需求与社会环境的变化，面对未来不可预知的演变，我们从建筑变化最小的部分——结构入手进行设计，使建筑能够随着环境的改变以最小的代价完成自身的演变。

随着时代的发展，旧有的建筑形式无法满足不断演变空间的功能需求，在不受建筑主观意志的干预下，打破于这片土地的景观依据地方气候、地形、文化观念将传统构建方式所进行的建造活动，体现着建筑最原始的地域特色，我们试图提取建造手法并带到设计中。

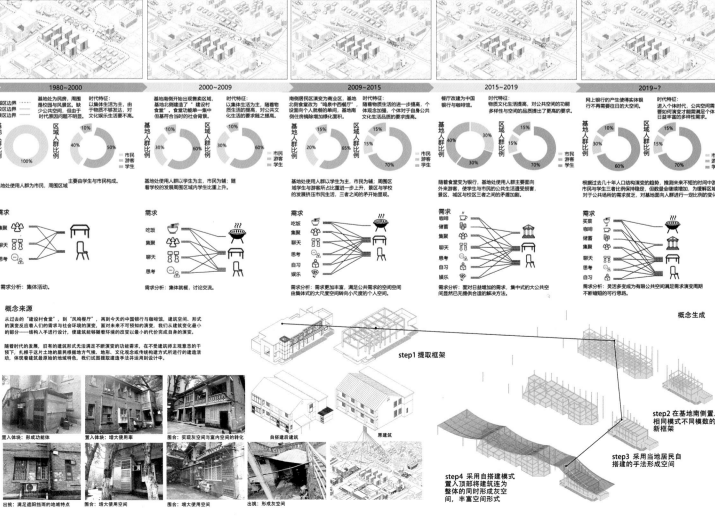

置入体块：形成功能体
置入体块：增大使用率
围合：实现灰空间与室内空间的转化
出挑：满足遮阳挡雨的地域特点
围合：增大使用空间
围合：增大使用空间
出挑：形成灰空间

自搭建建筑
自搭建后建筑
原建筑

概念生成

step1 提取框架
step2 在基地南侧置入相同模式不同模数的新框架
step3 采用当地居民自搭建的手法形成空间
step4 采用自搭建模式置入顶部将建筑连为整体的同时形成灰空间，丰富空间形式

边界上的百科之家
—— 演变中的校园公共服务中心设计

参赛单位：湖南大学
参赛人员：李正刚　曾雨心　白咏雪
指导老师：杨　涛

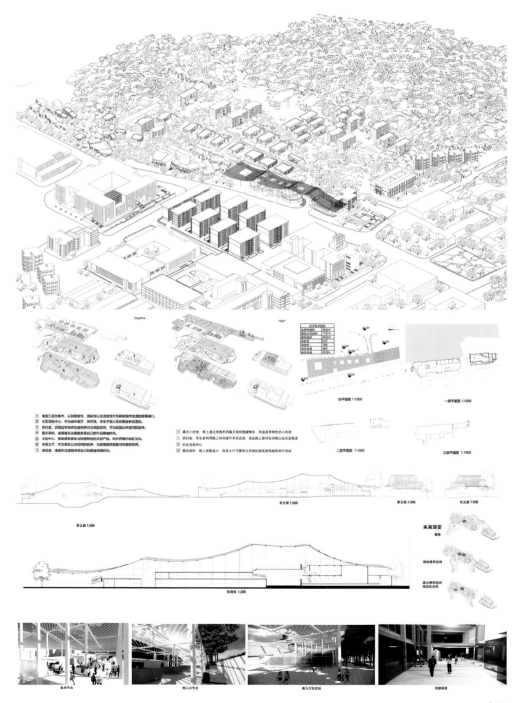

渡槽 ——基于时代背景下的多元融合！

一个时代的集体记忆
早在人类的童年
先民就"逐水而居"
两千多年前
人类找到了郭腹水的方法
——从有水处调水到缺水地区
渡槽，应运而生
——《国家地理杂志》

1. "渡槽" ——高架水渠的历史

水是生命之源，渡水而居是自古以来人类谋求生存与发展一直遵循的基本准则。作为传统的农耕民族，充满智慧的中国人为灌溉问题而开山劈树、遇山凿洞、遇河架桥。上世纪六、七十年代，随着"水利是农业的命脉"号角的吹响，渡槽在中国遍地开花，成为中国人"数数日月换新天"的精神象征。一条条水渠，一座座渡槽，如雨后春笋般出现。景谷河湾渡槽便是其中之一。此渡槽自建成后，一直沿用至今，数十年来依然发挥着灌溉作用。

2. 基地选取

历经沧桑的选地渡槽——高架水渠，早已失去了灌溉和生活用水的意义，却依然如长虹卧波、巍然屹立、蔚为壮观。如今，它成为了那个时代特有的历史文化及人民群众面临的见证与记录者。然而沧海桑田，几经变换，同各地许许多多的渡槽一样，因为经济的发展而面临拆除。

渡槽——作为一个时代的精神记忆在群山溪壑下夕阳的光辉洒过，它欲然矗立，村正的老人常常谈起当初建造这水渠时，都满面春光……渡槽虽然体型高窄狭长，失去已有的作用，已然成为空白地带，以至于让许多年轻人不清楚它的作用，我们想挑战着前现状，来次时空上的交流，重现水渠精妙与壮观。

3. 基地现状

北向工厂　　东望海，相邻白沙村　　南面山、农田和村庄　　西隔农田

这是一个什么样的建筑物？

"长桥卧波，未云何龙？复道行空，不霁何虹？"

渡槽，也称高架水渠，是一组由桥梁、隧道或沟渠构成的输水系统，通常架设于山谷、洼地、河流之上，用来把远处的水引到水量不足的城市、农村以供饮用和灌溉。

作为传统的农耕民族，充满智慧的中国人为灌溉问题而开山劈树、遇山凿洞、遇河架桥。

这必须要留存
作为时代的见证
作为人民群众同心协力的结晶
作为"数叫日月换新天"的精神
作为石块与田野 茂岭与水渠
这百转千回侠骨柔肠的悕激

设计说明：

在调研场地的基础上，我们提出问题和解决方案。采用自上而下的思考方式，从城市到乡村，探讨城镇的差异性，设计消减差异性的更可能性。设计通过乡村作用的渡槽——高架水渠，搭建一条向城市和乡村之间能开放协作、公平交换改善城乡差异性的状态，使得过去单向不可逆的差异性变为平等、互动的关系。

以此保留地市民俗建筑，为多种功能的介入创造的条件，将水渠改造成新公用、新文化、新娱乐文间属性、新的民俗体验，新模式下也探究予建筑更多的可能性。

4. 存在问题

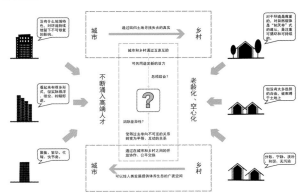

5. 解决问题

6. 设计概念

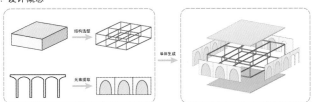

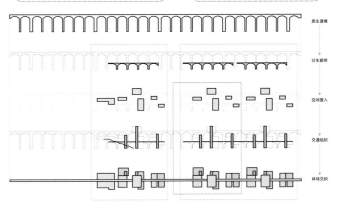

渡槽
—— 基于时代背景下的多元融合

参赛单位：厦门大学嘉庚学院
参赛人员：戴震中　庄奕祥　张佳雯　王　宇
指导老师：盖东民

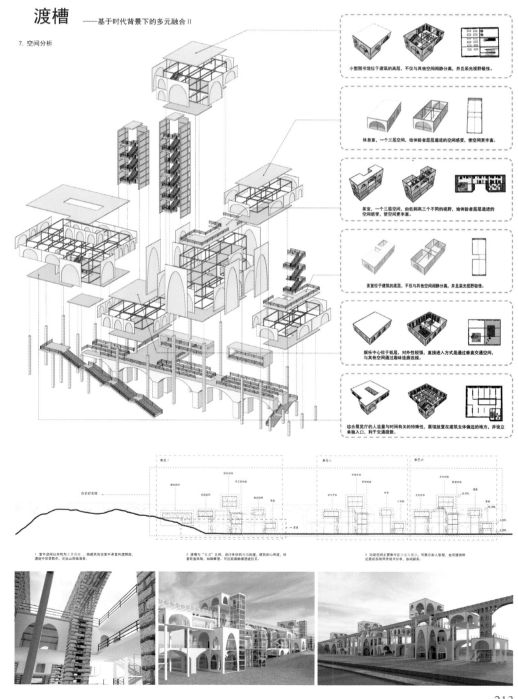

生生营造 2.0

参赛单位：西南交通大学
参赛人员：林　晨　钱奕衡　周何建
指导老师：祝　莹　李　路

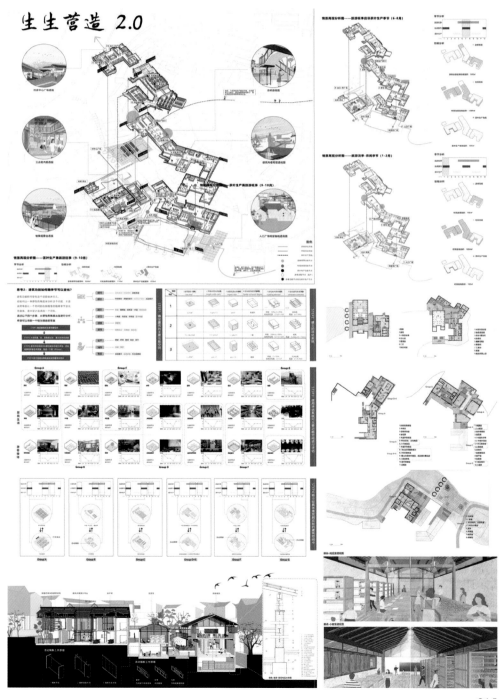

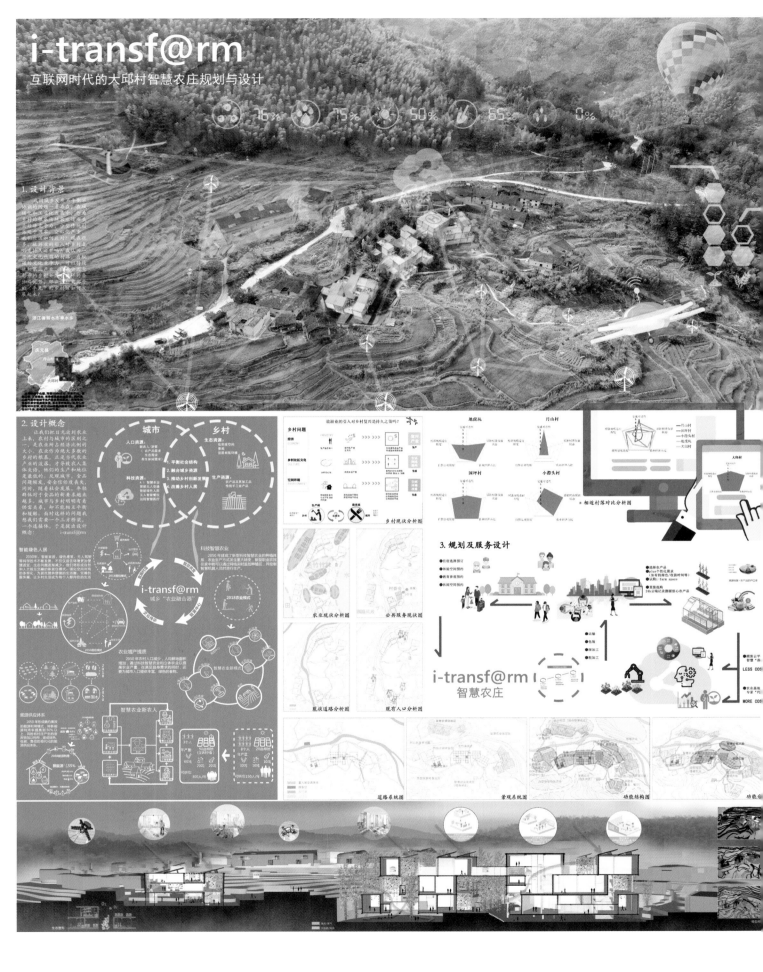

i-transf@rm
互联网时代的大邱村智慧农庄规划与设计

参赛单位：上海大学
参赛人员：李博雅
指导老师：魏　秦

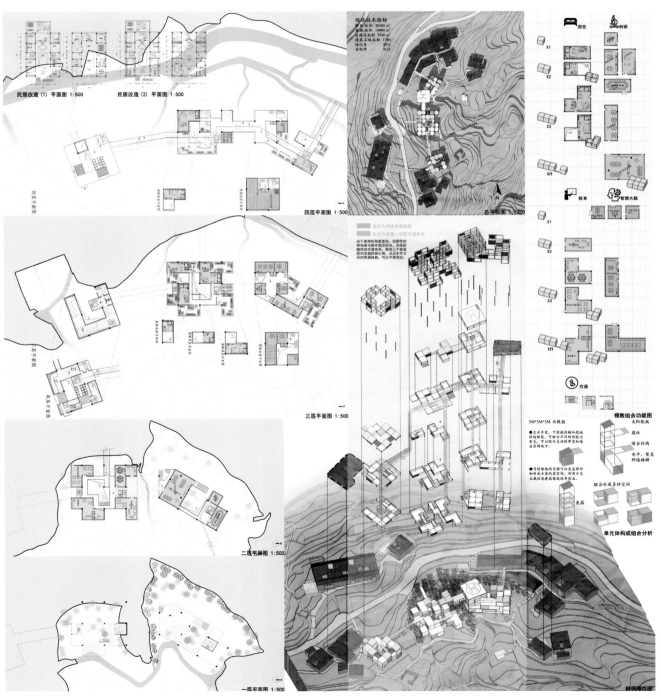

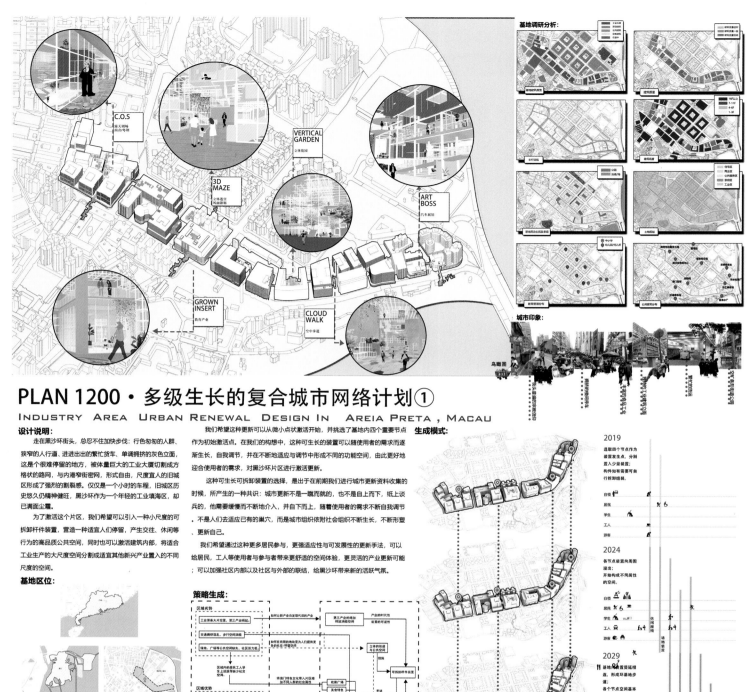

基地调研分析：

城市印象：

马瞰图

PLAN 1200·多级生长的复合城市网络计划①
INDUSTRY AREA URBAN RENEWAL DESIGN IN AREIA PRETA, MACAU

设计说明：

走在黑沙环街头，总忍不住加快步伐：行色匆匆的人群、狭窄的人行道、进进出出的繁忙货车、单调拥挤的灰色立面，这是个很难停留的地方，被体量巨大的工业大厦切割成方格状的路网，与内港窄街密网，形式自由、尺度宜人的旧城区形成了强烈的割裂感。仅仅是一个小时的车程，旧城区历史悠久仍精神健旺，黑沙环作为一个年轻的工业填海区，却已满面尘霜。

为了激活这个片区，我们希望可以引入一种小尺度的可拆卸杆件装置，营造一种适宜人们停留，产生交往、休闲等行为的高品质公共空间，同时也可以激活建筑内部，将适合工业生产的大尺度空间分割成适宜其他新兴产业置入的不同尺度的空间。

基地区位：

肌理分析：

澳门城市肌理是一种以西方中世纪模式为主体的城市骨架上生成了受中国影响的城市组织，后者体现有中国传统"里坊"思想，体现了葡萄牙文化和中国本土文化在城市营建中的移情。学者王维仁认为，这种"迷城"般的城市肌理是由"大马路、马路、街、斜路、斜巷、巷、里、围"不同层级尺度的街道系统所构成，"围"更是构成城市肌理的重要元素。同时葡萄牙也带来了富有异国风情的曲线铺地与景观，如议事厅前地、大三巴、喷水池周围铺地等。这种铺地在新建筑中也有应用，如新濠影汇底部步行街就使用了经典的水波纹黑白碎砖纹理。

填海工业区城市肌理：
棋盘式的路网格局
大尺度、不亲人的生产空间（柱距、层高）
对称的平面布置

旧城区城市肌理：
"里坊"的传统肌理
葡萄牙殖民者带来的西方中世纪城市骨架
新马路——切割式的骑楼街区再开发围山丘形成了放射状的自然城市肌理

我们希望这种更新可以从微小点状激活开始，并挑选了基地内四个重要节点作为初始激活点。在我们的构想中，这种可生长的装置可以随使用者的需求而逐渐生长，自我调节，并在不断地适应与调节中形成不同的功能空间，由此更好地迎合使用者的需求，对黑沙环片区进行激活更新。

这种可生长可拆卸装置的选择，是出于在前期我们进行城市更新资料收集的时候，所产生的一种共识：城市更新不是一蹴而就的，也不是自上而下，纸上谈兵的，他需要缓慢而不断地介入，并自下而上，随着使用者的需求不断自我调节——不是人们去适应已有的巢穴，而是城市组织依附社会组织不断生长，不断形塑、更新自己。

我们希望通过这种更多居民参与，更强适应性与可发展性的更新手法，可以给居民，工人等使用者与参与者带来更舒适的空间体验，更灵活的产业更新可能；可以加强社区内部以及社区与外部的联结，给黑沙环带来新的活跃气氛。

策略生成：

可拆卸杆件装置构造设计：

杆件与板片的搭接形式

装置与建筑关系：

底层架空 | 立面商业 | 立体交通 | 局部透空

内部中庭 | 屋顶退出 | 风雨廊道 | 过街天桥

生成模式：

2019
选取四个节点作为装置发生点，分别置入少量装置；构件如有需要可自行拆卸组装。

2024
各节点装置逐向周围退出；开始构成不同属性的空间。

2029
基地内装置蔓延相连，形成环形地步；各个节点空间基本成熟。

2034
基地内装置蔓延至基地以外，向水塘、螺丝山等自然景观蔓延，为基地引入自然景观。

基地内部产业生长状况

基地内人群娱乐活动的转变

基地内居民主要休闲场地的转变

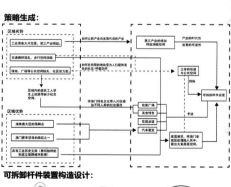
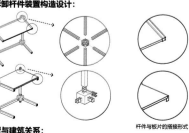
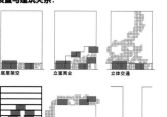

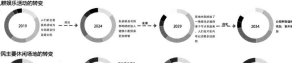

PLAN 1200 · 多级生长的复合城市网络计划

参赛单位：华侨大学
参赛人员：王亮亭　柳寒珂
指导老师：胡　暻　费迎庆

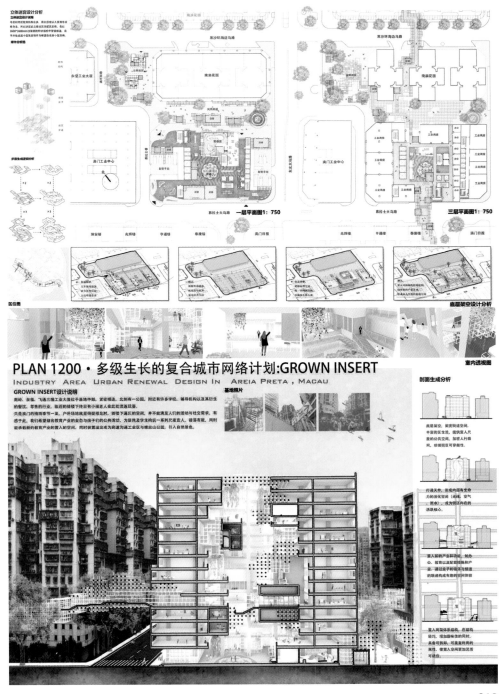

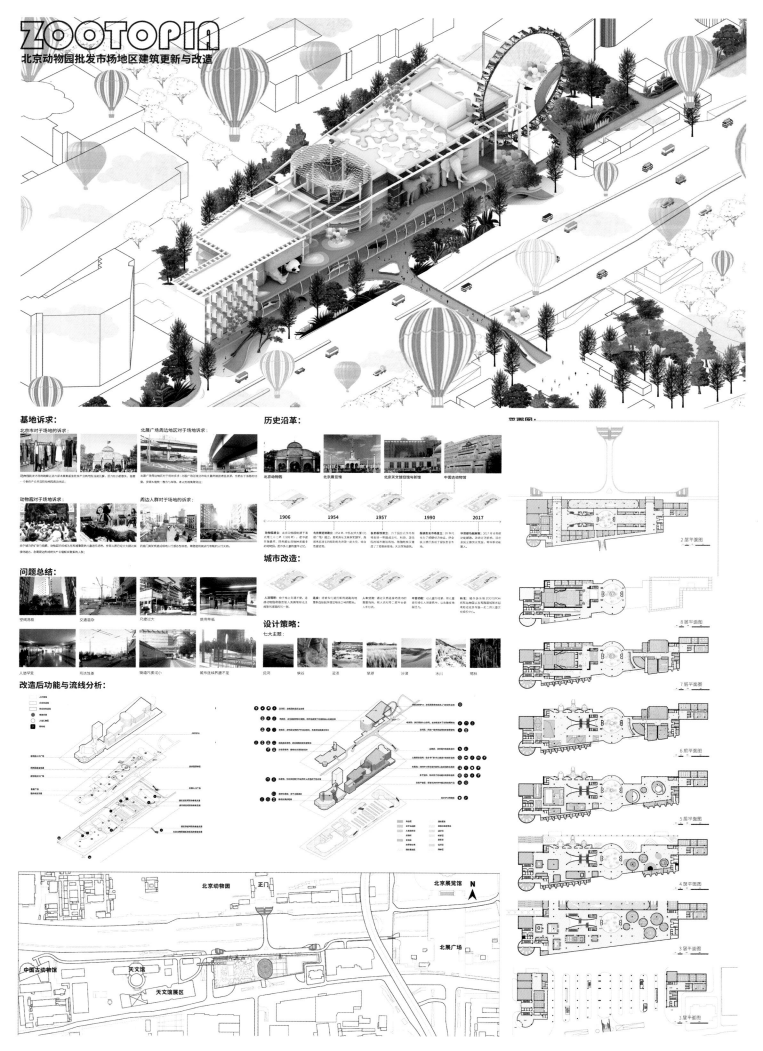

ZOOTOPIA 疯狂动物城

参赛单位：中国科学院大学
参赛人员：朱浩嶙　赵一凡　陈　墨　李文军
指导老师：崔　恺　王大伟

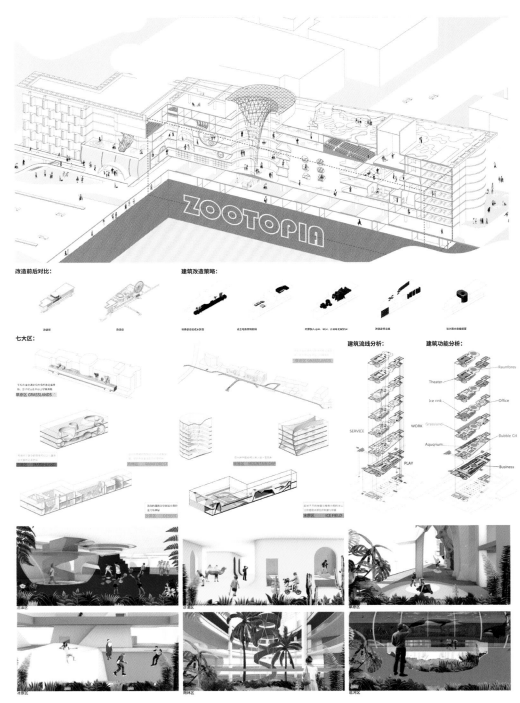

改造前后对比：

建筑改造策略：

七大区：

草原区 GRASSLANDS

建筑流线分析：

建筑功能分析：

远景之树
Vision

墓地与城市的现状分析和概念提出

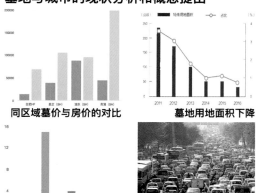

同区域墓价与房价的对比

墓地用地面积下降

1999 杭州　2004 杭州

2009 杭州　2017 杭州

墓地一年的人流量

清明时交通拥堵

清明拥挤的墓地

其他时段冷清的墓地

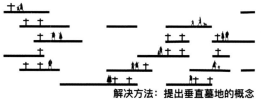

解决方法：提出垂直墓地的概念

生命的运动
自分MINE
Dawson 我
MYK阶乙
语言的声音

心跳

生命组成元素

阳光

水

生命体验过程的抽象提取

根据场地，选定改造建筑

基地位于杭州市萧山区

商场、学校、酒店对景观的需求

电厂的长烟囱排放气体对人体有害

工业建筑的场所演变

空间 巨大高耸的空间配合灰色的混凝土，营造安静严肃的氛围

价值 双曲线的圆底筒体占用了大量的用地面积，蕴含着极大的土地价值

空气 的流通：双曲面造型对空气有天然的引流可以借助温差保持空气的流通

功能 作为工业的象征他们保留着岁月的印记、居民的回忆

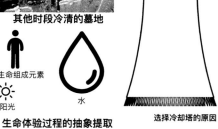

选择冷却塔的原因

形体生成的逻辑和来源

采用分数维度的视角和数学方法描述和研究树木的生长规律探究自然结构应用到人工建筑中的合理性

我们发现树冠的表征分形在通常几何变换下具有不变性

分型原理的运用

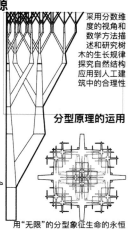

"根部"的延伸有助于削弱压迫感

用"无限"的分型象征生命的永恒

形体生成 ＋

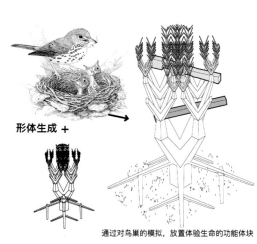

通过对鸟巢的模拟，放置体验生命的功能体块

树木对空气的被动净化原理

"树"形状可以增大接触面积提高效果

双曲面造型对空气有天然的引流

得益于巨大的体量，基地周边的空气因为导流作用通过冷却塔从而净化大量城市空气

远景之树

参赛单位：浙江大学宁波理工学院　江南大学
参赛人员：从方宇　颜茂华　何星威　刘茂源
指导老师：王　瑶

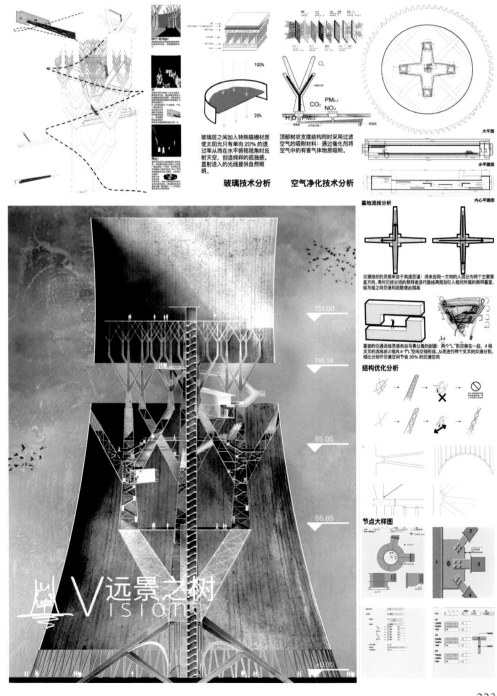

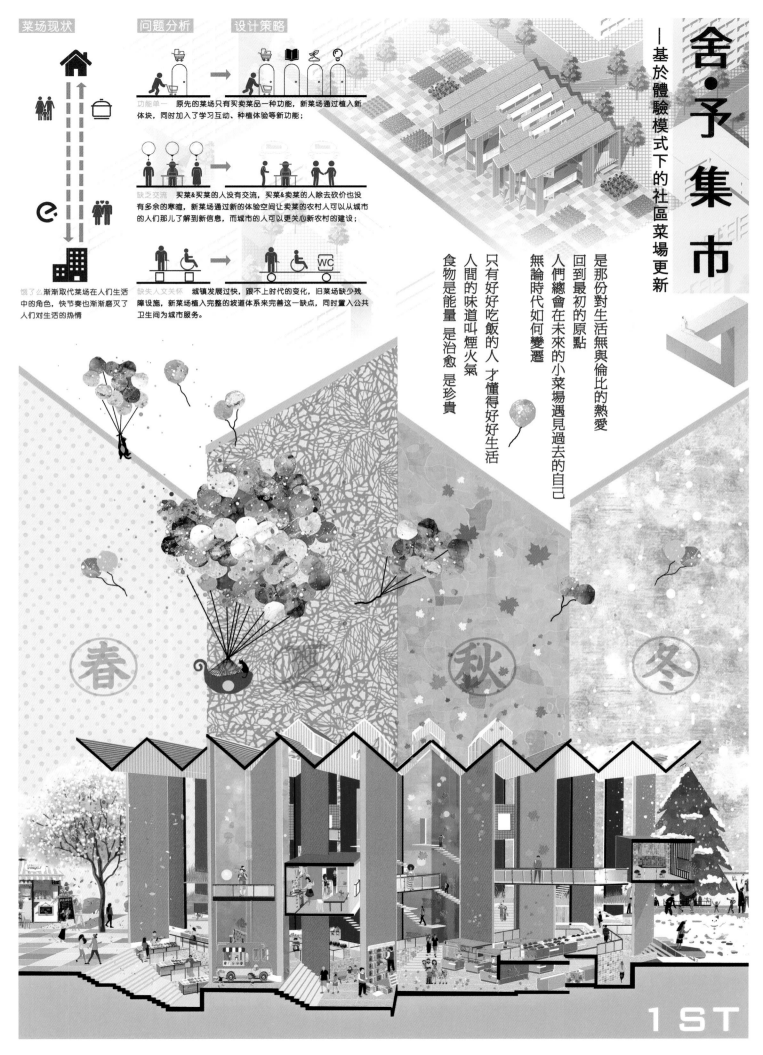

舍·予集市

—基於體驗模式下的社區菜場更新

菜场现状

问题分析

设计策略

功能单一 原先的菜场只有买卖菜品一种功能，新菜场通过植入新体块，同时加入了学习互动、种植体验等新功能；

缺乏交流 买菜&卖菜的人没有交流，买菜&卖菜的人除去砍价也没有多余的寒暄，新菜场通过新的体验空间让卖菜的农村人可以从城市的人们那儿了解到新信息，而城市的人可以更关心新农村的建设；

缺失人文关怀 城镇发展过快，跟不上时代的变化，旧菜场缺少残障设施，新菜场植入完整的坡道体系来完善这一缺点，同时置入公共卫生间为城市服务。

饿了么渐渐取代菜场在人们生活中的角色，快节奏也渐渐磨灭了人们对生活的热情

是那份對生活無與倫比的熱愛
回到最初的原點
人們總會在未來的小菜場遇見過去的自己
無論時代如何變遷

食物是能量 是治愈 是珍貴
只有好好吃飯的人 才懂得好好生活
人間的味道叫煙火氣

春 夏 秋 冬

1ST

舍·予集市
—— 基于体验模式下的社区菜场更新

参赛单位：武汉大学
参赛人员：魏　颖　陶柯宇　何　鹏
指导老师：胡思润

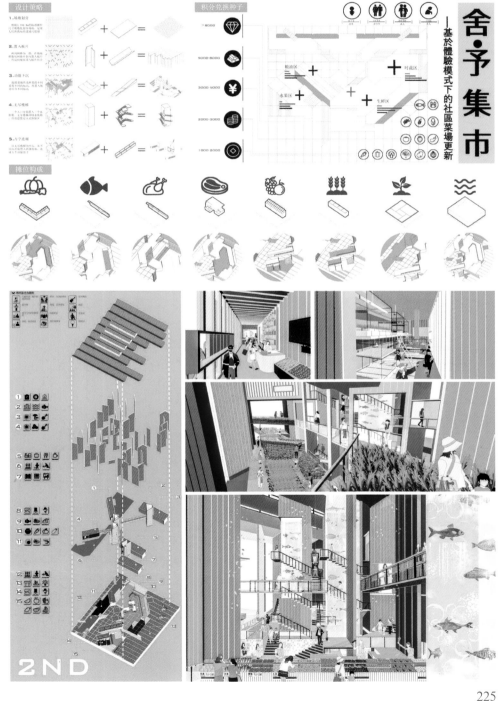

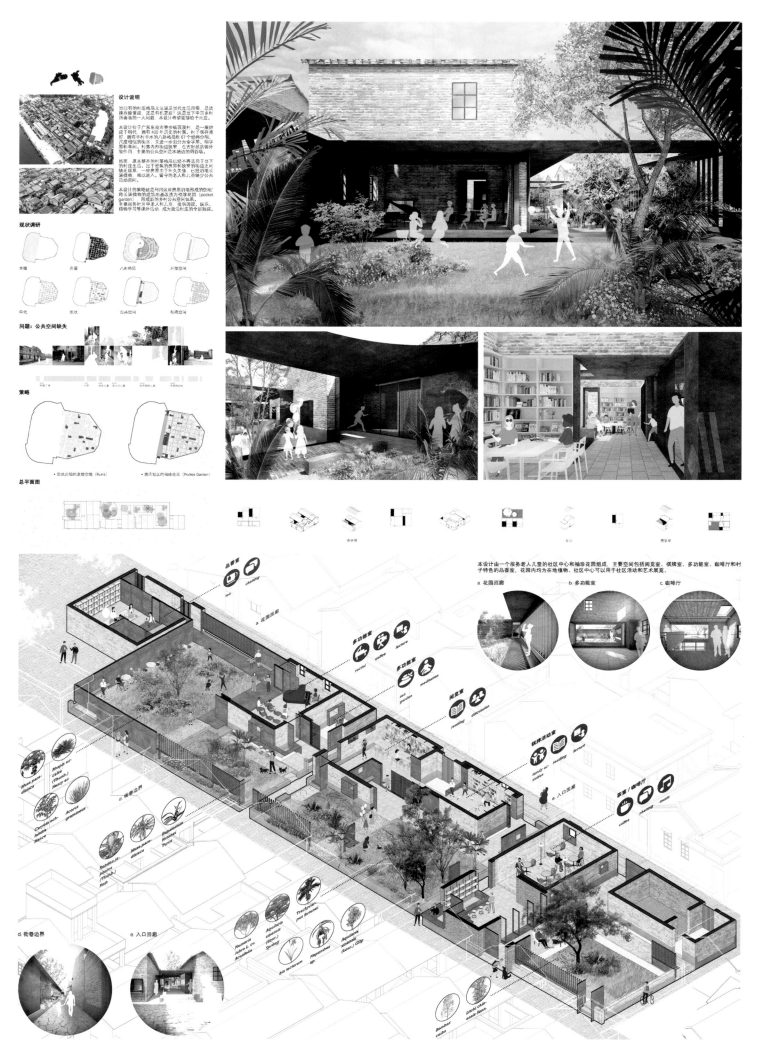

設計說明

現状調研

問題：公共空間缺失

策略
• 点状分布的废墟空地（Ruins）
• 激活社区的袖珍花園（Pocket Garden）

總平面圖

品香室
多功能室
多功能室
閲覧室
棋牌活動室
茶室/咖啡廳

a. 花園回廊
b. 多功能室
c. 咖啡廳

d. 街巷边界
e. 入口回廊

乡村复乐园

参赛单位：清华大学
参赛人员：杨恒源
指导老师：王　路

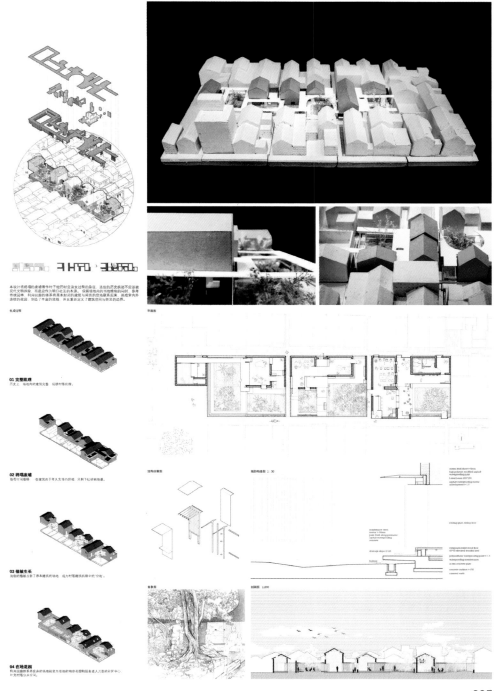

本设计将祠堂的废墟看作了岁历时空演变过程中的容器，还给的历史痕迹不应该被现代文物所取代，而是应作为明口社区的本底。保留场地内向的地境格局的同时，参考传统园林，利用出新的建系将原本封闭的建筑与闲散的空地连系起来，进而室内外连续的动迹，划破了平直的虚线，并且重新定义了建筑空间与街道的边界。

生成过程

平面图

01 完整肌理
历史上，场地内的建筑很完整，延续村落肌理。

02 坍塌废墟
随着时间流逝，老建筑由于年久失修内的纷坍，只剩下红砖和地基。

结构分解图

细部构造图 1:30

03 植被生长
废墟的坍塌占据了原本建筑的场地，成为村落建筑肌理中的空地。

意象图

剖面图 1:200

04 在地老园
利用已经存在的场地将坍地转变为连续的开放空间和老人互助式的村庄社区中心和文村落公共空间。

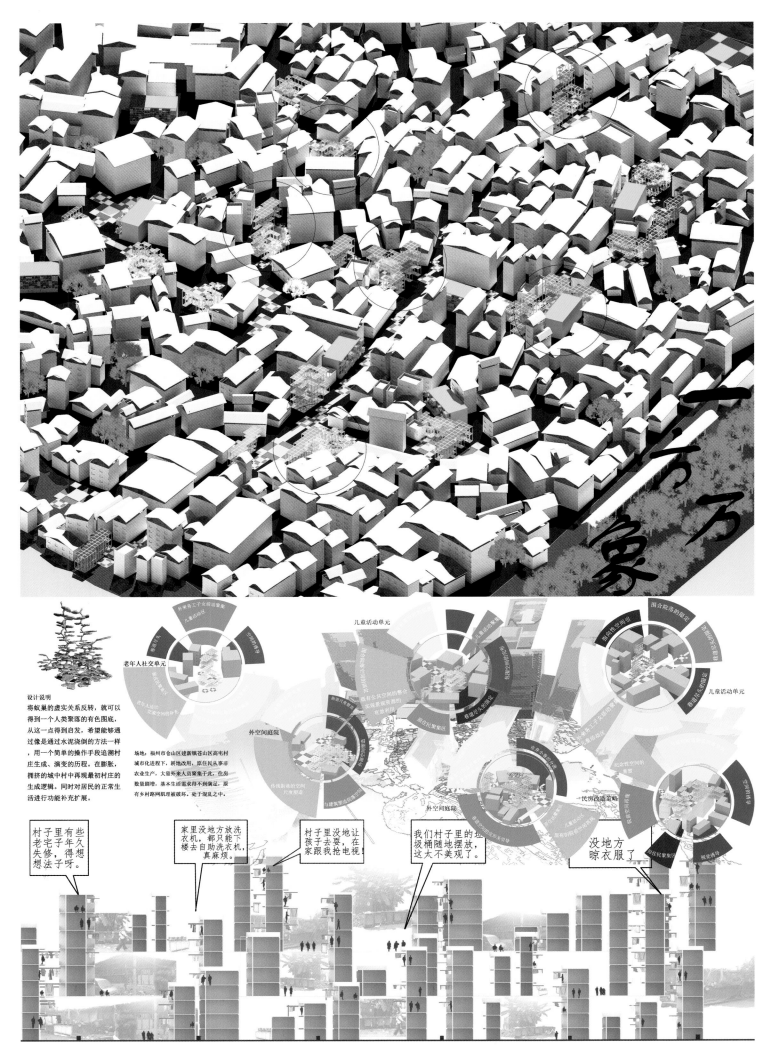

设计说明

将蚁巢的虚实关系反转，就可以得到一个人类聚落的有色图底，从这一点得到启发，希望能够通过像是通过水泥浇倒的方法一样，用一个简单的操作手段去追溯村庄生成、演变的历程。在膨胀、拥挤的城中村中再现最初村庄的生成逻辑。同时对居民的正常生活进行功能补充扩展。

场地：福州市仓山区建新镇苍山区高宅村城市化进程下，耕地改用，原住民从事非农业生产，大量外来人员聚集于此，住房数量剧增，基本生活需求得不到满足，原有乡村路网肌理被破坏。处于混乱之中。

儿童活动单元

外空间庭院

外空间庭院

老年人社交单元

外来务工子女活动聚集

儿童活动区

空间的体育

围合院落的限定

儿童活动单元

村子里有些老宅子年久失修，得想想法子呀。

家里没地方放洗衣机，都只能下楼去自助洗衣机，真麻烦。

村子里没地让孩子去耍，在家跟我抢电视。

我们村子里的垃圾桶随地摆放，这太不美观了。

没地方晾衣服了

一方万象
—— 福建省福州市高宅村模块化激活改造

参赛单位：福建工程学院
参赛人员：张子裕　张　炜　邹昱钤　林毅锋
指导老师：刘华杰　陈永乐

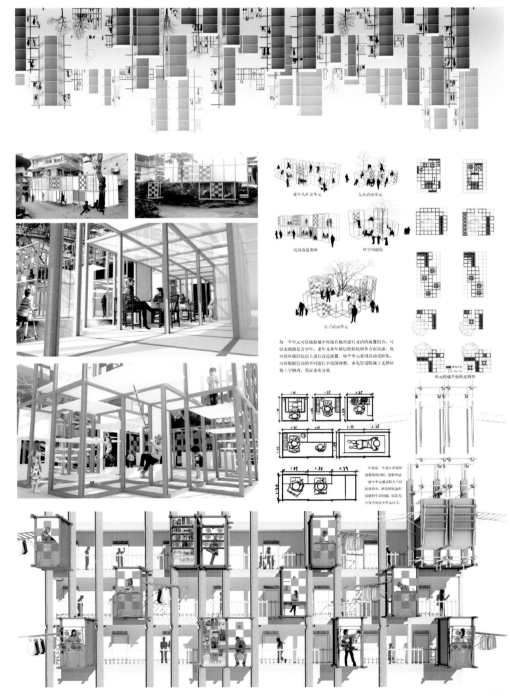

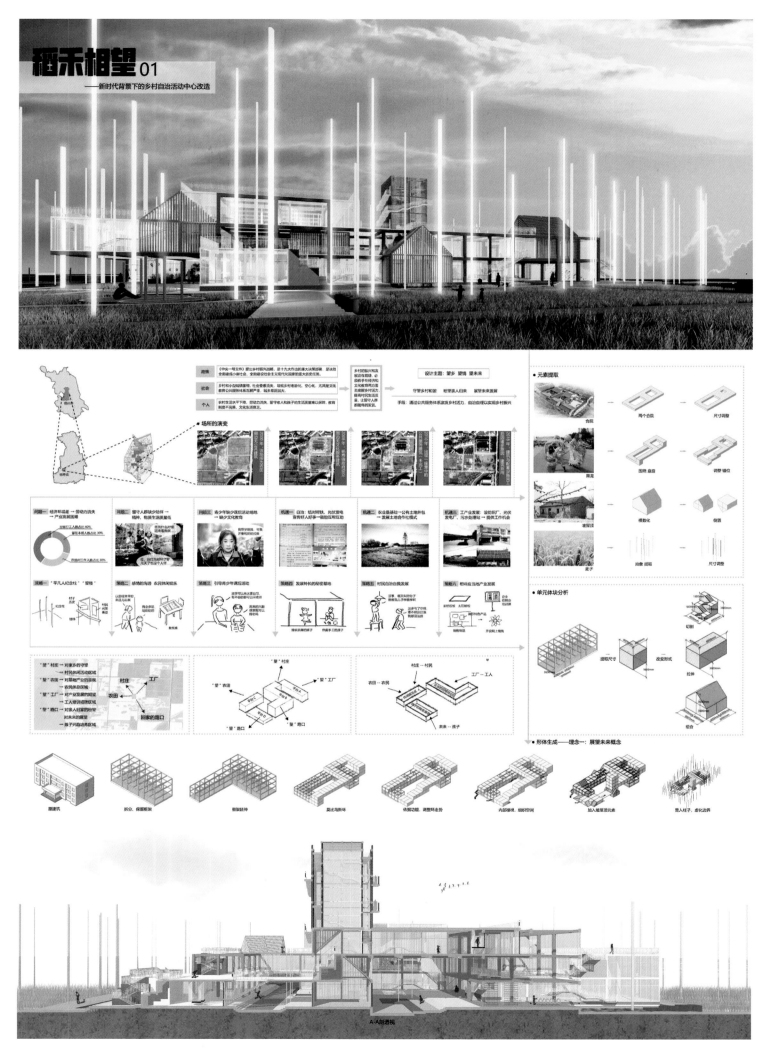

稻禾相望

参赛单位：扬州大学
参赛人员：仇佳豪　金宇婷　马沈君　乔梦丽
指导老师：吕　凯

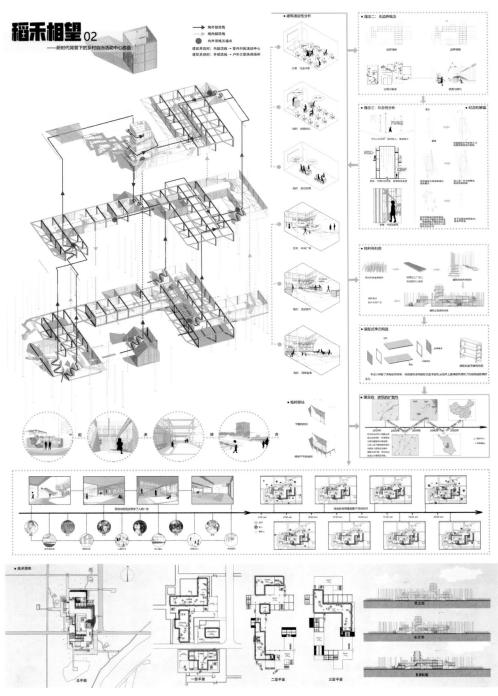

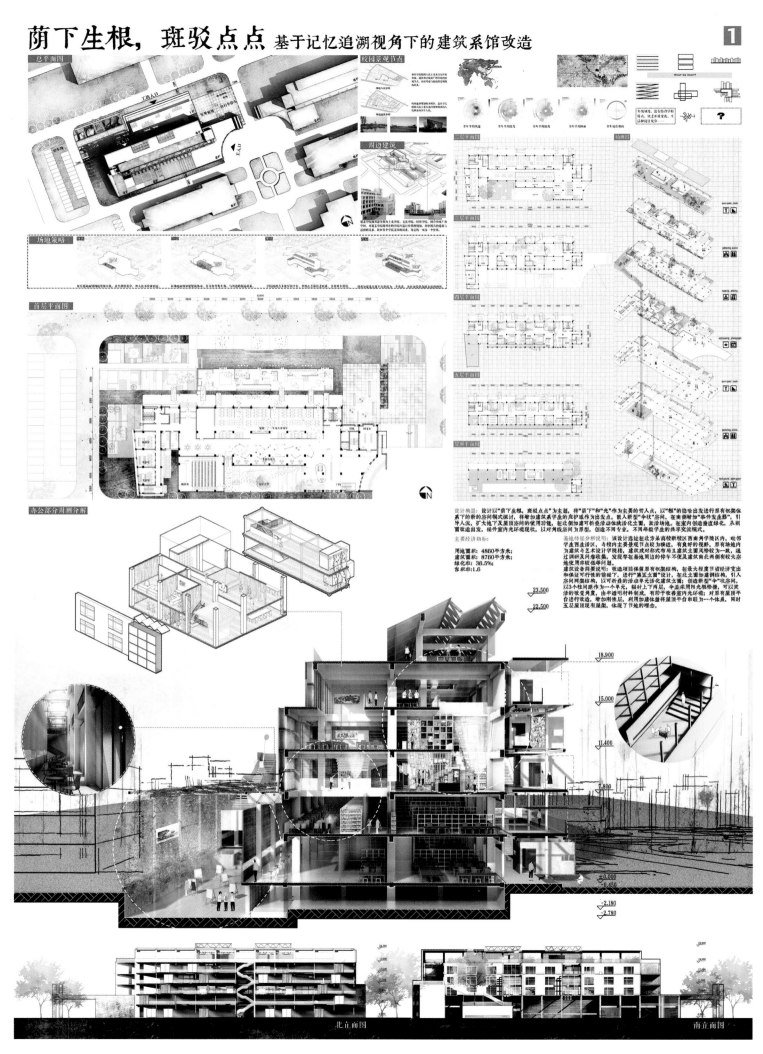

荫下生根，斑斑点点
基于记忆追溯视角下的建筑系馆改造

参赛单位：天津大学
参赛人员：周子涵　王飞雪
指导老师：辛善超　朱　丽

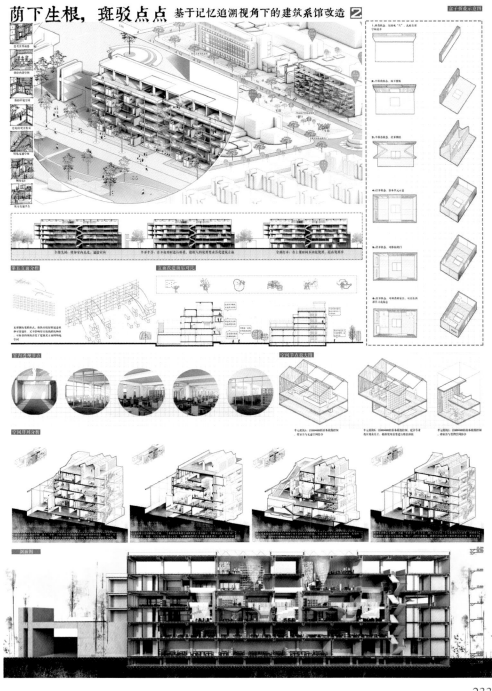

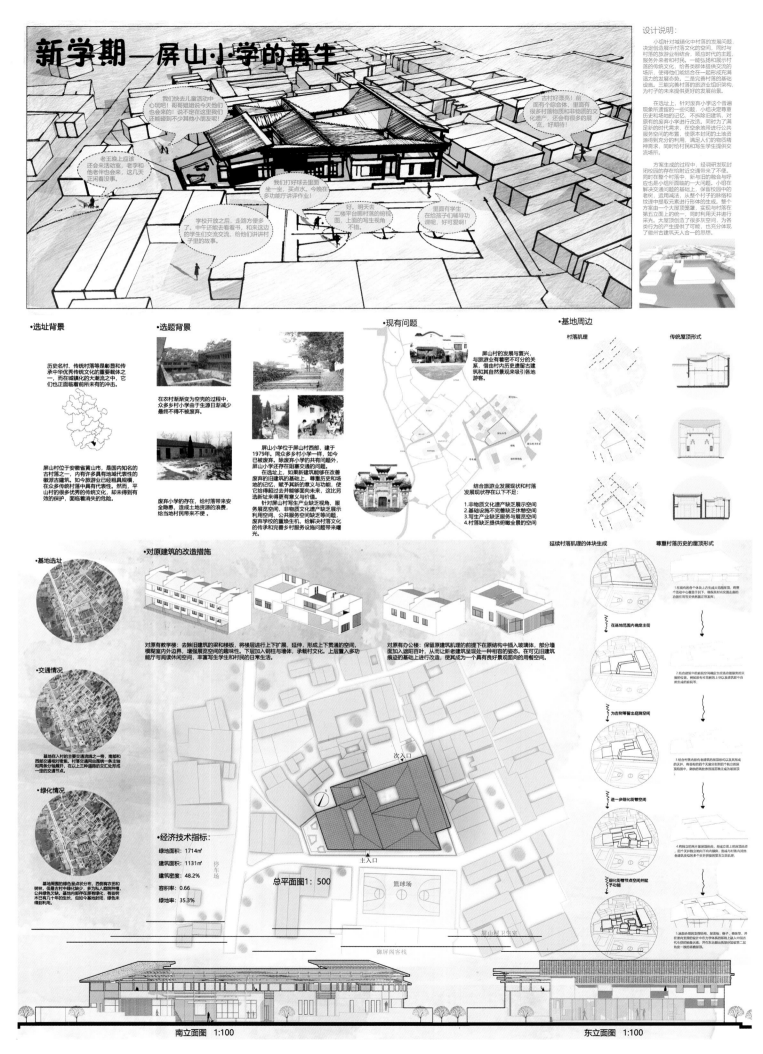

新学期—屏山小学的再生

设计说明：

小组针对城镇化中村落的发展问题决定创造展示村落文化的空间，同时与村落的旅游业相结合，顺应时代的主题，服务于未来者和村民。一能弘扬和展示村落的传统文化，给各类群体提供交流的场所，使得他们能结合在一起形成充满活力的发展态势。二能完善村落的基础设施。三能完善村落的旅游业组织架构，为村子的未来提供更好的发展前景。

在选址上，针对废弃小学这个普遍现象所遗留的一些问题，小组决定尊重历史和村落的记忆，不拆除旧建筑，对原有的废弃村落进行交流。同时为了满足和时代要求，不在余地带进行公共服务空间的布置，使原未封闭的土地资源得到充分的利用，满足人们的物质精神需求，同时给村民和学生提供交流场所。

方案生成的过程中，经调研发现封闭校园的存在给附近交通带来了不便，同时是小组所面临的一大问题，新与旧的融合与呼应也是小组所面临的一大问题，保留灰空间的老树，运用减法，从基个村子的旅途路和纹理中提取元素进行整体的生成。整个方案由一个大屋顶笼罩，实现村落在第五立面上的统一。大屋顶创造了很多灰空间，为各类行为的产生提供了可能，也充分体现了徽州古建筑天人合一的思想。

• 选址背景

历史名村、传统村落等是彰显和传承中华优秀传统文化的重要载体之一，而在城镇化的大潮流之中，它们也正面临着前所未有的冲击。

屏山村位于安徽省黄山市，是国内知名的古村落之一，内有许多具有地域代表性的徽派古建筑。如今旅游业已经粗具规模，在众多传统村落中具有代表性。然而，屏山村的很多优秀的传统文化，却未得到有效的保护，面临着消失的危险。

• 选题背景

在农村渐渐变为空壳的过程中，众多乡村小学由于生源日渐减少最终不得不被废弃。

废弃小学的存在，给村落带来安全隐患，造成土地资源的浪费，给当地村民带来不便。

屏山小学位于屏山村西部，建于1979年，同众多乡村小学一样，如今已被废弃。除废弃小学的共有问题外，屏山小学还存在阻塞交通的问题。

在选址上，如果新建筑能够在改善废弃的旧建筑的基础上，尊重历史和场地的记忆，赋予其新的意义与功能，使它给唤起过去并能够面向未来，这比另选新址来得更有意义与价值。

针对屏山村落产业缺乏视角、服务展览空间、非物质文化遗产缺乏展示利用空间、公共服务空间缺乏等问题，废弃学校的重建生机，给解决村落文化的传承和完善乡村服务设施问题带来曙光。

现有问题

屏山村的发展与复兴，与旅游业有着密不可分的关系，借由村内历史遗留古建筑和其自然景观来吸引各地游客。

结合旅游业发展现状和村落发展现状存在以下不足：
1. 非物质文化遗产缺乏展示空间
2. 基础设施不完善缺乏休憩空间
3. 写生产业缺乏服务与展览空间
4. 村落缺乏提供俯瞰全景的空间

• 基地周边

村落肌理　传统屋顶形式

延续村落肌理的体块生成　尊重村落历史的屋顶形式

• 基地选址

• 交通情况

基地在入村的主要交通流线之一旁，南部和西部交通相对密集，村落交通由由街巷一承上起和两条分轴展开，在以上三种道路的交汇处形成一定的交通节点。

• 绿化情况

基地周围的绿色呈点状分布，西侧有农田和树林，但是古村中绿化较少，多为私人或集体的公共绿色空间。基地内部存在茂密绿化，有些树木已有几十年的生长，但如今基地绿化，绿色未得到利用。

• 对原建筑的改造措施

对原有教学楼：去除旧建筑的梁和楼板，将楼层进行上下扩展、延伸，形成上下贯通的空间，模糊室内外边界，增强展览空间的趣味性。下层加入钢柱与墙体，承载村文化。上层置入多功能厅与阅读休闲空间，丰富写生学生和村民的日常生活。

对原有办公楼：保留原建筑肌理的前提下在原结构中插入玻璃体，部分墙面加入遮阳百叶，从而让新老建筑呈现为一种相容的姿态。在可见旧建筑痕迹的基础上改造，使其成为一个具有良好景观面向的用餐空间。

• 经济技术指标：

绿地面积：1714㎡
建筑面积：1131㎡
建筑密度：48.2%
容积率：0.66
绿地率：35.3%

总平面图1：500

次入口
主入口
停车场
篮球场
屏山村卫生室
御屏阁客栈

南立面图 1:100　　　　东立面图 1:100

新学期
—— 屏山小学的再生

参赛单位：合肥工业大学
参赛人员：陆文昌　叶翔宇　成　碉
指导老师：刘　阳

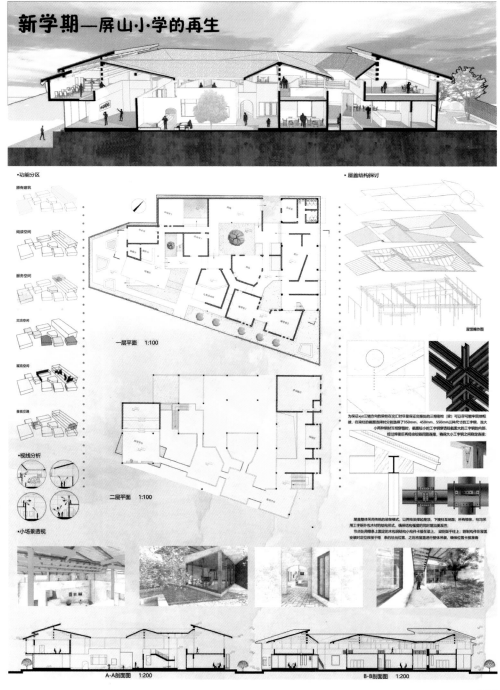

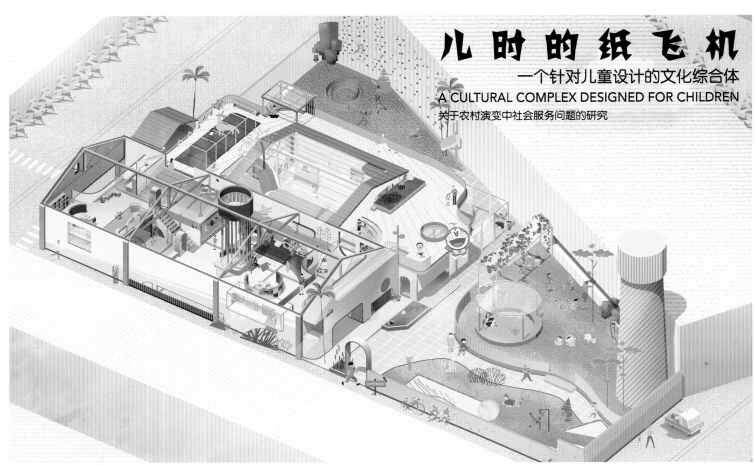

儿时的纸飞机

一个针对儿童设计的文化综合体
A CULTURAL COMPLEX DESIGNED FOR CHILDREN

关于农村演变中社会服务问题的研究

基地定位 Base positioning
山东省济南市南辛庄西路 济南大学附属小学附近

济南城市发展 Jinan City Development

1990s　　2000s　　2010s

对比分析 Comparative analysis

资源缺乏地区儿童　下课后孩子们只能回到家自行做作业，直到休息后又是重复的一天。

城市儿童　在课余时间到书店阅读、到美术馆以及博物馆提高自己，也可以在青少年活动中心与伙伴们完成"聚集性体验"。

设计思考 Design thinking

教育和文化资源的分配不均衡，导致农村和城市儿童接受新事物和拥有丰富多彩的课余时间的机会变少。为了改善这一状况，我们思考有没有可能重新利用现在被闲置或废弃的建筑和场地重新给儿童建出一个属于他们快乐成长和获取知识的"营养"乐园。让他们拥有相对平等的接受外面事物的机会。从而激发场地对青少年的活力和好奇心，让青少年更好的成长！

基地分析 Base analysis

基地位于济南市市中区济南大学附属小学附近的胡同内，周边被居住区和小学校园环绕，居住区建筑类型多为上个世纪陈旧居民楼和院落，这里在城市发展的过程中仿佛被遗忘。这里的常住人群多为老年人和儿童，儿童在课后既疲以及对知识的渴求和探索中，给老年人造成了一定的压力，而这个区域则没有为儿童和看护人服务的公共文化空间。所以，这个区域的孩子很难像城市中的孩子一样，在课余拥有能够提高自己综合素质的场所和机会。

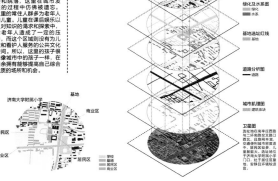

周边建筑功能图

绿化及水系图
　绿化
　水系

基地选址红线
　基地

道路分析图
　道路

城市肌理图
　建筑体块

卫星图

选址位于南辛庄西路与二环南路交叉路口西北，且临两车道交通要道的转角处，属周边居民于济南大学附属小学之间，处于链接居民楼、道路与自然环境枢纽之口。

基地现状 Base Status
基地场景实拍图（改造建筑及周围环境以及人流主体）

公共服务及教育场所匮乏　　场地失去活力
破旧居民楼　水塔
居民院落　改造厂房　居民小区
街巷　厂房侧面　多儿童和老年人　放学的孩子　接孩子的家长

活动分析 Activity analysis

| 软床 | 沙坑 | 玩偶 | 木马 | 攀爬 | 绘画 | 自然游乐 | 手工 | 实验探索 | 阅读 | 欣赏 | 兴趣课 | 电影视频 | 运动 | 种植体验 |

| 1—3岁 | 4—6岁 | 7—10岁 | 11—14岁 |

一到三岁的孩子属于婴幼儿期，在父母的陪伴下一起进行一些益智游戏，也可以和母亲重新给儿童建出一个属于自己兴趣的根据，渴望探索周围的世界。

4-6岁的孩子最重要的特点是有了自主意识，并且这个阶段的孩子好奇心强，对自己感兴趣的知识非常自觉地去吸纳。

孩子接受知识和培养自信的关键时期。心智逐步成熟，求知欲也越来越强，对自己感兴趣的知识非常自觉地去吸纳。

这个时期的孩子是身体成长的重要阶段期，需要多运动，可以和朋友一起踢球娱乐，也可以加强对大自然的探索，参加种植体验活动。

元素提取 Extraction element

根据对周边建筑形式以及厂房自身形式结构进行归纳提取元素，并且发现与儿童喜欢的积木元素相似。我们把归纳后的元素与积木的元素相结合。将这些元素的形式重新改造并重新规划建筑的形式以及室内的空间，使整个空间的结构和形式既保留了周围建筑的特色，又能吸引孩子，使建筑更加的有趣和灵动。打造一个真正属于孩子们的空间，让其更加受到孩子们的喜爱。

形体生成 Shape generation

Step 1 现有体块　　Step 2 结构调整　　Step 3 空间划分　　Step 4 空间结构细化　　Step 5 室内布置

漫步空间　阅读空间　休闲空间　展览空间　绘画空间　漫步空间　院落空间

儿时的纸飞机
一个针对儿童设计的文化综合体

参赛单位：齐鲁工业大学
参赛人员：孙振鑫　杨程程　刘继鹏
指导老师：邓　琛

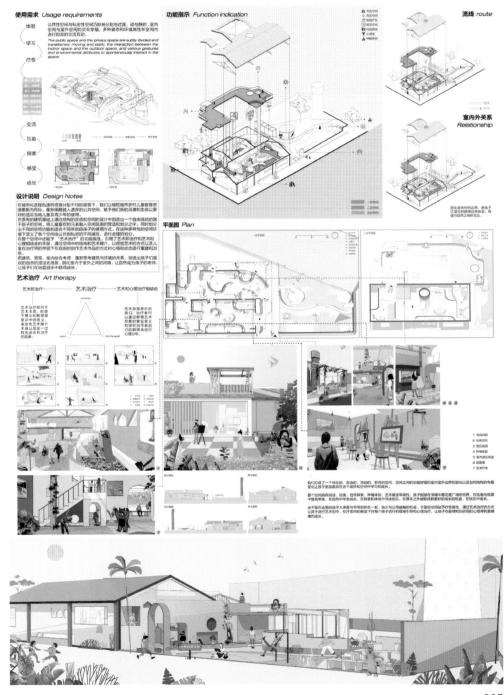

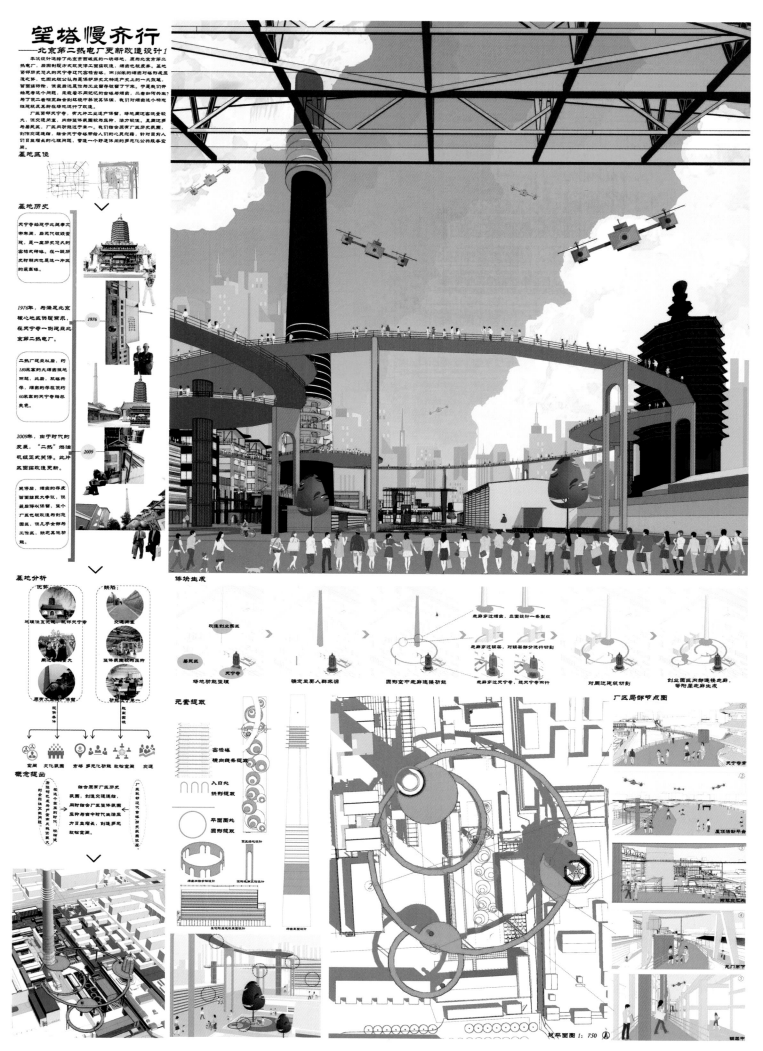

望塔慢齐行
——北京第二热电厂更新改造设计 1

本次设计选择了北京京西城区的一块塔地，原为北京京第二热电厂。厂区内保存多处较古老工业遗存比较，塔内以较改善。基地紧邻历史悠久的天宁寺辽代密檐式古塔，而180米的烟囱对塔形成压迫之势，也因此较公认为是场护历史文博文物遗产史上的一大败笔，留留憾师憾。但是最近是如作为工业留存被留了下来。于是我们界始思考这个问题，是此些都不同纪忆的古塔与烟囱，二者如何的生？为了使二者更融合到旧统经较中体较某某该该，我们对烟囱这个标志性及其所在塔地进行了改造。

厂区紧邻天宁寺，齐大并工业遗产博留，塔比展览客况量较大，交交道道通，内部整体氛围较压迫，活力较较。是是道该多于居民。厂区内部较通于单一。我们们合展有厂区历史氛围，打这交通通路，综合天宁寺塔等除人们的较心足代感，针对现着人们日益增长的当代感问题，管造一个舒适休闲的多元化公共服务空间。

基地区位

基地历史

天宁寺始建于北延燕京北寿式帝帝周，后元代较较改变，是一座历史悠久的密檐式神塔，在一段历史时期内也是这一片区的最高标。

1976
1976年，为满足北京核心地区供暖需求，在天宁寺一街建立北京第二热电厂。

二热厂建立以后，约180米高的大烟囱拔地而起，此后，就较存在了设的60米高的天宁寺塔的关系。

2009
2009年，由于时代的发展，"二热"燃油机组正式关停。此片区面临改造更新。

关停后，烟囱的高度留置超较大学议，但拆拆较则以留留，整个厂区也较较较为对造图段，但几乎全部为工作区，缺起某他能范。

基地分析

优势	缺陷

地理位置优势，较邻天宁寺 — 交通满通

周遭景较大 — 整体氛围较压迫

原有工业遗存 — 活力较较

概念提出

体块生成

塔内功能重理 → 锁定主要人群来源 → 圆形空中走廊连接功能 → 走廊穿过天宁寺，延天宁寺而行 → 对周边建筑切割 → 对业园区内部连接走廊等附属走廊生成

元素提取

密檐塔 横向线条提取

入口处 拱形提取

平面图处 圆形提取

厂区局部节点图

望塔慢齐行

参赛单位：北京交通大学

参赛人员：孟凡瑜　邱丽君

指导老师：石克辉

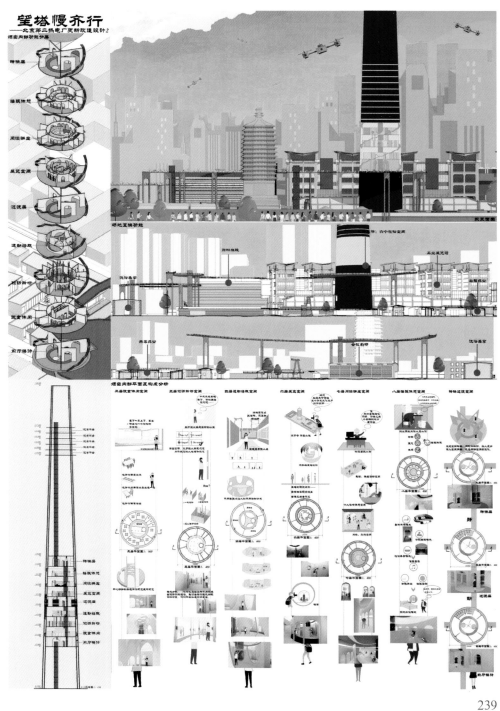

中渡麻将馆
MAHJONG HOUSE

—— 传统村镇节点演变更新改造

农村空心化 RURAL SETTLEMENT HOLLOWIZATION

人口组成 DEMOGRAPHIC

设计说明

中渡镇位于广西省柳州市鹿寨县，地处广西东北部，位于广西著名旅游景点柳州市、桂林和阳朔的中心地带，周边有着丰富的旅游资源，但大多数集中在以上三市。中渡镇与重要旅游景点的距离和位置关系导致其较难成为省际旅游目的地，其旅游资源的开发可以更多的考虑本地短途休闲旅游类型。

中渡镇青年劳动力外流较为严重，古镇居住的居民大多数以老年人和留守的儿童为主。

本地气候冬凉夏热，气候变化大，对建筑的热舒适性能提出了较高的要求。同时广西本地山地众多的地貌导致雨雾天气多发，建筑室内通风防潮显得尤为重要。

改造建筑为旧时名人故居，现在已经被临时改造成为活动用房。建筑实现从私有住宅到公共建筑的转变，从功能、流线、形制上均需要进行思考与转变。最初按照普通乡村建筑改造思路，计划设计老人之家＋儿童活动中心＋图书馆＋放电影的复合功能。但是结合农村实际情况教育水平和娱乐方式，最终依做一个非常接地气的麻将馆。西南地区的麻将不仅仅是一种娱乐活动，同时也是一个打破了熟人交友圈，打破了社会阶层、年龄阶层的社交活动载体。人会在打麻将的时候闲聊、增进感情、交换利益、揣摩人心，事实上是一个非常丰富，非常有活力而且兼合的活动类型。因此以这样的接地气的功能反而能够更好的承载起"社区中心"、"老年中心"这样的期待。

古镇水运时期

古镇空心化时期

古镇未来发展

院落原本为本地乡绅钟秀杰的居所，原本为相连的若干院落。为本地较大的四合住宅，现有留存的故居仅为原本院落的最东侧一进，带有花园和连扁。

古镇空心化后，作为文保建筑的钟秀杰故居被改造作为了乡镇的活动中心。但由于活动频率不高、设施缺乏等原因，较少开门实际服务，处于有名无实的公共建筑状态。

考虑到古镇未来的人口构成特点和发展方向，考虑通过加建部分建筑以及提供未来发展的框架的方式，布置以麻将为载体的本地社区居民活动中心。

WATER TOURIST FLOW
AUTOMOBILE ROUTE
MAIN TOURIST FLOW
SECONDARY TOURIST FLOW
ATTRACTION POINT

古镇未来发展方向
FOREGROUND OF DEVELOPMENT

以旅游业、马拉松比赛等带动的古镇特色活动、当地民俗体验、景点游玩纪念。

活动模式 ACTIVITY MODELS

传统农村以街头街尾、各家门口形成的无序、散落的公共活动空间。

村镇活动室的改造，门口麻将桌——公共麻将馆，凝集性、标志性。

总平面图 1:500　SITE PLAN SCALE 1:500

一层平面图 1:200
GROUND FLOOR PLAN SCALE 1:200

二层平面图 1:200
SECOND FLOOR PLAN SCALE 1:200

一层屋架平面图 1:200
GROUND FLOOR CEILING SCALE 1:200

二层屋架平面图 1:200
SECOND FLOOR CEILING SCALE 1:200

东立面图 1:200
EAST ELEVATION SCALE 1:200

C-C 剖面图 1:200
C-C SECTION SCALE 1:200

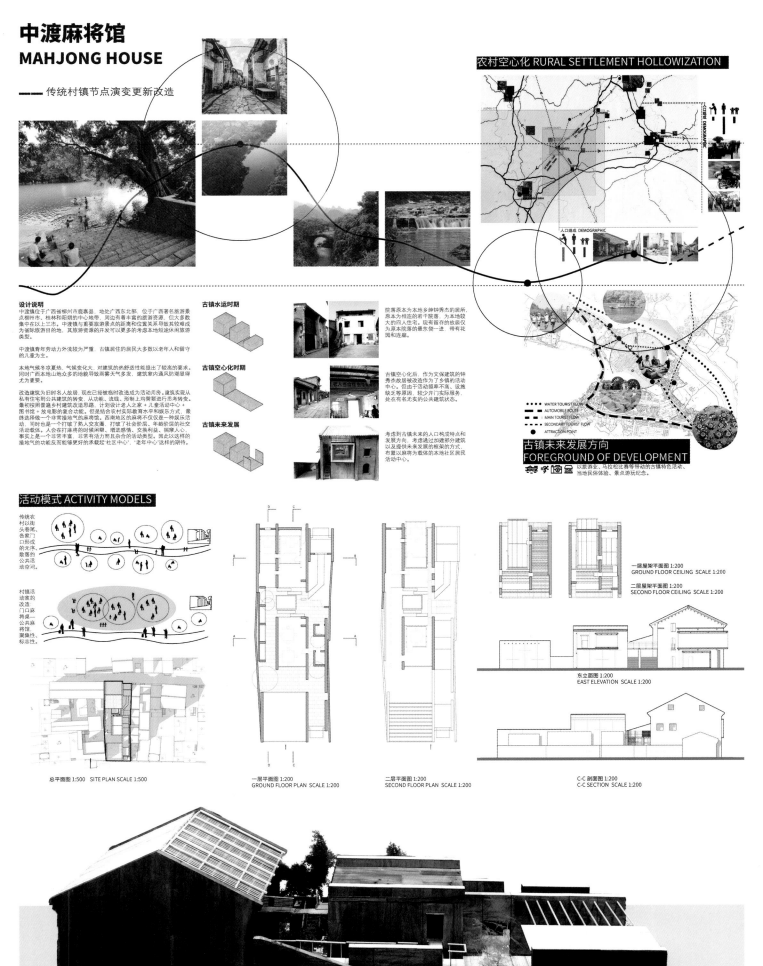

中渡麻将馆
—— 传统村镇节点演变更新改造

参赛单位：清华大学
参赛人员：冉　展　李榕榕
指导老师：宋晔皓

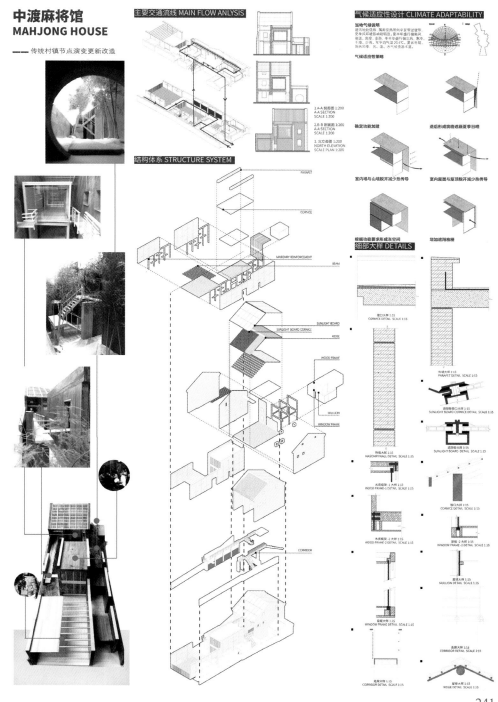

旧轨重源

铁轨上的移动文化城

Space and time of place

Country space

Urban space

Time

Urban-rural disparity
Urbanization level
Urban-rural income ratio

1950　1960　1970　1980　1990　2000　2010　2020　FUTURE

Background Introduction

Jiaozuo is rich in ancient mineral resources. After the Opium War in 1840, imperialism extended its claws here. In 1896, the Italian pastor Luo Shadi explored coal in the three provinces of Henan, Shanxi and Shanxi on the grounds of investigating the economic situation in China after the Sino-Japanese War.

The Daoqing Railway began construction in 1902 and began trial operation in 1906. It was opened to traffic in March 1907, across the junxian, huaxian, weihui, Xinxiang, huojia, jiaozuo and boai counties, with a total length of 150.446 km .

junxian
huaxian
weihui
huojia
xinxiang
boai
jiaozuo

Description of design

随着城镇化的进一步加剧，乡村与城市在各个方面的差距逐步拉大，尤其在四、五线城市，城乡差距十分明显。设计方案选址于河南焦作，曾经的煤炭产业使这座城市有着众多工业遗产，其中包括用于煤炭运输的废弃铁轨。铁轨像是血脉一般延伸至城市深处，延续了一座城市的生命轨迹，方案也在铁轨上应运而生。设计灵感来源于穿梭城市和农村之间的火车，火车承载着一代又一代人的梦想，通过"会移动的建筑"重新连接起城市和乡村，找寻失落的文化记忆，构建新时代下的公共文化服务设施。

城乡文化差异是本次设计的出发点，会移动的VR体验室、会移动的图书室、会移动的健身房……，让村民享受到城市的文化服务，进而促进城乡交流。城市亦可以通过往返于城乡的建筑体验到不同于城市的乡村风情，感受到浓厚的乡土气息。从煤炭运输到合理利用，铁轨完成了华丽逆转，再次承担城市文化血脉的功升。建筑也从变与不变间找到了平衡，在移动中呈现收缩状况，在目的地建筑可以通过推拉呈现群展状态。建筑通过体量变化，体块组合，营造出一种亲切之感。

在未来，通过越来越多的"可移动的建筑"，铁轨会变成一座小型的移动文化城，串联起乡村与城市的点滴回忆，不断诠释着的场所的时空变化和建筑的演进。

历史发展

The railway line began construction in 1902 and spanned seven counties in 1906, with a total length of 150 kilometers.

In 1926, qinghua (now Boai) was 13 kilometers from west to Chenzhuang. In 1938, it was opened to traffic from the crossing to the east to Chuwang for 66 kilometers.

During the Anti-Japanese War, the 5-kilometer route was completed from Chenzhuang to Huaiqing. At this point, the Daoqing Railway has a total length of 236 kilometers.

1902　1906　1926　1938　1945　2019

Coal mines have brought a lot of vitality to Jiaozuo. With the development of the economy, coal mines have become less and less, and railways have been abandoned. Today, how to wake up the railway's memory needs to be resolved.

Evolution of Architecture

火车作为一种交通工具串联起来不同的地点和人群，在某种程度上实现了城乡的文化交流

铁轨上承托着公共交通，在它废弃后，其锈迹斑驳的轨道仍然联络着不同地区，具有场所的记忆和无边界的公共性

传统的公共建筑多具有纪念性与永恒性，体现于不同地区的不同风格；改变建筑静止的性质转而便其在不同文化的空间中流动，何不是建筑的演变乃至升华？

COUNTRY　URBAN

COUNTRY　URBAN

行进中/收起

到站/伸展

SITE TO SITE

COUNTRY OR URBAN

发展
车厢
演变
功能块
行进中的建筑
发展
功能块
演变
单轨道静止展开
演变
多轨道静止展开
FUTURE?

□ 火车旧铁轨---新生
火车铁轨横跨城市和乡村，从人口密集区域到达人口稀疏区域。通过可移动的建筑，铁轨完成了角色的转换和新生。

□ 城市肌理---界面空间
城市肌理被两条城市道路分隔，城市和农村也因此区别开来，废弃的火车轨道横跨城市与乡村。

□ 城市功能---建筑类型
城市建筑类型复杂，分布集中，乡村建筑多以居住为主，分布零散。

□ 城市路网---街道
除了两条主要城市道路，其他的道路支路破碎，无法连接城市与乡村，可达性和通透性较差。

河南
焦作

废弃的旧铁轨
建筑
绿地
道路
水系

site-plan

Perspective of section

旧轨重源
—— 铁路上的移动文化城

参赛单位：河南理工大学
参赛人员：亓宣雯　孙明华　虞邵聪　朱辰浩
指导老师：王　璐　李海栋

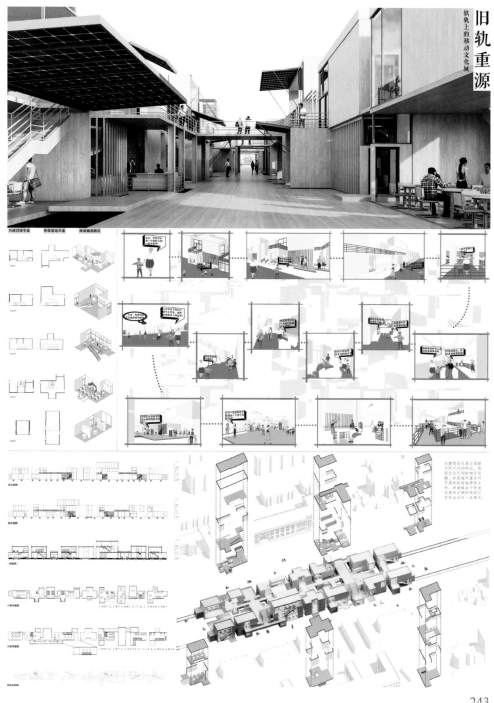

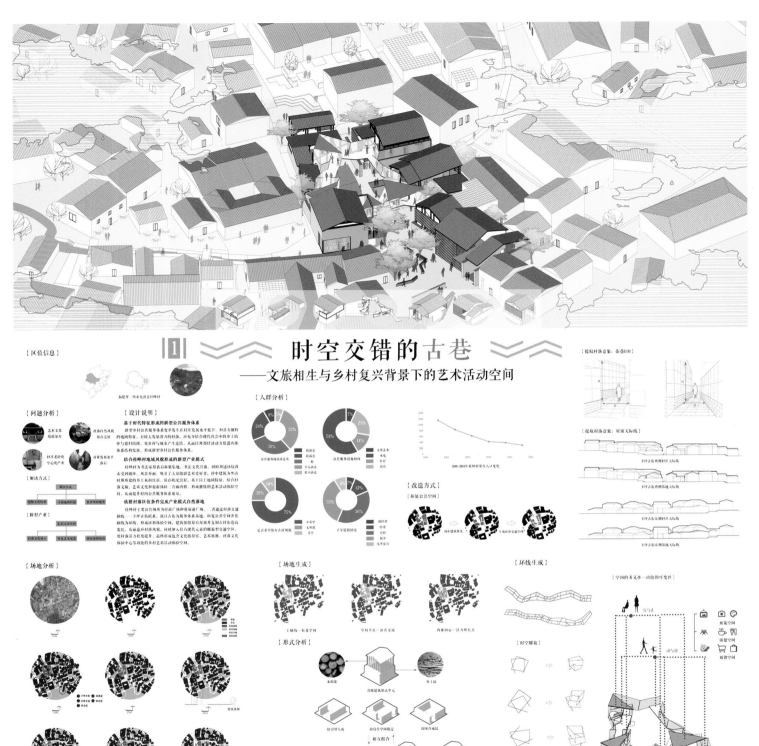

时空交错的古巷

——文旅相生与乡村复兴背景下的艺术活动空间

【区位信息】

拟建省三明市尤溪县桂峰村

【提取村落意象：街巷D/H】

【提取村落意象：屋顶天际线】

下坪古街西侧村用天际线

下坪古街西侧基地天际线

下坪古街东侧村用天际线

下坪古街东侧基地天际线

【问题分析】
艺术文化底蕴深厚
村庄自然风貌保存完好
村庄老龄化空心化严重
商业发展水平落后

【解决方式】
解决方式：保存文化底蕴　寻找地域特色　改善商业服务

【新型产业】
艺术活动空间
村落文化展厅　特色艺术集景　商业销售空间

【设计说明】

基于时代特征形成的新型公共服务体系

结合桂峰村地域风貌形成的新型产业模式

依据村落区位条件完成产业模式自然落地

【人群分析】

1998-2018年桂峰村常住人口变化

【改造方式】
拓展公共空间

【场地分析】

村民体闲　空心户　商业经营　祭祖文教

【场地生成】
主轴线—街巷空间　空间节点—公共交流　内聚向心—活力增长点

【形式分析】
木构架案　当地建筑形式单元　乡土墙

结合作空间限定　结合围合成院

相互组合
单层松紧空间　单层开放空间　上层大空间下层松紧空间　上层松紧空间下层架空

【环线生成】

【空间的多义性—功能的可变性】
展示空间　需销空间　展销空间

【时空螺旋】

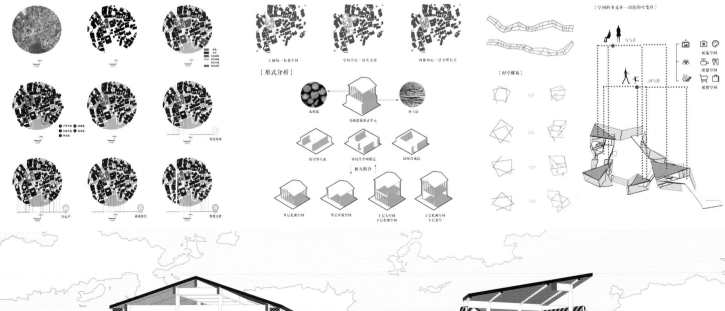

时空交错的古巷
—— 文旅相生与乡村复兴背景下的艺术活动空间

参赛单位：合肥工业大学

参赛人员：李　鹿　王若莳　田瑜帆

指导老师：潘　榕

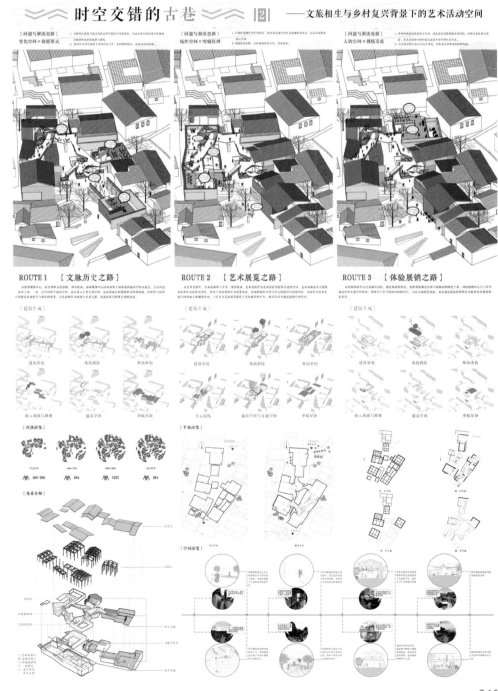

时代·未来

设计说明

当今时代，菜市场，这一原本地理位置优越、为居民带来便利、又充盈着浓厚市井文化的建筑如今却备受冷漠。本设计针对老菜场问题，选址于西安市建国路菜市场，名为"市井·时境"，旨在通过以菜市场为载体与社区文化活动中心的建设在保留菜市场基本功能、为居民提供生活便利的同时，传承市井文化，满足人民日益增长的美好生活需求。为充分利用、解决菜市场与社区文化活动中心这两种不同的建筑形式在同一场地的融合问题，本方案提出"时境"，方案利用买菜与文化活动不同活动之间的时间差，不同时间段发挥不同场地的作用，合理分散人流、丰富建筑空间，为社区居民及周边居民在不同时间提供不同的文化体验。

最后，本设计希望以活动时间差为入手点，以此探索出一种旧建筑与新文化共存的建筑设计模式，为新时代丰富人民文化生活探索出一条新道路。

——以菜市场为载体的社区文化活动中心建设模式探索2-1

问题提出

随着中国经济高速发展，人们将生活重心从物质需求转移到精神需求上，日常文化活动成为人们生活的主流，文化活动的发展蒸蒸日上，但是也存在着很多问题等待解决。

活动场地缺失　活动场地冲突　活动种类单一　设施损坏严重

市场人流密集　车辆停放混乱　卫生状况堪忧　内部封闭昏暗

区位分析

历史沿革

文化氛围

场地现状与问题分析

人口构成

人口比例　　年龄构成

场地文化现状与文化活动诉求

概念生成

时间分析

场地功能分区　场地流线分析

场地时间人口密度分析

5:00-7:00
7:00-12:00
12:00-16:00
16:00-19:00
19:00以后

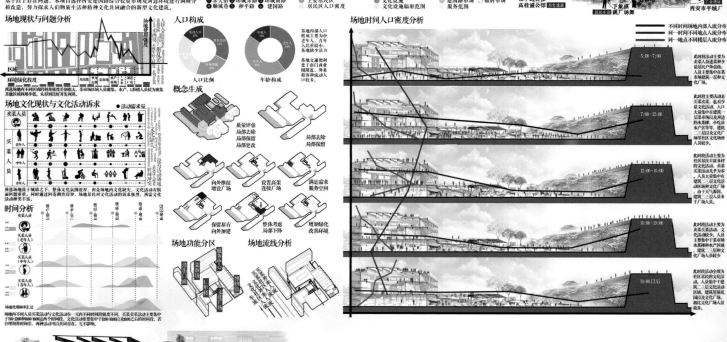

菜市场与社区活动中心　　游击神位　　博物馆空间　　文化广场空间　　道路　　城墙

剖透视图

市井・时境
—— 以菜市场为载体的社区文化活动中心建设模式探索

参赛单位：长安大学
参赛人员：曹晓怡　史聪怡　王　欢
指导老师：张　琳

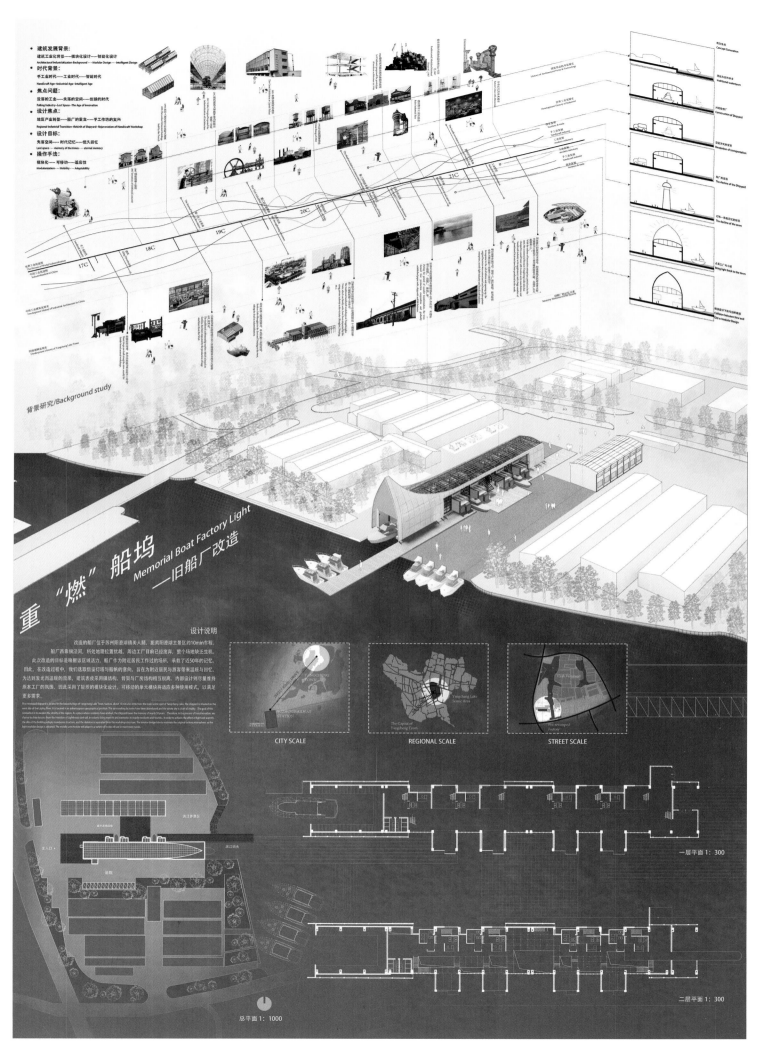

建筑发展背景：
建筑工业化背景一一模块化设计一一智能化设计

时代背景：
手工业时代一一工业时代一一智能时代

焦点问题：
没落的工业一一失落的空间一一创新的时代

设计焦点：
地区产业转型一一船厂的重生一一手工作坊的复兴

设计目标：
失落空间一一时代记忆一一恒久回忆

操作手法：
模块化一一可移动一一适应性

背景研究/Background study

重"燃"船坞
——旧船厂改造

Memorial Boat Factory Light

设计说明

改造的船厂位于苏州阳澄湖镇美腿，距离阳澄湖主景区约10min车程，船厂西靠烟泾河，所处地理位置优越，周边工厂目前已经废弃，整个场地缺乏生机。

此次改造的目标是唤醒该区域活力，船厂作为附近居民工作过的场所，承载了近50年的记忆。因此，在改造过程中，我们选取灯塔与船帆的意向，旨在为附近居民与游客带来温馨与回忆。

为了达到发光而巡暖的效果，建筑表皮采用膜结构，骨架与厂房结构相互脱离，内部设计时尽量维持原本工厂的氛围，因此采用了轻质的模块化设计，可移动的单元模块将适应多种使用模式，以满足更多需求。

CITY SCALE

REGIONAL SCALE

STREET SCALE

总平面 1：1000

一层平面 1：300

二层平面 1：300

"重燃"船坞

参赛单位：苏州大学
参赛人员：张斯曼　吴家妮
指导老师：陈留金

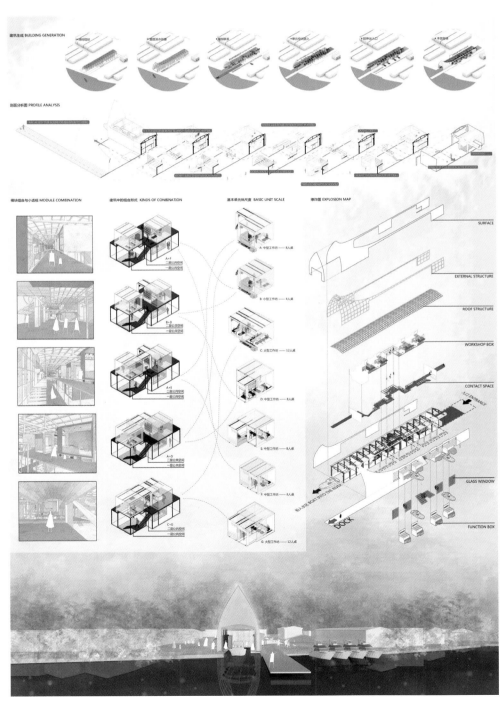

46 号院的碰撞生活

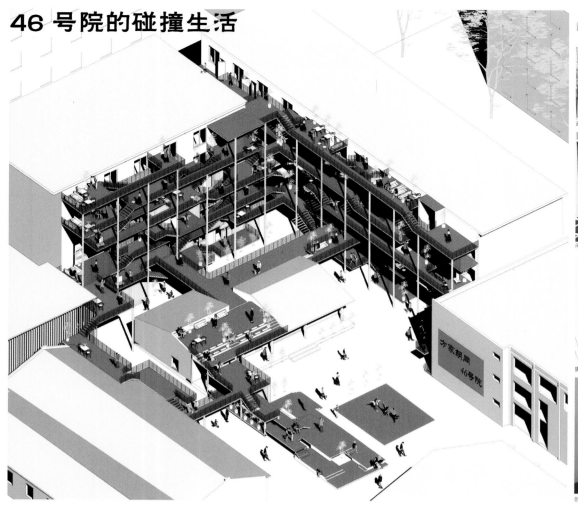

画家记录下游客和住户一次不经意的相遇

闲暇时，创意工作者在酒吧中释放压力

摄影师拍下 46 号院的丰富生活

创作完成后的建筑师有一个短暂的休息

历史使我们了解建筑的演变，现在又使我们了解社会的演变
——William Morris

设计说明：
随着快速的城市化进程，城市人口越来越密集，对公共空间的需求也日益增加。社会的演变催生出新的空间模式，在北京这样一个大容器中，对新的空间模式有着更加迫切的需求。

北京方家胡同 46 号院即原中国机床厂厂址作为上世纪工业遗留建筑经过了多次的改造，2008 年的改造一置入新功能，使其具有了胡同里的 798 称号，曾一度吸引大量中外游客前来游览。随着社会的演变，人们现有可能使用率逐年下降，多数建筑内的办公空间，中间院子唯一有活力的空间。院子就像一个微缩的北京，有着各种各样的人。但现有空间无法满足不同人群的需求，游客的吵闹惹恼散步的奶奶，饭后遛狗的阿姨影响着餐厅的运营，上课的孩子没有活动空间……如何创造一个能够容纳多种人群多种活动的公共空间是我们方案的核心。

我们采取在原有建筑立面上挑出不同尺寸平台的策略，保留院子并与之联系起来，不同平台与内部空间的组合创造出了满足不同人群需求的公共活动空间。游客被吸引到高处平台，周边居民在底部悠闲散步，工作者在门外的平台上互相交流经验，上课的小孩在屋顶看到了不一样的胡同……

周边现状

建筑类型

- 住宅
- 商业服务
- 医疗建筑
- 宗教文化
- 教育文化
- 民居景观
- 沿街商业

节点分布
- 商业节点
- 文化节点
- 公共空间节点
- 社区中心节点

历史沿革

美国长老会创办海京洋行	海泉澡塘	改组为海京铁工厂	改名为小系重机株式会社	北平机器总厂立足
1921	1923	1926	1929	1949

202？	2019	2008	1990	1970
又荒凉	厂区改造成为胡同里的 798	工厂逐渐废弃	中国机床总厂

？

综合现状

功能现状

场地内部功能多样，办公、商业、居住混合，导致院内人群复杂，当地居民、办公人员和外来游客等都会在院内进行不同的活动，彼此之间相互影响，单一的空间已经无法满足多样的人群对空间的需求，传统办公空间过于封闭，因此我们希望创造出能够容纳多种人群多种活动的公共空间，同时将办公和酒店空间适当打开，提升空间品质。

功能图示：办公 / 办公 / 漫步时光酒店 / 摘火车餐厅 / OPEN 事务所 / 创意工坊 / 办公

解决策略

- Balcony protruding from a windowsill
- Balcony and indoor fully connected
- Exclusive balcony
- Exclusive balcony protruding from a windowsill
- Open balcony protruding from a windowsill
- Balcony and indoor fully connected
- No balcony
- A passable balcony
- Balcony can't connect indoor

平台与内部空间的不同组合方式，产生新的公共空间。满足不同人群的需求。

社区交往 / 咖啡休闲 / 展览 / 路过聊天

人群现状分析

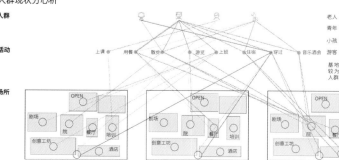

人群 / 活动 / 场所 / 时间

人群：老人、青年、小孩
活动：上课、用餐、散步、游览、上班、住宿、穿过、音乐酒会

场所：剧场、院、餐厅、培训、创意工坊、酒店

AM 8:00—12:00　　PM 13:00—18:00　　PM 19:00—23:00

平台尺度分析

1.2M　流量 / 随意坐 / 楼梯
基地中院内活动较为频繁，使用人群复杂多样。

2.4M　商业集市 / 工作者创作平台 / 居民共享平台

3.6M　当代艺术临展示演中心 / 共同花园平台 / 路过休息平台

图例：
老人 较多/较少
青年 较多/较少
小孩 较多/较少

总平面图 1：1500

FANG　JIA　HU　TONG
方家胡同 46 号
TONG　KOU　BEI　SAN

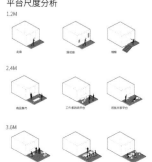

46 号院的碰撞生活

参赛单位：河北工业大学
参赛人员：王家伟　刘志远　吴　冰
指导老师：田　勇

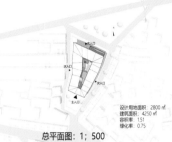

高考经济导向下的共享社区

Based on the college entrance examination under the economic guidance of sharing community design.

本方案以"亚洲最大的高考工厂"之称的毛坦厂的既有老旧建筑进行改造，通过引入"共享客厅"、"文化中心"、"共享住宅"等，将其改造为高考经济下的共享社区。在本方案的生成过程中，我们通过对考生、陪读家长、当地居民这三类主要人群不同的行为模式特点和不同的空间需求，进而产生相对于的空间原型，结合既有建筑空间结构特点，进行改造以及扩建。最后根据成同类人群之间的共享，不同类别人群之间的共享，以及考生、陪读家长与其他居民之间共享的多维共享社区。运用建筑空间来缓和考生高考和陪读家长所面临的问题，得出最有利于考生、陪读家长以及居民的空间策略，使之更好的为考生和陪读家长服务。

In this plan, the existing old buildings of maotanchang, known as "the largest college entrance examination factory in Asia", are transformed into a Shared community under the economic condition of college entrance examination by introducing "Shared living room", "cultural center" and "Shared residence".In the generation process of this program, we produced the space prototype relative to the behavior through the different behavior pattern characteristics and different space needs of the three main groups of examinees, parents and local residents, and combined with the spatial structure characteristics of the existing buildings for renovation and expansion.Finally, according to the formation of sharing among similar groups, sharing between different groups of people, as well as the multi-dimensional Shared community Shared between examinees, parents and other residents A rchitectural space is used to alleviate the problems faced by examinees in college entrance examination and accompanying parents, and the spatial strategies that are most beneficial to examinees, accompanying parents and residents are obtained to better serve examinees and accompanying parents.

设计用地面积：2800 ㎡
建筑面积：4250 ㎡
容积率：1.51
绿化率：0.75

总平面图：1；500

场地分析

考生问卷分析

人群分析

共享住宅 | 高考考生以及考生家长提供舒适的生活条件。在高考压力下有一个私人空间。

文娱中心 | 从铜牌放映、体育活动、到阁览观影，为当地居民、陪读家长提供可能性的生活便利、文化娱乐活动。

乡村客厅 | 开放的空间特质满足不同的空间需求。以设计核心的尺度单元承载生活的多样性、丰富性和细微性。

概念分析

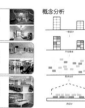

Traditional method & new method

 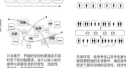

共享客厅、高考考生以及考生家长提供舒适的生活便利。满足高考经济下提供空间的灵活性、经济性、共享性。

建筑的演变

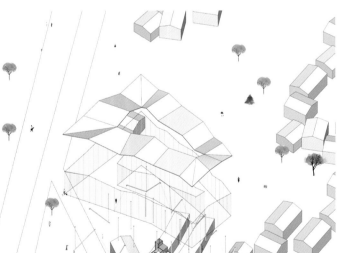

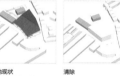 

基地现状 场地处于农贸市场，环境较为脏乱。北侧紧近河道，南侧为交叉路口。

清除 拆除北侧破损旧的民房，保留可利用的老房子，清理出较多的开放性空间。

加建结构 保留原有网格体系，去除原有的简易屋顶，并根据原有柱网的逻辑嵌入新的柱网。

改造 对加建的空间进行改造，通体开放出原有墙体，改造成更有味道的零售店和小茶室。

乡村客厅 一层把住宅中客厅和厨房的功能剥离一层，并在一层置入餐馆、商铺等。

文化服务 二层为公共文化活动空间，从铜牌放映、体育活动、到阁览观影，为陪读家长和考生提供供可能的生活便利、文化娱乐活动。

共享住宅 为考生提供更舒适的生活条件，有一个私人空间，同时由于高考经济的特殊性共享住宅可以满足更多的居住需求，如有的考生要住几个月至一年的房子。

外部围合 建筑外部需含以半透明钢化玻璃，空间贯通通道满足流动光需求。

赋予色彩 建筑的设置顶根据其开放性与可慢感受的不同逐层变浅，一层为红色、二层为橙色、三层为纯白色。

屋顶形态 折线型的屋顶即开放的建筑立面使屋顶的建筑边界能被感受了清了，呈现出欢迎人们从各个方向进入人的姿态。整个起伏的屋顶，形成一种动态。

±19.200
13.000
7.000
±0.000
16.300
7.000
±0.000

北立面图：1；200

19.000
16.000
7.000
±16.000
±9.000
±5.000
±0.000

西立面图：1；200

高考经济导向下的共享社区

参赛单位：安徽建筑大学
参赛人员：陈之浩　汪永飞
指导老师：许杰青

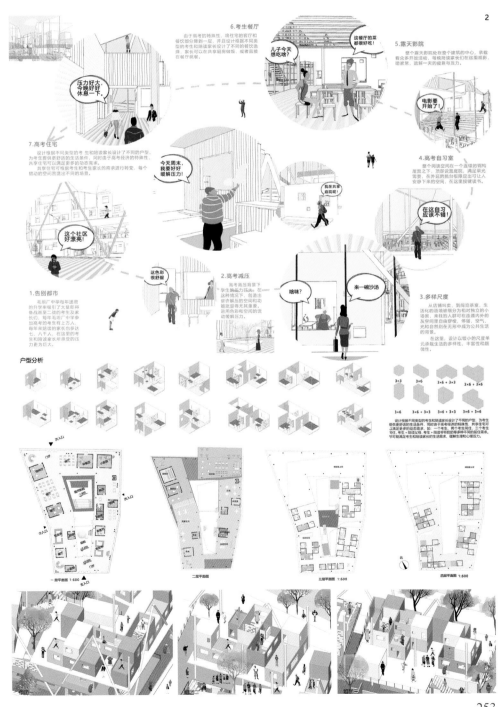

（5）检索物流系统
通过检索物流系统，找到周期内会经过该线路的物流车，移动建筑将搭借在物流车上，被送往目的地。

（4）规划线路
以经济为前提，规划移动建筑从建筑站点开往目的地的路线。

（3）结合实际空间
在找到的点附近寻找最适合放置移动建筑的空间。

（2）分析需求
云端数据库利用数据可视化系统，从他们相互交错的线条中找到最为密集的点。

（1）收集需求数据
通过移动端手机app，征询村民的需求，经过筛选，集合后传输到云端数据库。

乡村文化设施：**大数据** 背景下的 **可移动** 建筑设计
——以湖南益阳沧水铺镇碧云峰村为例

存储技术、计算技术、商务智能与社交网络的发展让一个新的领域得到了前所未有的发展，这就是大数据。

同时，与互联网结合的人工智能领域——物联网正方兴未艾，各式各样的智能应用进入我们的生活，而这些智能应用都是如何构选并且付诸实施？

■ 背景分析

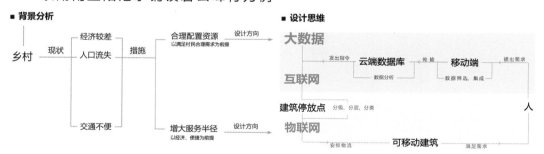

■ 设计说明

此次设计旨在用**大数据作为宏观调控**，**用互联网、物联网技术实现建筑的移动**，以此改变乡村的公共文化服务设施，满足村民的现代生活需求。

背景分析

城乡差距
城市化进程进一步加速，乡村小城镇进一步萎缩，城乡差距在进一步拉大。如何构建一个缩小城乡差别的公共服务体系，增大乡村乡村拉力成为成为重点问题的。

乡村现状
乡村人口稀疏、资源配置少，如何将城市概念上的公共服务空间移植到乡村的土壤，同时保证公共服务设施合理地、不浪费地分配到个人？

■ 建筑的演变

建筑体量
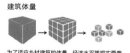

为了适应乡村建筑的体量、经济水平等现实要素，让建筑能根据需求植于乡村的土壤。将建筑的规模缩小，同时建筑的数目和种类增多。

建筑布局

城市

相比于城市，乡村的居民点比较稀疏。在建筑服务半径相等的情况下，考虑到乡村的经济发展水平，小尺度建筑的覆盖面积、实用程度要优于大尺度建筑。

生长模式

村级

镇级
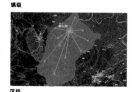

区级
此次设计以碧云峰村为例，在以村为单位建设建筑停放点的模式推广之后，移动建筑可以在任意建筑停放点流动，移动建筑的形式会更加灵活。

■ 移动空间 app

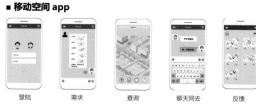

登陆　　需求　　查询　　聊天同去　　反馈

■ 区位分析
湖南省益阳市赫山区沧水铺镇碧云峰村

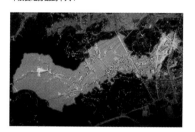

本次设计以碧云峰村为例，选择了靠近沧水铺镇的一块村民活动广场。在靠近镇子的活动广场建设建筑停放点，有利于建筑停放点内的移动建筑服务于不仅限于本村范围内的居民点。

乡村文化设施：大数据背景下的可移动建筑设计
—— 以湖南益阳沧水铺镇碧云峰村为例

参赛单位：长沙理工大学
参赛人员：李欣妍　龚意峰　潘少成　石　芊
指导老师：欧阳国辉

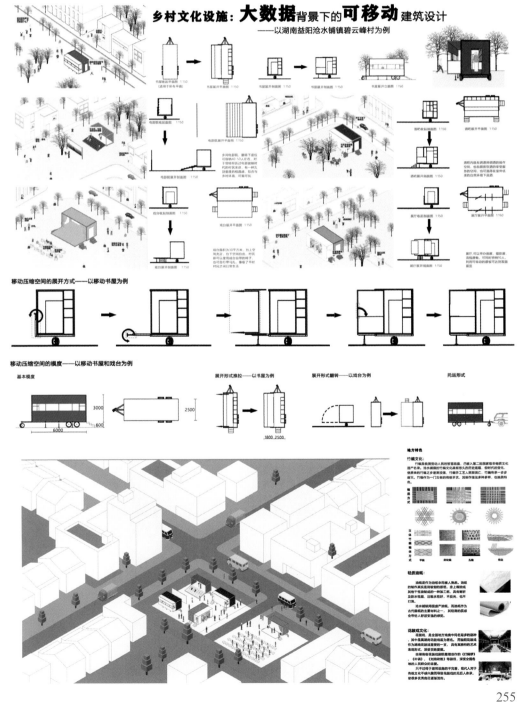

乡村博物馆：湖南平江县丽江村供销社改造设计

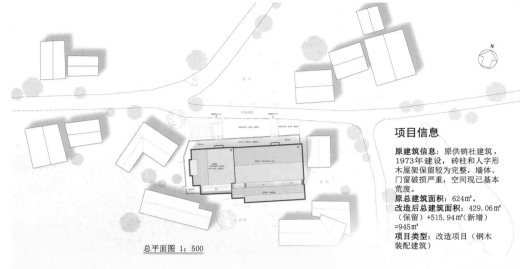

总平面图 1：500

项目信息

原建筑信息： 原供销社建筑，1973年建设，砖柱和人字形木屋架保留较为完整，墙体、门窗破损严重，空间现已基本荒废。

原总建筑面积： 624㎡。

改造后总建筑面积： 429.06㎡（保留）+515.94㎡（新增）=945㎡

项目类型： 改造项目（钢木装配建筑）

设计说明

供销社是计划经济的产物，诞生于那个物质匮乏的年代，人们在供销社里进行物质交换。随着改革开放，市场经济的实行，互联网的兴起，供销社慢慢淡出人们的视野。

随着国家振兴乡村、精准扶贫战略的实施，湖南省平江县丽江村在2016年实现贫困县摘帽。但是，物质丰富的同时，村民的精神文化却很贫瘠，地域传统文化衰弱，留守老人和儿童问题突出，同时缺乏对外展示窗口。供销社由于位于村口，是曾经的乡村公共中心，承载着老一辈的记忆，因此她重新进入人们的视野。

她有一个新的身份——乡村博物馆！

也有了新的使命：留住丽江村乡土记忆，传承丽江村红色历史文化，提供一个村民邻里交往的公共空间，提供丽江村农特产品展示销售（包括电子商务）和乡村旅游的服务平台，促进产业升级；提供丽江村老年人、儿童的活动空间，丰富村民的精神文化生活，保护非物质文化活动（花鼓戏、皮影戏），创建一个"文化扶贫"的新去处；

丽江村供销社（1973年）需完成她时代的再生，实现场所的时空演变，由物质匮乏的时代进行物质交换活动，演变到，在物质丰富、精神匮乏的时代进行精神文化活动，成为公共中心——乡村博物馆。

背景分析

平江县属于革命老区，是中国革命的发扬地之一，先后走出了64位共和国将军，其中丽江村是喻芝将军的家乡，同时也是国家级贫困县，但已在2017年脱贫。

供销社是计划经济的产物，处于物质匮乏的时代，是曾经的乡村公共中心，后随着改革开放，供销社渐渐没落。

政策引导 国家乡村振兴战略的提出

社会关注 企业力量的介入

人民需求 人民对美好生活的向往

元素提取

以包围村落的罗霄山脉为母体，设计建筑形象，牢记大自然的馈赠

将国家非物质文化遗产花鼓戏、皮影戏等元素置入建筑内，以乡村大舞台的形式展出，使传统文化得到传承和发展

选取当地杉木作为主要建筑材料，使用预制装配式木结构，模糊建筑与自然的边界

提取当地红色文化元素，延续并传承红色精神

将原供销社屋面上换下来的小青瓦进行回收再利用，做成建筑外围的叠瓦式围栏

提取村落内传统建筑上的鹅卵石片墙元素，在建筑场地外围

场地分析

整体分析： 场地自西向东优越900的高差，303平方米的前坪，改造考虑种植当地经济作物。

场地优势： 场地南边庭院建有当地传统民居建筑且种有几棵桂花树，景观性良好。

场地劣势： 西边有一新建三层高瓷砖房成为村口视觉焦点，后期改造考虑加高乡村博物馆至四层来解决这一问题。

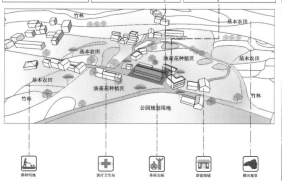

乡村现状

村内种植一定中药材及其他农产品，由于缺乏对外展示窗口，虽已脱贫经济却也难以快速发展

对外展示窗口

村里大量空巢老人、留守儿童，生活方式较为单一，精神文化方面较为匮乏

老人儿童空间

村里以前的花鼓戏，皮影戏，舞龙等非遗文化活动没得到良好传承，红色文化背景浓厚但没发扬好

文化记忆

设计理念

看得见山 望得见水

北罗霄山脉
丽水

乡村博物馆：
湖南省平江县丽江村供销社改造设计

参赛单位：长沙理工大学
参赛人员：欧阳丹　樊恭甫　邹芷晴　陈染岐
指导老师：欧阳国辉

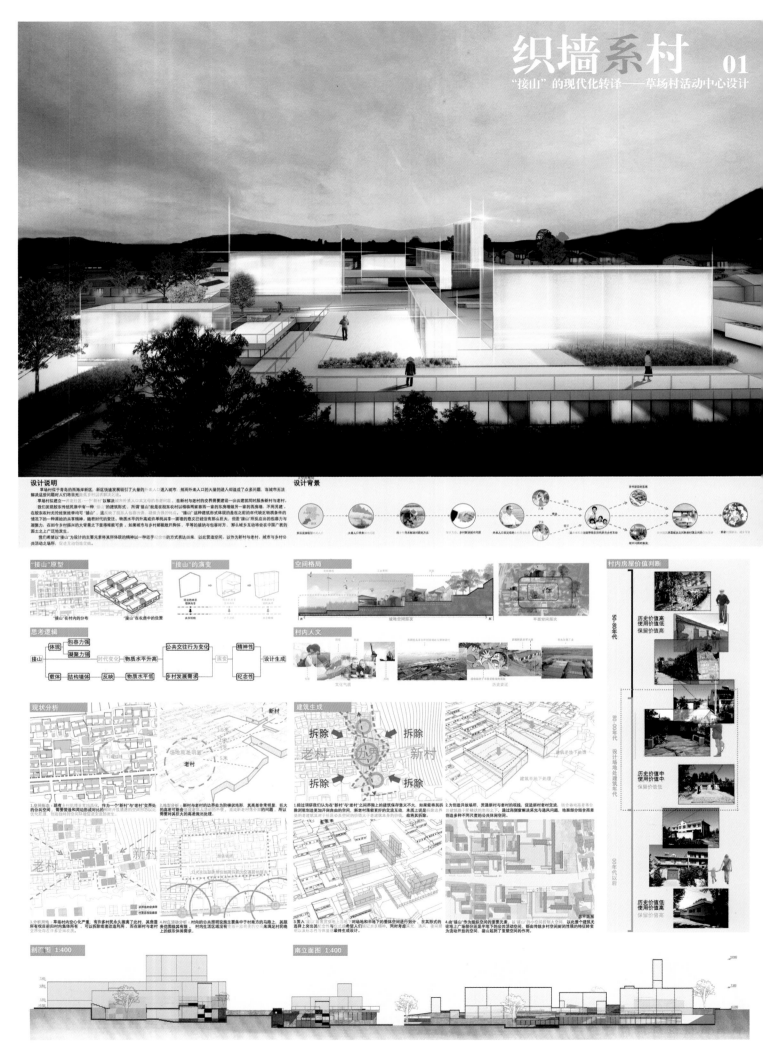

织墙系村   01
"接山"的现代化转译——草场村活动中心设计

织墙系村

参赛单位：中国石油大学

参赛人员：陈 琦 贾 桐 候 睿

指导老师：李佐龙 陈瑞罡

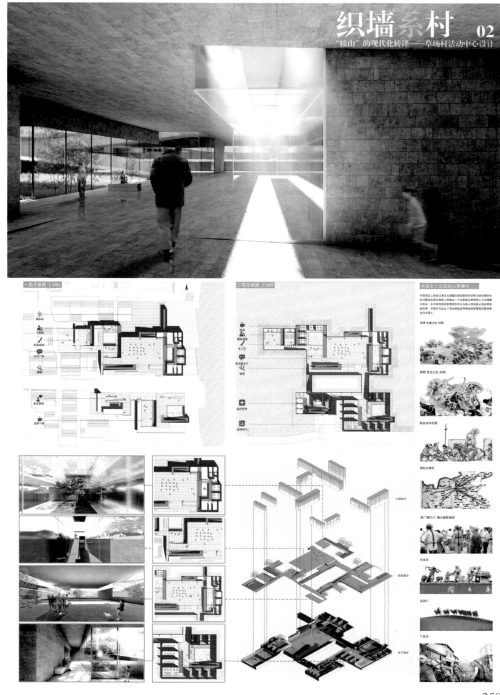

走！赶场
—— 成都市青羊区苏坡集市拯救计划

设计说明：

集市起源于史前时期人们的聚集交易、平地城、文化、需求的自发性产物，是后起的市民人文生活的载体，是一种自下而上主彰现的活力空间。然而，如若城市现代化的进程过快，将迫失集市场所合理演变的可能性。在历史的长河里，集市空间不应无谓的消失，经历一个扬弃的思考后，集市将融合理演变，为城市公共空间的建设提供理论意义，为城市现代化建设贡献力量。

成都市青羊区苏坡菜市是成都西门最大的露天集市，具备了四川露天集市的典型特征，也承载了周边居民深厚的情感记忆。在城市标准集市的大面积扩张的背景下，目前面临拆除的文境，集灾场所计划迫在眉睫。经过多次调研后，本项目采用扬弃的方法，挖掘出苏坡集市的优点，并总结出其自身局限性，并以此作为拯救设计的理论依据。改造计划从区域规划、单体设计、细部处理都采用了自下而上和自上而下相结合的手法。因为在建筑内外保留原有的自发性场所精神，与自上而下的合理规划，同样重要。而后，对集市的空间类型进行了细致的归纳总结、扬弃、重构、再生等过程。让苏坡集市，在空间上，保留集市空间活力，时间上，集市延展成为夜市。在场所上，延续集市在人们心中的攘场记忆。

建筑临街关系

活动摊位

停车销售

休闲空间

二层露台

过街通道

场地区位

成都
青羊区
苏坡菜市

苏坡集市现状

PM8:00 看看买什菜篮 | PM8:10 这个菜新鲜 | PM8:25 宰半边鸭子 | PM8:30 星头的花凋谢了 | PM8:35 来条鱼瞧瞧 | PM8:50 买齐回家了

空间活力
喝茶聊天
违规经营
环境污染
物廉价美

反复多次调研后，本项目采用扬弃的方法，挖掘出苏坡集市的优点，并总结出其自身局限性，并以此作为拯救设计的理论依据。而后，对集市的空间类型进行了细致的归纳总结、扬弃、重构、再生等过程。让苏坡集市，在空间上，保留集市空间活力，时间上，集市延展成为夜市。在场所上，延续集市在人们心中的攘场记忆。

人群调查分析

	0:00	5:00	7:00	8:00	12:00	18:00	24:00
王大妈（卖菜）	睡觉	起床	赶摊	摆摊	卖菜		回家	睡觉
李大爷（卖菜）	睡觉	起床	买菜	做饭	打牌		回家	睡觉
孙大爷（闲逛）	睡觉	起床	散步	吃饭	下棋		回家	睡觉
黎大叔（货车）	睡觉	起床	送货	摆摊			回家	睡觉

苏坡菜市场

人群逛菜市频率调查
人群年龄调查
家庭收入调查
<4次/周
>4次/周
>40岁
<40岁
小于8W
8-15W
15-25W
>25W

买菜
休闲
综合分布
场地活动类型调查
满意
不满意
对街道满意度
愿意
不愿意
废除街道街边菜市意愿

各年龄对场地的兴趣点
青年 中年 老年
快捷方便
热闹有人气
价格便宜

对集市场所的主要使用者进行分类分析，了解各类人群的需求，分析他们心中的集市的优缺点，对保护集市场所的营造工作尤其重要。

宏观场地分析

边缘服务半径
核心服务半径
苏坡菜市

服务区域分析

人流来源分析

地铁
铁路
高速立交
清水河
跨线桥

场地交通分析

商业
医院
学校
源出点
居住区

周边配套设施

微观场地分析

西站铁路
市政道路
下穿隧道
跨线桥

基地交通状况

路口堵塞
集市自发生成区
销售区
屠宰区
流动加工区
桥下路口堵塞

集市现状分析

四川省苏坡医院
猪肉摊零批发场

30M

屠宰场与医院

新车行线
新人行路线
新集市
临时店铺

新的场地关系

自上而下设计

区域集中疏导	市场规划业态集中	规划割裂	商铺类型停车式穿越式	自发选择
单体竖向划分	集市空间休闲空间	空间需求	摊位组合与单位与板位	自发组合
单体横向划分	商铺区域组合区域	空间构成	节能吊伞可移动可收放可组合	自由控制
空间模式设定	移动墙体控制路线	未来发展	灵活板位可旋转可移动可组合	自由滑动

赶场

自下而上设计

APP定制

消费端
消费端
商业端
设计端
服务信息

数据反馈
设计交流
工具
材料
节点
搭建方式

广告推送
商品信息
数据反馈
选择菜品
选择菜式

设计端

利用互联网收集信息，并以APP实现建筑构建、用户和商家之间的相互交流。用户通过APP服务信息，选择店与服务系统的服务，商家根据消费预反馈的数据，调整销售商品；并开设计端能提供摊贩设计选项通过模块化的摊贩组件的组合和商家个性化定制，对摊贩空间提供相应的建造手法；淘APP客户可通过APP定制的设计模式，使得集市内商家和顾客加强间交流与沟通，满足自主性要求，增加集市市场空间的营造的自主性。

商业端

需求采集
方案选择

灵活单元
自由组合

走！赶场
—— 成都市青羊区苏坡集市拯救计划

参赛单位：西南交通大学
参赛人员：黎 明 彭宪辉 刘 洋 周承阳
指导老师：林 青 何晓川

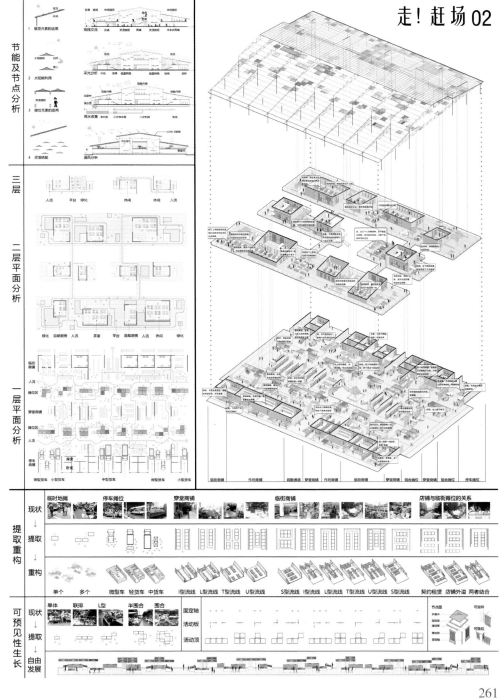

走！赶场02

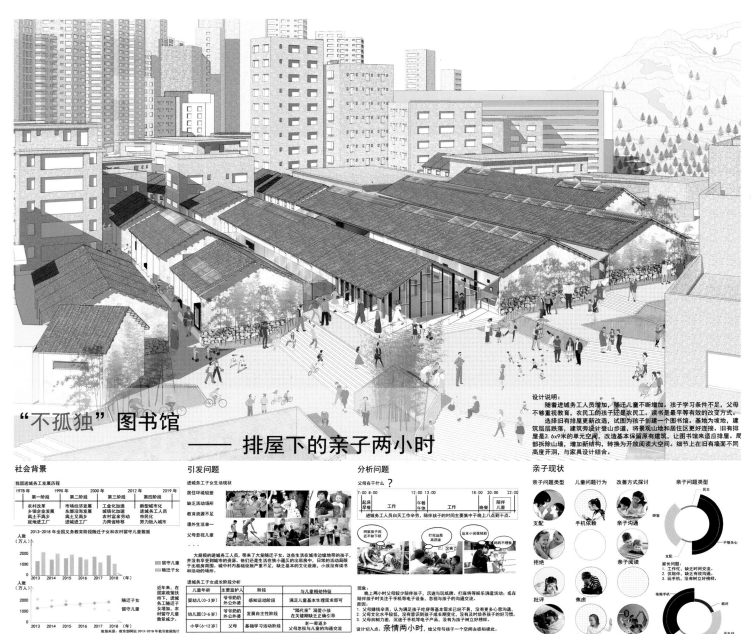

"不孤独" 图书馆
—— 排屋下的亲子两小时

设计说明：随着进城务工人员增加，随迁儿童不断增加。孩子学习条件不足，父母不够重视教育，农民工的孩子还是农民工。读书是最平等有效的改变方式。选择旧有排屋更新改造，试图为孩子创造一个图书馆。基地为坡地，建筑层层跌落，建筑旁通过登山步道，将景观山地和居住区更好连接。旧有排屋是3.6x9米的单元空间，改造基本保留原有建筑，让图书馆来适应排屋。局部拆除山墙，增加新结构，转换为开放阅读大空间。细节上在旧有墙面不同高度开洞，与家具设计结合。

社会背景

我国进城务工发展历程

	1978年	1990年	2000年	2012年	2019年
	第一阶段	第二阶段	第三阶段	第四阶段	
	农村改革 乡镇企业发展 离土不离乡 就地进工厂	市场经济发展 东部沿海发展 离土又离乡 进城进工厂	工业化加速 城镇化加速 农村富余劳动 力跨省转移	新型城市化 进城务工人员 市民化 努力融入城市	

2013-2018年全国义务教育阶段随迁子女和农村留守儿童数据

近年来，在国家政策扶持下，进城务工子女增加，农村留守儿童数量减少。

数据来源：教育部网站2013-2018年教育数据统计

城市变迁

图例：
原有平房
原有排屋
新建建筑
拆迁建筑

2002年的上岭排老村基于原有的排屋村落向外发展，周边开始建成五层的底层平房、高层住宅楼以及引进工厂。
2002年城市脉理关系

至今，上岭排老村外围开始建更多住楼和工厂，而南边远地的部分排屋也开始拆迁。
2010年城市脉理关系

至今，幼儿园、小学等教育设施开始落地于上岭排老村周围，开始加大教育力度，而南边场地地内的排屋已全部拆迁完毕，计划建成高档住宅小区。
居民：原有居民随续离开排屋住深圳其他地方发展，外地人群开始聚集于上岭排老村，以致将今村里的居民全是外地人，原有排屋归村社区统一管理租赁使用。
2019年城市脉理关系

基地分析

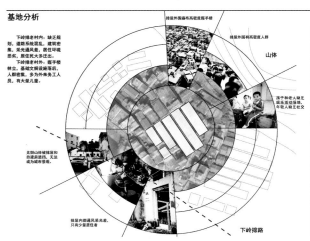

下岭排老村内：缺乏规划，道路系统混乱，建筑密集，采光通风差，居住环境恶劣，居民大多迁出。
下岭排老村外：握手楼林立，墙面文质设施落后，人群密集，多为外来务工人员，有大量儿童。

排屋外围涵布高密度握手楼
排屋外围高密度人群
山体
孩子和老人缺乏娱乐运动场地，老年人缺乏社交

主侧山体被握手楼和自建房遮挡，无法成为城市景观。

排屋内通风采光差，只有少量居住者

下岭排路

引发问题

进城务工子女生活现状
- 居住环境较差
- 缺乏活动场所
- 教育资源不足
- 课外生活单一
- 父母忽视儿童
- ...

大规模的进城务工人员，带来了大量随迁子女。这些生活在城市边缘地带的孩子，并没有享受到城市的资源。他们迁徙生活在狭小逼仄的出租房中，日常的活动局限于出租房间内，城市外围基础设施严重不足，缺乏基本的文化设施，少有读书和活动场所。

进城务工子女成长阶段分析

儿童年龄	主要监护人	阶段	与儿童相处特征
婴幼儿(0-3岁)	爷爷奶奶 外公外婆	感知运动阶段	满足儿童基本生理需求即可
幼儿园(3-6岁)	爷爷奶奶 外公外婆	发展自主性阶段	"隔代亲"深爱小孩 在关键期缺乏正确引导
小学(6-12岁)	父母	基础学习活动阶段	老一辈返乡 父母忽视与儿童的沟通交流

分析问题

父母在干什么 ?

7:00 8:00	12:00 13:00	18:00	20:00 22:00
起床 早餐	工作	午餐	工作	晚餐	陪伴 儿童

进城务工人员白天工作辛苦，陪伴孩子的时间主要集中于晚上八点到十点。

现象：
晚上两小时父母较少陪伴孩子，沉迷与玩纸牌、打麻将等娱乐消遣活动，或在陪伴孩子时关注于手机等电子设备，怠慢与孩子的沟通交流。
原因：
1. 父母赚钱辛苦，只为满足孩子吃穿等基本需求已经不易，没有更多心思沟通。
2. 父母文化水平较低，没有意识到孩子成长期望更重要，没有以好榜样去影响孩子的习惯。
3. 父母自制力差，沉迷于手机等电子产品，没有为孩子树立好榜样。

设计切入点：亲情两小时，给父母与孩子一个空间去感知和读此。

亲子现状

亲子问题类型	儿童问题行为	改善方式探讨
支配	手机依赖	亲子沟通
拒绝	焦虑	亲子阅读
批评		
娇宠	敌对	家庭出行
		家庭运动
专制		亲子出行
民主	游戏	亲子阅读

亲子问题类型

家长问题：
1. 工作忙，缺乏时间交流。
2. 仅陪伴，缺乏有效沟通。
3. 玩手机，没有树立好榜样。

引发儿童问题：
1. 孤独感，与外界疏离。
2. 深度手机，内心敏感脆弱。
3. 过度依赖手机。

解决途径：
1. 培养儿童兴趣爱好。
2. 深度参与，增加沟通。
3. 放下手机，亲子阅读。

? 农民的孩子还是农民？工人的孩子还是工人？怎么让让这些孩子拥有更多彩的世界。
○ 文化是平等的，读书是最简单有效的提升方式。与城市图书馆网络互联，实现城乡资源共享。
○ 为外来务工人员的孩子创造一个读书空间，交友空间，亲子活动空间。

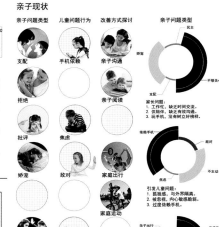

选址分析

基地位于深圳市龙华区

周边多为工业区，下岭排工业区，大浪新围工业区等，未来有湖南、山东、四川等劳务的外来务工人员聚集在此。

基地周边缺乏活动场所，孩子大多在街道上玩耍。

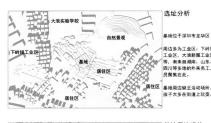

基地周边现状

基地东北侧为山坡，景观优质，景观资源较好，拟改造属于。

基地东西两侧为旧有高档住住，居住高档，拟容纳外来务工人员居住。

基地拟建设公共活动中心，服务周边外来务工人员，改造排屋，激发场地活力。

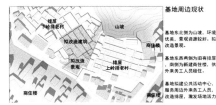

"不孤独"图书馆
—— 排屋下的亲子两小时

参赛单位：深圳大学
参赛人员：汪娅菲　徐　伟　闫　演　赖建霖
指导老师：仲德崑　齐　奕

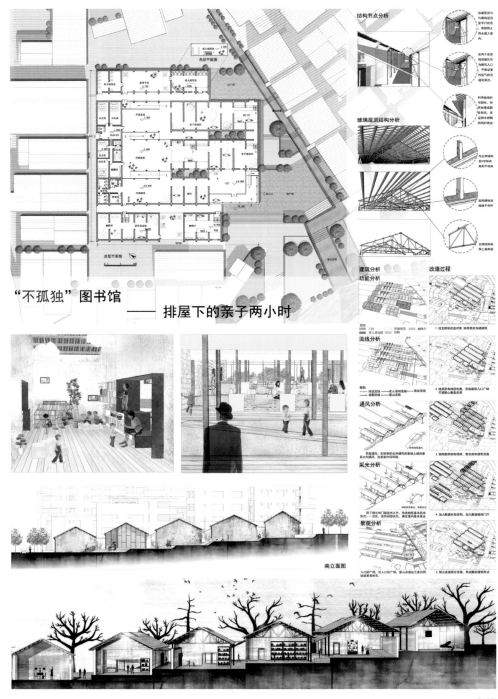

"消失" 的边界

——对夜市空间界面的改建

设计说明

　　夜市作为城市夜晚生活空间的重要载体，其为城市活力助力。同时也造成一定程度上的混乱，空间拥挤，卫生条件恶劣等。城市广场是城市居民娱乐，休闲，健身的场所，诠释了城市公共服务精神。

　　基地原本为被居民区环绕的夜市，后为满足居民精神文明建设的需要修建了城市广场，但夜市环境依然没能得到好的治理，我们试图从两种公共服务性功能中探求共同点，提高公共服务功能的多功能性，使得多种公共空间融合相通的可能性。

1 基地分析

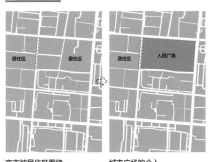

夜市被居住区围绕　　　城市广场的介入

2 挑战与机遇

活力空间　多样性　**夜市生活**　拥挤　间歇性

VS

活力空间　多样性　**广场生活**　开敞　持续性

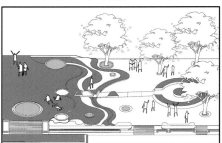

3 空间特征

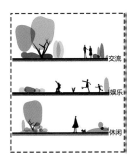

小吃车
灵活性强，不需要其他设备支撑。
使用率：0.3

小吃摊
固定摊位，主要用于沿街店面前。
使用率：0.2

水果类货摊
可拆卸式桌椅，支撑货物。
使用率：0.5

交流

娱乐

休闲

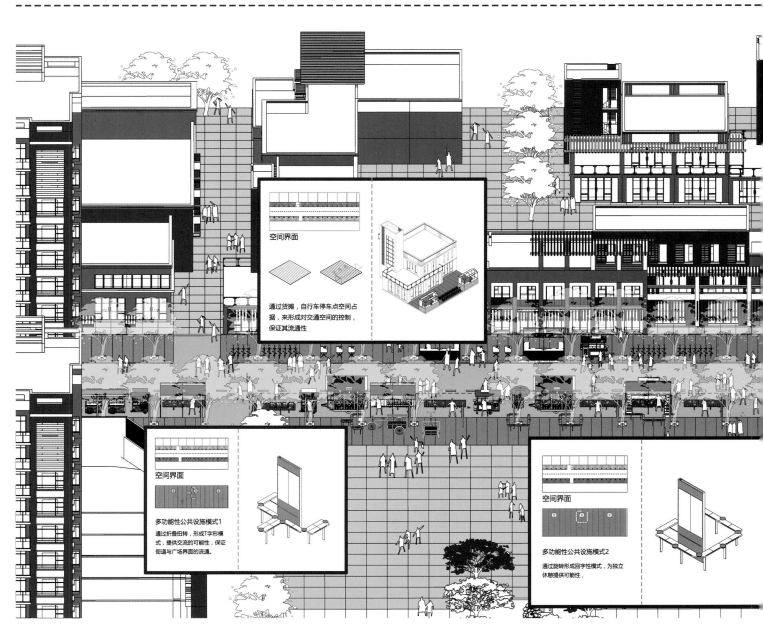

空间界面

通过货摊，自行车停车点空间占据，来形成对交通空间的控制，保证其流通性

空间界面

多功能性公共设施模式1
通过折叠扭转，形成T字形模式，提供交流的可能性，保证街道与广场界面的流通。

空间界面

多功能性公共设施模式2
通过旋转形成回字性模式，为独立休憩提供可能性。

"消失"的边界
—— 对夜市空间界面的改建

参赛单位：潍坊科技学院
参赛人员：刘　豪　隽永旭
指导老师：崔　晓

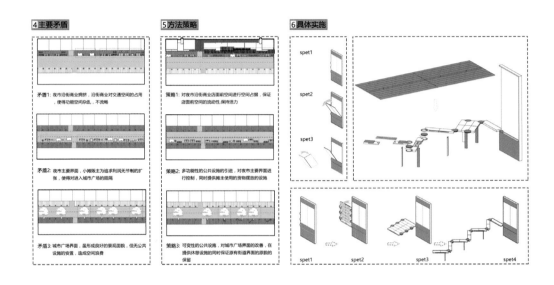

4 主要矛盾

矛盾1: 夜市沿街商业拥挤，沿街商业对交通空间的占用，使得功能空间杂乱，不流畅

矛盾2: 夜市主要界面，小摊贩主为追求利润无节制的扩张，使得对进入城市广场的阻隔

矛盾3: 城市广场界面，虽形成良好的景观面貌，但无公共设施的安置，造成空间浪费

5 方法策略

策略1: 对夜街沿街商业店面空间进行空间占据，保证店面前空间的流动性，保持活力

策略2: 多功能性的公共设施的引进，对夜市主要界面进行控制，同时提供摊主使用的货物摆放的设施

策略3: 可变性的公共设施，对城市广场界面的改善，在提供休憩设施的同时保证原有街道界面的原貌的保留

6 具体实施

spet1
spet2
spet3

spet1　　spet2　　spet3　　spet4

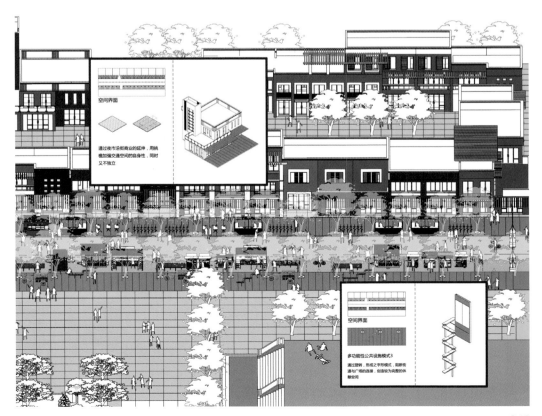

空间界面

通过夜市沿街商业的延伸，用挑檐加强交通空间的自身性，同时又不独立

空间界面

多功能性公共设施模式3

通过旋转，形成之字形模式，阻断街道与广场的连接，创造较为完整的休憩空间

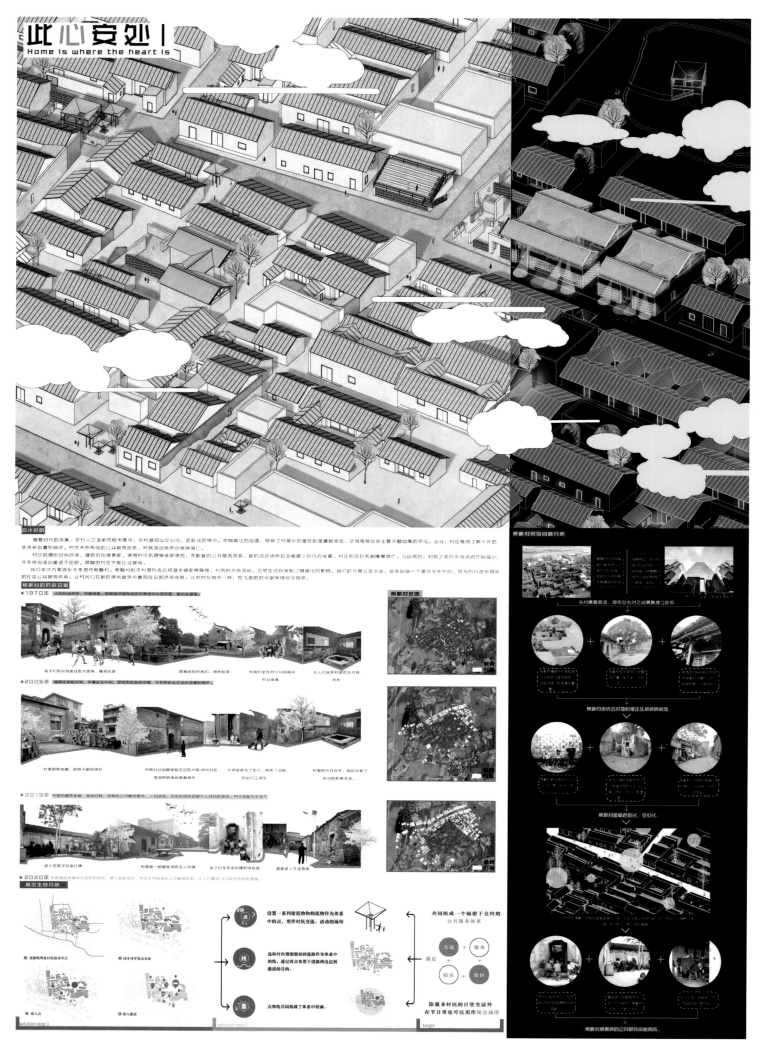

此心安处 1
Home is where the heart is

设计说明

随着时代的发展，农村人口逐渐向城市集中，农村呈现出空心化、老龄化的特点，而城镇化的加速，导致了村落中的建筑肌理遭到破坏，空间格局也发生着天翻地覆的变化。由此，村庄保持了数十年的生活状态遭到破坏，村民天然形成的公共服务体系、村民活动场所也渐渐消亡。

村庄肌理的过快改变，建筑的加速更新，使得村民肌理遭到新爆炸，而配套的公共服务体系、新的活动场所却没能跟上时代的发展，村庄的日日风貌慢慢消亡。与此同时，村民之间的交流活动也开始减少，许多包话边遭过于田野。寂静的村庄不复往日喧嚣。

我们本次方案是基于孝感市熊熊村，熊熊村的古村落形态已经逐渐被新展爆堆，村民的交流活动、日常生活也受到了城镇化的影响，我们的方案立足于此，当年创造一个适合于乡村的，但与时代进步同步的社会公共服务体系。让村民们在新的便民建筑中重现往日的热闹场景，让农村与城市一样，在飞逝的时光里保持欣欣荣荣。

熊熊村的史沿革

• 1970年 人们日出而作，日落而息，在熙熙攘攘的熙熙攘攘的中交流著，繁衍生息著

孩子们在村坊居住的大园前、播戏玩耍　　　期待河的村民们，清冽甜蜜　　　村民们坐在村口吃晚饭　　　女人们坐在村里的古共筑　　浣衣

• 2005年 城镇化框架加快，开着公车行，营村重聚着破旧建筑，衬村的历史是生活景象着着城镇

村里新筑加建，遮离子额到坊的　　　村民们出着聚聚居住边围的大院，当地的　　　众景象为了工生，坡离了田地　　　村里新古共还在、邻邻里坐在
                                  故乡的故事叙着集聚实　　　　　　新比工口诞生　　　　　　　　　往日的敦亲黄亲

• 2019年 村里的建筑聚聚、聚斯过斯，由用起公共服务体系，人村活动、交易的诉话却超越不上时代的变化、村子渐涨失去活力方

老人在院子已弯门健　　　村里唯一的餐角话间无人问建　　　孩子们在荒美的建筑中玩要　　　熊熊老人生活若琴

• 2020年 启市圈候与满供乐回软的场所，建立起配复的，用百与村场就形以共服角体系，让人村聚桥与30园时的热架慢增。

熊添生成分析

solution step 1　　　　　　　　solution step 2　　　　　　　　target

此心安处

参赛单位：武汉理工大学
参赛人员：孙　珂　宋晨鸽　王蕴亭　黄泓怡
指导老师：常　健　陈李波

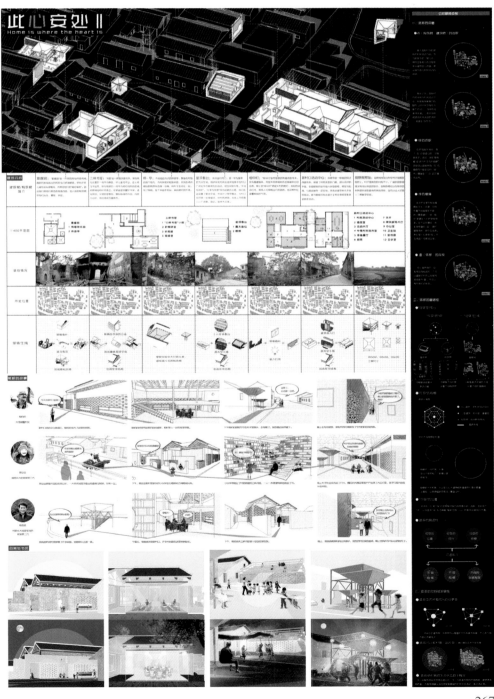

陌上列车 THE · TRAIN

JINAN STEEL MILL RENOVATION
THE SECOND STEEL MILL

CBD CULTURE

轴测图 · AXONOMETRIC DRAWING

比例调整一 / PROPERTION ADJUSTMENT

01 周边道路 / WAYS AROUND
02 内部道路 / WAYS INSIDE
03 内部广场 / SQUARE INSIDE

钢铁树林 / STEEL FORIST 01
巨大风景 / HUGE VIEW 02

南立面局部 / SOUTH ELEVATION
西立面局部 / WEST ELEVATION
西立面局部 / WEST ELEVATION
南立面局部 / SOUTH ELEVATION

窗外风光 / WINDOW VEIW 03
故事的结局 / END GAME 04

建筑结构设计 / BIULDING STRUCK DESIGN
工业结构基础
区位分析图 / BIULDING AREA DESIGN

CONCRETE AND BRICK ·
局部 · 东透视图 / EAST PERSPECTIVE

陌上列车

参赛单位：山东建筑大学

参赛人员：韩子煜　陈恺凡　董超越

指导老师：金文妍

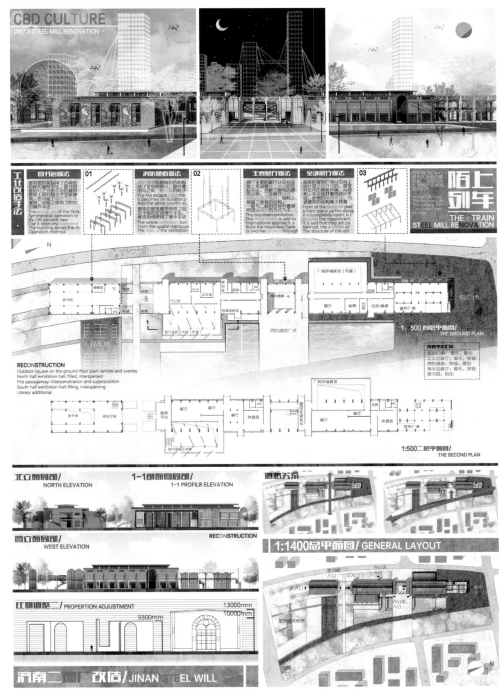

人物简介

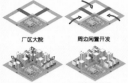

人物：张爷爷　性别：男
年龄：78岁　职位：长风厂退休员工
身体状况：良好　家庭成员：老伴

生活概况：1976年进入长风机械厂工作，2001年退休后在家带孙子。如今，孙子外出求学，老人与老伴在家互相照顾。两位老人均身体硬朗，并随年龄增加不愿四处奔波，平时常与场内老同事相伴游乐。

老厂区大院和城市

厂区大院　周边闲置开发

人才流失　城市中心衰落

老厂区大院因周围闲置用地的开发，而处于新兴城市的包围中，居住在其中的居民大多为退休老年员工，厂区周围建筑承载着社区居民的生活记忆与情感场所。

老人与工厂的故事

1958年——进入名为"兰州无线电厂"的长风机械厂读三年技校。此时长风厂为重要军工电子骨干企业。

1976年——转业到长风厂，此时厂内生产电路风靡一时，厂区大院宛若小型城市，长风浴场建成。

2001年——老人退休，此时的长风厂开始出现人才流失，伴随厂区家属院没落。浴室使用对象主要为退休老人。

张爷爷的抱怨 | 改进策略

张爷爷的抱怨	改进策略
社区沉闷，生活缺乏趣味和活力	选取老年人为对象进行适龄化设计
社区公共绿化较少，散步无较好去处	增加公共绿地，创造宜人的室外环境
与老同事聚会无适合场地	扩展建筑功能，满足其日常活动需要
长风浴场功能单一、水质不良	对长风浴场进行改建以完善功能

情况调研

年龄构成　居民类型　居住情况

据调研，厂区大院中多为退休老人居住，老人之间互为昔日同事，社区内人情味浓厚。但数据显示退休老人仅有19%与子女居住，独居老人占比较大，空巢现象明显。

大院老年人日常活动规律及时间安排

从大院老人活动统计表中可以看出，老人一天主要的活动为散步、跳舞、下棋、锻炼等，共同完成这些活动的老人见面与交谈成为可能。将这些活动作为主要线索，创造公共活动空间，以此激发社区活力。

张爷爷理想中的完美一天

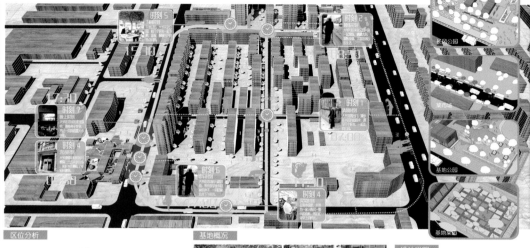

区位分析

基地位于我国西北地区重要的工业基地甘肃省兰州市，是唯一一座黄河穿城而过的城市。金城兰州历史悠久，气候适宜，滚滚黄河水里流淌着兰州人独特的记忆与不变的情怀。

基地建筑分析

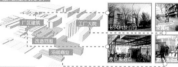

厂区建筑　改造措施　沿街商业

设计生成

1. 从城市设计层面：

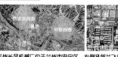

四点过后长风公园阴影覆盖大于一半

公园覆盖范围不足以覆盖整个长风家属区

用地狭长，功能缺失

植入新的公园功能

新建公园服务半径　长风村　长风东苑

新建公园扩展原有公园服务半径

两个矩形空间提供充足活动空间

新建公园位置日照充足，建筑遮挡小

基地概况

兰州长风机械厂位于兰州市安宁区，右侧紧邻兰飞厂和城市绿地长风公园。处于费家营商圈内，与城市快速交通距离较近，交通便利。长风厂周围高楼林立，基地处于高度发展的城市空间包围之中。

建筑现状

原有建筑为框架结构，右侧第二路为目前正在使用的建筑入口，为使原有建筑的时代气息继续保留，改造设计保留建筑沿街外立面，更新门窗等建筑构件，使其拥有更好的采光通风性能。

2. 从场地设计层面：

基地原有元素
基地新增元素

3. 从建筑设计层面：

	出现的问题	解决策略	澡堂内部现状
老人诉求	浴室功能不完善，无桑拿房、热水池等	扩建浴池，增添相应功能	
	浴室水质不合格，洗浴后不舒服	通过太阳能加热和处理，改善水质	
平时生活方面	浴室服务质量不佳，体验感淡薄	创造积极空间促进交流，改善服务体验	
	下雨时，无休闲去处	引入代际共享功能，实现多年龄层共利	
	缺乏与年轻人交流的机会和场所	创造友好同及室内外交流空间满足交谈需求	
我们的发展	浴室内部空间过剩，且建筑老化严重	对于建筑外立面尽量保留，尊重时代记忆	
浴场方面	老人对浴场情感认同性较强	加固建筑结构，重整室内格局	
平时生活方面	老人公共活动空间局促	创造室内外公共休闲场所，一墙多用，一房多能	

设计说明

本次公共建筑更新设计，选址于甘肃省兰州市长风机械厂附近，主要服务人群为长风厂退休员工。立意的确定源自于我们对经典怀旧电影《洗澡》的解读与感慨。一个澡堂子汇聚周围各色邻居，包罗生活万象。而我们所改建的建筑"长风浴场"也同电影中的澡堂一样，是长风厂的老工人师傅这一代人的记忆，但长风浴场目前面临着一个尴尬境地：长风厂退休的老人们依旧割舍不了多年的泡澡习惯，这个场所也是老人互诉衷肠，排忧解乏的重要场所。但浴场设施老旧，功能过剩，结构损坏较为严重，已经不能满足现今人们的需求，建筑更新势在必行。

本设计从三个方面入手，分别为：1. 城市设计层面——从完善大厂周围公共服务角度出发确定公园定位，提高公共建筑服务质量。2. 延续街区文化，在基地内设置展场，并设置休闲区，方便老人使用。3. 建筑设计层面——在保留原立面与建筑结构的基础上加固和替换保留老旧构建，在实地考查与交谈后，激活建筑功能，置入与浴室相关功能，如桑拿、健身等。通过这三个层面的操作，我们期望能为处于新兴城市包围中而日渐衰落的工厂社区注入一剂强心针，尽力去延续清水池中人与人的温暖。

设计措施有三部分：
A：延续街区文化，在场地内设置工厂文化场，并配合基地对面原有展示区，使其更加完整。
B：基地对面设置公共休闲等候区及平台，方便老人买菜途中休息。
C：根据长风公园确定新建公园方位。

澡堂内部设施过于陈旧，但仍处于较高频次的使用状态，因此建筑更新势在必行。

何以濯清泉
—— 老厂区澡堂更新设计

参赛单位：兰州理工大学

参赛人员：韩卓君　王　蓉　费泽华　苏镜全

指导老师：张顺尧　赵丽峰

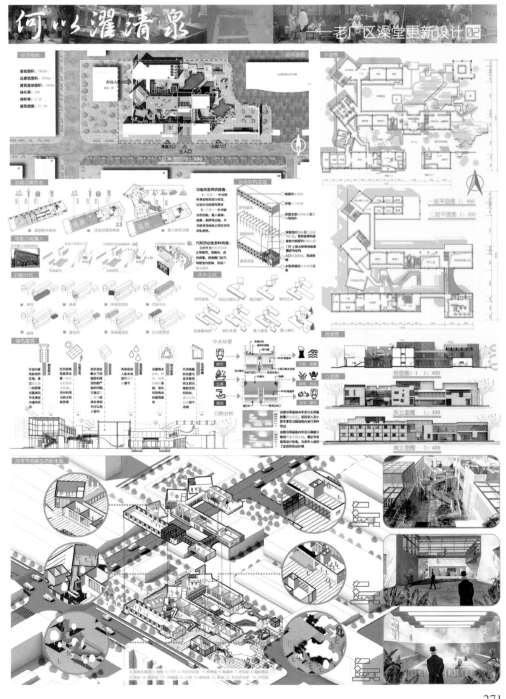

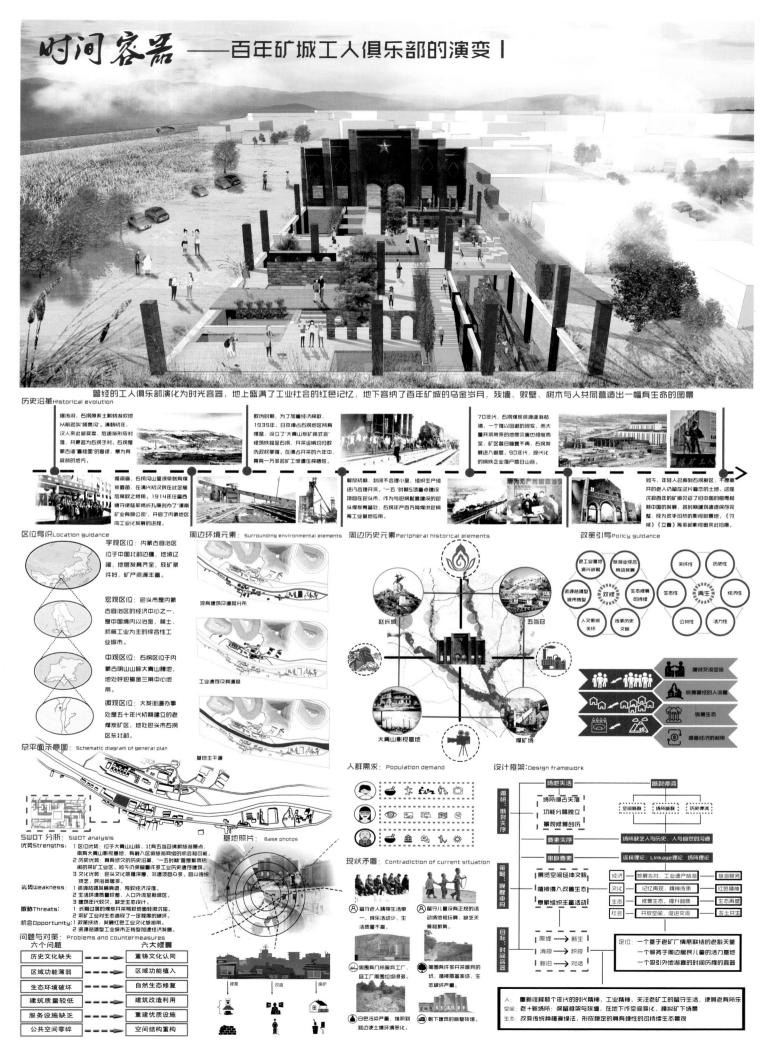

时间容器——百年矿城工人俱乐部的演变 |

曾经的工人俱乐部演变为时光容器，地上盛满了工业社会的红色记忆，地下容纳了百年矿城的乌金岁月，残墙、败壁、树木与人共同营造出一幅有生命的图景

历史沿革 Historical evolution

据传说，右拐原系土默特游牧地，从前名叫"调查河"。清朝前年，汉人来此耕采垦，后逐渐形成村落，并更名为右拐子村。右拐属蒙古语"蓄稼图"的音译，意为有森林的地方。

据调查，右拐沟山皇浪很早就有煤炭露苗，在清代初刘民在此定居后常取之燃用。1914年包头西镇守使陆军师长孔庚创办了滇南矿业有限公司，开启了内蒙古地区向工业化发展的进程。

敌伪时期，为了加重经济榨取，1939年，日本侵占右拐地区所育煤窑，设立了"大青山炭矿株式会"修筑铁路至右拐，开采运销均归敌伪政权掌握，在侵占开采的六年中，育有一万多名矿工修遭压榨残蚀。

解放初期，封闭不合理小窑，组织生产组进行合理开采。"一五"时期5项重点建设项目在包头市，作为与包钢配套建设的包头煤炭采育基地，右拐生产百万吨煤供包钢育工业基地应用。

70年代，右拐煤炭资源逐渐枯竭，一个难以回避的现实，而大量开采带来的地质灾害也相继而呈，矿区昔日繁荣不再，右拐发展进入断层。90年代，现代化的钢铁企业落户白山台。

如今，年轻人已搬到右拐新区，不愿离开的老人们留在这片着情的土地上，这座沉寂百年的矿城见证了祖国的思痕和新中国的发展，当时期建筑遗迹保存完整，众多影视剧组来此拍摄。

区位导识 Location guidance

宇宙区位： 内蒙古自治区位于中国北部边疆，地域辽阔，地层发育齐全，成矿条件好，矿产资源丰富。

宏观区位： 包头市是内蒙古自治区的经济中心之一，是中国境内以冶金、稀土、机械工业为主的综合性工业城市。

中观区位： 右拐区位于内蒙古阴山山脉大青山腹地，地处呼包鄂金三角中心地带。

微观区位： 大发街道办事处五十年代初期建立的老煤炭矿区，地处包头市右拐区北部。

周边环境元素 Surrounding environmental elements

现有建筑及道路分布
工业遗存及其通路
基地千千道

周边历史元素 Peripheral historical elements

赵长城
五当召
大青山影视基地
煤矿场

政策引导 Policy guidance

红色工业基地振兴战略 / 旅游业综合构协同发展 / 关怀性 / 历史性 / 资源枯竭型城市转型 / 生态修复可持续 / 双修 / 生态性 / 再生 / 经济性 / 人文系统关怀 / 传承历史文脉 / 公共性 / 活力性

提供交流空间
恢复曾经的人流量
恢复生态
提高经济的利用

总平面示意图 Schematic diagram of general plan

SWOT 分析 SWOT analysis

优势 Strengths： 1 区位优势：位于大青山山脉，北育五当召佛教旅游景点，南有大青山影视基地，具育八区旅游资源的机会与可能。2 历史优势：育深厚的历史沿革，"一五时期"育繁荣热闹的采矿工业。如今仍保留着许多工业历史遗存建筑。3 文化优势：包含文化底蕴深厚，非遗项目众多，且以传统技艺、民俗类居多。

劣势 Weakness： 1 资源结构复员受损，育较经济设施。2 生活环境质量较差，人口分流至新区。3 建筑质代较久，缺乏生态设计。

威胁 Threats： 1 长期过度的煤炭开采导致软地面轻微沉陷。2 采矿以对生态造成了一定程度的破坏。

机会 Opportunity： 1 政策扶持，发展红色工业文化旅游点。2 资源枯竭型工业城市转型促进经济发展。

问题与对策 Problems and countermeasures

六个问题 / 六大修复

六个问题		六大修复
历史文化缺失	⇒	重铸文化认同
区域功能薄弱	⇒	区域功能植入
生态环境破坏	⇒	自然生态修复
建筑质量较低	⇒	建筑改造利用
服务设施缺乏	⇒	重建优质设施
公共空间零碎	⇒	空间结构重构

基地照片 Base photos

人群需求 Population demand

现状矛盾 Contradiction of current situation

① 留守老人精神生活单一，娱乐活动少，生活质量不高。

② 留守儿童没有正规的活动场地和玩耍，缺乏关爱教育。

③ 周围育几所废弃工厂，目前周围垃圾很多。

④ 周围育许多开采采异留异的坑，植被覆盖率很低，生态破坏严重。

⑤ 白色污染严重，堆积到路边使土壤环境恶化。

⑥ 剩下建筑的断壁残垣。

设计框架 Design framework

场地失活 / 断裂焊滞
空间断裂 / 场所断裂 / 历史停滞
要素失序 / 场地缺乏人与历史，人与自然的沟通
串联要素 / 连接理论：Linkage理论 场所理论

展览空间延伸文脉 / 发展乡村、工业遗产旅游 / 旅游服务
积极传入改善生态 / 记忆再现，精神传承 / 红色精神
景观组织丰富活动 / 修复生态，提升品质 / 生态再生
开放空间，促进交流 / 乡土共生

废墟 ⇒ 重生
消极 ⇒ 积极
新旧 ⇒ 对话

定位： 一个基于老矿厂情感联结的老旧天窖 / 一个服务于周边居民儿童的活力基地 / 一个吸引外地游客的时间历程的容器

人： 重新诠释那个年代的时代精神，工业精神，关注老矿厂的留守生活，使其老育所依。

空间： 老+新场所：保留框架与残墙，在地下作空间变化，模拟矿下场景。

生态： 改变传统种植养护法，形成稳定的具有弹性的可持续生态景观。

时间容器
——百年矿城工人俱乐部的演变

参赛单位：内蒙古科技大学
参赛人员：王晓宁　连若涵　鲁朝晖　何欣霞
指导老师：殷俊峰　张　敏

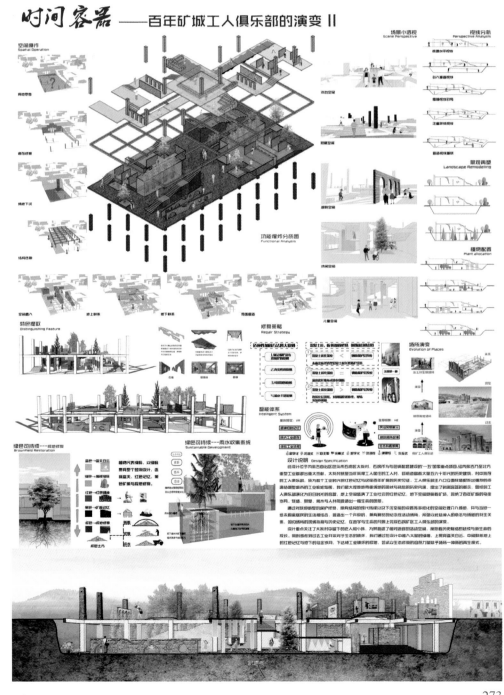

越吟聲田

区位与选址

绍兴市处于长江三角洲南翼，面积8256平方千米，市区339平方千米。西邻杭州，北接嘉兴，东壤宁波。
其气候为亚热带季风气候，四季分明，雨量充沛，日照丰富，温暖湿润。
交通便捷，除了浙赣、沪杭甬等铁路，高速公路穿越绍兴城区外，
2021年还预计与杭州直通通城际地铁，为投资金牌城市。

一、纺织支撑下的产业发展积贫积弱

营业总收入

营业总收入同比增长（%）

1.1
产业结构单一、发展到瓶颈期

大纺织业及其配套产业
产值/全部工业产值
=60%

纺织品出口额/全部出口额
=93%

轻纺城市场群成交额/全部商品交易市场成交额
=95%

1.2
总量规模较大，质量效益不高

工业

中小微企业

服务业

— 产能大
— 节能减排压力大
— 工业信息化水平低

— 交易模式—现货、现金、现场
— 物流业态—联托运公路物流
— 旅游形态—分散游、过路游

1.3
受制于纺织业的转型粘性强。

？ "多元化、融合化、创新化、集群化、绿色化"

高新产业激活

更新技术

振兴第三产业

环保

共同体

二、上位规划：旅游村

有占地开发为景区和地产投资部分导致搬迁。

场地下游为柯岩、鉴湖、鲁镇等风景区。
鲁镇景区内有水乡戏台。
政府支持风景村建设，风景区延续

？ 戏台的保留和当代社戏的传承是有的，但是更偏向于旅游展览形式，对象为游客。

3.1
水利工程建设得到古鉴湖原有水域面积

古鉴湖水域

三、古鉴湖水系的渊源

3.2
历史原因围湖造田

筑塘蓄水高丈余，田又高海丈余。若水少则澄湖灌田，如水多则开（应为闭）湖澄田中水入海，故以无岁饥。堤塘周回三百一十里，湖田九千顷。《会稽记》

遂为田九百余顷，曾遭开州观察推官江衍经度其宜，凡水湖田者两存之，立碑石为界，内者为田，外者为湖。《宋史·河渠志七》

推算下宋代大规模围垦前前蓄水量　　2.1亿㎡
鉴湖区现有总蓄水量　　1.12亿㎡

水域宽广完整
古鉴湖　→　开垦中　→　今鉴湖
斑块状湖泊河网群落
狭长的通达式水道

3.3
水上交通的重建

绍兴水上游局限于内河和环城河内、外环河却有水无船，环城河与外环河和内河一直没有沟通。

鉴湖水上新开通游线将世界文化遗产古运河、世界著名的古老的水利工程古老的鉴湖和绍兴古城串在一起。

？ 旅游资源的利用
水上交通的重启
水上观演的重生

四、适用人群行为与需求

老人　儿童　其他村民　游客　过路游　定点游

集中活动场地
精神寄托场所

文化体验形式

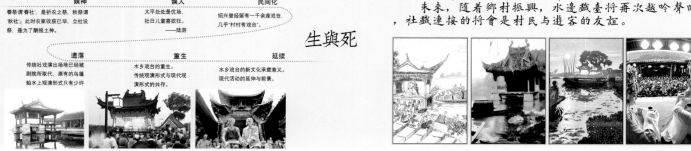

社戲 的 生與死

曾經，水鄉社戲歷經千年，早已從祭拜神明發展為聯繫同村同社的一種文化活動，一段越吟，勾起鄉民們千年共同的話題。

如今，隨著城鄉差距的拉大、年輕人的離失，村民們不再擁有社戲，也不再擁有彼此的聯繫。

未來，隨著鄉村振興，水邊戲臺將再次越吟聲田，社戲連接的將會是村民與遊客的友誼。

娛神
春祭謂春社，是祈农之祭。秋祭謂"秋社"。此時农家收獲已畢，立社設祭，是為了酬報土神。

娛人
太平處处是优场，社日儿童喜欲狂。
——陆游

民间化
绍兴曾留有一千余座戏台，几乎"村村有戏台"。

遗落
传统社戏演出场地已经被剧院所取代，原有的乌篷船水上观演形式只有少许。

重生
水乡戏台的新文化承载意义。
传统观演形式与现代观演形式的共存。

延续
现代活动的延伸与前景。

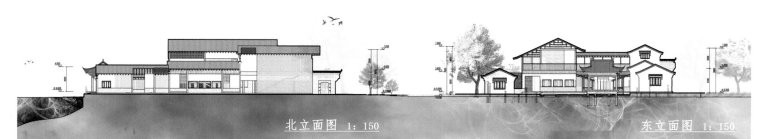

北立面图　1：150　　　　　　　　　　　　　东立面图　1：150

越吟声回
以水乡戏台为基础发展的村民中心

参赛单位：重庆大学
参赛人员：袁子涵　邬玉珊
指导老师：王　立　田　琦

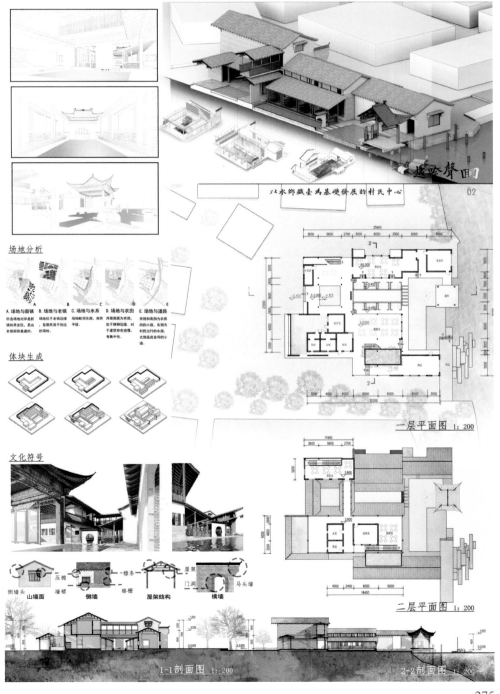

RETROSPECT AND EGENERATION OF TRADITIONAL STREETS AND LANES IN MACAO
澳门传统街巷的回溯与再生

澳门作为新型的旅游居住城市，有众多特色的景点和浓厚的中西方文化气息。然而，随着城市化进程的发展，澳门填海工程不断扩张。作为新区的黑沙环片区，就是这样一块崭新的片区。然而，起初作为工业区的黑沙环，不久就因城市化转型发展而被遗弃，这片亟待开发的废旧工业区就是我们本次的设计主题。回溯澳门传统街巷的活力再生生点，想在这片工业区恢复传统街巷的活力。

我们在澳门老城区中挖掘传统街巷中自发的宗教活动，尽可能挖掘这片地区的不同使用人群，创造符合当地人民需求的生活圈，让他们可以尽可能融入当地文化中，回到澳门传统生活的本质。此外，为活化这片地区，我们通过桥梁将周边的环境与基地连接，希望能创造更大的使用潜力。

AS A NEW TYPE OF TOURIST CITY, MACAU HAS MANY UNIQUE ATTRACTIONS AND A STRONG SENSE OF CHINESE AND WESTERN CULTURE. HOWEVER, WITH THE DEVELOPMENT OF URBANIZATION, THE RECLAMATION PROJECT IN MACAU HAS CONTINUED TO EXPAND. AS A NEW AREA, THE BLACK SAND RING AREA IS SUCH A BRAND NEW AREA. HOWEVER, THE BLACK SAND RING, WHICH WAS ORIGINALLY USED AS AN INDUSTRIAL AREA, WAS SOON ABANDONED DUE TO THE TRANSFORMATION OF URBANIZATION. THIS WASTE INDUSTRIAL AREA TO BE DEVELOPED IS OUR DESIGN THEME. LOOKING BACK AT THE VITALITY REGENERATION POINT OF MACAO'S TRADITIONAL STREETS AND LANES.
WE EXCAVATE SPONTANEOUS RELIGIOUS ACTIVITIES IN TRADITIONAL STREETS AND LANES IN THE OLD CITY OF MACAU, TRY TO TAP THE DIFFERENT PEOPLE IN THIS AREA AND CREATE A LIVING CIRCLE THAT MEETS THE NEEDS OF LOCAL PEOPLE SO THAT THEY CAN INTEGRATE INTO THE LOCAL CULTURE AS MUCH AS POSSIBLE AND RETURN TO THE MACAO TRADITION. THE ORIGIN OF LIFE. IN ADDITION, IN ORDER TO ACTIVATE THIS AREA, WE CONNECT THE SURROUNDING ENVIRONMENT WITH THE BASE THROUGH BRIDGES, HOPING TO CREATE GREATER POTENTIAL FOR USE.

SITE ANALYSIS
区位分析

POPULATION AND ACTIVITIES
不同人群与传统街巷活动

INDUSTRAL HISTORY
区位分析

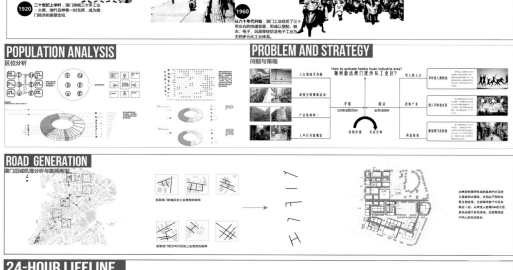

1920
1950
1960
1970
1990
2019

POPULATION ANALYSIS
区位分析

PROBLEM AND STRATEGY
问题与策略

How to activate heisha huan industria area?
如何激活澳门黑沙环工业区？

contradiction　activation

ROAD GENERATION
澳门旧城机理分析与路网再生

24-HOUR LIFELINE
24小时生活线

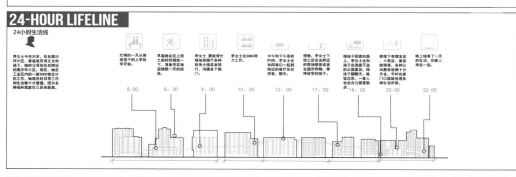

8:00　8:30　9:00　10:00　12:00　17:00　18:00　20:00　22:00

OPERATING METHOD
操作手法

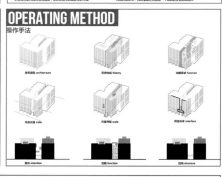

建筑型态 architecture
历史脉络 history
功能使用 function
市政交通 trafic
尺度界面 scale
界面诉求 interface
意向 intention
功能 function
结构 structure

ROAD TYPE
道路切片类型

主路 8M　活跃的市民活动空间

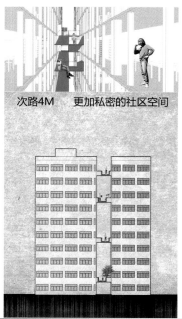

次路4M　更加私密的社区空间

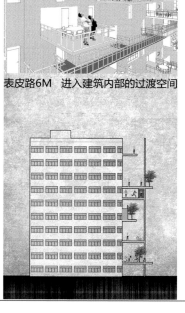

表皮路6M　进入建筑内部的过渡空间

建筑间隙8M以上　有趣的交通过道与公园空间

澳门传统街巷的回溯与再生

参赛单位：华侨大学
参赛人员：蔡可嘉　龚豪辉
指导老师：费迎庆　胡　璟

旅游式活动俱乐部

基于前商后宅模式的三河古镇游览体验升级项目

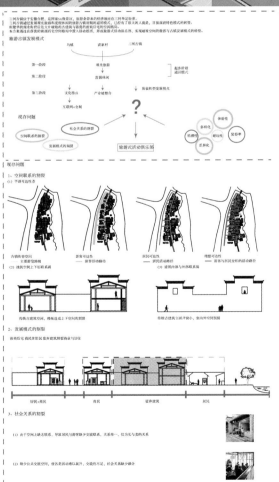

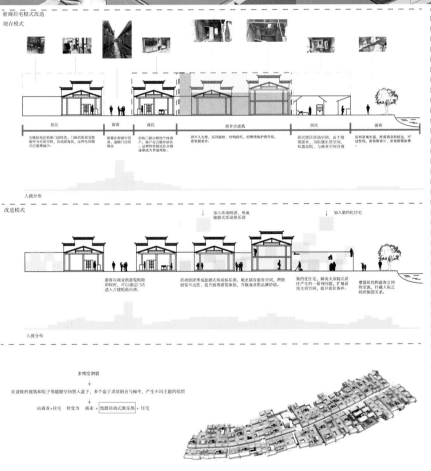

前商后宅模式改造

现存模式

人流分布

改造模式

人流分布

多维度割裂

旅游式活动俱乐部
—— 基于前商后宅模式的三河古镇游览体验升级项目

参赛单位：安徽建筑大学
参赛人员：张　一　　陆春华　　陈家傲
指导老师：解玉琪

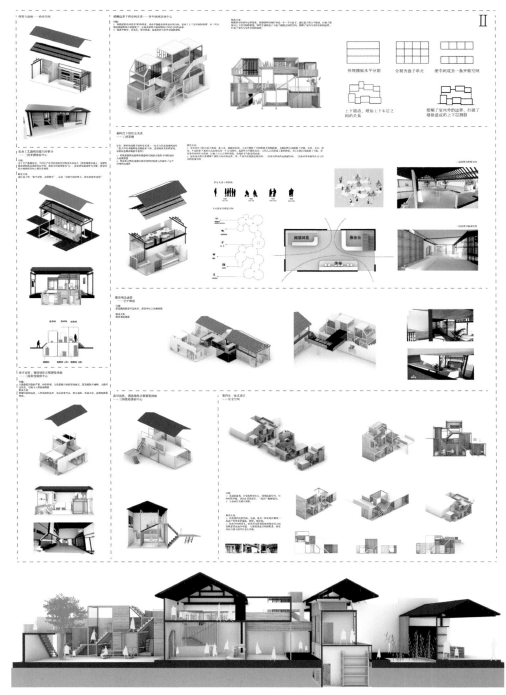

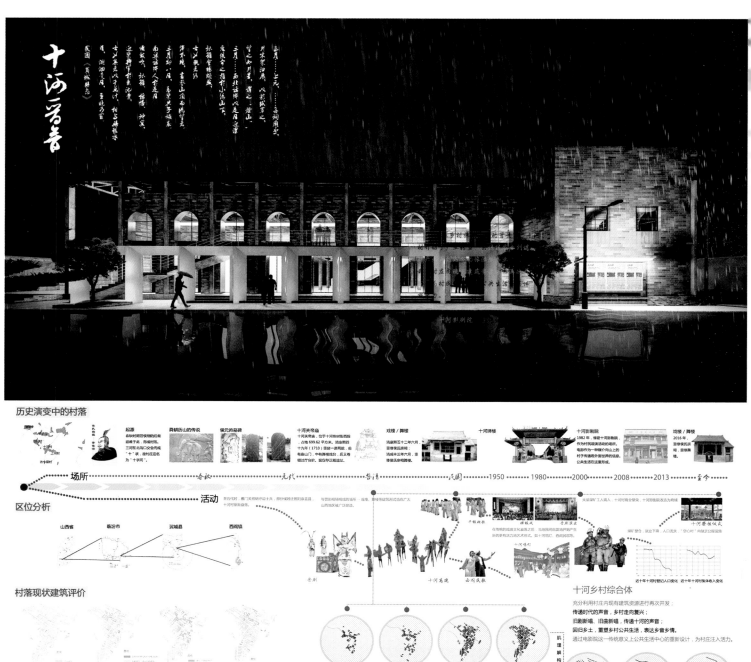

十河影音

历史演变中的村落

起源　舜耕历山的传说　侯元的墓碑　十河关帝庙　戏楼／舞楼　十河牌楼　十河影剧院　戏楼／舞楼

场所

活动

区位分析

山西省　临汾市　闻城县　西阎镇

村落现状建筑评价

清代村落肌理图　民国时期村落肌理图　2000年村落肌理图　2018年村落肌理图

近十年十河村登记人口变化　近十年十河村集体收入变化

十河乡村综合体

充分利用村庄内现有建筑资源进行再次开发：
传递时代的声音，乡村走向复兴；
旧剧新唱、旧曲新唱，传递十河的声音；
回归乡土，重塑乡村公共生活，表达乡音乡情。

通过电影院这一传统意义上公共生活中心的重新设计，为村庄注入活力。

肌理解构

建筑　道路　街巷

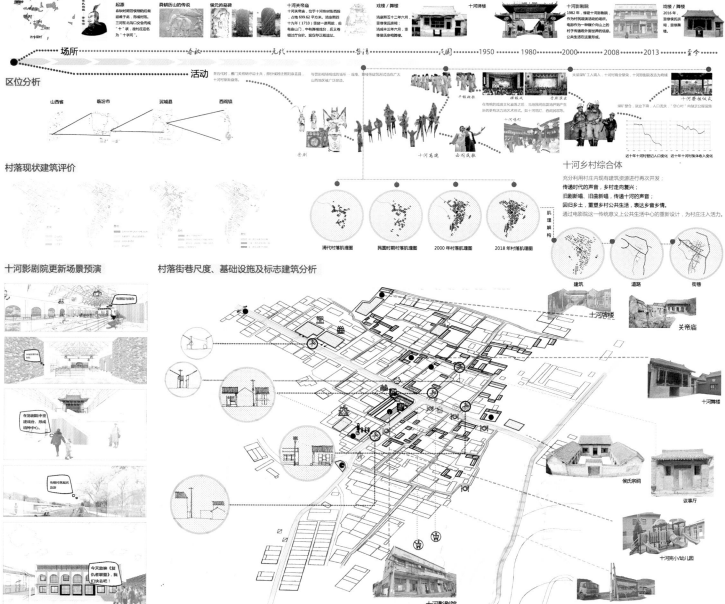

十河影剧院更新场景预演

村落街巷尺度、基础设施及标志建筑分析

十河牌楼　关帝庙　十河舞楼　侯氏宗祠　议事厅　十河完小幼儿园　十河影院　村南口

十河晋音

参赛单位：北京交通大学
参赛人员：张正岳　张丹阳
指导老师：万　博　姜忆南

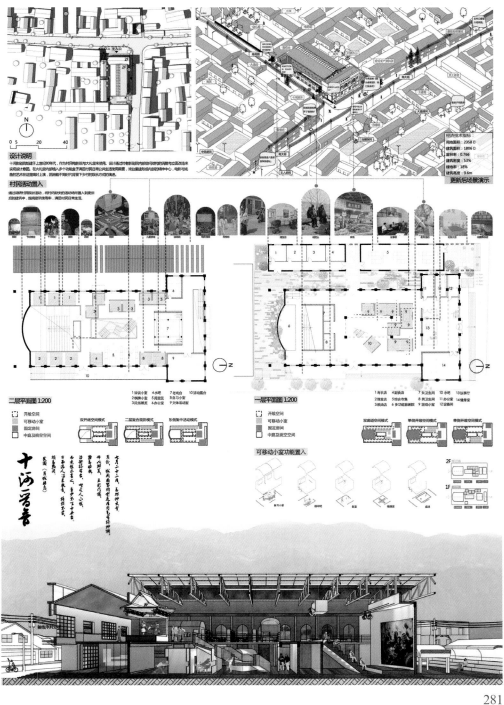

千百年来，中国人从未停止对自然的向往，他们逃离闹市，归隐山林，甚至为此放弃名利和财富。在中国人的语境中，"山"是最原始、最自然的状态，它代表了世间万物，是天地崇拜的起源。山被中国人视为神仙的居所，是完全不同于世俗的、精神的所在。

然而问题在于，在当今这个精密而庞大的机器般的城市里，城市的边界无限扩张，而属于"自然"的绿树、青草早已沦为城市文明的附属品，即使身处树荫之下，无处不在的钢筋混凝土也在无时不刻不提醒着人们城市的存在。这使人对自然的感知变得麻木而迟钝，城市的居民甚至忘记了自己向往纯粹的自然的本能。因此我们希望在城市中创造一方纯净的土地，把城市屏蔽在视线之外，用山的意向在精神上给予人们一个寄托，以此唤醒人们对于自然的感知。

■ 项目选址 Project site Selection

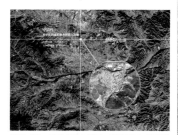

阳泉市-山城　小河村布置在由龙岩山，虎岩壁等山脉环拱形成的盆地里。青砖灰瓦，苍山树影。
小河村隶属于山西阳泉市郊区义井镇，位于城乡结合部，距市中心仅4公里，北与白羊墅火车站相距一公里，南与太旧高速公路平定出口相距8公里小河村占地面积4平方公里，现有662余户。

小河村村落更新与改造
Renewal and Renovation of Xiaohe

■ 地形分析 Micro Analysis

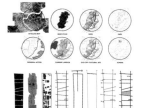

■ 历史分析 Historical Analysis

远古　　　　高朝-青铜器時　　　早期　　唐朝　　　　明清　　　　山西晋商文化·儒家文化
山西南部　　西周-春秋-戰国　　奢满　　民宅有木结构　泰彌时期　西合院-铜瓦民居-古城瓦棚
人类起源时　人類起源時　　　　　　　　具瓦式房屋　铜制瓷磚·木构建筑　晋中地区建造水平較高级具代表性
新旧石器时期　　　　　　　　　　　　　　深宅大院　　1.防御性建築
　　　　　　　　　　　　　　　　　　　商业繁盛　　2.建筑布局合理
　　　　　　　　　　　　　　　　　　　大火大土　　3.总体布局讲究高超
　　　　　　　　　　　　　　　　　　　　　　　　4.三進院的布局/用广泛

■ 人口分析 Demographic Analysis

居住者 58%　　自宅 70%　　老年 29%
游客 35%　　　租住 30%　　中年 41%
打工者 7%　　　　　　　　儿童 18%
　　　　　　　　　　　　　青年 12%

22%　　　　　37%　　　　　48%
老年居住者 78%　中年居住者 63%　青少年居住者 52%

山西人均住房面积　小河村人均住房面积
31.96平方米/人　　42.2平方米/人

通过数据显示，自宅居住者的然占着很大的比重，老年和小孩选择留在村落的占比重更大，中年多变迁或者在外打工，面对这一数据，我们需要针对老年儿童，以及对外来游客这些群体进行对应空间的设计。

可以看出小河村人均住房面积大于山西人均住房面积，我们可以利用这些面积进行改造，改善公共基础设施，提高人们生活幸福指数。

■ 人群行为分析 Comprehensive Status　　山西省在军事因素比较突出的近代时期，山西省的太原、大同等作为军事重镇，对近代历史的发展起到了举足轻重的作用，故而该地区的近代建筑对中国近代建筑史的发展有着较为重要的地位。

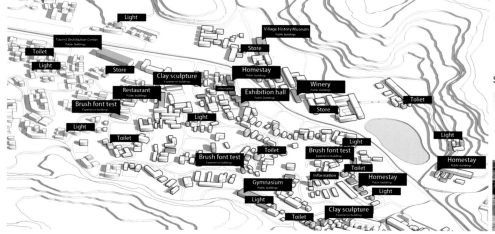

■ 绿植分析 Green Planting Analysis

SECTION—A-A'　　　　SECTION—B-B'

阳泉市生境复杂，植物种类繁多，各科植物中，豆科、蔷薇科及禾本科，这4个科共有154种；其次是百合科、全本科、菊科、唇形科和蓼科。在植物品种和资源中，有可供药用的植物160种以上，更有多种粮食作物、油料作物和蔬菜作物。

阳泉市境内有森林94.1万亩，占阳泉市总面积的13.74%，另有四旁树2205万株，木材蓄积量共为55万立方米。森林植中，经济林为4.87万亩。境内有牧坡草地182.1万亩，其中可利用的牧坡草地占90%以上，青草总产量在1亿公斤以上。

■ 设计推导 Design Concept

基于人群交易、文化、社交的共同需求。
我们希望在公共和私有之间柔化边界并引导性蔓延。
创造明确而渐变的可进入性列交互与对话的空间，能够发生故事的场所，从而点亮村落。

S　穿插于主房与耳房之间，改善院落灰空间。如圆
S+　尺寸稍大于S，根据不同需求拓宽建筑尺寸。

M　在耳房或主房的基础上进行结构和功能性的改变。如皮影制体体验坊，泥塑制瓷坊，酒店制作体验坊，文化传习馆，茶室，书吧等。
M+　尺寸稍大于M，根据不同需求拓宽建筑尺寸。

解决
采光问题，风沙问题
当地元素
夜晚照明
基础设施不足

L　大型建筑的结构和功能性根据需求进行改变。如旅游集散中心，村史文化交流馆，体育馆等。

■ 设计草图 Design Sketch

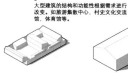

S——Lighting up the building

■ 建筑分布 Architectural Distribution

Tourist Distribution Center
Public buildings

Toilet
Light
Light
Store
Village History Museum
Public buildings
Store
Clay sculpture
Experience buildings
Homestay
Public buildings
Restaurant
Experience buildings
Winery
Public buildings
Brush font test
Experience buildings
Exhibition hall
Public buildings
Light
Store
Toliet
Light
Toilet
Toilet
Brush font test
Experience buildings
Brush font test
Experience buildings
Light
Information
Light
Light
Homestay
Public buildings
Gymnasium
Public buildings
Homestay
Public buildings
Toilet
Information
Light
Clay sculpture
Experience buildings
Toilet

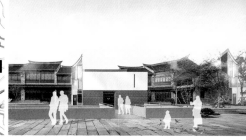

小河村村落更新与改造

参赛单位：大连工业大学
参赛人员：张春雷　李雨璇
指导老师：顾　逊　杨　静

玩·聚

基于公馆历史建筑群的亲子空间挖掘设计

设计背景：
同仁里公馆群结构完整，保存完好，是民国时期长沙的一个缩影，是历史文化名城长沙在民国时期重大文化节点，对研究民国时期公馆建筑、住宅建筑转型具有深刻意义。同时还具有重要的红色文化价值，是昔日的革命实践发生地，具有特殊的窗口作用。

设计说明：
该方案以"亲子"民宿为主题，保留公馆原有居住功能和部分外貌，并将其进行补充优化、强化视觉和功能，提供民宿的基本服务，并为周围社区住户提供老城区所不具备的公共休闲娱乐空间，将邻里的互动加以放大延续。在不打破"住宿"这一基本功能的前提下，通过设计增进、人与空间、居民和旅客，家长与孩子、家庭与家庭之间的关系和互动，希望使用者在民宿居住过程中，减小因为忙于工作等原因造成的与孩子之间的隔阂，在一种轻松、自然、舒适又不乏趣味的居住生活体验中消解两代人的疏离感。

一、老城区各要素调研及分析
Investigation and Analysis of the Elements of Old City

1、基地区位　2、基地交通　3、基地绿化　4、建筑结构　5、空间节点　6、使用情况

二、老城区街道现状照片
Photographs of Street Status in Old Town

三、人群生活诉求及日常行为习惯
People's Life Appeal and Daily Behavior Habits

四、总平面图及周边环境分析
General Plane Map and Peripheral Environment Analysis

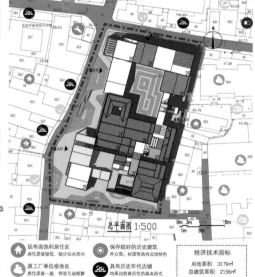

总平面图 1:500

经济技术指标	
用地面积	3179㎡
总建筑面积	2156㎡
新建筑占地面积	363㎡
旧建筑占地面积	815㎡
建筑密度	37%
容积率	1.83
规划民宿户数	25户

五、亲子民宿场景模拟体验
Simulated Experience of Parent-Child Residence Scene

Day 1　Day 2　Day 3

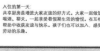

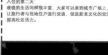
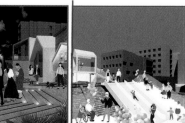

玩·聚

参赛单位：中南大学
参赛人员：黄知真　田一农　赵云龙　叶　萌
指导老师：胡　华　解明镜

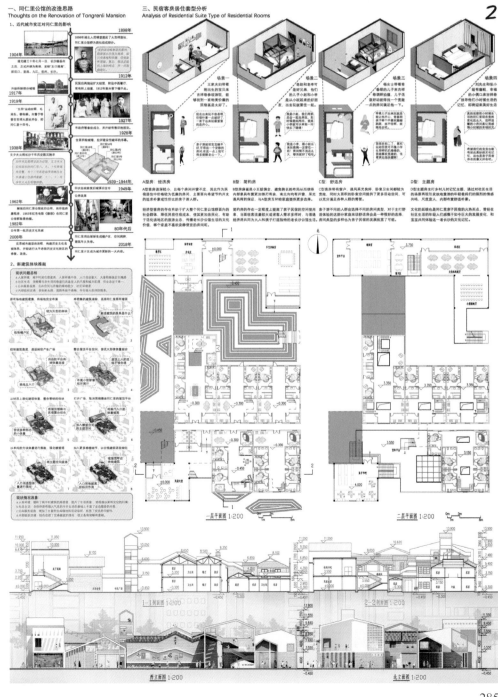

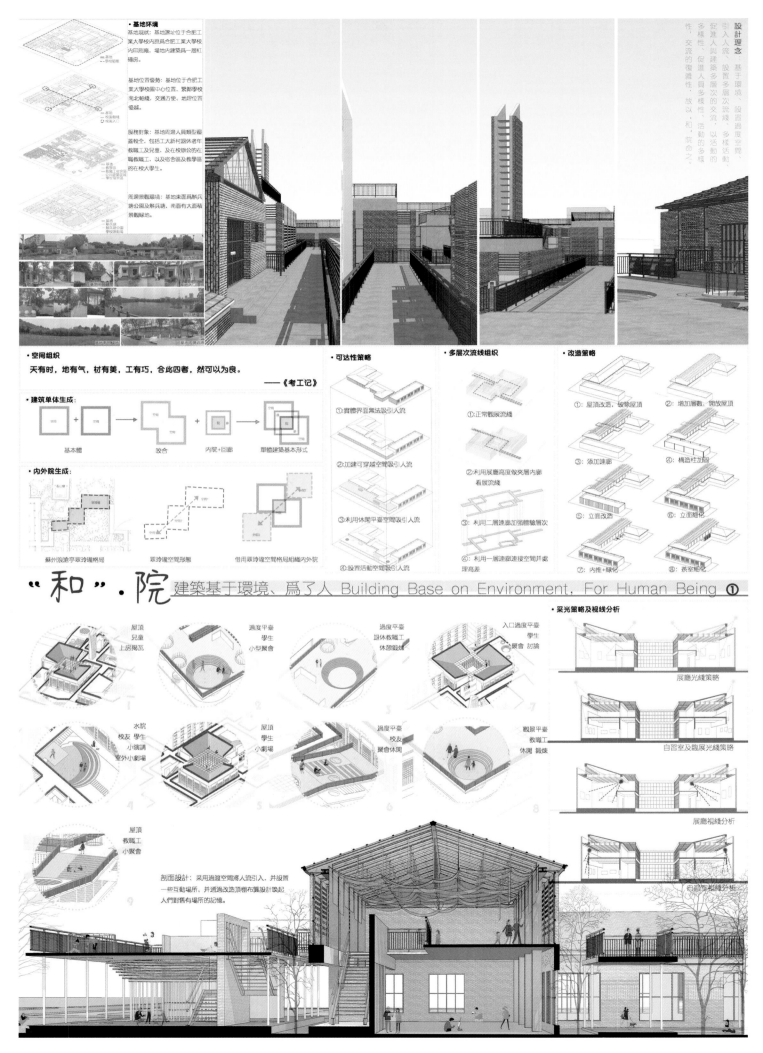

· 基地环境

基地现状：基地源址位于合肥工業大學校内原局合肥工業大學校内印刷廠，場地或建築爲一層紅磚房。

基地位置優勢：基地位於合肥工業大學校園中心位置，緊鄰學校南北軸綫，交通方便，地理位置優越。

服務對象：基地周源人員類型覆蓋校全，包括工大新村退休老年教職工及兒童、及在校辦公的在職教職工，以及宿舍區及教學區的在校大學生。

周源景觀環境：基地東面爲解兵地公園及解兵塘，南面有大面積景觀綠地。

· 空间组织

天有时，地有气，材有美，工有巧，合此四者，然可以为良。
——《考工记》

· 建筑单体生成：

基本體 + 空間 → 改合 空間 + 内院+回廊 → 單體建築基本形式

· 内外院生成：

蘇州浪滄亭翠玲瓏格局　　聚玲瓏空間形態　　借用聚玲瓏空間格局組織内外院

· 可达性策略

①實體界面無法吸引人流
②加建可穿越空間吸引人流
③利用休閒平臺空間吸引人流
④設置活動空間吸引人流

· 多层次流线组织

①正常觀展流綫
②利用展廳高度做夾層内廊看展流綫
③利用二層連廊加强體驗層次
④利用一層連廊連接空間并處理高差

· 改造策略

①：屋頂改造，破除屋頂
②：增加層數，開放屋頂
③：添加連廊
④：構造柱加固
⑤：立面改造
⑥：立面細化
⑦：内推+綠化
⑧：茶室細化

"和".院 建築基于環境、爲了人 Building Base on Environment, For Human Being ①

· 采光策略及視綫分析

展廳光綫策略
自習室及臨展光綫策略
展廳視綫分析
自習室視綫分析

屋頂 兒童 上房揭瓦
過度平臺 學生 小型聚會
過度平臺 退休教職工 休憩觀煉
入口過度平臺 學生 聚會 討論
水院 校友 學生 小演講 室外小劇場
屋頂 學生 小劇場
過度平臺 校友 聚會休閒
觀景平臺 教職工 休閒 鍛煉
屋頂 教職工 小聚會

剖面設計：采用過渡空間將人流引入，并設置一些互動場所，并通過改造頂棚布簾設計喚起人們對舊有場所的記憶。

設計理念

基于環境，設置過度空間，設置多層次流綫，多樣活動，引入人與建築多層次的交流，以活動的多樣性，促進人員多樣性，活動的多樣性、交流的復雜性。故以「和」錠命之。

"和"·院

参赛单位：合肥工业大学
参赛人员：韩四稳　裴　龙　陈昶岑
指导老师：王　旭

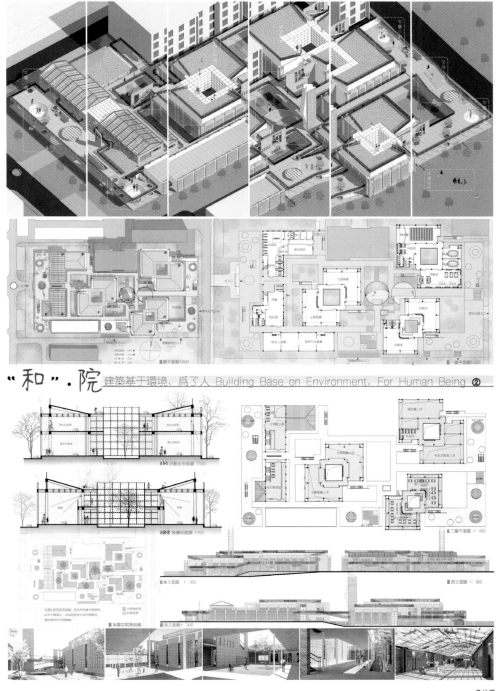

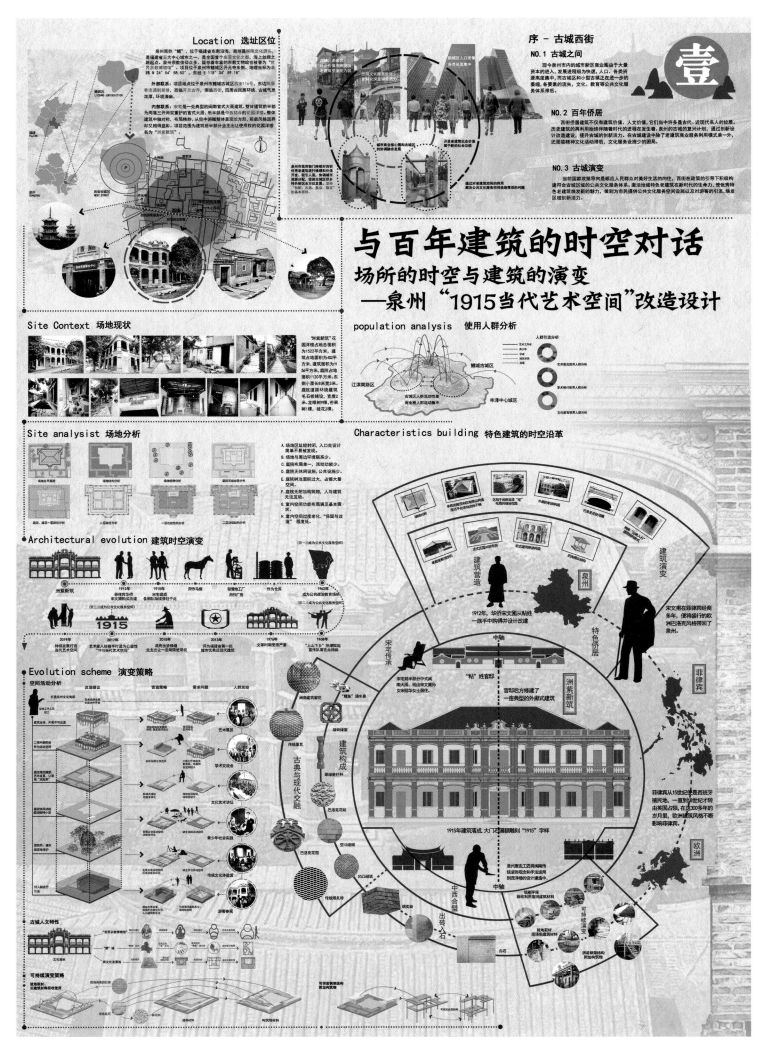

与百年建筑的时空对话
—— 泉州"1915当代艺术空间"改造计划

参赛单位：安徽工业大学
参赛人员：刘文达
指导老师：张　敏　薛雨菲

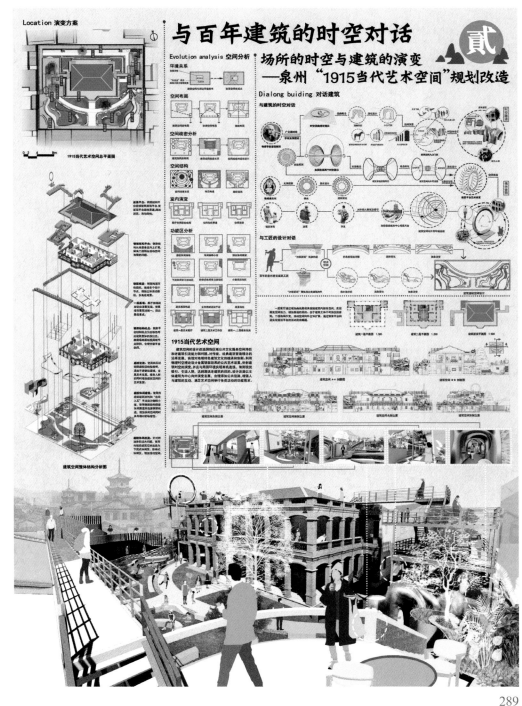

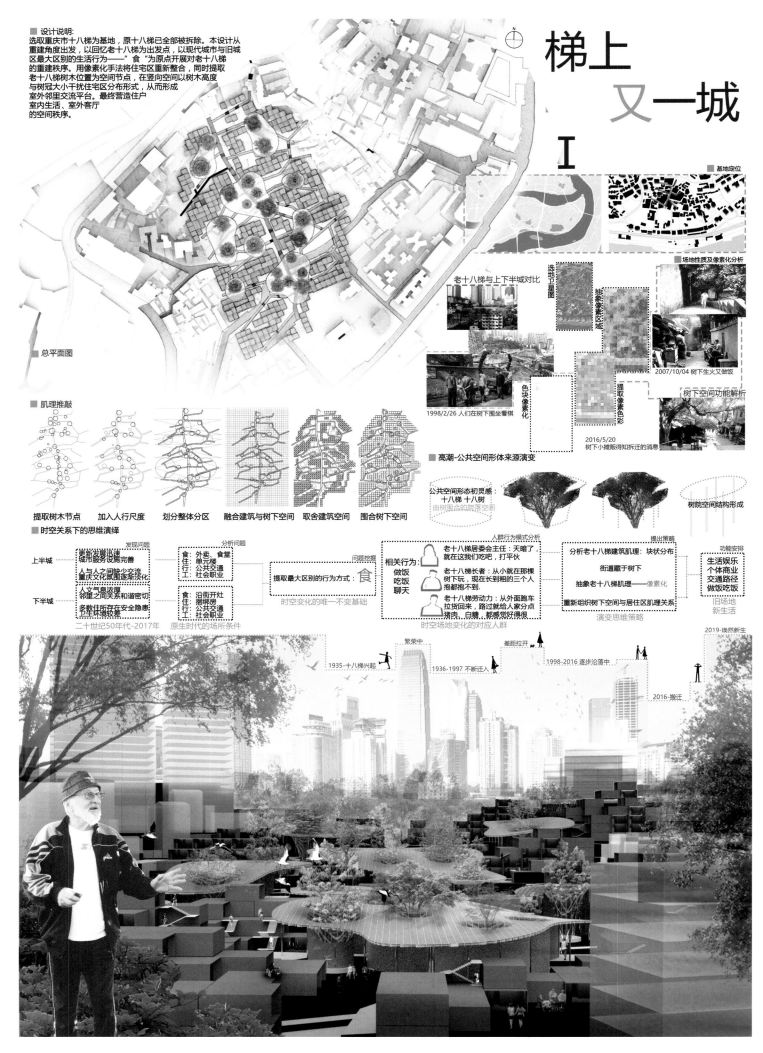

梯上又一城

设计说明：
选取重庆市十八梯为基地，原十八梯已全部被拆除。本设计从重建角度出发，以回忆老十八梯为出发点，以现代城市与旧城区最大区别的生活行为——"食"为原点开展对老十八梯的重建秩序。用像素化手法将住宅区重新整合，同时提取老十八梯树木位置为空间节点，在竖向空间以树木高度与树冠大小干扰住宅区分布形式，从而形成室外邻里交流平台。最终营造住户室内生活、室外客厅的空间秩序。

■ 总平面图

■ 基地定位

■ 场地性质及像素化分析

老十八梯与上下半城对比

选地卫星图

抽象像素区域

色块像素化

提取像素色彩

树下空间功能解析

1998/2/26 人们在树下围坐看棋

2007/10/04 树下生火又做饭

2016/5/20 树下小摊贩得知拆迁的消息

■ 肌理推敲

| 提取树木节点 | 加入人行尺度 | 划分整体分区 | 融合建筑与树下空间 | 取舍建筑空间 | 围合树下空间 |

■ 高潮-公共空间形体来源演变

公共空间形态初灵感：
十八梯 十八树
由树围合的院落空间

树院空间结构形成

■ 时空关系下的思维演绎

发现问题 　 分析问题 　 问题挖掘 　 人群行为模式分析 　 提出策略 　 功能安排

上半城
更新发展迅速 城市服务设施完善
人与人之间缺少交流 重庆文化氛围逐渐淡化

下半城
人文气息浓厚 邻里之间关系和谐密切
多数住所存在安全隐患 节季环境较差

食：外卖、食堂
住：单元楼
行、工：公共交通 社会职业

食：沿街开灶 捆绑房
住：
行、工：公共交通 社会职业

提取最大区别的行为方式：食
时空变化的唯一不变基础

二十世纪50年代-2017年
原生时代的场所条件

相关行为
做饭
吃饭
聊天

老十八梯居委会主任：天暗了，就在这我们吃吧，打平伙

老十八梯长者：从小就在那棵树下玩，现在长到粗的三个人抱都抱不到。

老十八梯劳动力：从外面跑车拉货回来，路过就给人家分点猪肉、白糖，都感觉好得很

时空场地变化的对应人群

分析老十八梯建筑肌理：块状分布
街道藏于树下
抽象老十八梯肌理——像素
重新组织树下空间与居住区肌理关系

演变思维策略

生活娱乐
个体商业
交通路径
做饭吃饭
旧场地新生活

1935-十八梯兴起
繁荣中
1936-1997 不断迁入
1998-2016 逐步沦落中
2016-搬迁
2019-焕然新生
差距拉开

梯上又一城

参赛单位：重庆大学城市科技学院
参赛人员：公孙慧男　田明达　龙　婧
指导老师：刘　喆

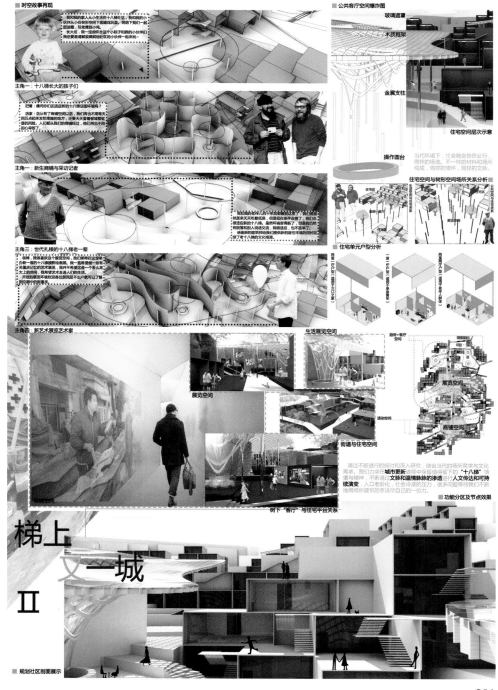

渔·桥

沙坡尾老造船厂改造项目——"渔产业文化"创意社区

物质空间层面 1

设计说明

本设计位于福建厦门市沙坡尾，原场地现存数栋老渔业厂房遗址。本设计从物质空间层面和社会文化层面两个角度出发，希望解决沙坡尾存在的以下问题：①端头路导致的人流活力分布不均②大片不可进入空地场地地与大密度人流区分割③产业发展与本地文化特色资源相脱离④未形成文化创意产业的合理结构⑤未能形成具有休闲体验功能的渔港旅游产业。本设计利用物质空间层面的"桥"带来人流量，促进社会文化层面的文化产业，又进一步加强沙坡尾文化社区的发展后劲，带来更多的人流量。

经济技术指标：
用地面积：12699㎡
建筑面积：4890㎡
总建筑面积：5680㎡
容积率：0.44
建筑密度：38%

区位分析：

沙坡尾地区位于厦门老城的避风坞片区，紧邻厦门大学，与数据海相隔相望。其历史可以追溯到明代以前，早期的厦门港是一处弧形的海湾，这一带海湾呈月牙型，金色的沙滩连成一片，故有"玉沙坡"美称。玉沙坡靠近峰巢山一侧称之为沙坡尾。1925年前后，厦门市政当局填海筑堤修建沙堤马路，沙坡尾与大学路之间遂形成了避风坞，沙坡避风坞随即兴起。现如今，尽管官方给当代沙坡尾的定义是艺术社区，但旅游业让沙坡尾文化和产业结构的调整，导致沙坡尾出现过度商业化的现象，曾经盛极一时的艺术创作活动已经逐渐落幕。

场地现状：

现存老船厂1：
老造船厂厂房，现暂无作用。

现存老建筑2：
老造船厂厂房，现开部分店铺，但人流稀疏。

现存老建筑3：
原鱼量鱼油厂厂房，现作为小吃城使用，人流较少。

现存老建筑4：
破旧老民居，现用于晾晒，内部无法进入，阻碍通向海边的视线。

问题分析

交通：问题总结——端头路径

公交：公交且首的站外远离道路经门车站，只有两个字形站点无法到达，出入较文...

车行：少登岛北边主要组织但所题不直有不易到西离海病远的都秋缺...

人行：均形路路成未形成环路，且且海边路作堤系更紧凑...

停车：分流随桃地一侧人门道是使用有效有放开预留可以充...

人流密度：问题总结——缺乏活力

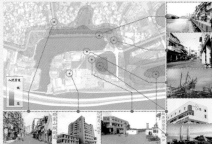

解决策略

宏观解决策略：形成环路

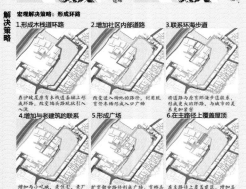

1.形成木栈道环路
在沙坡尾原有木栈道基础上形成环路，我爱坡尾原现状引入...

2.增加社区内部道路
残爱进入场地的路合系，利用现有停车场形成入口广场...

3.联系环海步道
将道路与原有环海步道联系，形成更大的环路，与城市的其系更紧密...

4.增加与老建筑的联系
增加与小吃城，老住宅，老厂房的联系，带动区域共同治力...

5.形成广场
扩建部分路径形成广场，有桥头入口，中庭等广场，慢入流驻留...

6.在主路径上覆盖屋顶
在主路径上覆盖建筑，增加具体使用功能，人流交更密集...

微观解决策略：营造路径

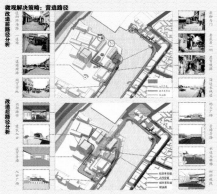

改造前路径径分析

改造后路径径分析

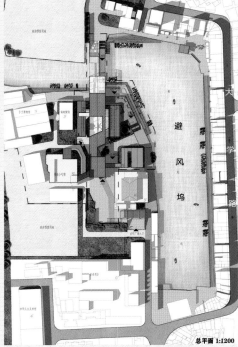

避风坞

总平面 1:1200

中庭使用方法设想二：艺术市集

渔·桥
—— 沙坡尾老造船厂改造项目

参赛单位：厦门大学
参赛人员：刘　崇　徐欣雨
指导老师：唐洪流　李立新

HOMELESSPACE 台中車站高架橋下 公共空間遊民聚落探討

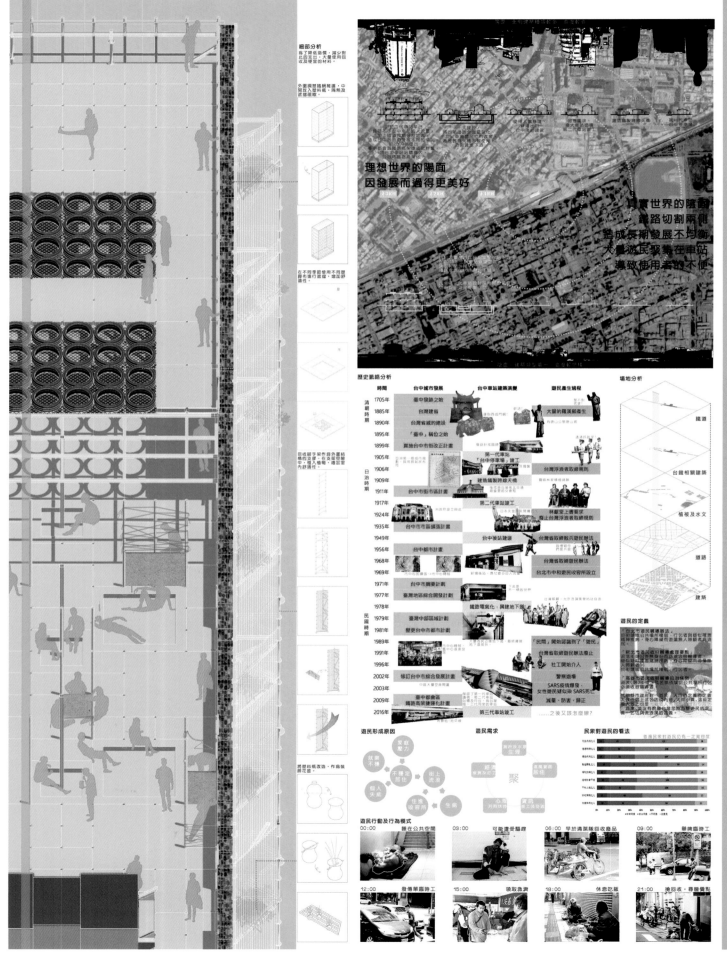

理想世界的陽面
因發展而過得更美好

真實世界的陰面
鐵路切割兩側
造成長期發展不均衡
大量遊民聚集在車站
導致使用者的不便

HOMELESSPACE
台中车站高架桥下公共空间游民聚落探讨

参赛单位：华南理工大学
参赛人员：洪钰涵
指导老师：王　静　冷天翔

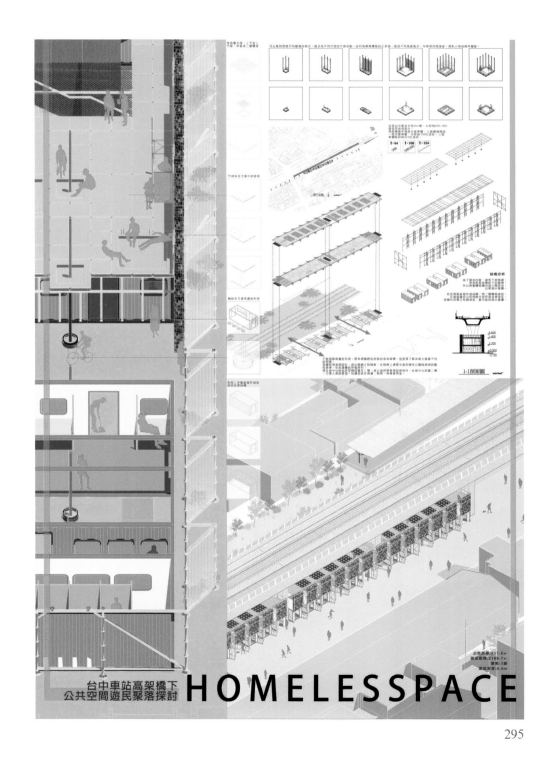

古墙 古事
THE MEMORY OF
THE ANCIENY WALL

▶ 总平面图

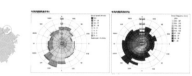

历史背景

乌镇，位于浙江省嘉兴市桐乡，地处江浙沪"金三角"之地、杭嘉湖平原腹地，距杭州、苏州均为60公里，距上海106公里。属太湖流域水系，河流纵横交织，京杭大运河依镇面过。乌镇原以市河为界，分为乌青二镇，河西为乌镇，属湖州府乌程县；河东为青镇，属嘉兴府桐乡县。市河以西的乌镇划归桐乡县，才统称乌镇。乌镇历史悠久，据乌镇近郊的谭家湾古文化遗址考证表明，大约在7000年前，乌镇的先民就在该地繁衍生息了。那一时期，属于新石器时代的马家浜文化。

地理气候

乌镇东经120°54′，北纬30°64′。地处桐乡市北端，京杭大运河东侧，北界江苏省苏州市吴江区，为两省三市交界之处。境内河流属长江流域太湖运河水系。属典型的江南水网平原。乌镇地处东南沿海，属典型的亚热带季风气候。温暖湿润，雨水丰沛，日照充足，年平均日照1842.3小时，具有春长秋短，冬冷夏热，春暖秋凉，四季分明的特点。一年中春季为78天，夏季为90天，秋季为64天，冬季长达133天。年平均气温16.1℃。1月份最冷，月平均气温3.6℃，7月份最热，月平均气温28.1℃，年平均降水量1233.9毫米.

技术分析

天井是指位于厅堂前后，由房屋、檐廊以及墙壁所围合，顶部四周由屋檐环合而成。天井无屋顶，地坪略低于室内。同时天井通常开阔、进深尺度较小，但高度较深，给人一种"坐井观天"的感觉。天井是中国传统建筑的一种合院建筑形态，在传统民居建筑中天井起到了通风采光、遮阳排水等作用。同时，天井又是承接从室内过度到室外的媒体，可塑造出人与自然的和谐共生的空间。其既有使用价值，又富含人文色彩，对现代建筑设计来说，具有重要意义。

且通过软件对天井的通风、采光进行科学计算，得出天井披度以及长宽尺度最为合适的模型。

剖面图

古墙 古事

参赛单位：天津大学
参赛人员：郑锐锐
指导老师：李　伟

保留古镇原有的墙体，以古墙为故事发展线，重新展示古镇的故事。古墙之下，小孩在此嬉戏玩乐，老人聊着古事，古墙之下的市井故事再次重演。

一面古墙，一面新墙，对比温柔而强烈。人们可以在这里找到旧时的影子，同时能望向遥远的未来。

古墙 古事
THE MEMORY OF THE ANCIENT WALL

随处可见的码头是江南地区由于气候地理条件而产生的场景，人们依水而居，家家户户以船作为交通工具。这里我们将建筑邻水部分设置码头，加大，不仅重现水上交通的生活方式，同时加强建筑与水的联系。

对于古墙，尽量以不破坏其墙体为原则，对于新墙，可做丰富的空间变化。人们汇聚于天井，不同的新墙上的开动作化，为天井的人们带来丰富的空间体验，同时塑造者人们在空间里的行为。人们可以从墙洞望向窗外，可以坐在洞口读书，还可以享受柔和安静的阳光，犹如小时玩耍的胡同。

平面图

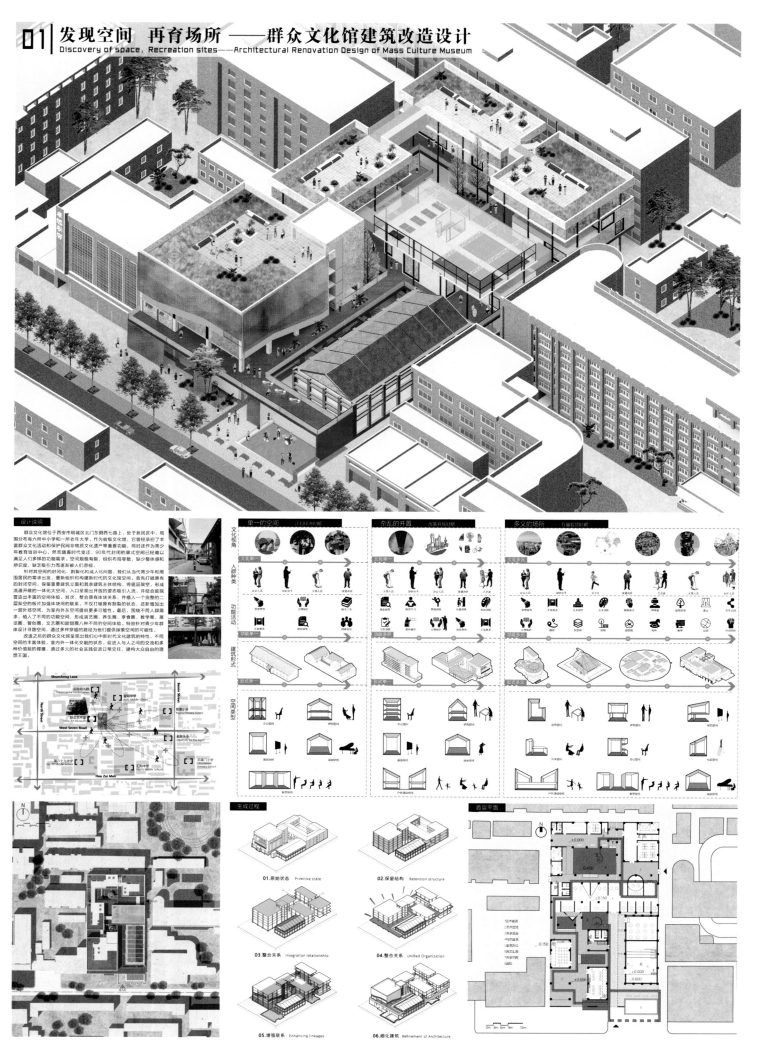

发现空间 再育场所
—— 群众文化馆建筑改造设计

参赛单位：西安建筑科技大学
参赛人员：高 健 郑智洋 何琳娜
指导老师：李 昊

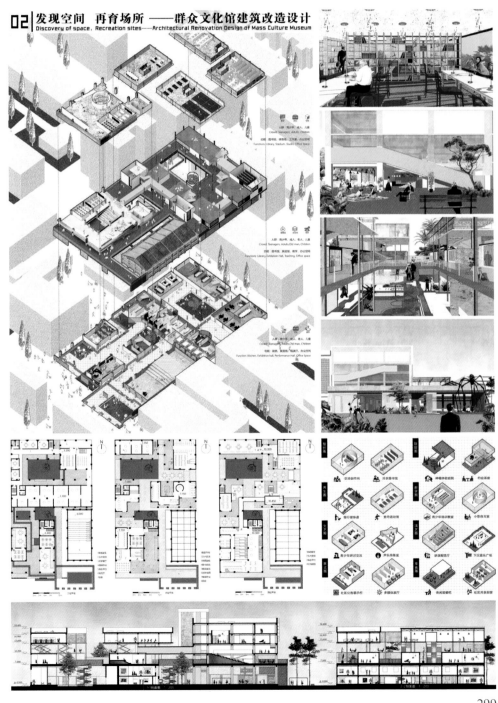

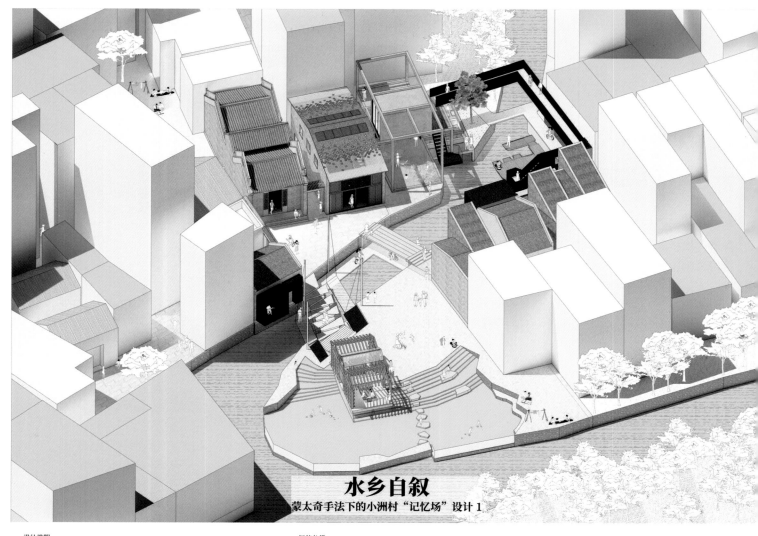

水乡自叙
蒙太奇手法下的小洲村"记忆场"设计 1

设计说明

　　小洲村，是广州城区内发现的最具岭南水乡特色的古村寨。然而，随着旅游业的兴起与村内画家租赁的需求剧增，不少村民开始大兴土木建起新房，水流渐渐变得污浊，水与人的关系止在疏远。

　　为了重新维系水与人的感情，我们仔细分析了小洲村民对水的感情，决定从小洲村最开始为水而建的祠堂——天后宫出发，以天后宫为主展示原始居民——疍民对海的畏惧与祈愿，前广场的玻璃地面反射天后宫，实体与影子两者强调了天后宫，再将娘妈桥两岸建筑立面与村民经济结合考虑，植入小码头、果饮店、大榭窗等，创造了水上舞台等公共休闲空间，再现村民在水边划船娱乐、用水、亲水的关系；最后将天后宫轴线上的景观打通，使天后宫远眺果林的视线畅通无阻，戏水广场上的凉亭模仿天后宫的结构，再一次强调了天后宫，浅水池映射了海的同时，也为村民与游人提供了玩乐的场所，凉亭与村口休闲空间为村民与游人提供休憩场地，浅水池与码头在映衬海水河水潮涨潮落的同时，为村落带来了新的娱乐。

　　场地设计使用蒙太奇的手法，将不同时空的建筑一一加以功能的更新与立面的改造，最终完成三个时空的并置，重新激引村民、艺术家、商家、游客等不同人群的加入，因此可以为多重事件的发生提供机会，场地变成展览、休闲与商业一体的开放式社区空间。

区位分析

海珠区
选址位于广州市海珠区东南角，处于广州城市中部的南部果园生态保护区。区域主导功能为加强城市群团的空间隔离，为城市环境提供循环自净和可持续发展的空间。

小洲村
交通优越，东、西、北三面皆有快速路穿过。南侧是广州最大的果树公园，并处于三大绿心之一的万亩果园内，被确定为中心组团第一批历史文化保护区。作为万亩果园中的水乡画案和艺术创作基地，小洲村打造以果树生态保护为特色、适度发展农业观光旅游度假功能的东南部城市绿色空间开放区。

娘妈桥片区
场地处于小洲村北部娘妈桥一带，是靠近小洲村公共服务、商业等设施的核心地带，同时处于小洲村旅游规划中两轴一线交汇处，场地内的天后宫及其东面的广场、娘妈桥、桂花树共同组成小洲村的重要建筑景观节点之一。

传统街巷风貌区

传统水乡风貌区

旅游资源丰富：
场地附近有较多古迹，还有类似于传承了四代的百年理发店等本土商业，同时也存在着不少"网红店"与艺术展廊。

S

环境优美：
场地中央有细涌流过，有着小桥流水人家之景。

人流量较大：
场地处于连接北边码头、西边人民礼堂与南边居民区的交汇处，是来自各方向人流交错的节点。

O

水道保存完好：
场地中央细涌连接珠江，仍能承担起运输作用。

古迹失去吸引力：
古迹数量虽多，但难以吸引游客驻足。

W

人车混行
电动单车进入场地，不适应原有街巷尺度。

缺乏公共设施
不能满足休闲需求，场地失去其广场的作用。

自建房逐渐破坏原有水乡肌理：
村民希望借出租房得到更多收入，开始大兴土木。

T

艺术氛围的流失：
艺术家群体对现状感到失望，逐渐迁出小洲村。

旅游商业惨淡：
商铺对游客有一定吸引力，但经济效益不高。

我是天后宫，大家都不信我了。

我是简氏宗祠。

我姓简，是一名教书先生。

我是艺术家，我在这里租老房子做工作室。

这里环境好好哦！

好多网红店呀！

收租啦！

古代	1950's	2008年	至今
岭南水乡古村落的自然发育阶段	**艺术精英自发集聚阶段**	**乡村旅游与文化创意产业融合发展阶段**	
乡村农业生产生活空间，主体为当地村民、宗族、官府	乡村农业生产空间逐步消亡，艺术创意空间逐步出现。主体为艺术家、政府、村民	艺术创意空间不断发展，催生创意旅游空间。主体为创意阶层、游客、政府、资本	

水乡自叙
蒙太奇手法下的小洲村"记忆场"设计

参赛单位：广州大学
参赛人员：陈绮雯　周萃楠　曾柳瑞　郑　鑫
指导老师：席明波　卢素梅

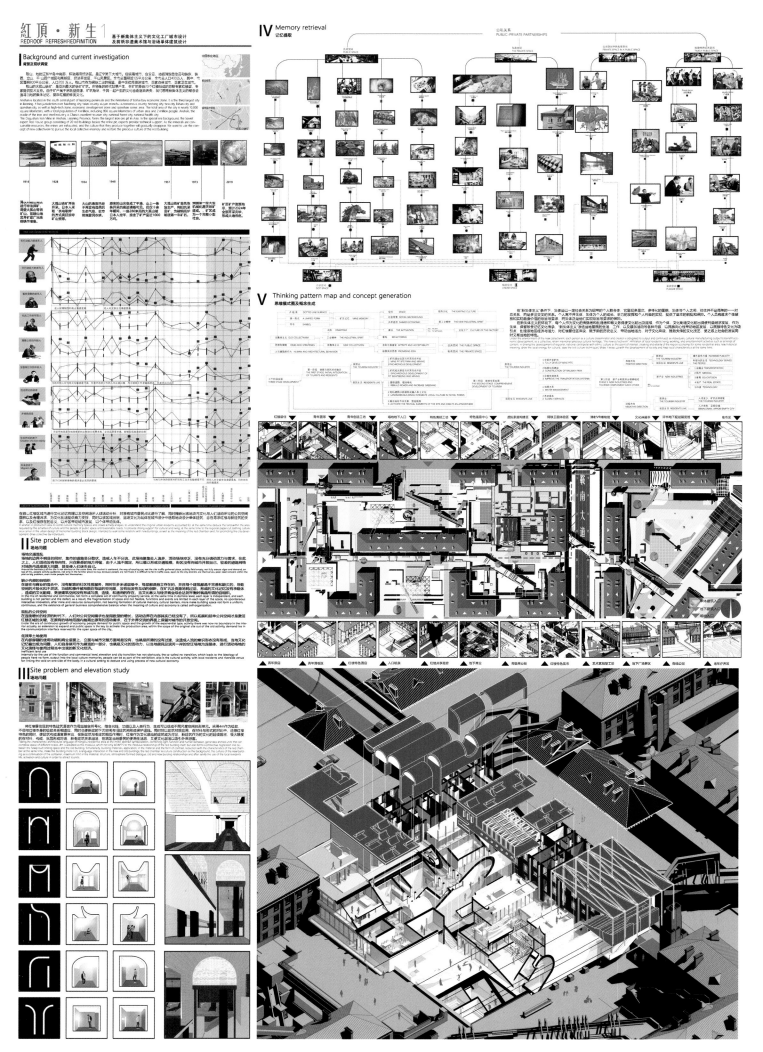

红顶·新生
—— 寄语新集体主义下的文化工厂城市设计

参赛单位：吉林建筑大学
参赛人员：林义博　刘秋辰　陈运鹏
指导老师：金日学　李春姬

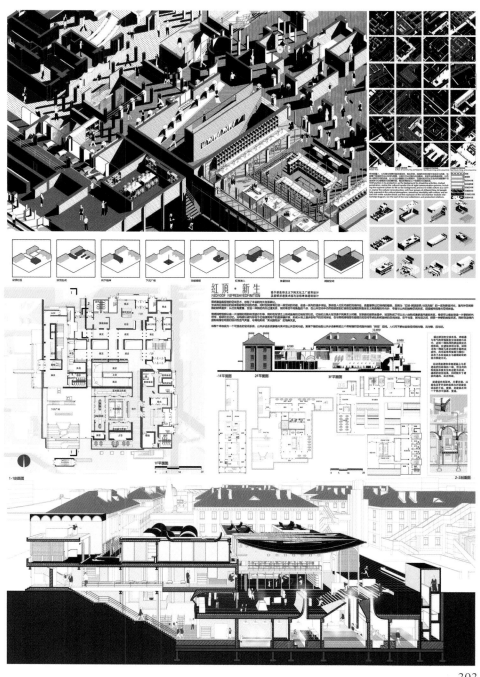

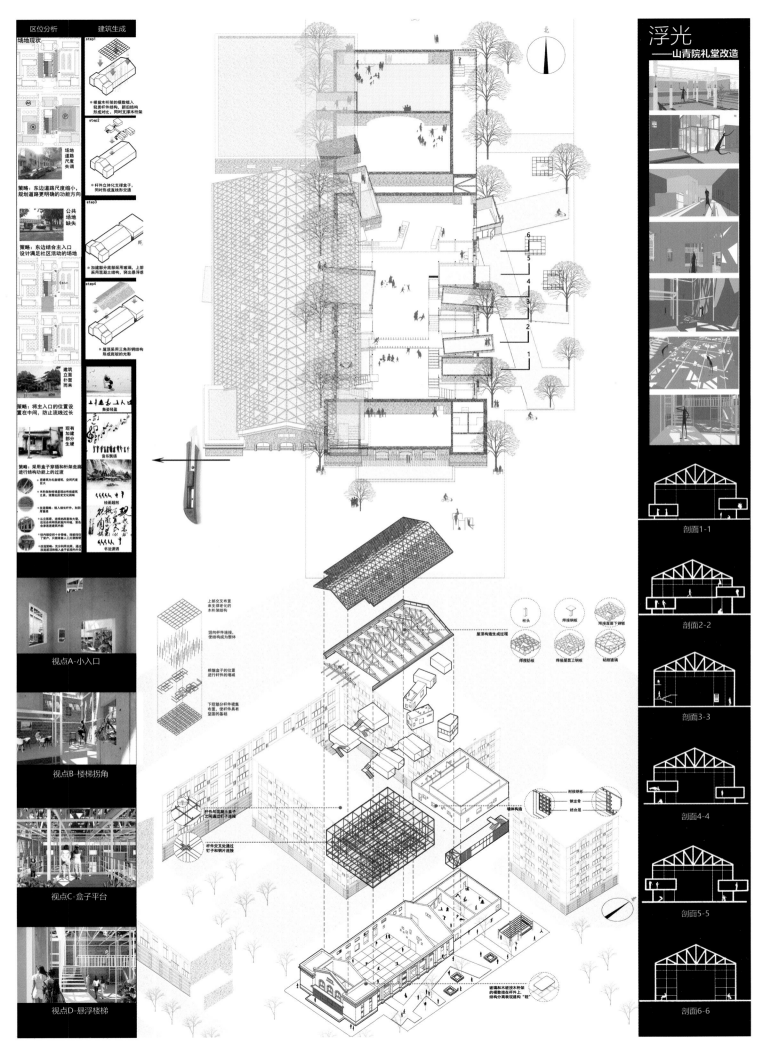

区位分析　　建筑生成

场地现状

场地道路尺度失调

策略：东边道路尺度缩小，规划道路更明确的功能方向

公共场地缺失

策略：东边结合主入口设计满足社区活动的场地

建筑立面扑面而来

策略：将主入口的位置设置在中间，防止流线过长

现有加建部分生硬

策略：采用盒子穿插和桁架走廊进行结构功能上的过渡

step1
★根据木桁架的模数植入轻质杆件结构，新旧结构形成对比，同时支撑木桁架

step2
★杆件立体化支撑盒子，同时形成直线形交通

step3
★加建部分底部采用玻璃，上部采用混凝土结构，突出悬浮感

step4
★屋顶采用三角形钢结构形成斑驳的光影

视点A-小入口

视点B-楼梯拐角

视点C-盒子平台

视点D-悬浮楼梯

浮光
——山青院礼堂改造

剖面1-1

剖面2-2

剖面3-3

剖面4-4

剖面5-5

剖面6-6

北

上部交叉布置来支撑老化的木桁架结构

竖向杆件连接，使结构成为整体

根据盒子的位置进行杆件的增减

下控部分杆件密集布置，使杆件具有坚固的基础

屋顶构造生成过程

杆件与混凝土盒子之间通过钉子连接

杆件交叉处通过钉子和钢片连接

玻璃和木桁架接木桁架的模数搭在杆件上，结构分离表现建构"轻"

浮光
—— 山青院礼堂改造

参赛单位：山东建筑大学
参赛人员：孔庆秋　曹博远
指导老师：贾颖颖

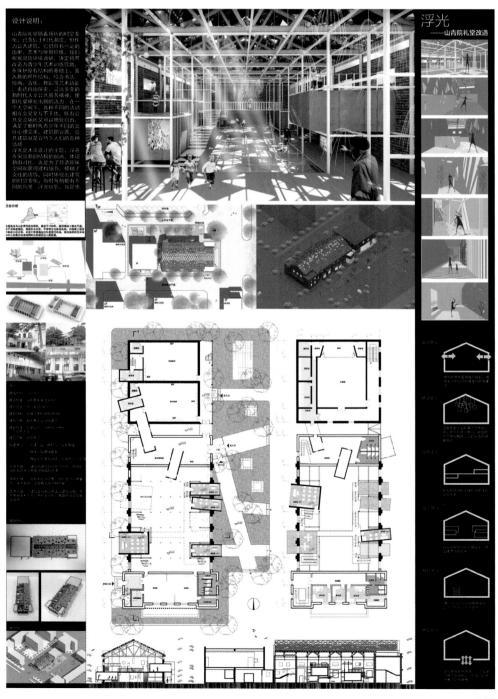

海港记忆——
大连港废弃码头空间更新

海港记忆——
大连港废弃码头空间更新

LUMION

海港记忆
—— 大连港废弃码头空间更新

参赛单位：大连理工大学
参赛人员：张海宁　王　宇　于　宁
指导老师：李　冰　高德宏

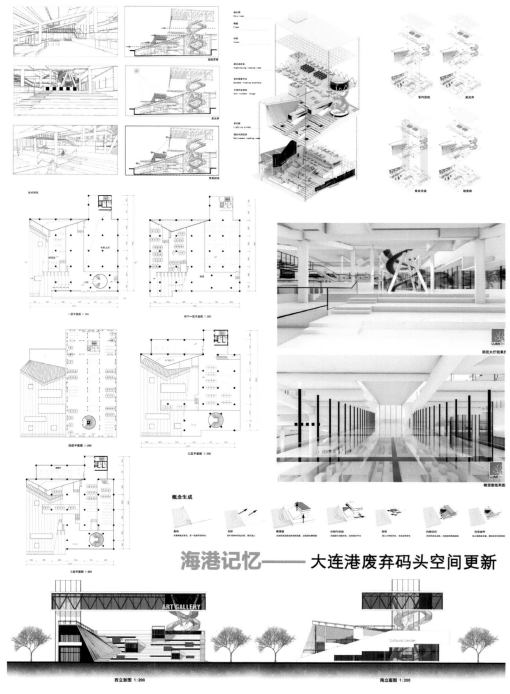

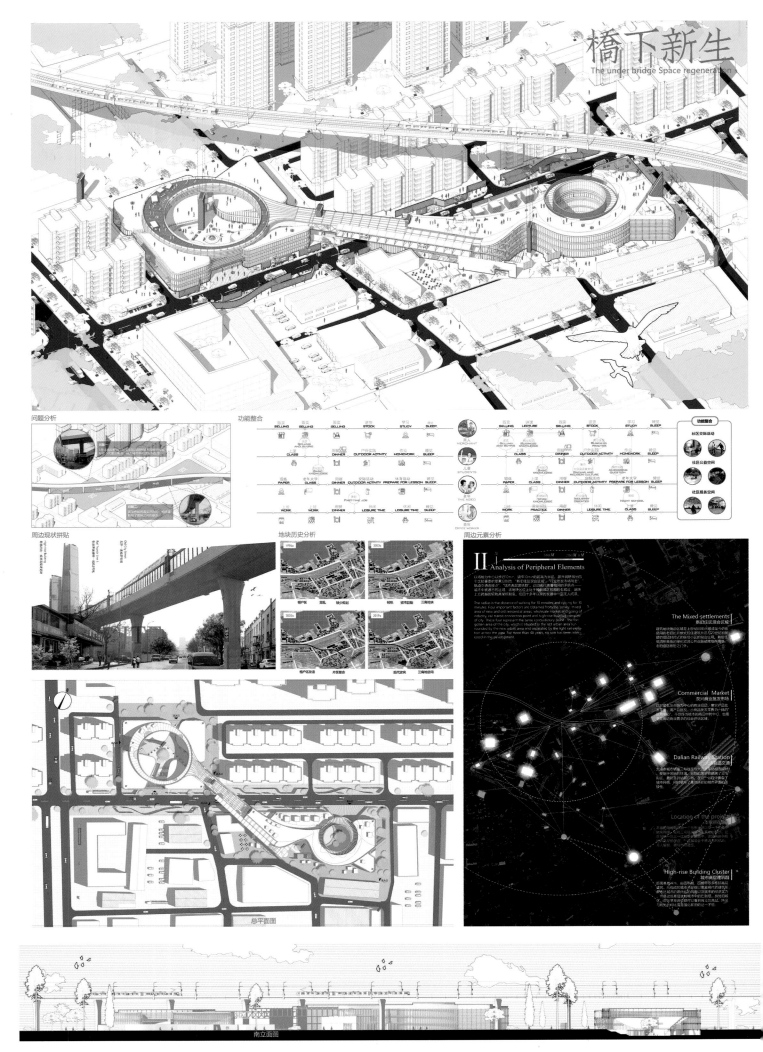

桥下新生
The under bridge Space regeneration

问题分析

功能整合

周边现状拼贴

地块历史分析

周边元素分析

II Analysis of Peripheral Elements

The radius is the distance of walking for 10 minutes and cycling for 10 minutes. Four important factors are obtained from the survey: mixed area of new and old residential areas, wholesale market and going of industry, rail transit connection point and high-rise building complex. These four represent the same contradictory point - the forgotten area of the city, which is situated in the old urban area surrounded by the new urban area and separated by the light rail viaduction across the area. For more than 40 years, no one has been interested in the development.

The Mixed settlements
新旧社区混合区域

Commercial Market
双兴商业批发市场

Dalian Railway Station
大连火车站

High-rise Building Cluster
城市高层建筑群

总平面图

南立面图

桥下新生

参赛单位：大连理工大学
参赛人员：刘郁川　张威锋　南鹏飞
指导老师：高德宏　李　冰

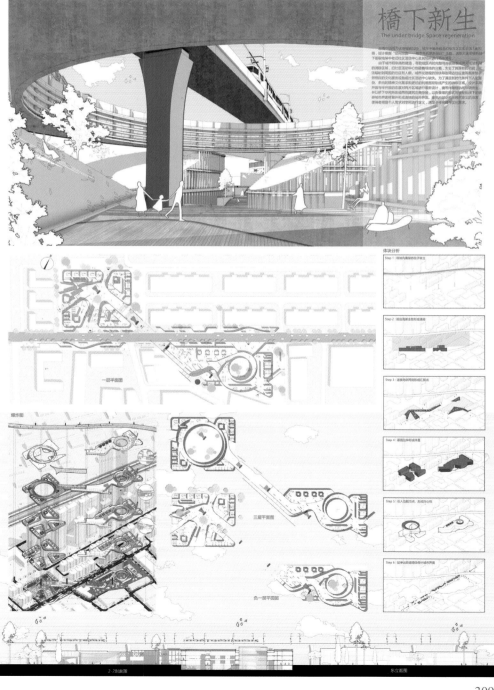

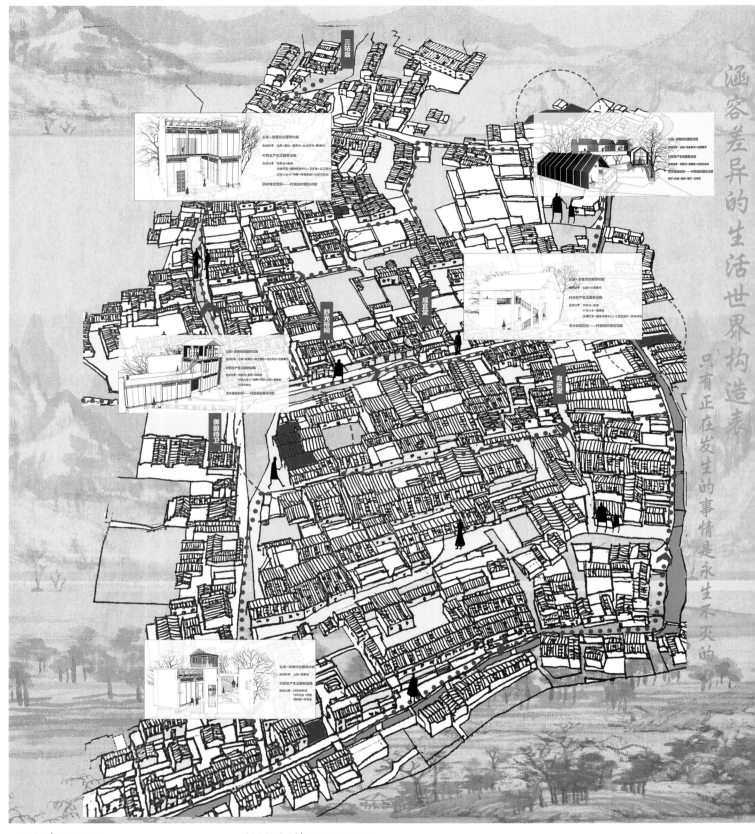

涵容差异的生活世界构造表

"只有正在发生的事情是永生不灭的"

三姑庙

舒光裕祠

咸宜堂

御前侍卫

有庥堂

布点形式 | The Stationing Form

集中形式的公共文化服务设施，体量较大。

集中形式下人们的学习及被服务带有一定的目的性，而非贯穿于日常活动。

分散形式的文化服务设施，体量较小，且分布于村落内部空间。

结合"厕所革命"新时代的要求，学习、生活服务即是日常本身。

模块化装配式设计 | Modular Assembly Design

1.传统民居平立面特征

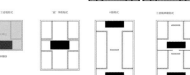

三合院形式　"凹"字形形式　H形形式　三合连院形式

2.天井形状数据特征

3.模块化设计初探

a.进深方向体块变化形式

b.开间方向体块变化形式

c.附加模块

小屋计划

参赛单位：合肥工业大学
参赛人员：朱 琦 吕 冬 付 俊 胡旭阳
指导老师：李 早 郑志元

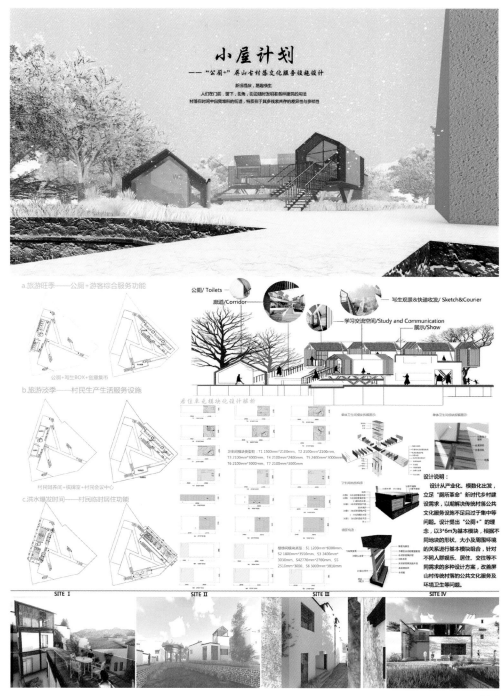

里院种子
LI YUAN'S SEEDS
1

里院"云屋顶"鸟瞰规划展望
Outlook of the "Cloud Roof" Planning of Liyuan

基地分析 Base analysis

基地 Site　公共交通 Public transportation　人行线路 Pedestrian line　单车线路 Bicycle line　游客路线 Tourist line

内向型空间 Introverted Space　高差（下）Height difference　公共空间 Public space　建筑院落 Courtyard　商业空间 Commercial space

街景 Streetscape

基地位置

区位分析 Location analysis
山东 Shandong　青岛 Qingdao

里院功能演变 Functional evolution

使用者分析 Users Analysis

老建筑回应策略（3）Response of Old（3）
种子

三块地链接

老建筑回应策略（2）

基地功能分析 Base Function

概念生成 Concept generation

总平面图 1：1000 General layout 1：1000

新老建筑的穿插关系
Interlacing relationship between old and new buildings

老建筑特征的回应 - 斜屋顶
Response to the Characters of Old buildings

老建筑回应策略（1）- 形式
Response Strategies of Old Buildings（1）

里院开放 Li Yuan open

剪去 Cut Out　置入新场地 Place in new　生长新的建筑 Growing

里院种子

参赛单位：长安大学
参赛人员：李晨铭
指导老师：李　凌　高媛媛

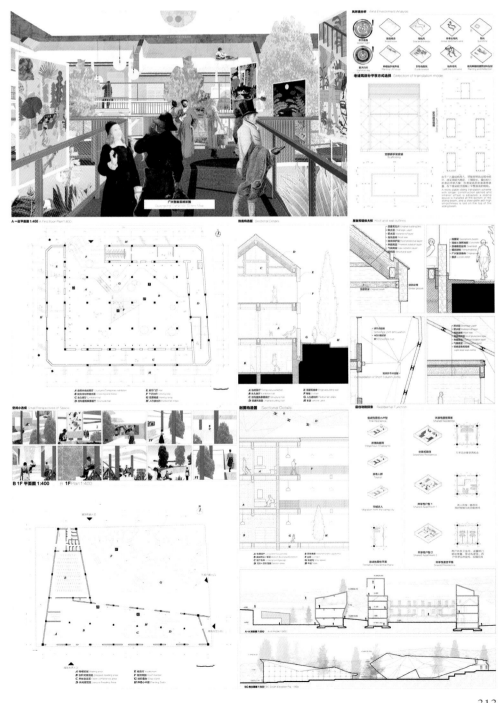

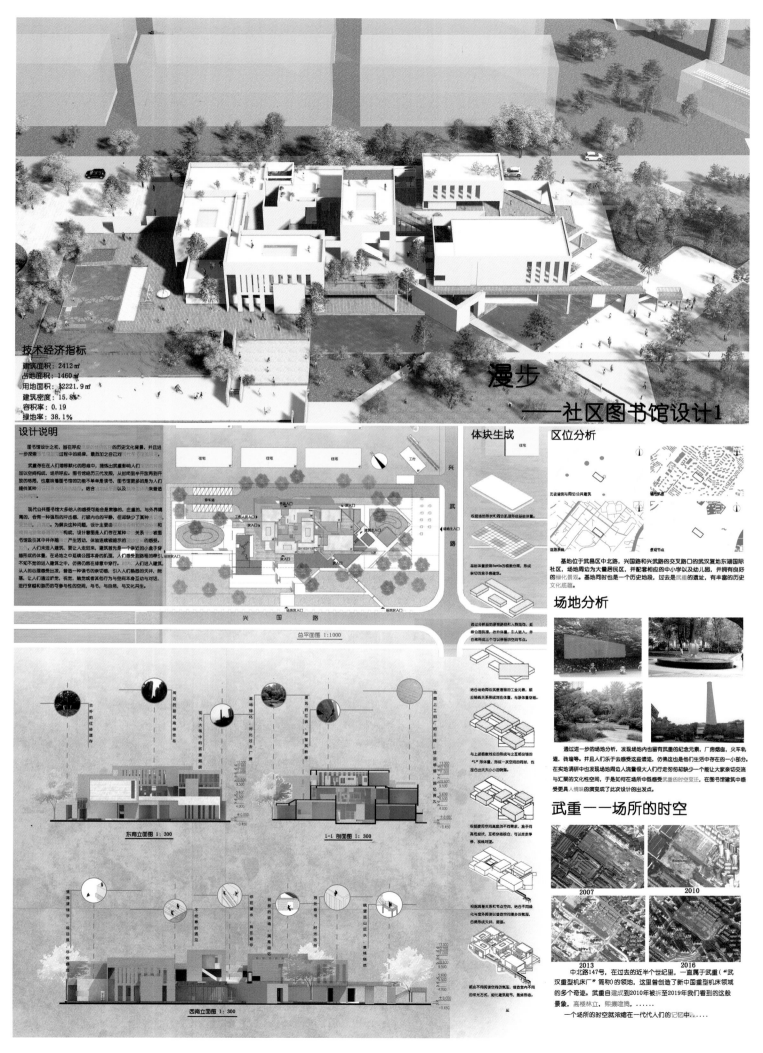

技术经济指标

建筑面积：2412 ㎡
占地面积：1460 ㎡
用地面积：12221.9 ㎡
建筑密度：15.8%
容积率：0.19
绿地率：38.1%

漫步
——社区图书馆设计1

设计说明

图书馆设计之初，旨在呼应城市的历史文化背景，并且进一步探索在城市的视角，思考加之自己对……

武重存在在人们潮移默化的思维中，提炼出武重影响的所有加以空间构成，场所呼应。图书馆经历三代发展，从封闭到半开放再到开放的格局，也意味着图书馆的功能不单单是读书，图书馆更多的是为人们提供某种……糅合……以及……来普遍文化新象。

现地公共图书馆大多给人的感受可能会合是肃穆的，庄重的，与外界隔离的，令有一种强烈的对话感，打破内心的平静，但却缺少了某种……三五，四四五五，为解决这个问题，设计主要在……和……为解决，设计意图是人们存在某种……关系……被图书馆吸引其中并件随……产生……空间，体验被被缩的……的感受。……人们走入建筑，聚让人走进来，建筑首先是一个邻近的小盒子穿插形成的体量，在场地之延续自公园般的肌理，人们感受到路看的引导……不知不觉的进入建筑之中，仿佛仍然在意里中穿行。四四，五五里，从人的心理感受出发，普适一种看书的氛围感，引入人们的身的天开，胜境，视觉，触觉或者其他行为与空间本身互动与对话，进行穿越和游历的可参与性的空间，与书，与自然，与文化共生。

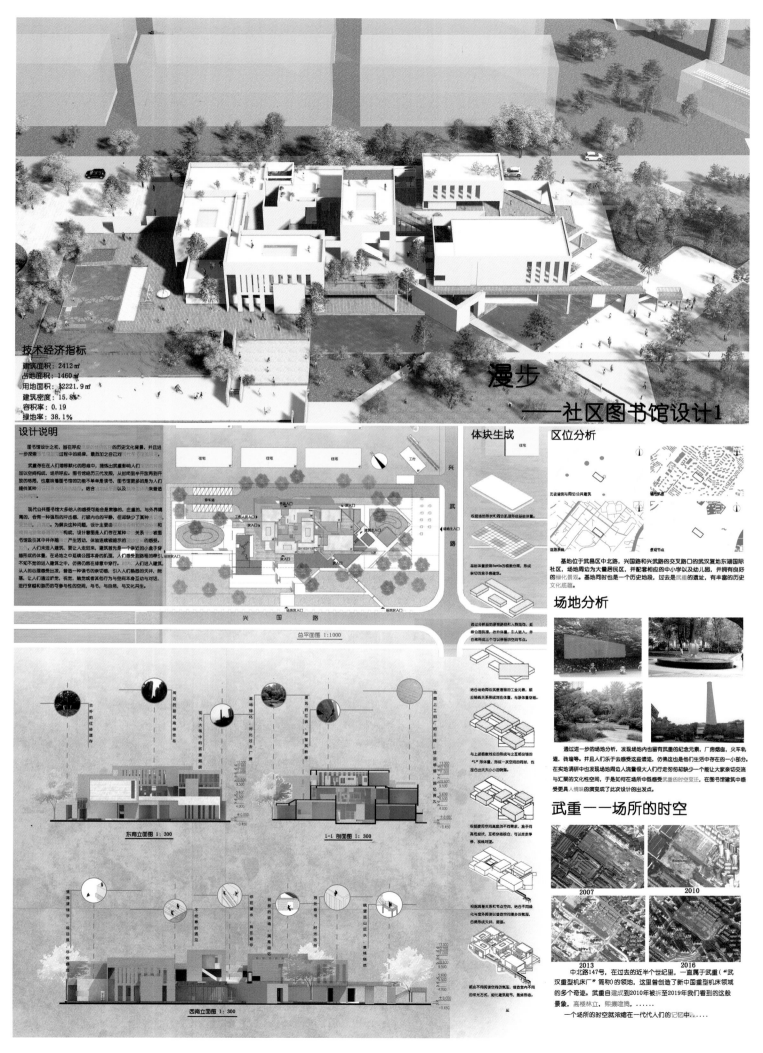

总平面图 1:1000

东南立面图 1:300

1-1 剖面图 1:300

西南立面图 1:300

体块生成

根据地形状将周边的机理形成基础图底

基础体量按照5*8*3的模数分布，形成留可的盒子体量集

通过分析基地原有的道路和人数流线，弧形公园廊道，并自然形成三个可以学习的空间书亭。

结合场地周边保留遗留的工业元素，照应着关系系统成对应体量，与景观穿地。

与上述数数对应的形成线与三相处相接的"L"形体量，形成一灰空间的同时，也面合出大小的小的形体集。

根据盒体量空间高度的不同置换，盒子间有置换的高低起伏，互相错插很合，可以走走停停，视线对望。

根据高度关系和节点空间，结合于网络化调整室外背面顶进退游步的回形图，白色形成天开，通道。

区位分析

基地位于武昌区中北路，兴国路和兴武路的交叉路口的武汉复地东湖国际社区，场地周边为大量居民区，并配着相应的中小学以及幼儿园，并拥有良好的绿化景观。基地同时也是一个历史地段，过去是武重的遗址，有丰富的历史文化底蕴。

场地分析

通过进一步的场地分析，发现场地内也留有武重的纪念元素。厂房烟窗，火车轨道，砖墙等。并且人们乐于去这些受这些遗址。仿佛这也是他们生活中存在的一小部分。在实地调研中也发现场地周边人流量很大人们行走匆匆和缺少一个能让大家亲切交流与汇聚的文化性空间。于是如何在场所中低感受武重的时空变迁。在图书馆建筑中感受更具人情味的演变成了此次设计的出发点。

武重——场所的时空

2007   2010

2013   2016

中北路147号，在过去的近半个世纪里，一直属于武重（"武汉重型机床厂"简称）的领地，这里曾创造了新中国重型机床领域的多个奇迹。武重自建成到2010年被拆至2019年我们看到的这般景象，高楼林立，熙攘喧腾。……
一个场所的时空就浓缩在一代代人们的记忆中……

漫步
—— 社区图书馆设计

参赛单位：武汉理工大学
参赛人员：王旭焱　王小元　李雪岩　朱文博
指导老师：郭　建

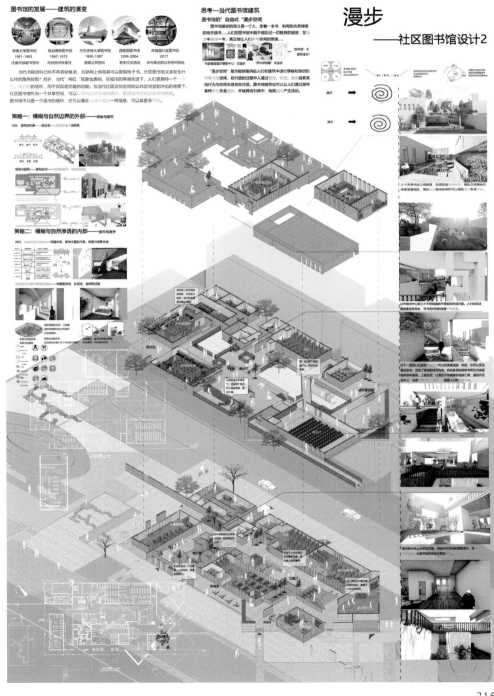

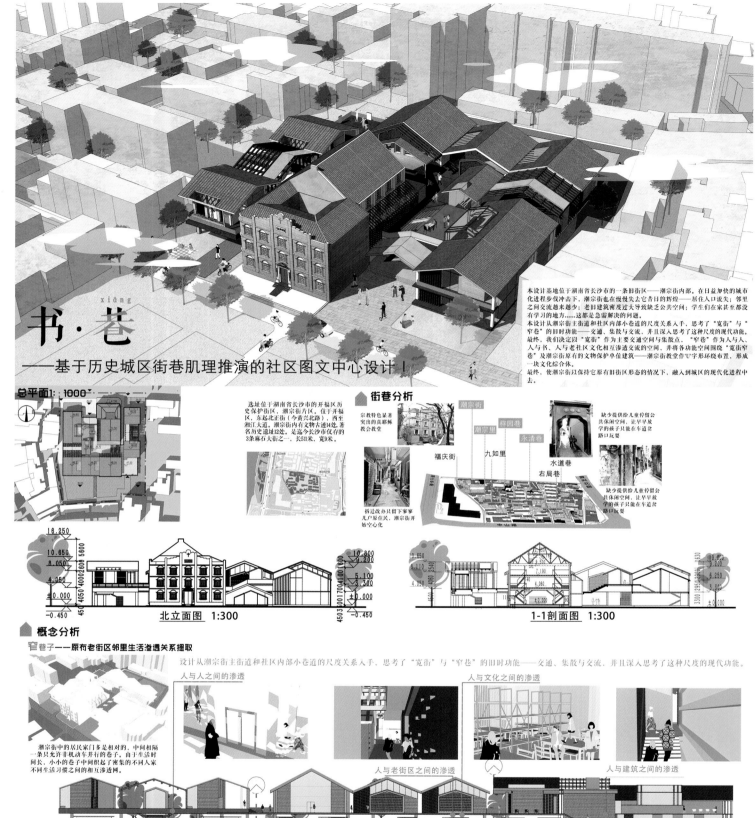

书·巷
——基于历史城区街巷肌理推演的社区图文中心设计 I

本设计基地位于湖南省长沙市的一条旧街区——潮宗街内部。在日益加快的城市化进程步伐冲击下，潮宗街也在慢慢失去它昔日的辉煌——居住人口流失；邻里之间交流越来越少；老旧建筑密度过大导致缺乏公共空间；学生们在家甚至都没有学习的地方……这都是急需解决的问题。

本设计从潮宗街主街道和社区内部小巷道的尺度关系入手，思考了"宽街"与"窄巷"的旧时功能——交通、集散与交流，并且深入思考了这种尺度的现代功能。最终，我们决定以"宽街"作为主要交通空间与集散点，"窄巷"作为人与人、人与书、人与老社区文化相互渗透交流的空间，并将各功能空间围绕"宽街窄巷"及潮宗街原有的文物保护单位建筑——潮宗教堂作"U"字形环绕布置，形成一块文化综合体。

最终，使潮宗街以保持它原有旧街区形态的情况下，融入到社区的现代化进程中去。

总平面1:1000

街巷分析

选址位于湖南省长沙市的开福区历史保护街区，潮宗街片区。位于开福区，东起北正街（今黄兴北路），西至湘江大道。潮宗街内有文物古迹14处，著名历史遗迹12处，是适今长沙市仅存的3条麻石大街之一，长511米，宽9米。

潮宗街 / 潮宗里 / 梓园巷 / 永清巷 / 福庆街 / 九如里 / 水道巷 / 右局巷

宗教特色显著突出的真耶稣教会教堂

拆迁改办只留下寥寥几户原住民，潮宗街开始空心化

缺少提供给儿童停留公共休闲空间，让早放学的孩子只能在车道岔路口玩耍

缺少提供给儿童停留公共休闲空间，让早放学的孩子只能在车道岔路口玩耍

北立面图 1:300
16.250 10.650 8.050 4.050 ±0.000 −0.450
5600 2600 4000 4050 450
10.800 9.200 5.110 3.300 ±0.000 −0.450
1800 1700 100 3 450

1-1剖面图 1:300
10.650 8.110 4.060 ±0.000
2540 4060 450
10.800 9.200 6.250 3.200 ±0.000
1630 2950 2860 3300

概念分析

窄巷子——原布老街区邻里生活渗透关系提取

设计从潮宗街主街道和社区内部小巷道的尺度关系入手，思考了"宽街"与"窄巷"的旧时功能——交通、集散与交流，并且深入思考了这种尺度的现代功能。

潮宗街中的居民家门多是相对的，中间相隔一条只允许非机动车并行的巷子。由于生活时间长，小小的巷子中间织起了密集的不同人家不同生活习惯之间的相互渗透网。

人与人之间的渗透 / 人与文化之间的渗透 / 人与老街区之间的渗透 / 人与建筑之间的渗透

窄巷子街道空间内立面

宽巷子——原布老街区街道空间停留行为提取

潮宗街中居民的主要活动空间是在潮宗街主街上的，看样子承担交通流线功能的宽街巷，其实对于住户居民而言更多的是整个街区中唯一的集中的交往形空间，在这里，人们更多聚集活动。

社区儿童自习停留 / 社区居民交往停留 / 无目的者自由停留 / 图书馆使用者阅读停留

宽巷子街道空间内立面

"书香·书巷"
——基于历史城区街巷肌理推演的社区图文中心设计

参赛单位：中南大学
参赛人员：胡雅坤　张卓宇　贤明昊　卿永鹏
指导老师：宋　盈　罗　明

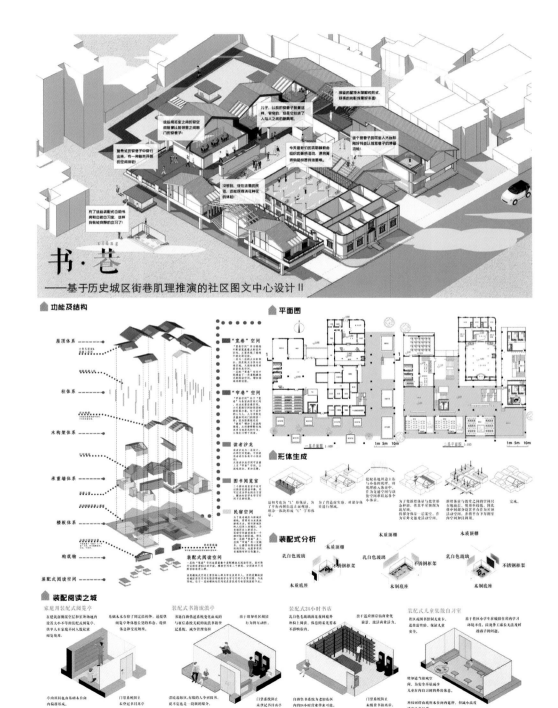

河畔掩映锦绣香——京杭大运河乡村营造设计

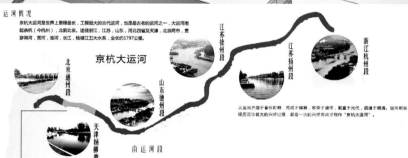

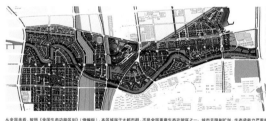

运河概况

京杭大运河是世界上里程最长、工程最大的古代运河，也是最古老的运河之一，大运河南起余杭（今杭州），北到北京。途经浙江、江苏、山东、河北四省和天津、北京两市，贯穿海河、黄河、淮河、长江、钱塘江五大水系，全长约1797公里。

大运河开凿于春秋时期，完成于隋朝，繁荣于唐宋，取直于元代，疏通于明清，运河前后经历三次较大的兴修过程，最后一次兴修完成才称作"京杭大运河"。

从全国来看，按照《全国生态功能区划》（修编版），本区域属于大都市群，不是全国重要生态功能区之一。生态承载压力重超载，生态功能低，污染严重，人居环境质量下降，保护培育建议：加强城市发展服设，控制城市规模合理布局城市功能制建设，大力调整产业结构，提高资源利用效率，控制城市污染，推进循环经济和城乡社会的建设。从省市角度来看，该区的农业生产历史悠久，目前此部分地区已成为农田和城镇，只有河岸两边低洼发展种以严重、春灌、慈菇等为主的活性植被，谁地区重点服务功能是农业生产，从生态学角度，其土壤盐碱性主要体现在土壤盐渍化敏感等方面。其本导功能是粮食，冬灌、春灌、慈菇等为主的活性植被，谁地区重点服务功能是农业生产，从生态学角度，其土壤盐碱性主要体现在土壤盐渍化敏感等方面。未来应采取的措施建议：鼓励种植耐旱、耐盐碱的经济作物为主，开发利用浅层微咸水，改土治碱；注意合理使用化肥农药，防止土壤污染。

位置

本次设计的大运河天津杨柳青乡村营造设计中，草地距于天津市距离较近为冶越西侧向西扩建，西地冶距离于天津市的海边，位于天津的内越海边，东北接驳临天津市场的40公里，东与大海临为界，与庭眼相接，具有良好的对外城建市群项目，而北向互文安县建坐城。西的冶对策眼于路谷街仅，路谷角临西冶处处，西接驳康康乡，南临大张毛乡，北其东致眼乡、态郁制城西等平方公里，而都个西钰台位于擦承专专钰。

交通

在交通上，草地越接近沪沪两道，G104及303公越；鲁迷邻有冶毛火车站，谁冶北距城邻天津城越的热烧眼。鲁冶越的门冶城靠，谁眼越热门；谁冶公共交越谁眼建议鲁冶仅有通过狮冯108公交车，约90分钟一班。

自然

从省市角度来看，该区的农业生产历史悠久，目前此部分地区已成为农田和城镇，只有河岸两边用地低洼发展种以严重、春灌、慈菇等为主的活性植被，谁地区重点服务功能是农业生产，从生态学角度，其土壤盐碱性主要体现在土壤盐渍化敏感等方面；扫迷条件较差；沿水产重的对本农农生产士的变眼，具生态敏感性主要体现于土壤盐渍化敏感等方圈，未来应采取的措施建议：鼓励种植耐旱、耐盐碱的经济作物为主，开发利用浅层微咸水，改土治碱；注意合理使用化肥农药，防止土壤污染。

机理分析

热能

风

热能

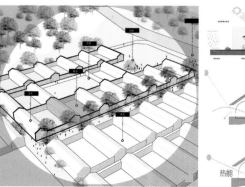

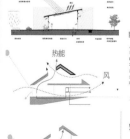

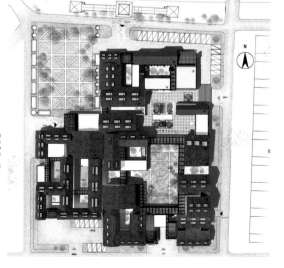

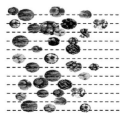

河畔掩映锦绣香
—— 京杭大运河乡村营造设计

参赛单位：天津大学仁爱学院
参赛人员：金　科　国植馨　龚岳松
指导老师：李伟佳　刘韦伟

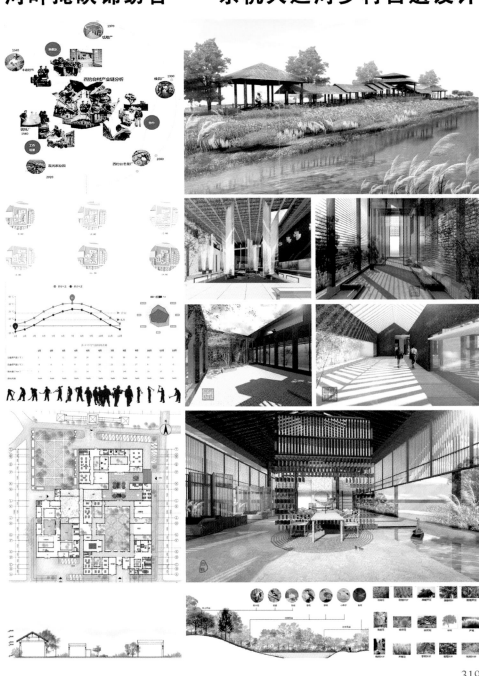

生命 · 生長 · 生活
——長春寬城子中東鐵路歷史建築保護與改造

Историческая застройка Чанчуньской железной дороги

Changchun Kuancheng Middle East Railway Historic Building Protection Renovation

生命·生长·生活
—— 长春宽城子中东铁路历史建筑保护与改造

参赛单位：长春建筑学院
参赛人员：申　思
指导老师：李雪娇

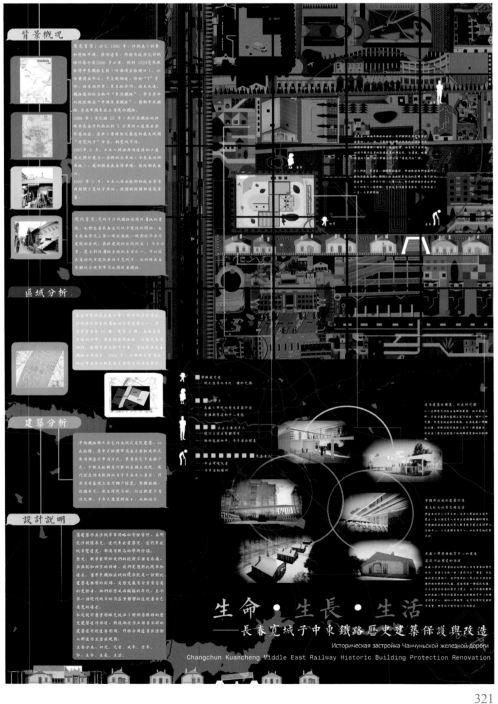

山城記忆
彩亭新生 01
——基于三汇镇现有红旗主楼改造的彩亭民俗艺术中心设计

1970-2019年：场所的时空与建筑的演变 | 可持续演变 | 非物质文化(恢复民间老百姓希望看见的东西) | 经济萧条 | 交互激活

红旗主楼

1970年完成建设，依山就势，靠地取材，采用千打垒技术建造

位于是个矿大核心位置，为矿大最为重要的行政楼

矿大迁出，使用权交付煤炭局，作为煤矿局主要办公楼

国家禁止过渡开采煤矿，剩余一小部分产业遗存

场所彻底空心化

1970年 —— 1978年 —— 1982年 —— 2016年 —— 2019年

1970年，京校外迁往搬迁三汇镇，此时期彩亭被迫停止所有活动。

1978，特殊时期结束，正值三线建设时期，矿大从重庆迁出，搬往江苏徐州，学校被搬炭局承包，彩亭开始慢慢恢复活动，三汇镇(中西部)开始大兴煤工业建设，三汇镇开始往经济上升期，当时因经济发达，有小香港之称。

1982年，三汇镇工业发展成熟，整个镇进入高度经济发达时段，彩亭恢复，三汇镇也迎来了第一个彩亭盛世，场面极其热闹，各地人纷纷前往三汇镇观看彩亭，当时迎来了十万名观众。

2016年，资源进入匮乏阶段，国家开始生态建设，绝大部分煤矿水泥厂被迫停业。三汇镇主导经济缺失，进入经济衰退阶段。大量劳动力流走，剩余大量退休职工。

社会发展不平衡，精神文明得不到发展，彩亭再次没落，彩亭文化逐渐失传。

区位分析

流线分析

居民休闲流线
游客体验流线
戏剧彩亭流线

重庆市 → 合川区 → 三汇镇

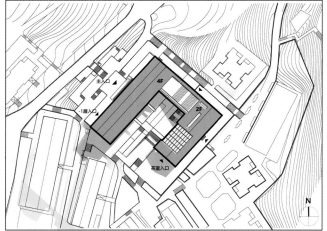

主入口
4F
-1层入口
2F
茶室入口
N

大小戏剧

看台
前面看大戏

后面看小戏

体块生成

site

additional room

roof trend

彩亭简介：
三汇彩亭是四川省的汉族传统民俗文化活动，融铁工、木工、刺绣、缝纫、建筑于一体，汇文学、绘画、雕刻、力学于一炉，结构巧妙，造型奇特，色彩绚丽，工艺精湛，颇富特色，是四川地区汉族民间艺术瑰宝。

工艺流程（一个月集体创作）

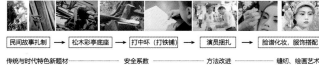

民间故事扎制 → 松木彩亭底座 → 打中环（打铁铺）→ 演员捆扎 → 脸谱化妆，服饰搭配

传统与时代特色新题材 —— 安全系数 —— 方法改进 —— 缝纫、绘画艺术

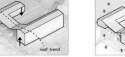

仪式寓意：风调雨顺、平安健康（源于明末清初，四川地区天灾战乱）

彩亭会：
舞狮、舞龙、踩高跷、抬总爷、拉旱船、三圣娘娘、风水先生

队列：
三圣娘娘（最前端）—— 风水先生（开路祈福）—— 彩亭（最后）

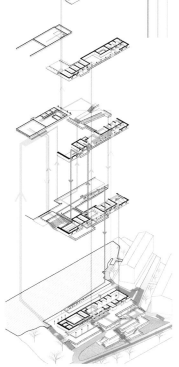

山城记忆 · 彩亭新生

参赛单位：中国矿业大学
参赛人员：张　航　黄成成　赵呈煌　何映芳
指导老师：邓元媛　冯姗姗

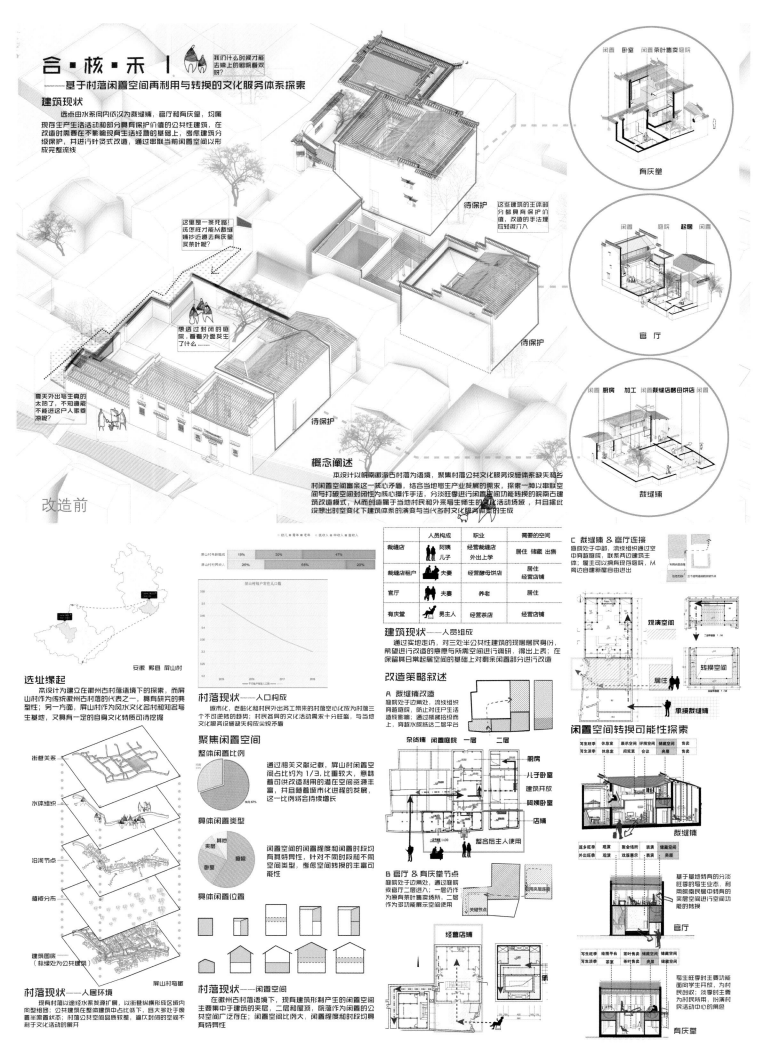

合·核·禾 I

我们什么时候才能去剧院上的剧院看观呢？

—— 基于村落闲置空间再利用与转换的文化服务体系探索

建筑现状

选点由水系向内依次为裁缝铺、官厅和有庆堂，均属现有生产生活活动和部分具育保护价值的公共性建筑，在改造时需要在不影响现生活经营的基础上，考虑建筑分级保护，并进行针灸式改造，通过串联当前闲置空间以形成完整流线

待保护

待保护

待保护

这些建筑的主体部分都具育保护价值，改造的手法理应轻微介入

这里是一条死路！该怎样才能从裁缝铺抄近路去有庆堂买茶叶呢？

想通过一封闭的庭院，看看外面发生了什么

夏天外出写生真的太热了，不知道能不能进这户人家乘凉呢？

改造前

闲置 卧室 闲置 茶叶售卖 庭院
有庆堂

闲置 庭院 **起居** 闲置
官厅

闲置 厨房 加工 闲置 裁缝店 酵母饼店 闲置
裁缝铺

概念阐述

本设计以皖南徽派古村落为语境，聚焦村落公共文化服务设施缺失和乡村闲置空间富裕这一核心矛盾，结合当地写生产业发展的需求，探索一种以串联空间与打破空间封闭性为核心操作手法，分淡旺季进行闲置空间功能转换的皖南古建筑改造模式，从而创造出于当地村民和外来写生师生的文化活动场域，并且据此设想出时空变化下建筑体系的演变与当代乡村文化服务体系的生成

选址缘起

本设计为建立在徽州古村落语境下的探索，而屏山村作为传统徽州古村落的代表之一，具育研究的典型性；另一方面，屏山村作为风水文化名村和知名写生基地，又具育一定的自身文化特质待挖掘

安徽 黟县 屏山村

村落现状——人口构成

城市化、老龄化和村民外出务工带来的村落空心化成为村落三个不可逆转的趋势；村民各异的文化活动需求十分旺盛，与当地文化服务设施缺失构成尖锐矛盾

屏山村年龄组成 18% 30% 47%
屏山村村外育人 25% 55% 20%

屏山村每户常住人口数

聚焦闲置空间

整体闲置比例

通过相关文献记载，屏山村闲置空间占比约为1/3，比重较大，意味着可供改造利用的潜在空间资源丰富，并且随着城市化进程的发展，这一比例将会持续增长

闲置 67%

具体闲置类型

闲置空间的闲置程度和闲置时段均有其差异性，针对不同时段和不同空间类型，考虑空间转换的丰富可能性

夹层 庭院 卧室 其他

具体闲置位置

街巷关系
水体组织
沿河节点
植被分布
建筑图底（标缘处为公共建筑）

屏山村鸟瞰

村落现状——人居环境

现育村落以蜿蜒水系发源扩展，以街巷纵横形成区域内向型组团；公共建筑在整体建筑中占比低，且大多处于闲置半闲置状态；村落公共空间品质较差，遗灰封闭的空间不利于文化活动的展开

村落现状——闲置空间

在徽州古村落语境下，现育建筑形制产生的闲置空间主要集中于建筑的夹层，二层和屋顶；院落作为闲置的公共空间广泛存在；闲置空间比例大，闲置程度和时段均育差异性

建筑现状——人员组成

	人员构成	职业	需要的空间
裁缝店	阿姨 儿子	经营裁缝店 外出上学	居住 储藏 出售
裁缝店租户	夫妻	经营酵母饼店	居住 经营店铺
官厅	夫妻	养老	居住
有庆堂	男主人	经营茶店	经营店铺

通过实地走访，对三处半公共性建筑的现居居民身份，希望进行改造的意愿与所需空间进行调研，得出上表；在保留其日常居起空间的基础上对剩余居住部分进行改造

改造策略叙述

A 裁缝铺改造

庭院处于中部，流线组织育越庭院，防止对住户生活造成影响，通过楼梯拾级而育留水院抵达二层平台

杂货铺 闲置庭院 一层 二层
厨房
儿子卧室
建筑开放
阿姨卧室
店铺
整合后主人使用

B 官厅 & 有庆堂节点

庭院处于边居处，通过庭院或官厅二层进入；一层仍作为原有茶叶售卖场所，二层作为多功能展示空间使用

关键节点

经营店铺

C 裁缝铺 & 官厅连接

庭院处于中部，流线组织通过空中育越庭院，联系两边建筑主体；屋主可以拥育现育庭院，M育自建新屋自由进出

观演空间
转换空间
居住
承接裁缝铺

闲置空间转换可能性探索

裁缝铺
| 写生旺季 | 休息室 | 展示空间 | 储藏空间 | 售卖 |
| 写生淡季 | 休息室 | 阅览室 | 会议 | 夹层 | 售卖 |

官厅
| 返乡旺季 | 观演 | 聚会场所 | 表演 | 储藏空间 |
| 外出旺季 | 观演 | 戏服展示 | 表演 | 夹层 |

有庆堂
| 写生旺季 | 绘图平台 | 茶叶售卖 | 储藏空间 |
| 写生淡季 | 茶室 | 茶叶售卖 | 夹层 |

基于基地特有的分淡旺季的写生业态，利用皖南民居中特有的夹层空间进行空间功能的转换

写生旺季的主要功能面向学生开放，为村民创收；淡季时主要为村民所用，扮演村民活动中心的角色

合 · 核 · 禾

参赛单位：合肥工业大学
参赛人员：赵于畅　王璐瑶　苏琮琳
指导老师：刘　阳　叶　鹏

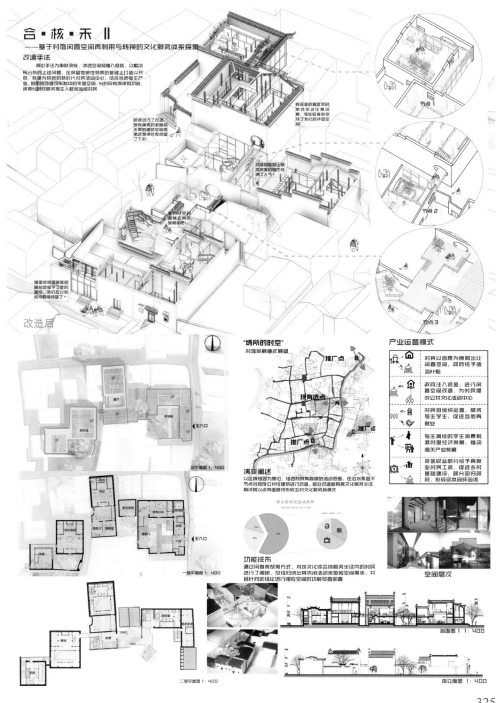

廊桥·依市 01

基于老旧记忆的市场化空间重塑

■ 基地/BACKGROUND

■ 历史照片/HISTORIAL PHOTO

民国　　邮纹　　现代

■ 演变与重塑/RECONQUEXT

　　基地位于丽水缙云壶镇镇中，老城区与新城区的交接处。贤母桥作为壶镇镇、也是缙云县乃至整个丽水市最有名气、最有文化内涵的古桥之一。作为壶镇老街的主要通道，其联系了新城与旧城，几经毁坏与修缮。因其悠久的历史、厚重的文化、独特的地位，并顺应当地人民及政府需求，选其为基地进行改造设计。

　　贤母桥建于清嘉庆廿二年，以纪念造桥者的孝义及其母的仁慈而命名。1949年以后，顺应交通需求，对其进行修缮加固，并拆除了东西两边的台阶和殿亭。二十世纪八十年代末，壶镇大桥上每逢五月二十八大市，人满为患，数小时甚至大半天不能通过。

　　廊桥，作为丽水当地特有的水上交通，也是乡村与城镇的连接，承载着当地人的活动与场所记忆。随着城市车行系统的发展，小城镇现代化改造，城市中的原有古镇不断拆除，贤母桥也被改造，落后破败的老街需要重塑。

　　方案通过对现有桥梁步行化重塑，加强新老城区的连接。提取老街改造后的廊桥不仅作为其中的交通空间，更是新老城镇公共空间的延伸，新的廊桥承载着新城的生活，也延续着旧城的记忆。

■ 廊桥与城市关系/LOUNGE BRIDGE BETWEEN CITY

高档住区

旧城城区

新城城区

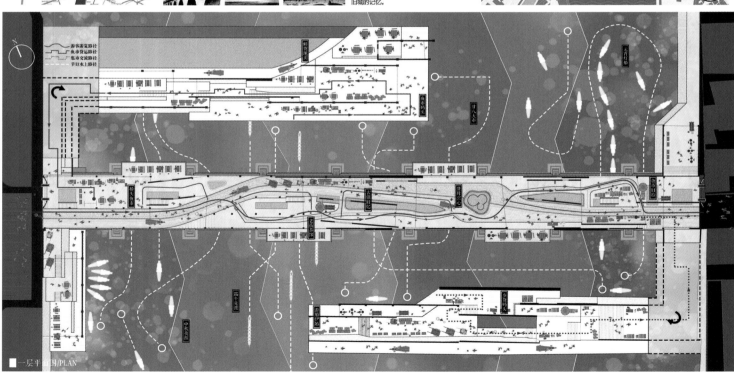

■ 一层平面图/PLAN

■ 立面图/ELVATION

廊桥·依市

参赛单位：浙江工业大学
参赛人员：杨瑞侃　丁褚桦　高良杰　周　博
指导老师：朱晓青

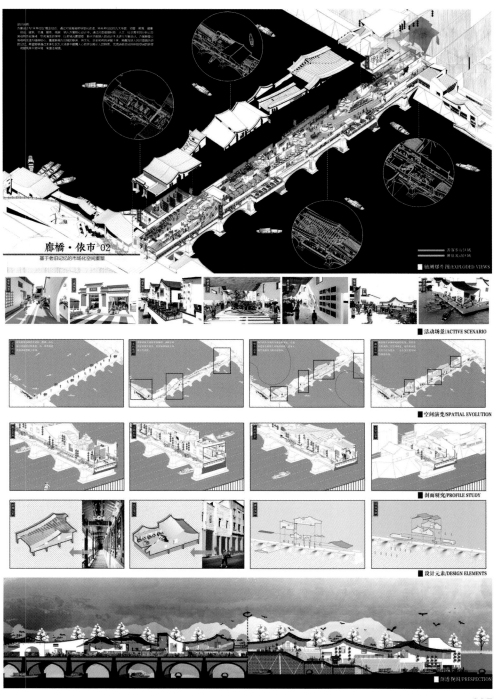

大音希聲 大象無形

融合、共享、傳承——中國傳統戲台空間的重新定義

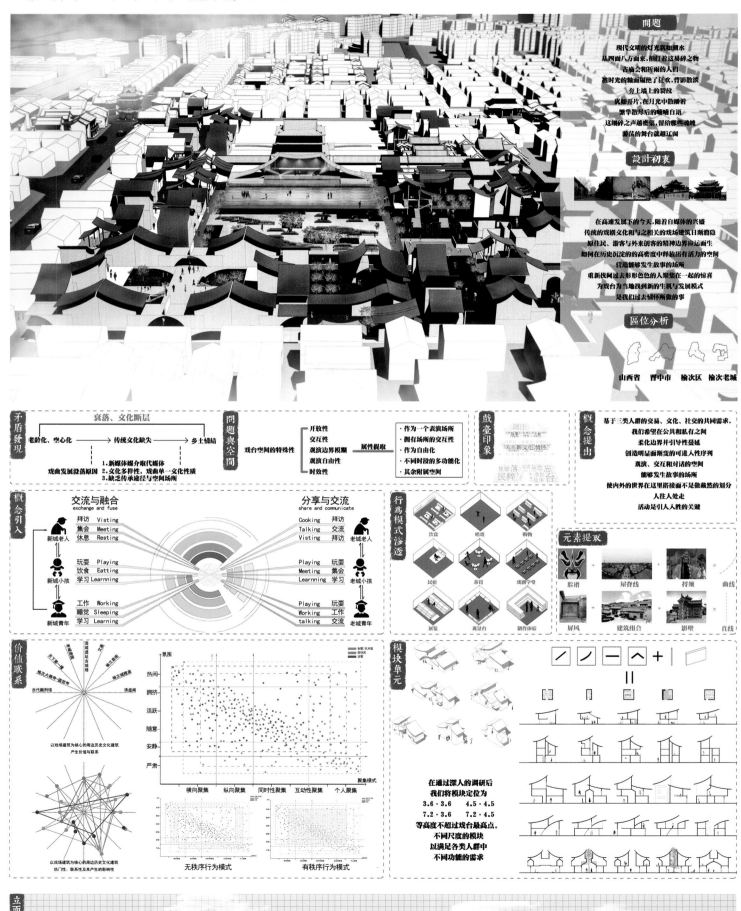

開題

現代文明的燈光猶如潮水
從四面八方湧來，相迫着這易碎之物
古廟會和祈雨的人們
逝時光的軸面阻絕了狂歡，背滂散渙
夯土牆上的裂紋
猶如開片，在月光中散播着
繁華散盡後的喃喃自語
這細碎之聲密集，留給那些魂魄
游蕩的舞台就越遼闊

設計初衷

在高速發展下的今天，隨着自媒體的興盛
傳統的戲劇文化和與之相關的戲場建築日漸消隱
原住民、游客與外來創客的精神邊界應運而生
如何在歷史沉定的的高密度中群放出有活力的空間
營造能發生故事的場所
重新找回過去形形色色的人聚集在一起的驚喜
為戲台為當地找到新的生機與發展模式
是我們過去懷杯所做的事

區位分析

山西省　晉中市　榆次區　榆次老城

矛盾發現

衰落、文化斷層

老齡化、空心化 → 傳統文化缺失 → 鄉土情結

1. 新媒體媒介取代媒體
2. 文化多樣性，戲曲單一文化性質
3. 缺乏傳承途徑與空間場所

問題與空間

戲台空間的特殊性

- 開放性
- 交互性
- 觀演邊界模糊
- 觀演自由性
- 時效性

屬性提取

- 作為一個表演場所
- 擁有場所的交互性
- 作為自由化
- 不同時段的多功能化
- 其餘附屬空間

戲臺印象

概念提出

基於三類人群的交易、文化、社交的共同需求
我們希望在公共和私有之間
柔化邊界并引導性蔓延
創造明晏面漸變的可進人性序列
觀演、交互和對話的空間
能夠發生故事的場所
使內外的世界在這裡搭接而不是做截然的劃分
人往人處走
活動是引人入勝的關鍵

概念引入

交流與融合 exchange and fuse

分享與交流 share and communicate

新城老人	拜訪 Visting	集會 Meeting	休息 Resting
新城小孩	玩耍 Playing	飲食 Eatting	學習 Learnning
新城青年	工作 Working	睡覺 Sleeping	學習 Learning

Cooking 拜訪	Talking 交流	Visting 拜訪	老城老人
Playing 玩耍	Meeting 集會	Learnning 學習	老城小孩
Playing 玩耍	Working 工作	talking 交流	老城青年

行為模式滲透

飲食　唱戲　購物
民宿　茶館　戲曲學堂
展覽　觀景台　制作體驗

元素提取

臉譜 + 屋脊線 + 捋須 = 曲線
屏風 + 建築組合 + 影壁 = 直線

價值聯系

以戲台建築為核心的周邊歷史文化建築
產生價值與聯系

以戲台建築為核心的周邊文化建築
熱鬧、聯系性及其產生的影響性

無秩序行為模式　　　有秩序行為模式

模塊單元

在通過深入的調研後
我們將模塊定位為
3.6·3.6　4.5·4.5
7.2·3.6　7.2·4.5
等高度不超過戲台最高點。
不同尺度的模塊
以滿足各類人群中
不同功能的需求

立面

大音希声 大象无形

参赛单位：天津大学仁爱学院
参赛人员：褚永睿　符京慧　林丽晴　王振铭
指导老师：刘云月

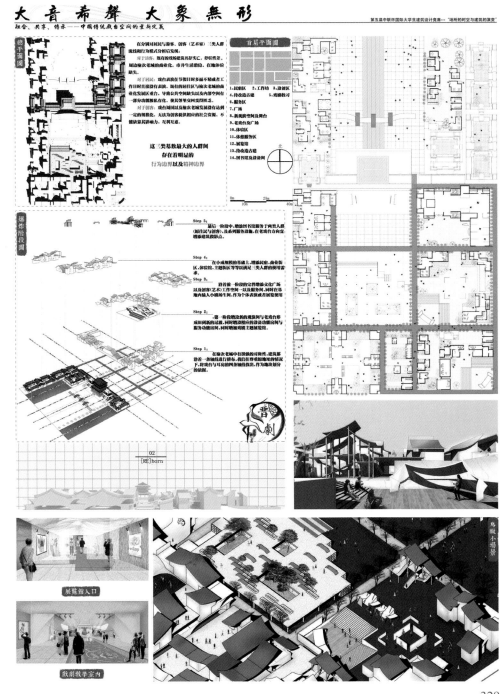

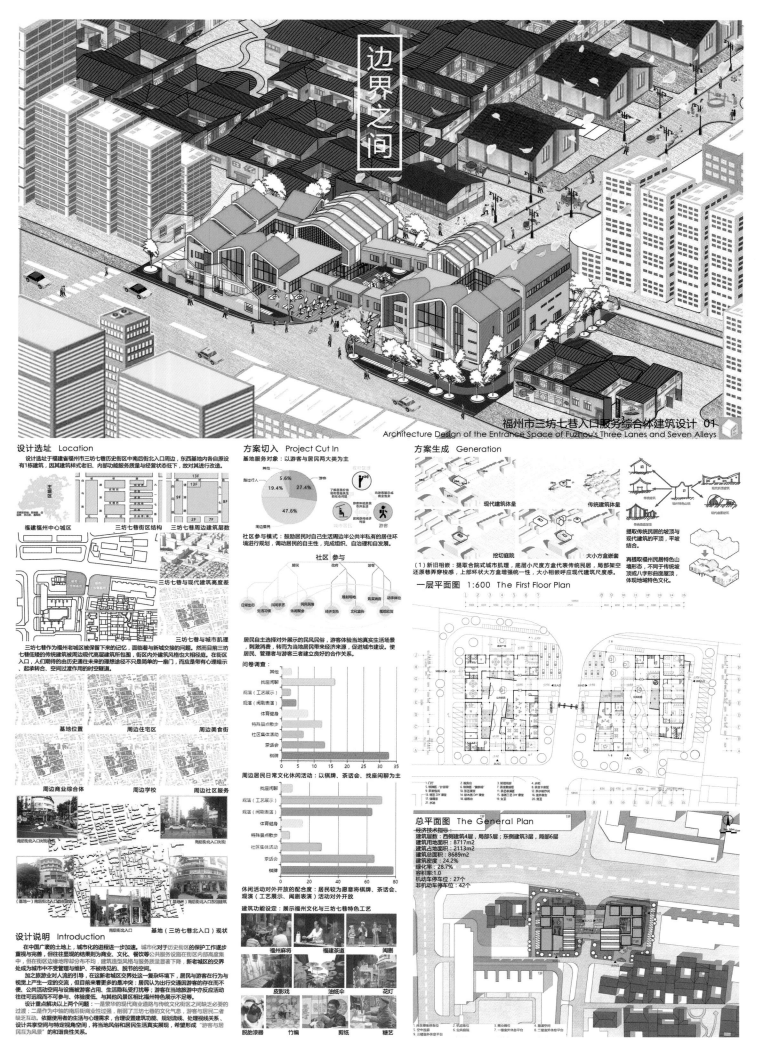

边界之间

设计选址　Location

设计选址于福建省福州市三坊七巷历史街区中南后街北入口周边，东西基地内各自设有1栋建筑，因其建筑样式老旧、内部功能服务质量与经营状态低下，故对其进行改造。

福建福州中心城区　　三坊七巷街区结构　　三坊七巷周边建筑层数

三坊七巷与现代建筑高度差

三坊七巷与城市肌理

三坊七巷作为福州老城区被保留下来的记忆，面临着与新城交接的问题。然而目前三坊七巷低矮的传统建筑被周边现代高层建筑所包围，区内外建筑风格也大相径庭。在街区入口，人们期待的由历史通往未来的理想途径不只是简单的一扇门，而应是带有心理暗示、起承转合、空间过渡作用的时空隧道。

基地位置　　　周边住宅区　　　周边美食街

周边商业综合体　　周边学校　　周边社区服务

基地一(南后街北入口对街)

南后街北入口

基地二(南后街北入口东街)

基地(三坊七巷北入口)现状

设计说明　Introduction

在中国广袤的土地上，城市化的进程进一步加快。城市化对于历史街区的保护工作逐步重视与完善，但往往显现的结果则为商业、文化、餐饮等公共设施在街区内部高度集中，但在街区边缘地带部分布不均，建筑造型风格与服务质量显著下降，新老城区的交界处成为城市中不受管理与维护、不被待见的、脱节的空间。

加之旅游业对人流的引导，在这新老城区交界处这一复杂环境下，居民与游客在行为与视觉上产生一定的交流，但目前来看更多的是冲突：居民认为出行交通因游客的存在而不便、公共活动空间与设施被游客占用、生活隐私受打扰；游客在当地旅游中亦反应活动往往可达观而不可参与、体验度低、与其他风景区相比福州特色展示不足等。

设计重点解决以上两个问题：一是繁华的现代商业道路与传统文化街区之间缺乏必要的过渡；二是作为中轴的南后街入口的心理渲染、历史文化气息、游客与居民二者缺乏互动。依据使用者的生活与心理需求，合理设置建筑功能、规划流线、处理视线关系、设计共享空间与特定视角空间，将当地风俗和居民生活真实展现，希望形成"游客与居民互为风景"的和谐共融关系。

方案切入　Project Cut In

基地服务对象：以游客与居民两大类为主

其他 5.6%　　降低行人 19.4%　　游客 27.4%　　周边居民 47.6%

社区参与模式：鼓励居民对自己生活周边半公私半私有的居住环境进行规划，调动居民的自主性，完成组织、自治理和自发展。

社区参与

居民　政务　游客

日常出行　闲聊多事　民风民俗　尾料基地　购实有食　动手体验
生活习惯　休闲聚会　经济支持　文化宣传　围观欣赏

居民自主选择对外展示的民风民俗，游客体验当地真实生活场景，刺激消费，转而为当地居民带来经济来源，促进城市建设。使居民、管理者与游客三者建立良好的合作关系。

问卷调查

周边居民日常文化休闲活动：以棋牌、茶话会、找座闲聊为主

休闲活动对外开放的配合度：居民较为愿意将棋牌、茶话会、观演（工艺展示、闽剧表演）活动对外开放

建筑功能设定：展示福州文化与三坊七巷特色工艺

福州麻将　　福建茶道　　闽剧

皮影戏　　油纸伞　　花灯

脱胎漆器　　竹编　　剪纸　　糖艺

方案生成　Generation

现代建筑体量　　传统建筑体量

挖切庭院　　大小方盒组合

（1）新旧相嵌：提取合院式城市肌理，底层小尺度方盒代表传统民居，局部架空还原巷弄穿梭感，上部环状大方盒增强统一性，大小相嵌呼应现代建筑尺度感。

提取传统民居的坡顶与现代建筑的平顶，平坡结合。

再提取福州民居特色山墙形态，不同于传统坡顶或八字形曲面屋顶，体现地域特色文化。

一层平面图　1:600　The First Floor Plan

总平面图　The General Plan

经济技术指标：
建筑层数：西侧建筑4层，局部5层；东侧建筑3层，局部6层
建筑用地面积：8717m2
建筑占地面积：2113m2
建筑总面积：8689m2
建筑密度：24.2%
绿化率：28.7%
容积率：1.0
机动车停车位：27个
非机动车停车位：42个

边界之间
—— 福州市三坊七巷入口服务综合体建筑设计

参赛单位：合肥工业大学
参赛人员：林斯媛
指导老师：苏剑鸣

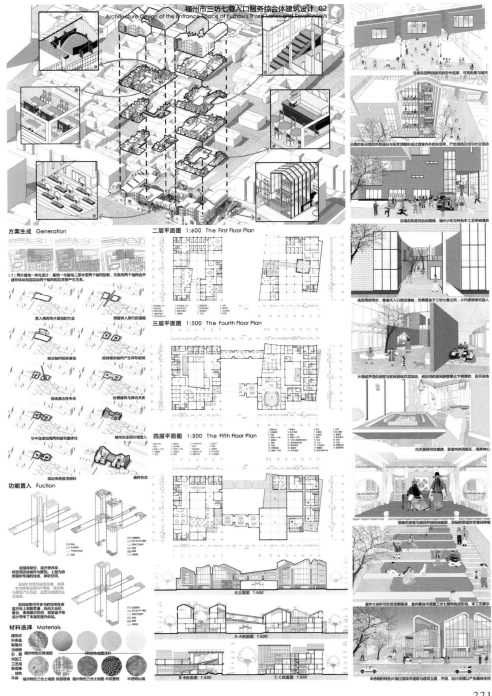

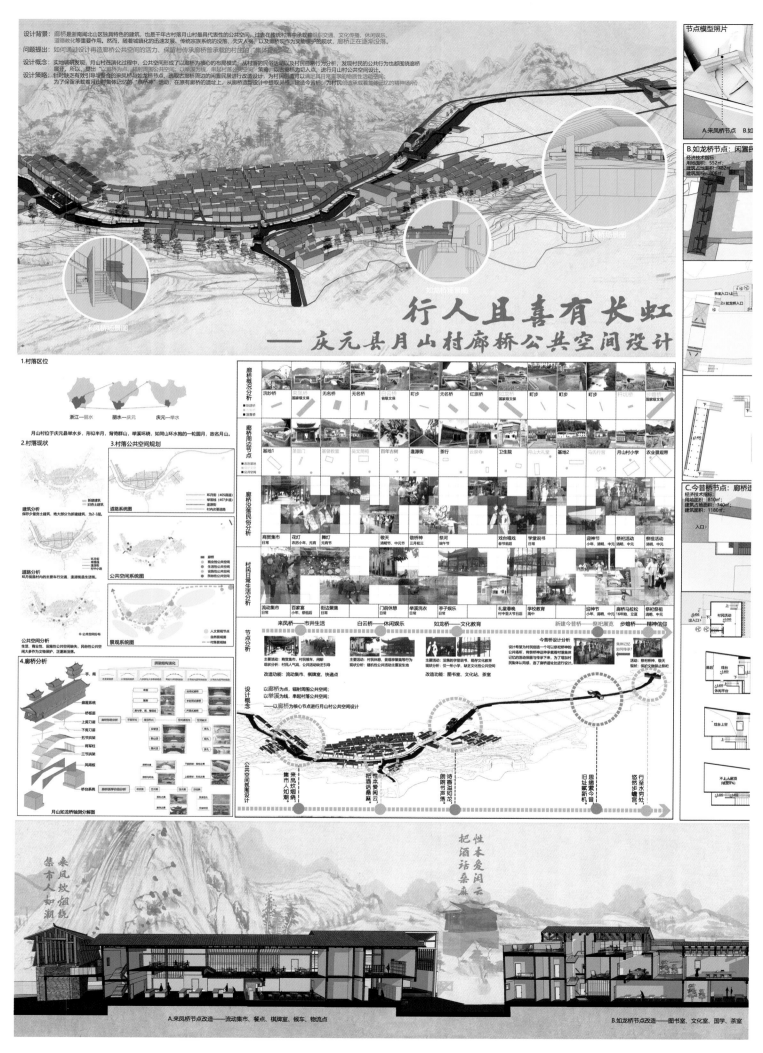

行人且喜有长虹
——庆元县月山村廊桥公共空间设计

行人且喜有长虹
—— 庆元县月山村廊桥公共空间设计

参赛单位：东南大学
参赛人员：吴晓敏
指导老师：魏 秦

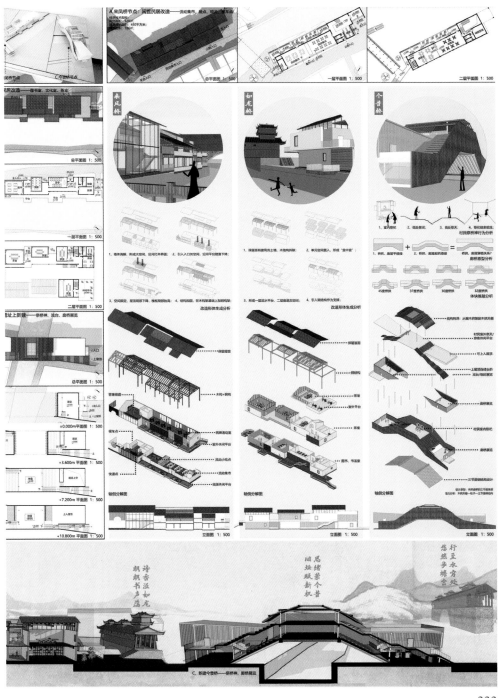

CELL
Evolution Design of railway station

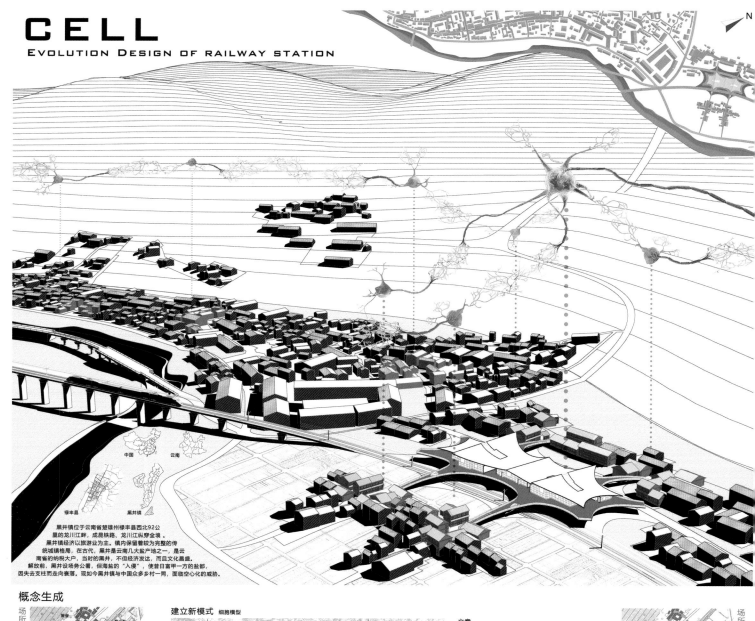

中国　云南

禄丰县　黑井镇

黑井镇位于云南省楚雄州禄丰县西北92公里的龙川江畔，成昆铁路、龙川江纵穿全境。黑井镇经济以旅游业为主，镇内保留着较为完整的传统城镇格局，在古代，黑井是云南几大盐产地之一，是云南省的纳税大户，当时的黑井，不但经济发达，而且文化鼎盛。解放前，黑井设场务公署，但海盐的"入侵"，使昔日富甲一方的盐都，因失去支柱而走向衰落。现如今黑井镇与中国众多乡村一同，面临空心化的威胁。

概念生成

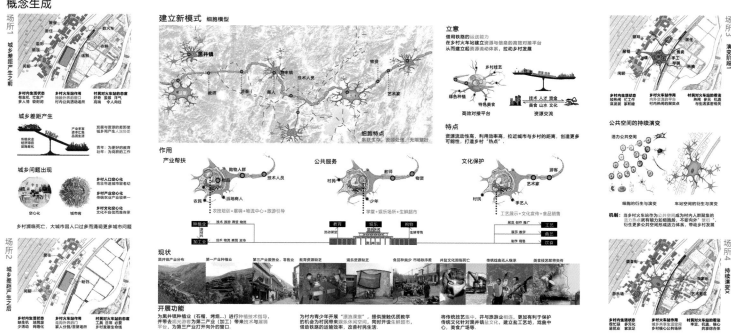

场所1
城乡差距产生之前

城乡差距产生

城乡问题出现

乡村濒临死亡，大城市因人口过多而涌现更多城市问题

场所2
城乡差距产生之后

建立新模式 细胞模型

细胞特点
串联生存，资源处理，无限繁衍

作用
产业智扶
公共服务
文化保护

现状
黑井镇产业分布　第一产业种植业　第三产业服务业，零售业　教育资源缺乏　娱乐资源缺乏　食品种类少　井盐文化濒临死亡　传统戏曲无人继承　美食技艺即将失传

开展功能

为黑井镇种植业（石榴，烤烟...）进行种植技术指导，并带去观光游客为第二产业（加工）带来技术与展销平台，为第三产业打开向外的窗口。

为村内青少年开展"漂流课堂"，提供接触优质教学的机会为村民带来娱乐休闲空间，同时开设生鲜超市，借助铁路的运输效率，改善乡村民生活。

将传统技艺集中，并与旅游业相连，更加有利于保护传统文化针对黑井盐文化，建立盐工艺坊，戏曲中心，美食广场等。

立意
借用铁路的运送能力，在乡村火车站建立资源与信息的高效对接平台从而建立起资源流动体系，拉动乡村发展

高效对接平台　资源交流

特点
资源流动性高，利用效率高，拉近城市与乡村的距离，创造更多可能性，打造乡村"热点"

场所3
演变阶段1

公共空间的持续演变

活力公共空间

细胞的衍生与演变　车站空间的衍生与演变

机制：乡村火车站作为公共空间集中为村内人群服务的活力热点犹如细胞核如同细胞，不断向外"繁殖"，衍生更多公共空间形成活力体系，带动乡村发展。

场所4
持续演变X

形体衍生

场地依靠村内主路

引入细胞模型，建立车站与村庄的联系

黑井镇乡村肌理特点

将乡村肌理延续进乡村火车站

基于肌理进行演变，利用"正，负"体量组织空间

利用实墙与玻璃幕墙围合与界定空间

细胞
—— 乡村火车站的演变

参赛单位：沈阳建筑大学
参赛人员：王天尧　邰旭锋　张智雄　王　义
指导老师：张天衡　高　畅

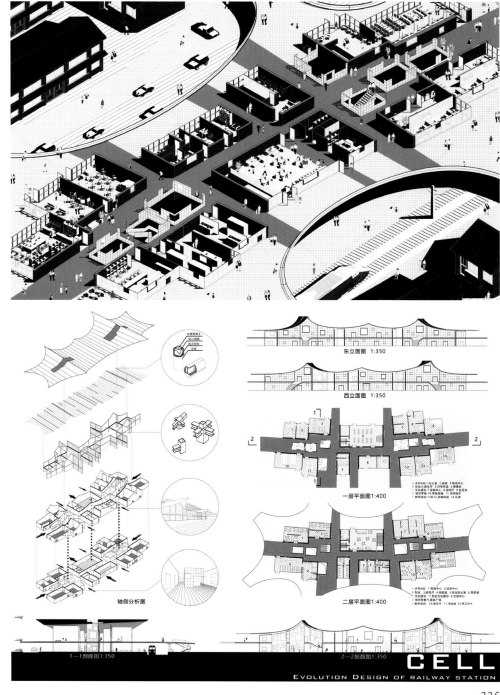

东立面图 1:350

西立面图 1:350

轴侧分析图

一层平面图 1:400

二层平面图 1:400

1—1剖面图1:350

2—2剖面图1:350

CELL
EVOLUTION DESIGN OF RAILWAY STATION

"人道我居城市里，我疑身在石山中"
——《狮子林即景》元·惟则

CONNECTING POINT OF INNER AND OUTER WORLD
(Arcadia : the beginning of design)

随着现代大肆的城市建设活动，把人生活的地方变成了冰冷的城市机器，一道消失的，是延续了几千年的中国人的理想世界、建造的自由，和作为个体的"人"与土地的关联。因此我们希望在城市中提供一"在言山水事"之"建筑"，把现实约束中的人带离，重塑理想生活的想象，唤醒"彼处"的建筑，以此唤醒人的精神生活。

繁重的都市生活   重塑理想生活   唤醒人们精神生活

交流在同一时间和空间兼得   回归"在言山水处"之建筑

TRAFFIC JAM   URBAN RENEWAL   DENSELY POPULATED   FOG AND HAZE

乌有园

唐人白居易曾倡与中隐城市的概念，宋人格万里提出：城市山林难再无，朱有别队：城市山林的盛频真挺持这两难境况，书写为山居两无的乐观，都照有诗去，"不下堂筵，坐穷泉壑。

乌有园

参赛单位：烟台大学
参赛人员：韩田琦　李玉青　张梓莹　王丽华
指导老师：张　巍

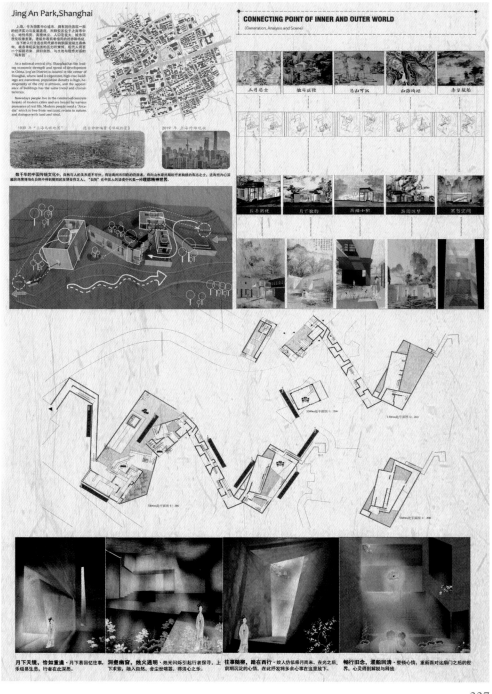

五观茶馆

观念与空间——从文学出发

设计说明

艺术家近年来对永庆坊做了许多微改造，为这片充满历史气息的街区增添了新的活力，带来了很多游客。而我们从原有居民的生活习性出发，联想到古代的曲水流觞之乐，并提取名画《韩熙载夜宴图》中的空间结构。想用这种方式去激活这里原有居民的社区生活，并作为游览粤剧博物馆结束后对粤文化的另一种展现。

场地分析

设计研究围绕永庆坊周边区域，以粤剧博物馆为圆心约500米半径的区域内为主，该地区毗邻西关涌，沉淀着深厚的历史文化。粤剧博物馆、八和会馆等历史文化建筑、还有拥有百年历史的恩宁路，周围还是老广传统商业旺地西关上下九，周边为广州传统建筑"骑楼街"，有着丰富的特色与强烈识别。

选址

粤剧博物馆出口借曲曲河道与一侧日常流线交集，交集处留有一片荒地，北临河段，前边是骑楼街，西侧是游客旅游结束点，东南侧与河对岸是市民点。现地临时货运停车场，该地段可成为游客狂欢点与市民活动点，人们间的交流成为它的，

市民散步流线 游客游览流线结束交汇 创客小镇与居住区便捷邻近河流

问题

永庆坊经过一次微改造，采取产业升级的做法，保护并修缮历史旧建筑，引进大量创客产业，打造一个创客小镇，打开老旧建筑对外界的窗口，同时也成为旅游景点之一。但是，该片市民与游客交流甚少，永庆坊而面就是老街区想影少有交集。这是因为在微改造的影响下，片区的"街道感"被极大的削弱，农村中特有的交流空间位于街卷中，住户可在处于外界街道下在家门口之间的模糊界面体想，而商贩也是之出进，而改造后的永庆坊的道路尽管有原来的通道，但西侧都是小型企业工作区，缺少市井味的交流场所，缺少结束的"仪式感"与体验的地方，市民没有适宜的活动场所，缺少产生维新的功能载体，本身分差极其市井味地段，却与周道暗盆断断。

观念提取

从中国画作《曲水流觞》以及《韩熙载夜宴图》中的交流方式与空间构图布局作为建筑设计的观念。

《曲水流觞》

曲水流觞是中国古代民间的一种传统习俗，每年农历三月在弯曲的水流旁设流杯，流到谁面前，谁就取下来喝，可以除去不吉利，后来发展为文人墨客诗酒唱酬的一种雅事。

不安定状态 / 安定感

从对画作的解读中可得知，文人们顺看一条蜿蜒曲折的溪流依次而坐、有面对面的、相互依靠的、背对背的、来回走动的、也有有靠着树围坐的、交流画面相当丰富。但都无一例外的依靠某些事物——溪流、树，心理学上人们在空无一物的环境中是处于一种"不安定的状态，缺乏安全感的状态下很难产生正常的交流，人一旦有某种介质的依靠下便不自觉认同到"安定感"、空旷的空间中若有一根柱子人们便会围绕这个柱子活动，交流的形式也隐之改变，而这种介质的适宜程度也影响着人们的交流愉悦程度，这也是文人佳话多源于依山傍水之的原因之一。

《韩熙载夜宴图》

第五段	第四段	第三段	第二段	第一段

视觉中心 / 时间顺序 / 内容 / 视觉中心

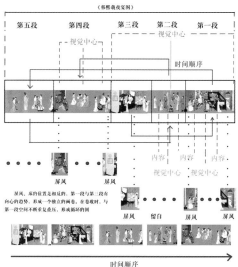

屏风 / 屏风 / 屏风 / 留白 / 屏风

屏风、床的位置是相互的，第一段与第三段有向心的趋势，形成一个独立的画卷，在卷收时，与第一段空间不所重复叠压，形成循环的图

时间顺序

《韩熙载夜宴图》是五代十国时期南唐画家顾闳中的绘画作品，是中国十大传世名画之一，是后主李煜指派顾闳中监视重臣韩熙载时记录面下的作品，描绘了官员韩熙载家设夜宴载歌行乐的场面。此画约的就是一次完整的韩府夜宴过程，即昆邕演奏、观舞、宴间休息、清吹、欢送宾客五段场景。这幅画具有一定的思想深度，不仅体现那个时代的风貌，更真实揭露了政治阶级内部的矛盾。

空间系统图

空间视觉上的直接联系

通过屏风、床这种"介质"来划分空间，在空间处理上与过渡空间相类似

空间抽象分析

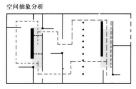

空间视觉上排列相邻，通过特定的空间强调范围，行走的流线循环。

总平面图

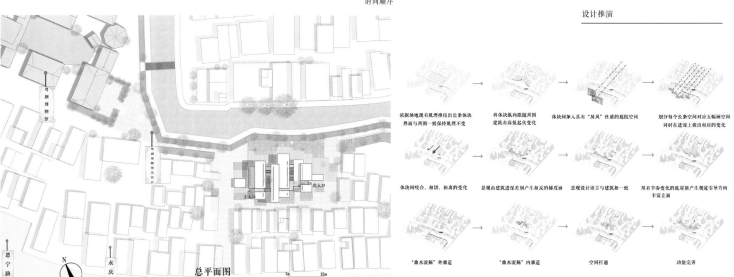

粤剧博物馆 / 粤剧博物馆社区出口 / 主入口 / 次入口 / 永庆坊 / 邑宁路

N

5m 25m

设计推演

依据场地现有肌理推拉出长条体块界面与周围一致保持肌理不变

将体块纵向跟随周围建筑有高低起伏变化

体块间加入具有"屏风"性质的庭院空间

划分每个长条空间对应五幅画空间同时在进深上做出相应的变化

体块间咬合、相切、相离的变化

景观由建筑进深差别产生相反的梯度面

景观设计语言与建筑一致

用有节奏变化的波星顶产生视觉引导方向丰富立面

"曲水流觞"外廊道

"曲水流觞"内廊道

空间打通

功能定善

五观茶馆
观念与空间 —— 从文字出发

参赛单位：广州美术学院
参赛人员：陈爱华　肖佳艺　陈奕斌
指导老师：伍　端

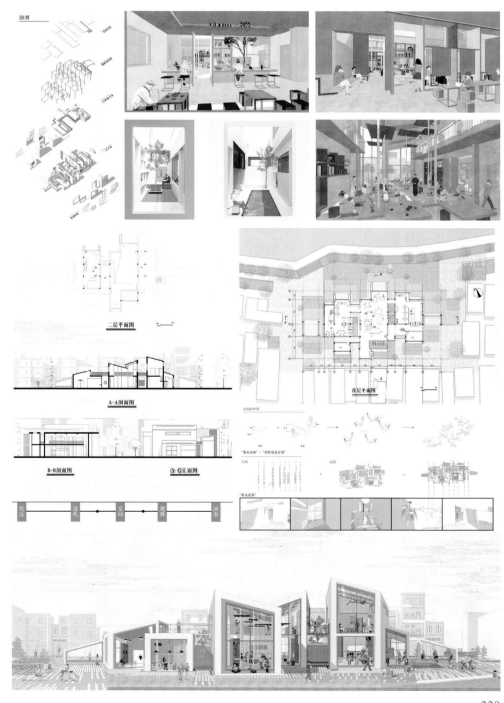

诉 · 求

—— 重庆酉阳恐虎溪村白氏祠堂地块

参赛单位：重庆交通大学

参赛人员：刘国徽　孟　乔　赵康迪　程　翔

指导老师：温　泉　董莉莉

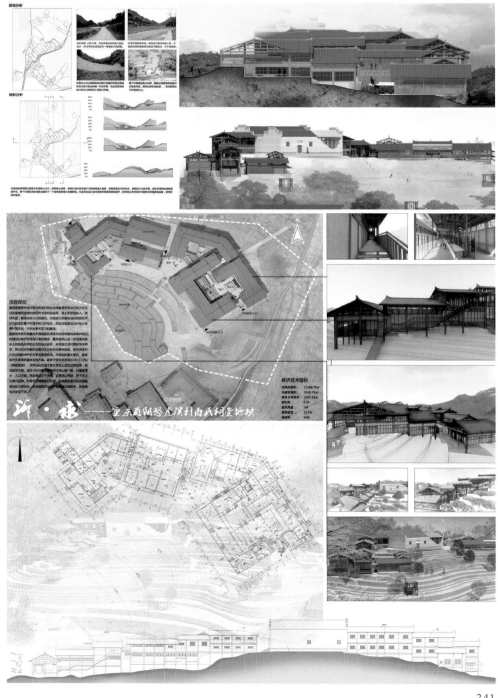

4

THE FOURTH SESSION

"互联网+"
背景下的生活空间

THE LIVING AREA IN THE
BACKGROUND OF THE
INTERNET PLUS

互联网，正以改变一切的力量，在全球范围
内掀起一场影响人类各个层面的深刻变革。过
去，我们的生活与互联网是"X+互联网"的关系，
我们在各种生活、生产 中贴上网络的标签。今天，
互联网科技高速发展，"分布式、连接和开放"
已成为主题思想，互联网将所有的一切整合到一
个统一的平台之下，"互联网+"将会彻 底改
变、重构我们的生活和生产方式。在"互联网+"
的背景下，从城市到乡村，我们的居住、工作、
商务、购物、交往等活动会发生什么样的改变？
以及如何影响我们对生活空间的认知、改变我们
设计创作的思维与表达？

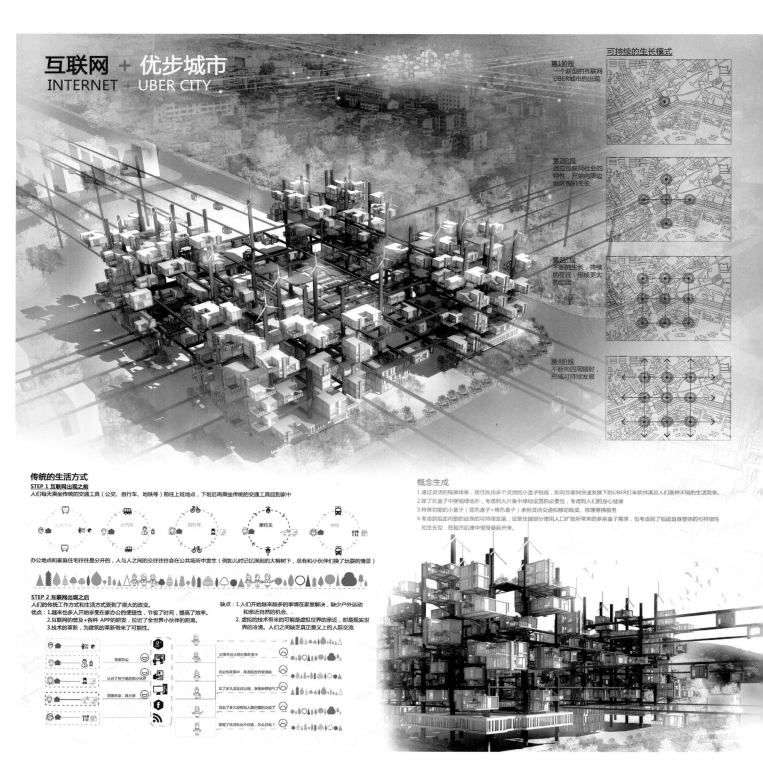

互联网 + 优步城市
INTERNET + UBER CITY

可持续的生长模式

第1阶段
一个新型的互联网
UBER城市的出现

第2阶段
适应互联网社会的
特性，开始向周边
地区有机生长

第3阶段
不断的生长，持续
的蔓延，形成更大
的组团

第4阶段
不断向四周辐射，
形成可持续发展

传统的生活方式

STEP 1 互联网出现之前
人们每天乘坐传统的交通工具（公交、自行车、地铁等）前往上班地点，下班后再乘坐传统的交通工具回到家中

办公地点和家庭住宅往往是分开的，人与人之间的交往往往会在公共场所中发生（例如儿时记忆深刻的大榕树下，总有和小伙伴们换了玩耍的情景）

STEP 2 互联网出现之后
人们的传统工作方式和生活方式受到了很大的改变。
优点：1.越来越多人开始享受在家办公的便捷性，节省了时间，提高了效率。
2.互联网的普及+各种APP的研发，拉近了全世界小伙伴们的距离。
3.技术的革新，为技术的革新带来了可能性。

缺点：1.人们开始越来越多的事情在家里解决，缺少户外运动
和亲近自然的机会、
2.虚拟的技术带来的可能是虚拟世界的亲近，却是现实世
界的冷漠。人们之间缺乏真正意义上的人际交流

概念生成

1.通过灵活的框架体系，居住区由多个灵活的小盒子组成，如同互联网快速发展下的UBER打车软件满足人们各种不同的生活需求。

2.除了在盒子中穿插绿地外，考虑到大片集中绿地设置的必要性，考虑了人们的身心健康

3.特殊功能的小盒子（蓝色盒子+橙色盒子）承担灵活交通和移动贩卖、修缮等服务

4.考虑到组团内部自身的可持续发展，设置仓储部分便使用人口扩张所带来的多余盒子需求，也考虑到了组团自身整体的可持续性和生长型，在城市肌理中慢慢蔓延开来。

互联网 + 优步城市

参赛单位：深圳大学

参赛人员：刘琪婧　方宇婷　崔明奕

指导老师：仲德崑

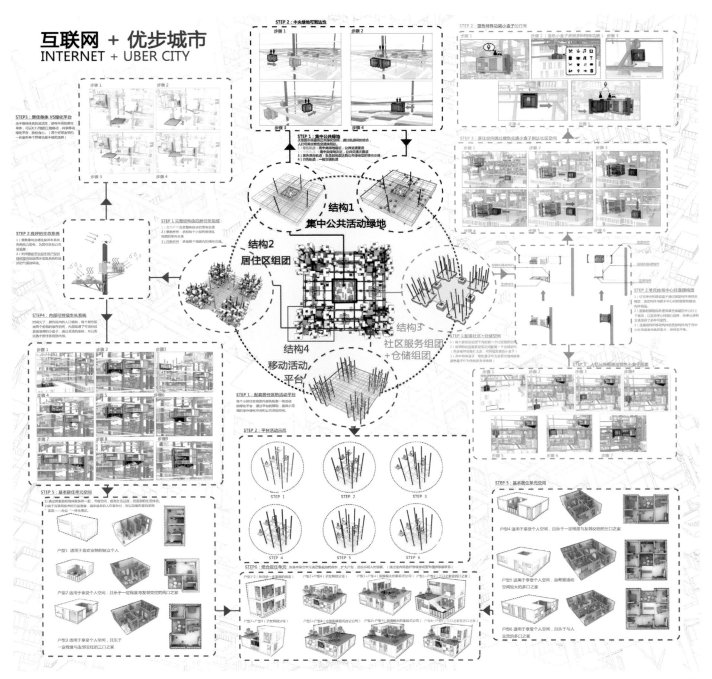

90后人群50平米住宅新解

基于互联网思维的 $50m^2 = 30m^2 + 10m^2 + 10m^2$
传统住宅   私有   租赁   公共

本案基于互联网免费、共享、增值的理念，针对互联网一代人群、以共享经济时代为背景，构想一种未来可行的快消费住宅

空间分配
设计其为50m²传统住宅功能比例；保留其中约30m²私有住宅功能，业主专有持有，其私有化处理；抽出其中10m²使用频率不高或可与他人分享的功能，作为租赁空间，现付现用；抽出其中10m²可共享的功能，集中或散布作为公共

运营模式
品牌效应的预售吸引年轻人的加入，地产商可有效降低物业建成前期收回成本。预售后甲方案将业主要求偏好简化为参数，输入设定的程序，生成定制化建筑，开展建设入住。相同属性或爱好的业主入住同一组团，公用一部分空间，自组织形成团体；加入的物业的团体

互联网思维解读 — 互联网时代共享经济 Sharing Eco

空间重构策略 — 私有 → 共享！租赁！

传统住宅私有空间

90后居住需求剖析
- 人群定位
- 居家行为
- 基本需求

盈利模式
- 宣传吸引人群 定制预售 预制标准化建设 快速入住 形成自组织系统
- 业主持有 提供购买或日后租用私人权属 强化业主组织 良好自组织业主生态圈 提升物业价值
- 临时租赁 现付现用 开发商权属 物业介入 运营收回成本并持续盈利
- 社区共享 免费使用 开发商权属 良好的公共服务提升物业价值

基于互联网思维的 90 后人群 50 平方米住宅新解

参赛单位：重庆大学
参赛人员：魏鑫月　张　涵　薛　凯　伍利君
指导老师：田　琦

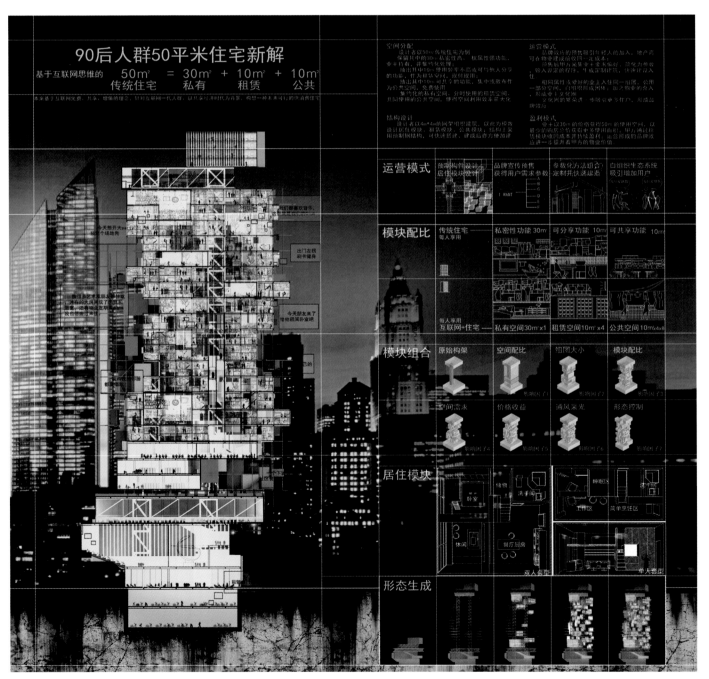

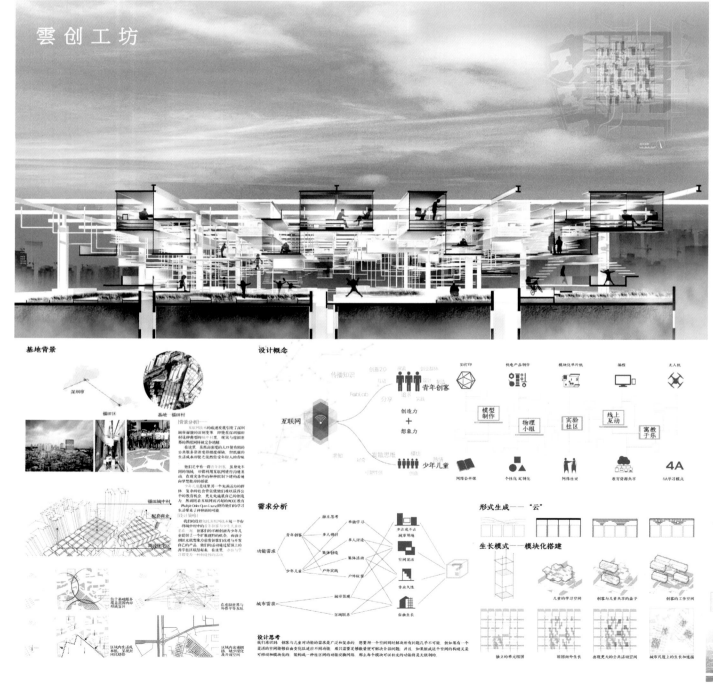

雲创工坊

基地背景

深圳市

福田区 基地-福田村

[背景分析]——

设计概念

传播知识

互联网

青年创客

少年儿童

创造力 + 想象力

3D打印　机电产品制作　模块化单片机　编程　无人机

模型制作　物理小组　实验社区　线上互动　寓教于乐

网络公开课　个性化定制化　网络社交　教育资源共享　4A　4A学习模式

需求分析

青年创客

功能需求

少年儿童

城市需求

独立思考　单独学习　多人研讨　多人讨论　集体智慧　集体活动　户外实践　户外探索　城市景观　区域联系　少占或不占城市用地　空间灵活　事业共性　自由生长

设计思考

形式生成——"云"

生长模式——模块化搭建

儿童的学习空间　创客与儿童共享的盒子　创客的工作空间

独立的单元组团　组团向内外生长　出现更大的公共活动空间　城市尺度上的生长和蔓延

云创工坊

参赛单位：天津大学
参赛人员：邱雨新　赵熠萌　巴　婧　张泽茜
指导老师：张昕楠　曾　鹏

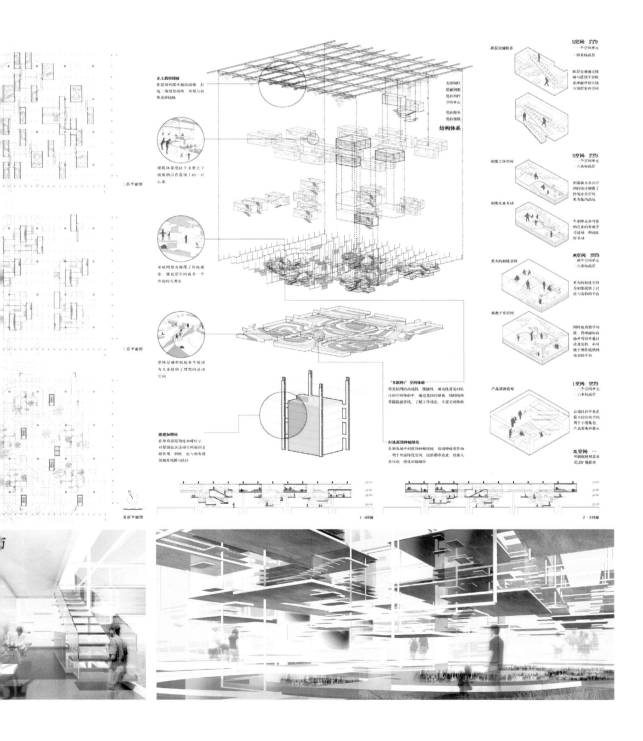

又一家书店死亡了

最近,广州又一家独立书店——大声书店关门结业,老板程英明临走前感慨:"实体书店真是做不下去了!"

殉难书店名单(部分)

2010年 北京第三极书局 死亡
2010年 广州三联书店 死亡
2010年 上海万象书店 死亡
2010年 晚枫书屋鼓浪屿店 死亡
2010年 上海"思考乐书局" 死亡
2010年 上海"季风书园" 死亡
2010年 上海"席殊书屋" 死亡
2010年 上海必得书店 死亡
2010年 上海三联韬奋书店 死亡
2011年 北京三大民营"风入松"书店 死亡
2011年 民营书店"光合作用" 死亡
2012年 成都时间简史书坊 死亡
2012年 万象书店 死亡
2013年 武汉大学三联书站 死亡
2014年 广州文津阁 死亡
2014年 广州必得书店 死亡
2014年 广州大声书店 死亡
2014年 广州红枫叶书店 死亡

据不完全统计,截止2014底,已有近2万家书店倒闭……

1

关键词:

互联网
3+X联合经营
二维码
咖啡
服装店
书店
可变空间体系

二维码(是连接线上、线下的主要桥梁),二维码中的三个大的定位块就像是本方案中的服装、书店、餐饮三个功能区,二维码中的资料储存区相当于本方案中可自由变换空间形态的文化主题活动区。

二维码·交变空间
—— ▌▌化消费空间的▌维重塑

互联网对人的消费方式的影响

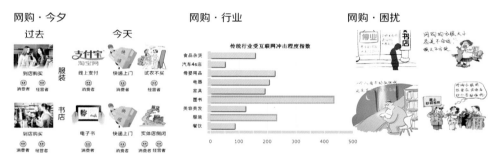

网购·今夕
网购·行业
网购·困扰

分析书店和服装店所面临的问题

① 实体书店 服装店
面临问题 受线上购书冲击很大,实体店销售额不足以支付昂贵的房租,人类精神的殿堂被迫选择关门歇业。 许多服装店成为人们网上购衣前的试衣场,服装店无奈将衣服上吊牌撕掉,顾客对此很是懊恼。
解决方法 以受互联网冲击影响不大的其他行业(如餐饮业)带动消费,书店本身以网上书店的线下体验店形式存在,给人们留住精神的家园。 将服装店作为专一的试衣体验店,同时实体店配合网店经营。
空间改造 空间分割成几大区域,一部分经营图书,其他作为餐饮和其他主题活动区空间。 服装展示空间设计多样化,试衣间自由拼合,试衣区可变空间体系。

② 传统实体店缺失的五大体验功能需要空间赋予:
(与之对应空间属性)
1、空间感官体验
(静态空间·可变空间)
2、空间情感体验
(主题活动区)
3、线上付款、线下体验相结合
(线上共享体验区)
4、对其他消费者的感知体验
(多元业态体验区)
5、良好经营的新兴行业,推广线下实体店
(可变空间,满足不同需求)

总结: ① 书店、服装店要加入咖啡餐饮业达到互生共生的空间重▌

② 互联网背景下很多主题功能区不断在变化(信息传播速度越加快)相对应的建筑空间也有了多元可变的需求。

解决策略:

行为

"3+X"线下体验馆(经营模式)

	面积占比	盈利占比(线上)	盈利占比(线下)
图书	20%~35%	≈25%	≈5%
服装	15%~25%	≈25%	0
咖啡餐饮	10%~15%	0	≈45%
主题活动区 (文化沙龙区、读书交流区、线上共享体验区、创意生活区、夜读时光区、艺术品展区……)	X	X	X

空间

二维码 → 放入微信头像 → 线上交友

模数化可变平面 → 有人参与 → 无限可能

平面

建筑平面作为人活动的主要维度,也是建筑形体与空间的主要载面图,如何在这个维度内安排好功能体并建立和谐的秩序是一个重要的问题,网格与建筑平面的结合是解决问题的主要途径,本方案中采用在平面中的标准尺度"1350X1350"作为基本单元网格。

网格平面的变化带来了多样化的空间,通过体块与墙体的拉伸与移动,将这种变化由二维延展到三维空间,同时空间中人的行为所塑造的场所又将这种变化引向多维。

二维码·交变空间
—— 文化消费空间的多维重塑

参赛单位：中原工学院信息商务学院
参赛人员：李晓飞　刘志远　石奕东
指导老师：秦　楠

文化空间的重生

以书店，咖啡店，服装店为
原型引人思考，加人更多的
主题活动区以重塑互联网背
景下的多元业态，与之相对
应的可变空间正在发生着日
新月异的变化……

可变形构件生成图解　　　　　　可变空间限定方式

构造目录：
❶ 书架（墙）
❷ 衣架（墙）
❸ 桌子（块）
❹ 书架（块）
❺ 展柜（块）
❻ 楼梯（块）
❼ 吊顶导轨
❽ 衣架（块）
❾ 移动试衣间
❿ 升降装置
⓫ 升降试衣间
⓬ 二读服装区

网格中设置可
自由抬升4米
以内的块体
（底部为升降
装置），网格
交叉处设置可
自由移动的墙
体（底部为导
轨），以块体
和墙体的抬升
、移动、变形
创造出可灵活
变换的空间，
室内的家具等
构件也可通过
块和墙体的
变化自由拼装。

通过块体的抬升，夜间将空间隔成为两个部分，（右图下2）
使读者在夜间有专属的读书空间，由此形成24小时夜读区。

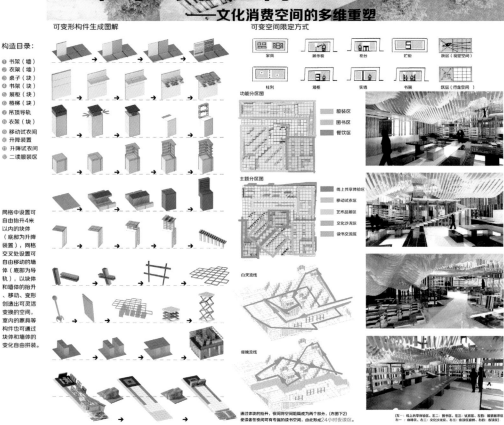

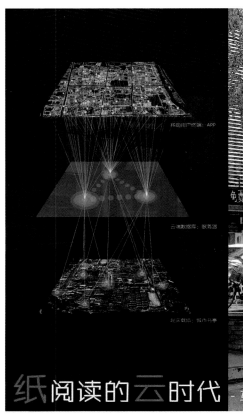

市民会员老王："老人专用书箱"，志愿者管理员真是太周到。

市民会员小婷：等车时发现一本《DIY装修指南》，正好家里要装修，扫一扫，轻松借走。

市民会员小南：地铁站借的《论语》快到期了，在这个国学主题书亭还掉它还能加分呢。

市民会员张三：【消息推送】哇塞，孟非居然也捐书了！APP还能与作者互动。

市民会员李华：家里这本《红楼梦》留着也没用，放进捐书箱申请捐掉赚积分吧！

纸阅读的云时代 - 互联网下的市民图书流动站设计 |

网络背景下的纸质阅读现状

2013年，中国人年均纸端书仅**4.35**本。

66.0% 成年国民倾向于"拿一本纸质图书阅读"

纸质图书的优势：
①信息完整度高。
②符合人们的阅读习惯，保护视力。

纸质图书的弊端：
①读完后大多闲置 利用率**低**。
②书店图书馆距离**远**，获取书的时间成本**高**于网络资源。

互联网改变生活
①时效性：打破空间隔阂，随时随地获信息。
②资源调配：在信息的流得于平衡各种资源，提高效率。
③创造沟通：人与之间交往的可能性。

人——人
物——物

设计概念

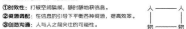

Step 1. 将图书馆打散，分散到城市交通节点，利用网络链接起来。让市民在等候的时间选书，取书，还书。**拉近**图书馆与生活的距离。

Step 2. 鼓励市民捐书，利用异地还书的机制，借助都市人的流动，让纸质图书也流动起来，**降低**获取纸质图书的成本，**提高**图书利用率。

ON-LINE + OFF-LINE
Step 3. 线上图书馆管理系统 + 线下的小小图书馆

构建阅读之城

系统由线下实体书亭、APP手机客户端、云端数据库三部分组成。会员捐书、借出、归还等动作通过客户端扫码，更新并储存到云端数据库。APP作为数据库的移动客户端，实现查询、推送、互动等服务。市民需要经过市民认证，加入会员，即可享受阅读借阅，鼓励市民捐书，读书，并招募志愿者管理员。以书为中介，实现人与人，人与书之间的互动。

实体图书流动　APP手机客户端　云端数据库

市民会员　归还-扫码　查询　　位置信息
书亭　　　借出-扫码　反馈　　书本信息
　　　　　捐书-扫码　　　　　用户信息
市民会员　　　　　　　反馈　　时间信息
管理员　　整理-扫码　反馈　　历史记录
　　　　　　　　　　　　　　....

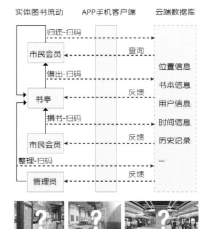

APP手机客户端设计

纸阅读的云时代
—— 互联网下的市民图书流动站设计

参赛单位：东南大学
参赛人员：黄里达　郑　星　仲文洲
指导老师：张　彤

留守儿的云屋

大数据背景下自适应、自运行、自转换的留守儿童活动中心方案

留守儿的云屋

参赛单位：青岛理工大学
参赛人员：林汝佳　王宏伟　罗　练　张　娥
指导老师：石新羽

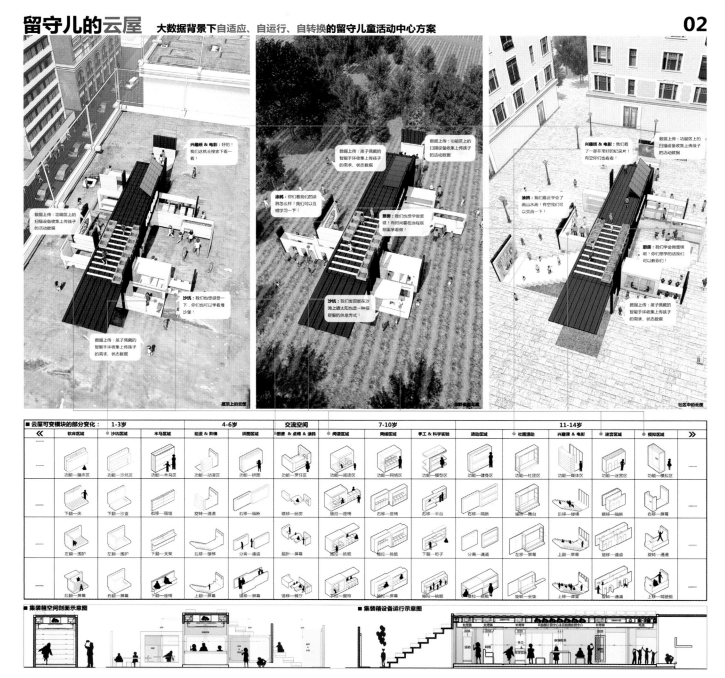

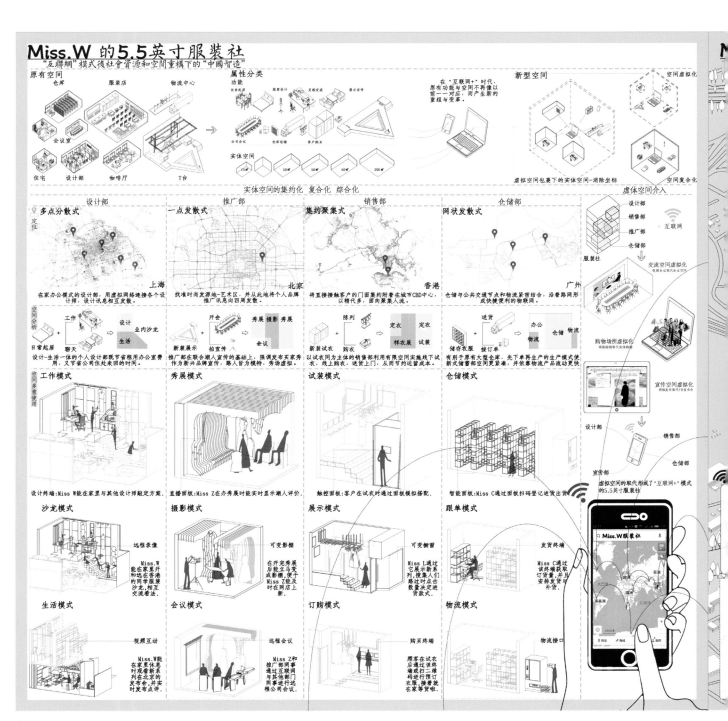

Miss.W 的 5.5 英寸服装社
——"互联网"模式后社会资源和空间重构下的"中国智造"

参赛单位：重庆大学
参赛人员：朱 骋　岑枫红
指导老师：刘彦君

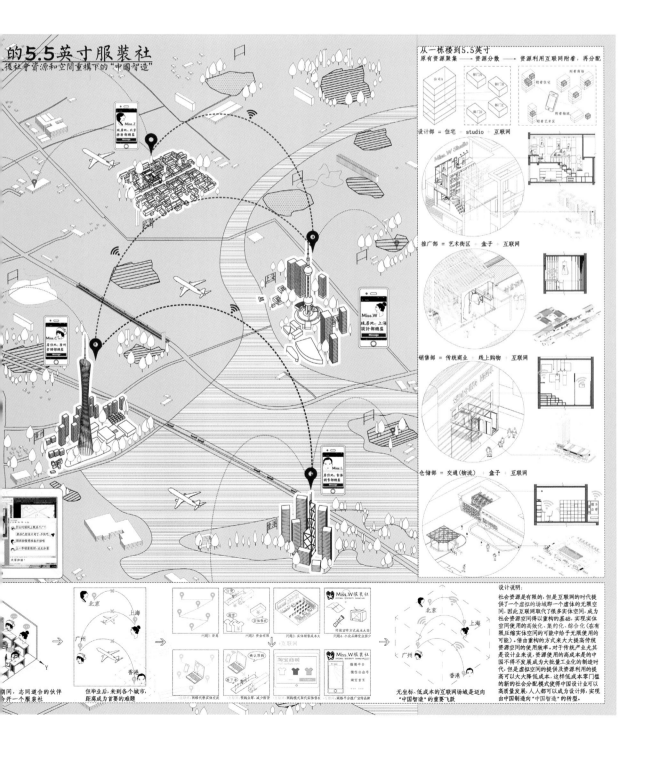

空栈

互联网+背景下的老社区屋顶互联生活网

项目背景	空间对象	空间对象	历史元素	绿化元素	植入元素	植入元素	植入元素	植入元素	植入元素
Amoy 厦门顶澳仔	老年人	孩童	保存旧建筑	檐被	互联网+戏曲	互联网+广场舞	互联网+茶	互联网+体检	互联网+游乐园

传统社区在互联网时代的没落，老人和孩子成为互联的"牺牲品"。
—Background

老年人缺失活动的场所
—Man

儿童缺失游戏的场所
—Kid

老建筑是历史的见证者，却成为互联时代被遗弃的"历史"
—Historical Elements

社区绿化的严重匮乏
—Green

在互联时代，曾经的社区精神支柱——戏曲文化的没落或复兴
—Opera

新的互联时代的文化活动
—Square Dance

新旧元素的碰撞或交融
—Tea

在互联时代，老人是历史的财富也是最需要关爱健康的人群
—OE

在互联时代，孩童是未来的宝藏也是被电脑"锁"住的"未来"
—Playground

空栈
—— 互联网 + 背景下的老社区屋顶互联生活网

参赛单位：厦门大学
参赛人员：胡艳红　詹长浩　刘楚楠　王伟忻
指导老师：柯桢楠　罗　林

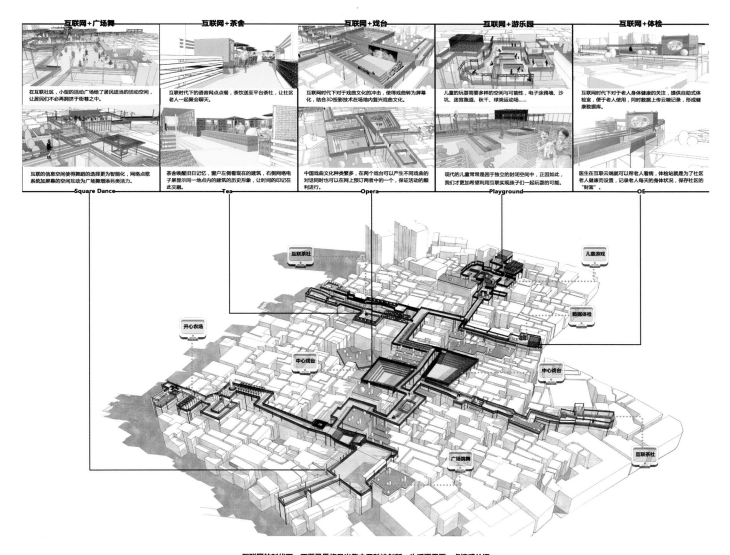

空栈

互联网+背景下的老社区屋顶互联生活网

互联网的时代下，不要只是将目光集中于科技创新，生活更需要一点情感关怀
让网络更好的服务于老社区、老街道、老居民

云空间模式下的----草原 "e" 站
GRASSLAND E STAND CLOUD MODE

1

■ "互联网+" 建筑 INTERNET + ARCHITECTURE

"互联网+"作为创新2.0下互联网发展的新形态、新业态,从仅仅应用于某个传统行业,更加入了无所不在的计算、数据、知识造就了无所不在的创新,推动了知识社会以用户创新、开放创新、大众创新为特点的创新2.0,改变了我们的生产、工作、生活。面对在建筑设计行业里酝酿着行业的大改革、大调整,那么"互联网+建筑"已经成为大势所趋,那么作为设计师的我们,在"互联网+"的背景下,从城市到乡村时,如何重构建筑,从而改变我们的居住、工作、商务、购物、交往等活动,进而改变我们对生活空间的认知、改变我们对设计创作的思维与表达?

■ 对于 "草原" ABOUT GRASSLAND

在"互联网+"的背景下,我们走进辽阔无边的大草原,了解草原人民的情感交流及生活方式,从而透视我们看出草原人民的问题现状:

■ 我们的想法 OUR IDRA

基于草原现状,我们试构想一种全新的更加美好的生活方式,为草原人民的生活注入新的活力,重塑人文价值。首先我们的希望:

■ 基地分析 BASE ON ANALYSIS

基地位于内蒙古呼伦贝尔大草原,这里蕴藏着著名的天然牧场。地域辽阔,冬季寒冷干燥,夏季炎热多雨,这里年温差大,适合种植小麦及多种蔬菜。呼伦贝尔草原上的莫尔格勒河被誉为第一曲水,这里自然游牧部落众多,并且在此处建有专属权利建筑,这为我们的想法提供了很好的环境及保障。

■ 覆盖 "云空间" CLOUD COVER

云空间的目的是在互联网时代最大便捷时带供服务,我们在草原上的每一个部落设置一个云空间,借助互联网,草原人民之间以部落的人形成信息交流、共享种养殖技术。

云空间模式下的
—— 草原"e"站

参赛单位：大连理工大学城市学院
参赛人员：路　琦　邢明阳
指导老师：张广媚　杨　雪

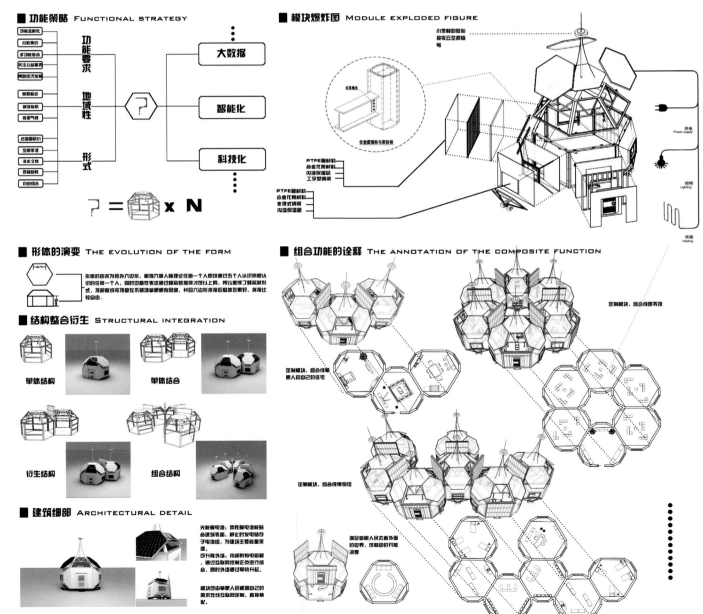

■ 功能策略 FUNCTIONAL STRATEGY

■ 模块爆炸图 MODULE EXPLODED FIGURE

■ 形体的演变 THE EVOLUTION OF THE FORM

■ 结构整合衍生 STRUCTURAL INTEGRATION

单体结构　　单体结合
衍生结构　　组合结构

■ 建筑细部 ARCHITECTURAL DETAIL

■ 组合功能的诠释 THE ANNOTATION OF THE COMPOSITE FUNCTION

云空间模式下的----草原"e"站
GRASSLAND E STAND CLOUD MODE

2

流动的医院　医院的新形态

世界产业革命的发展

互联网下的医院未来模式设计

区域分析

壹

瓦特1776年制造出第一台蒸汽机，使人类进入"蒸汽时代"

爱迪生1878年制造出第一个电灯，使人类进入"电灯时代"

1946年世界上第一台计算机问世，从而使人类进入互特网时代。

1995年中国电信开通北京、上海两个节点网络接入点，这一年标志着中国互联网商业元年。

未来，流动医院全球化，从此人类的生活更加快乐幸福

生命空间————互联网模式下的医疗驿站

区位分析———选址

城市形态的不断发展，城市人口密度不断增加，医疗问题成为了人们一重大问题。如何解决就医成为了每个人乃至全社会的重大问题，互联网的迅速发展为这一切似乎提供了一种可能。

如何建立适合互联网时代的医疗驿站？

以一个什么模式建立医疗驿站？

如何创造一个美好的新时代就医的空间环境？

地理位置

◆ 包头地处内蒙古高原的南缘，内蒙古第一大城市，也是内蒙古自治区最大的工业城市，是我国最重要的基础工业基地。包头地处呼包银榆经济区，东接京津唐经济区，西边与大西北经济区呼应，南边向同时联系长江三角洲经济区和大西南经济区，是中国经济的一大纽带。

气候条件

◆ 包头年平均气温：7.0℃；年平均最高气温：14℃；年平均最低气温：0℃。历史最高气温：40℃ 出现在2005年；历史最低气温：-31℃ 出现在1971年。年平均降雨量：309 毫米

为何选择在南海公园内？

南海湿地旅游区位于包头昆区东南部黄河之滨，占地面积2000公顷，漫生湿地面积1000平方公顷，是重要的人流集聚、停留的中转站。

◆ 为了让医院更好的体现现代与未来的需求，要着手考虑再公园内，靠近沿海规划医院场所。

区位分析——选址—— 包头—南海公园

首先，我们得寻找一处建造之地！

◆ 具有时代感，创新性
◆ 经济文化贸易发展强盛
◆ 有强烈的需求及人口
◆ 地理环境优越

云空间

交通分析

◆ 包头位于我国东西部交通要塞，是我国西北地区重要的地区。

Baotou is located in the eastern part of China's Ministry of transport, is important in the northwest of China Region.

经济环境

◆ 包头市依托产业园区实现工业经济较快发展，重点发展产业采选加工、金属冶炼、煤焦化、化工建材、进出口货物源加工和物流仓储等产业；是中国最大的工业城市之一，经济快速发展。

◆ 南海公园拥有天然的景观区
◆ 园内蕴藏得天独厚的黄河资源
◆ 院内风景优美，绿化率高
◆ 紧近机场，火车站，交通便捷
◆ 南海公园临近包头中心商务区

南海公园——临水而建

南海酒店
南海国际生态园
工厂码头
南海会馆郡酒楼
南海音乐厅
南海商业广场
南海湖

包头的优势

◆ 包头是全球轻轨辐生产中心
◆ 包头地处环渤海经济圈和呼包银经济带腹地
◆ 包头是华北西北重要枢纽
◆ 包头是北方游牧文化与中原农耕文化之间的交通要冲

在包头我们应该选择哪块区域，最适合我们的医院未来空间？

- 黄河青边？
- 经济商务区？
- 商铺购物商？
- 旅游景区？
- 市民社区中心？

未来的城市也许会是这样

实况转播：

"哎！每次来看病都要等几个小时才可以挂号，时间都用来排队了。""我带孩子每次生病来输液液室都好多人，真的很担心有传染病感染我家孩子。""我每次来输液室都好多人，而且对某人都不讲卫生，来了医院感觉病情更重了。""挂号排队！缴费排队！治疗排队！每次来医院都在排队。""每次来医院都要在路上就课好多时间，来了医院还要排队好长时间。"

流动的医院

参赛单位：内蒙古科技大学
参赛人员：滕玉刚　李小龙　郭　芳　曹亚军
指导老师：薛　芸　贺晓燕

原始的需求是分散的，医疗服务是集中的，建筑是静止的，人是运动的。

The original demand is dispersed, and medical services are centralized, while construction is still, man is in motion.

交通以及时间成本上的消耗，人围绕建筑运动。

The consuming of transportation and time are still around the building.

利用新型医院系统减少消耗人与建筑相互运动。

With the ever-changing demands of the future, the hospital will be in a dispersed state. Man is in motion, construction will be in motion at the same time.

未来的医院针对需求，同样是分散的，人是运动的，建筑也是运动的。

The new hospital systems can reduce the movement of man and building

"农场ONLINE" ——互联网+背景下的农业体验空间 01

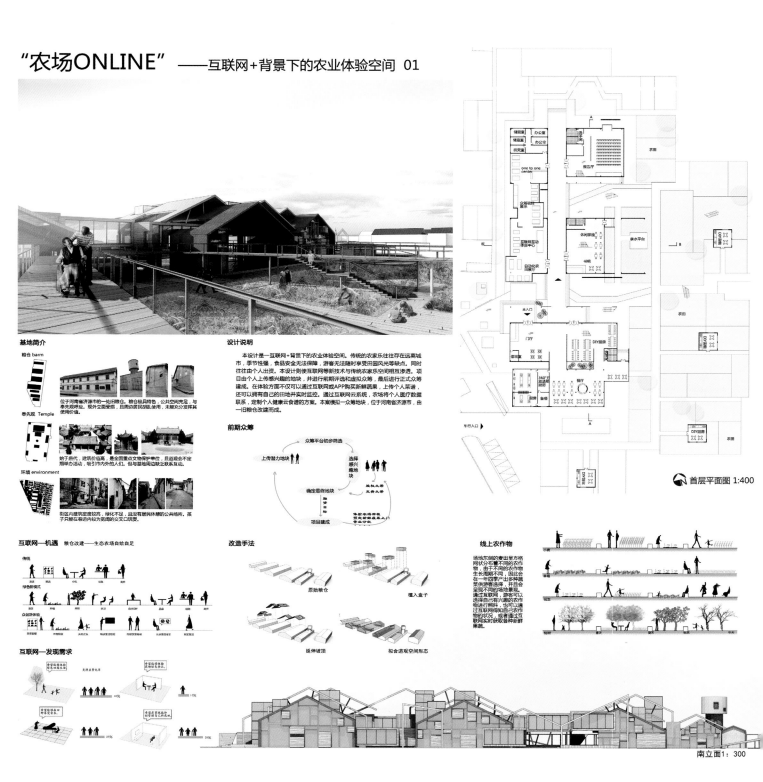

基地简介

粮仓 barn

位于河南省济源市的一处旧粮仓。粮仓极具特色，公共空间充足，与泰先观呼应。现外立面受损，且周边居民杂乱使用，未能充分发挥其使用价值。

泰先观 Temple

始于唐代，建筑价值高，是全国重点文物保护单位，且道观会不定期举办活动，吸引市内外的人们。但与基地周边缺乏联系互动。

环境 environment

街区内建筑密度较高，绿化不足，且没有居民休憩的公共场所。孩子只能在巷道内较为宽阔的交叉口玩耍。

设计说明

本设计是一互联网+背景下的农业体验空间。传统的农家乐往往存在远离城市，季节性强，食品安全无法保障，游客无法随时享受田园风光等缺点。同时往往由个人出资。本设计则使互联网等新技术与传统农家乐空间相互渗透。项目由个人情感兴趣的地块，并进行前期评选和虚拟众筹，最后进行正式众筹建成。在体验面不仅可以通过互联网或APP购买新鲜蔬果，上传个人菜谱，还可以拥有自己的田地并实时监控。通过互联网云系统，农场将个人医疗数据联系，定制个人健康云食谱的方案。本案模拟一众筹地块，位于河南省济源市，由一旧粮仓改建而成。

前期众筹

互联网—机遇

粮仓改建——生态农场自给自足

传统

绿色模式

众筹体验

互联网—发现需求

改造手法

原始粮仓

植入盒子

延伸坡顶

拟合道观空间形态

线上农作物

场地东侧的麦田呈方格网状分布着不同的农作物，由于不同的农作物生长周期不同，因此会在一年四季产出各种蔬果供游客选择，并且会呈现不同的场地景观。通过互联网，游客可以选择自己有兴趣的农作物进行照料，也可以通过互联网得知自己农作物的状况，或者通过互联网实到获取各种新鲜果蔬。

首层平面图 1:400

南立面1：300

"农场 ONLINE"
—— 互联网＋背景下的农业体验空间

参赛单位：河北工业大学
参赛人员：秦博娜　白卓星　李泽钦
指导老师：赵晓峰

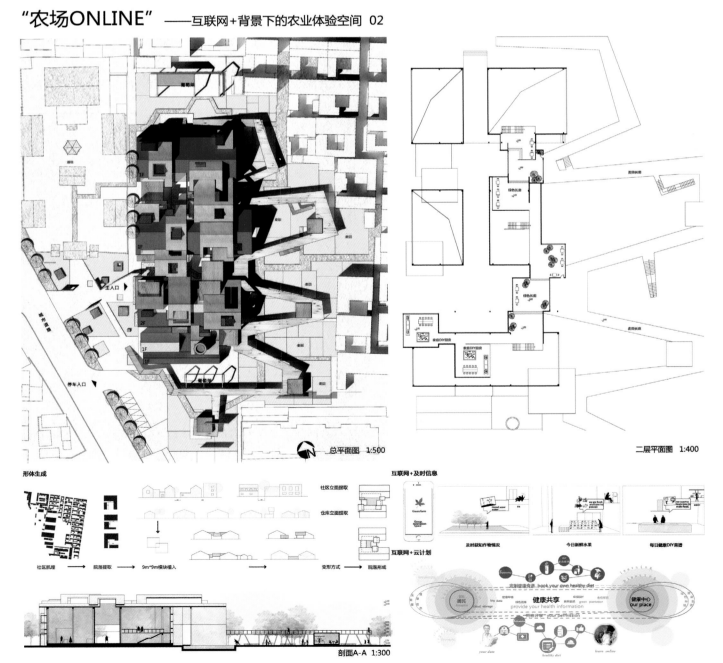

"农场ONLINE" ——互联网+背景下的农业体验空间 02

总平面图 1:500

二层平面图 1:400

形体生成

社区肌理　院落提取　9m*9m模块植入　　变形方式　院落形成

互联网+及时信息

及时获知作物情况　今日新鲜水果　每日健康DIY菜谱

剖面A-A 1:300

STEP1 在互联网＋时代背景下，创业环境变得越来越自由和开放，移动互联网对PC互联网的颠覆，开辟了一篇新的互联网蓝海。无数中小创业者借助这样的趋势和潮流，在自身梦想和兴趣的驱使下，纷纷投身到创业的热潮中。

STEP1 背景BACKGROUND

STEP2 通过数据分析，可知互联网创业者主要是80，90后的年轻人，他们大多单打独斗或者是人的小团体，他们来自不同的职业，专职或兼职互联网创业。互联网创业成败取决于创新，该行风险大，盈利少。

STEP2 人群POPULAITION

年轻

ONLINE 合伙人论坛（找合伙人、找投资人）

ONLINE 在线选座（选主题，选户型）
1ST 选主题
2ND 选户型
3RD 租用时长
4TH 付款

OFFLINE 入驻线下办公（交流、分享、融合）
场景一　场景二
场景三

ONLINE 线上申请重组
1ST 选主题
2ND 选户型（多选，可选2-6个）

OFFLINE 空间改造重组

STEP6 运营体系SYSTEM
STEP6 线上-线下办公运营体系为创业者提供办公空间的同时还帮助创业者找到合作伙伴和投资人，并且有效的减低风险，增加盈利。

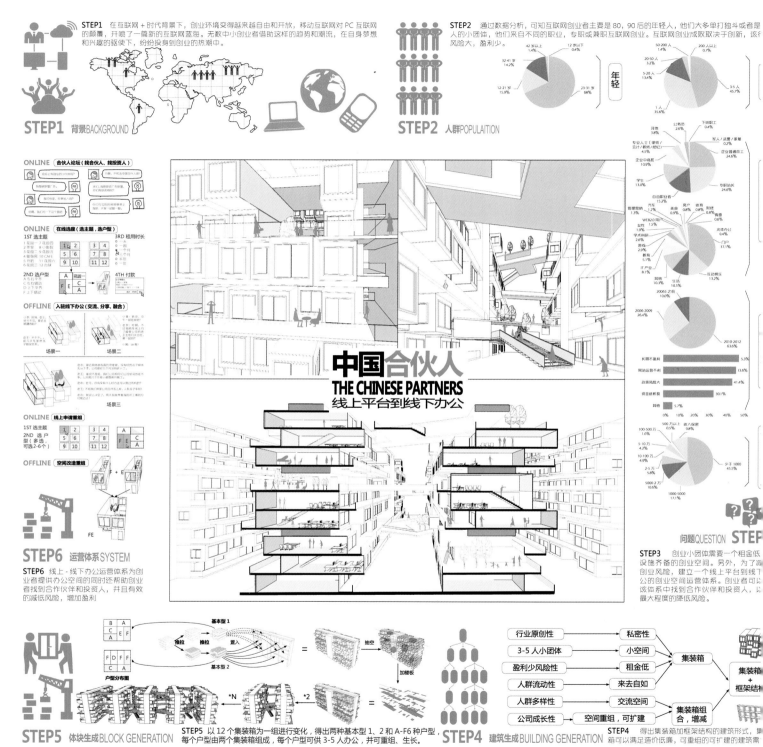

中国合伙人
THE CHINESE PARTNERS
线上平台到线下办公

问题QUESTION STEP3

STEP3 创业小团体需要一个租金低设施齐备的创业空间。另外，为了降创业风险，建立一个线上平台到线下公的创业空间运营体系。创业者可以该体系中找到合作伙伴和投资人，以最大程度的降低风险。

STEP6 体块生成BLOCK GENERATION
STEP5 以12个集装箱为一组进行变化，得出两种基本型1、2和A-F6种户型，每个户型由两个集装箱组成，每个户型可供3-5人办公，并可重组、生长。

基本型1
推拉　推拉　置入
抽空
加楼板
基本型2
户型分布图
*N　*2

STEP5 建筑生成BUILDING GENERATION
STEP4 得出集装箱加框架结构的建筑形式，集箱可以满足造价低廉，可重组的可扩建的建筑需

行业原创性 — 私密性
3-5人小团体 — 小空间
盈利少风险性 — 租金低
人群流动性 — 来去自如
人群多样性 — 交流空间
公司成长性 — 空间重组，可扩建

集装箱
集装箱组合，增减
集装箱＋框架结构

STEP4 建筑生成BUILDING GENERATION

中国合伙人
—— 线上平台到线下办公

参赛单位：深圳大学
参赛人员：崔祎睿　郑天淼　黄　柳
指导老师：杨文焱

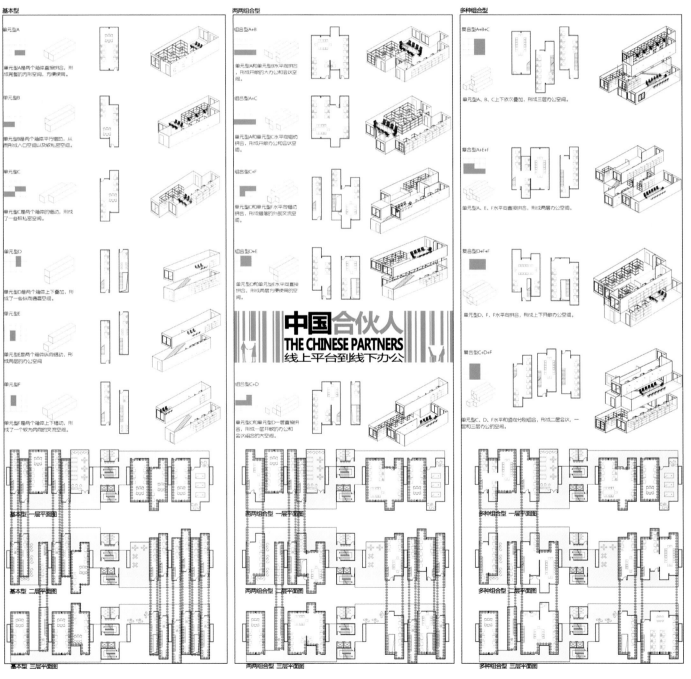

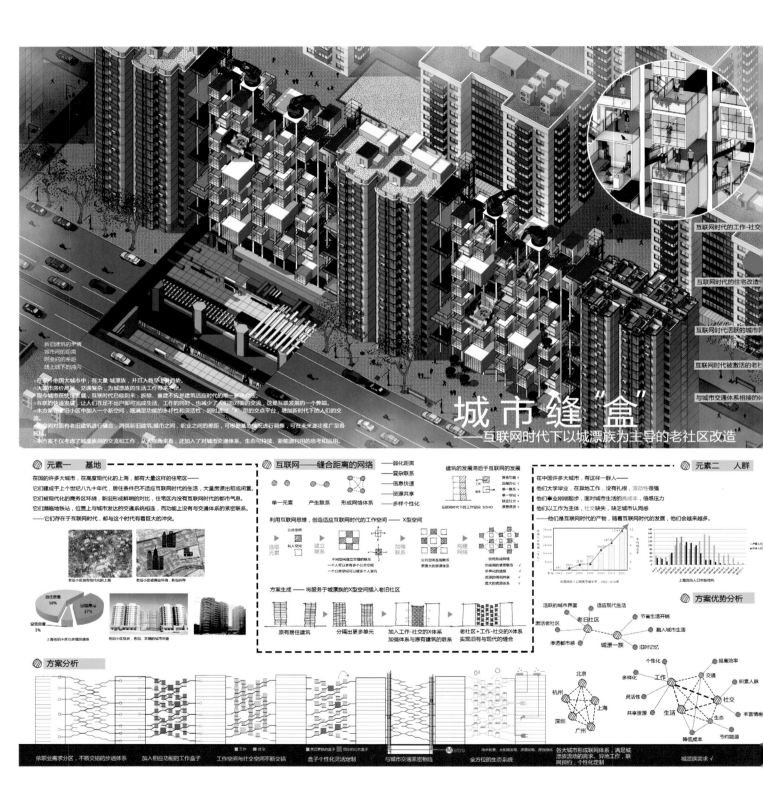

城市缝"盒"
—— 互联网时代下以城漂族为主导的老社区改造

参赛单位：北京工业大学
参赛人员：盛于蓝　戈　灿　李思蓓　周小聃
指导老师：廖含文

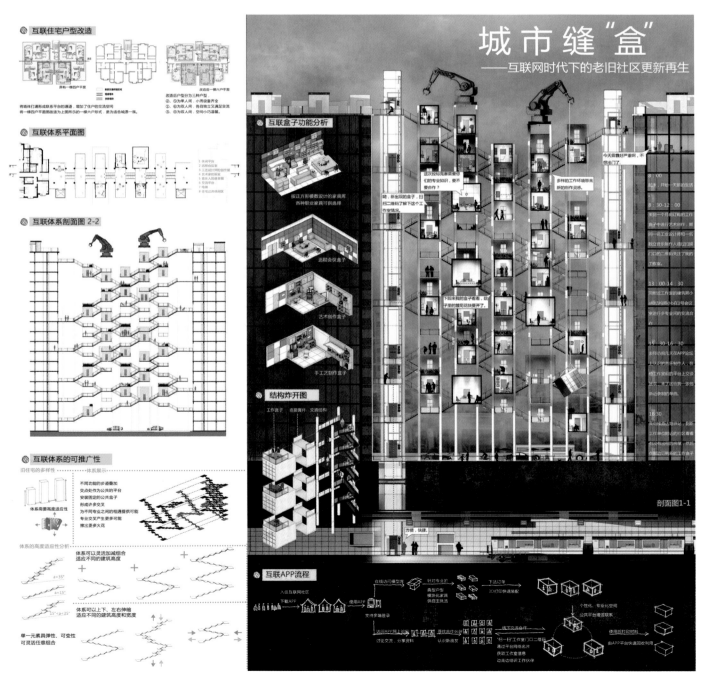

山村网事

平日造里无秋山
行路难
咄嗟村去远
如领农学唯
人参焉
拾谷涌
吴学堂
助农来
农耕土户
若待牟明月
联城乡
盖联问
来艺见村发淹乡
人心家
生活旺

《黄山村》

《富山村》

背景介绍

农学图难教育落后　　农产品无地销售　　农耕技术落后　　山村闭塞与山外劳信息时代隔绝

在我国如今依然有许多的人民生活在十分艰苦的环境，尤其是在西北地区，那里山多地少，资源匮乏使这些山村难以发展。道路的蜿蜒曲折又使这里难以与外界进行沟通。教育资源、技术资源的匮乏使这里缺少发展的行力力量，减慢其发展的速度。因此要良好的、可持续的发展就要改善其现有的匮乏的通信条件，与外界联合共同发展，让这里的人们过上良好的生活。

设计理念

离开家乡走向城市是大多数山里人无奈的选择，为了生存而不得不跰来知的土地，他们眼中闪烁若迁着的城市的色彩，在无怪隔离的城市里他们缺少应得的问报。他们的家乡电着以发展。我们希望利用互联网将城市与乡村联系起来，跨越地理障碍将让山村里的人们享受到与城市里同等的生活，某画可以让人更加自由平等的生活。

改造进程

运送构件

预先生产的基本构件和网络通讯设备，利用车辆运往目标的偏远山村

集体搭建

村民根据不同需求与功能，利用网络的指导进行建筑的搭建与改装

生产指导

在山间田地里生怀村民利用互联网学习先进的农业知识提高生产力

助学扫盲

农民在农闲时间可以利用互联网学习文化知识和农业知识

丰收贸易

丰收时节农产品与特产可以利用互联网销售发家致富

城乡一体

对山村进行多方面与城市的联系使两者生活空间融为一体实现城镇化

山村"网"事
—— 偏远山村网络教学综合服务站

参赛单位：沈阳建筑大学
参赛人员：王 珏 孙 杰 王 越
指导老师：刘万里

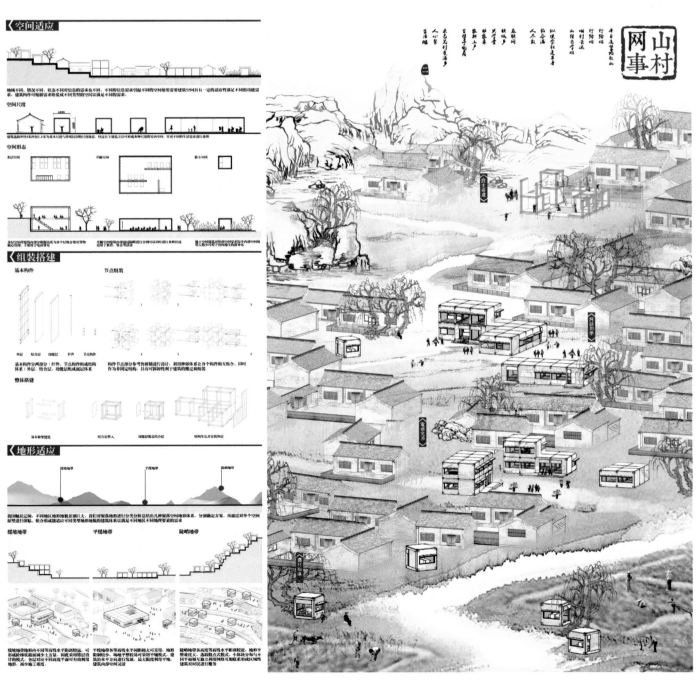

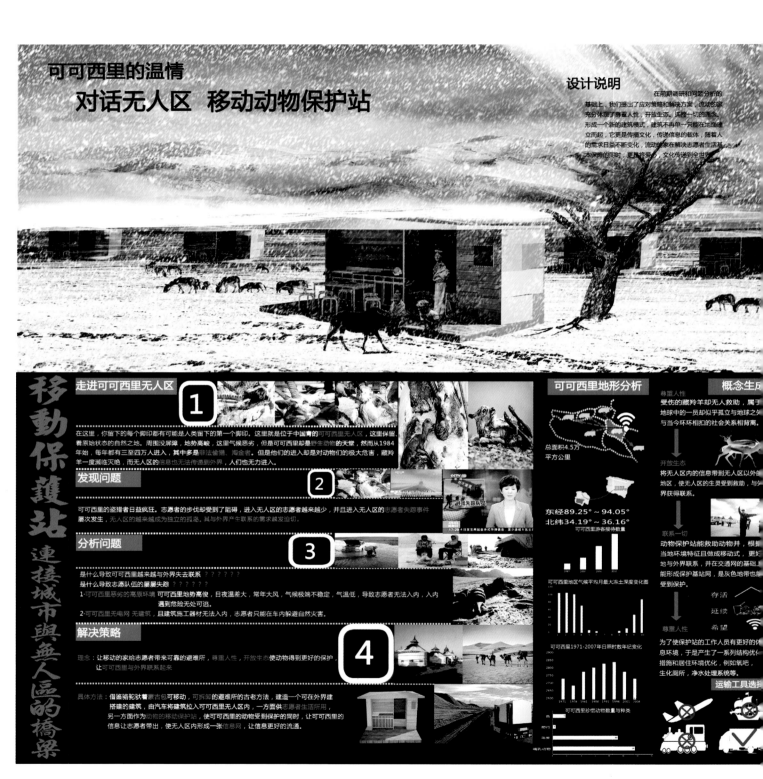

可可西里的温情
对话无人区 移动动物保护站

设计说明

在前期调研和问题分析的基础上，我们提出了应对策略和解决方案，流动的家充分体现了尊重人性，开放生态。遵循一切的理念，形成一个新的建筑模式，建筑不再单一只能在地面建立而起，它更是传播文化，传递信息的载体，随着人的需求日益不断变化，流动性的家在解决志愿者生活和生态保护的同时，更是将爱心，文化传递到全世界。

走进可可西里无人区

在这里，你留下的每个脚印都有可能是人类留下的第一个脚印。这里就是位于中国青的可可西里无人区，这里保留着原始状态的自然之地。周围没屏障，地势高峻，这里气候恶劣，但是可可西里却是野生动物的天堂，然而从1984年始，每年都有三至四万人进入，其中多是非法偷猎、淘金者。但是他们的进入却是对动物们的极大危害，藏羚羊一度濒临灭绝，而无人区的信息也无法传递到外界，人们也无力进入。

发现问题

可可西里的盗猎者日益疯狂。志愿者的步伐也受到了阻碍，进入无人区的志愿者越来越少，并且进入无人区的志愿者失踪事件屡次发生，无人区的越来越成为独立的孤岛。其与外界产生联系的需求缕发迫切。

分析问题

是什么导致可可西里越来越与外界失去联系？？？？？？
是什么导致志愿队伍的屡屡失踪？？？？？？
1·可可西里恶劣的高原环境 可可西里地势高峻，日夜温差大，常年大风，气候极端不稳定，气温低，导致志愿者无法入内，入内遇到危险无处可逃。
2·可可西里无电网 无建筑，且建筑施工器材无法入内，志愿者只能在车内躲避自然灾害。

解决策略

理念：让移动的家给志愿者带来可靠的避难所，尊重人性，开放生态使动物得到更好的保护，让可可西里与外界联系起来

具体方法：借鉴骆驼驮着蒙古包可移动，可拆卸的避难所的古老方法，建造一个可在外界建搭建的建筑，由汽车将建筑拉入可可西里无人区内，一方面供志愿者生活所用，另一方面作为动物的移动保护站，使可可西里的动物受到保护的同时，让可可西里的信息让志愿者带出，使无人区内形成一张信息网，让信息更好的流通。

移動保護站 連接城市與無人區的橋樑

可可西里地形分析

总面积4.5万平方公里

东经89.25°～94.05°
北纬34.19°～36.16°

可可西里游客接待数量

可可西里地区气候平均月最大冻土深度变化图

可可西里1971-2007年日照时数年纪变化

可可西里珍惜动物数量与种类

概念生成

尊重人性
受伤的藏羚羊和无人救助，属于地球中的一员却似乎孤立与地球之外，与当今环环相扣的社会关系相背离。

开放生态
将无人区内的信息带到无人区以外的地区，使无人区的生灵得到救助，与外界获得联系。

联系一切
动物保护站能救助动物并，根据当地环境特征且做成移动式，更好的与外界联系，并在交通网的基础上能形成保护基站网，是灰色地带也能受到保护。

存活
延续
希望

尊重人性
为了使保护站的工作人员有更好的休息环境，于是产生了一系列结构优化措施和居住环境优化，例如氧吧，生化厕所，净水处理系统等。

运输工具选择

可可西里的温情
—— 对话无人区 移动动物保护站

参赛单位：西南科技大学
参赛人员：王香琳　汪涟涟　汪漪漪　张　强
指导老师：高　明　罗　能

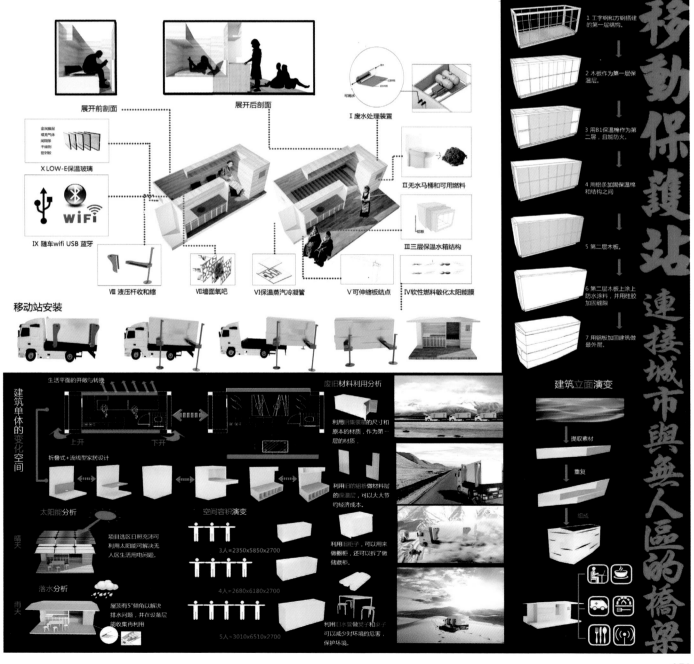

● 背景阐述

越来越强烈的城市化问题使得每个大中小城市建筑越来越密集的高楼，街道又是每个人接触城市、融入城市的途径，街道景象的无差异性让我们无法辨识，甚至来来某天，生活变得机械化，我们只能被动地接受一切。

● 概念阐述

旧建筑需要新面貌，立面设计不再需要一个复杂、冗长的立面建造过程，仅仅一个有趣的内部空间（建筑师仅有的工作）和一个白色素净的建筑外立面。设计师的方案不存在中不中标，大众认可度可以通过使用量来评定。建筑师只需一台电脑连上网就可以进行工作，街道换装，城市变样，同游一地也像是出行异地一样，改变他人眼中的世界。让人们在同一条的街道体验不一样的风格和景致。让每个人成为自己世界的主宰，体验创造、改造的乐趣。

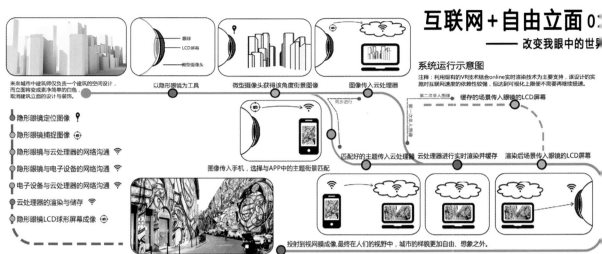

未来城市中建筑师仅负责一个建筑的空间设计，而立面将变成素净简单的白色，取消建筑立面的设计与装饰。

以隐形眼镜为工具

微型摄像头获得该角度街景图像

图像传入云处理器

- ● 隐形眼镜定位图像
- ● 隐形眼镜捕捉图像
- ● 隐形眼镜与云处理器的网络沟通
- ● 隐形眼镜与电子设备的网络沟通
- ● 电子设备与云处理器的网络沟通
- ● 云处理器的渲染与储存
- ● 隐形眼镜LCD球形屏幕成像

眼球
LCD屏幕
微型摄像头

互联网+自由立面 0:
—— 改变我眼中的世界

系统运行示意图

注释：利用现有的VR技术结合online实时渲染技术为主要支持，该设计的实施对互联网速度的依赖性较强，但达到可视化上眼便不需要再继续提速。

第二次进人图像

同步进行

第一次进人图像

缓存的场景传入眼镜的LCD屏幕

图像传入手机，选择与APP中的主题街景匹配

匹配好的主题传入云处理器

云处理器进行实时渲染并缓存

渲染后场景传入眼镜的LCD屏幕

投射到视网膜成像，最终在人们的视野中，城市的样貌更加自由、想象之外。

未来城市

Grinner Pace

Elizabeth Smith

Maya Bloom

Orlando Lee

Angela Hiddleston

互联网+未来城市=我眼中的世界

互联网 + 自由立面
—— 改变我眼中的世界

参赛单位：青岛理工大学
参赛人员：孙晓宇　刘国伟　高佳玉　赵云鹤
指导老师：程　然　郝赤彪

"第二课堂"
——"互联网+"下的乡村儿童课后生活空间探索

现状分析：

村里的留守儿童长期与父母分隔两地，缺乏中国的人文环境，甚少交流就能解决，不利于孩子们的健康成长。

孩子们放学后无所事事，互相打闹嬉戏交流少，三五成群，安乐没地方可玩乐，很容易产生集聚效应。

孩子们学习环境缺乏，缺少良好的学习平台缺乏学习后动，更加缺少使用辅导的体验，学习效率低，对教员的兴趣缺乏了解。

环境是孩子们的天地，可是村里缺少适合他们的活动场地，孩子们的课外活动得不到满足，缺少孩子的动手实践能力，孩子们没法在实践中学习知识。

孩子们从小无所适从的一起学习，研究中优秀的学习榜样，同伴从视频网络中选取知识，无法全面图的、系统的学习知识。

区位分析：

屏山村位于安徽省南部的黟县境内，是一个古风遗存，古建林立的古村落。屏山地理环境优越，在屏风山出清阳山脉山麓，山清水秀十分宜居。

然而，大量的游客涌进古村落，甚至使多的儿童变得"受宠小孩"，让村们对孩子的教育使得原有的交往空间被拆了复杂大的扭曲，孩子在压力内的活动场地游不了细致大的扭曲，心理健康问题就多起来，没有看在这重使童一个供儿童学习、娱乐的空间，让孩子们在不拘束的娱乐、在适当的时候，缺地找地方可玩。

现在，随着互联网的迅速普及了，"互联网+"的热急提出，乡村儿童的课后生活空间也会因此发生巨大的变化，这就是我们对本次研究的课题。

功能分析：

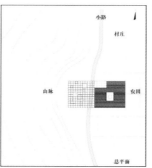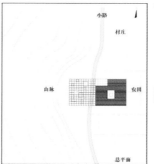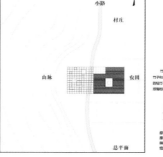

读书自习室和网络学习室可以为孩子们提供一个更好的学习平台，充分发挥互联网和学习小小的作用，为孩子们产生一个向心心，聚集性空间，丰富孩子们的课余生活孩子们不用去地很有趣去学的困扰，孩子们可以在这里重设互联网学习来人际的联系。加深孩子们对学事情的兴趣，可以这以通过互联网与同学的交往互动，宽广便捷人与人的之间网络时间阅读等，孩子们在这里交流学习互动，有利于孩子们的健康成长。

放映厅可以为孩子们提供一个大的活动空间，在这重里可以通过联网观看各种各样的视频，采用讨论交流心得，提高学习效率，也可以通过不同的网络意程度，学习中学实践活动，孩子们可以地间随着地动手操作做出自己满意的作品。

地理条件分析：

当地资源

竹材是当地的特色产，利用都有毒的的下铁，引入当地竹子的元素，使用进行体系这种活动竹子和当地产物越好布置这合空间，为孩子们提供布置并设置着受到游戏休闲的空间，另外有地地的竹子变得生动，得到随随儿童们采集和设置空间，再选这样的空间使孩子们越体会到的搭配和期间，优化春活度平台。

只有当地地的天井元素，钻合当地产竹子的空间，以选择和少天井创造丰富的空间，为孩子们提供更多的活动平台。

入口空间采用多孔的手法，使用孔隙变大的入口门道分成两部分，产生丰富的空间变化，却又十分通透，持续建筑两面的景观被置顶建筑中来，融耕于景。

总平面

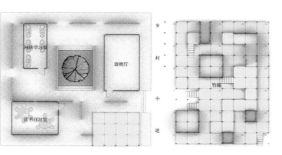

一层平面图

"第二课堂"
——"互联网 +"下的乡村儿童课后生活空间探索

参赛单位：合肥工业大学
参赛人员：刘济维　吕飞洋　李长建　李　超
指导老师：王　旭

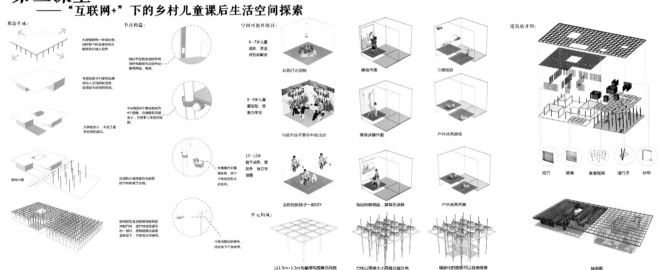

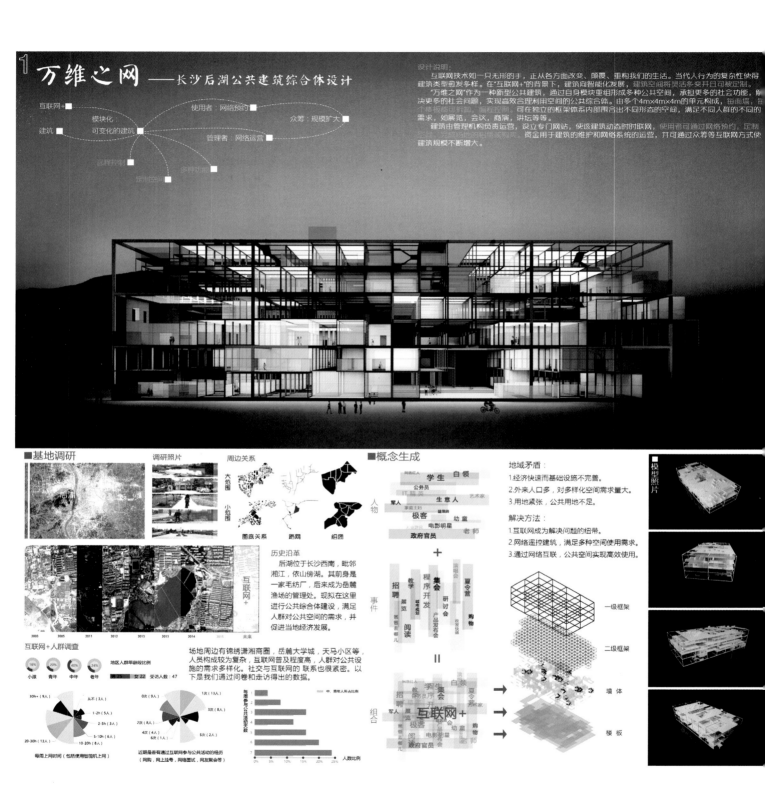

1 万维之网 ——长沙后湖公共建筑综合体设计

互联网+ ■　模块化：可变化的建筑　建筑 ■
使用者：网络预约　众筹：规模扩大 ■
管理者：网络运营 ■
远程控制　多种功能
定制空间

设计说明：
互联网技术如一只无形的手，正从各方面改变、颠覆、重构我们的生活。当代人行为的复杂性使得建筑类型愈发多样。在"互联网+"的背景下，建筑向智能化发展，建筑空间将灵活多变并可被定制。
"万维之网"作为一种新型公共建筑，通过自身模块重组形成多种公共空间，承担更多的社会功能，解决更多的社会问题，实现高效合理利用空间的公共综合体。由多个4m×4m×4m的单元构成，每面墙、每个楼板都可拆卸。温度控制，可在独立的框架体系内部围合出不同形态的空间，满足不同人群的不同的需求，如展览，会议，商演，讲坛等等。
建筑由管理机构委员会运营，设立专门网站，使该建筑动态时时联网，使用者可通过网络预约。定制空间可通过网站内的租赁或购买。资金用于建筑的维护和网络系统的运营，并可通过众筹等互联网方式使建筑规模不断增大。

■基地调研

调研照片

周边关系
大范围
小范围
图底关系　路网　组团

历史沿革
后湖位于长沙西南，毗邻湘江，依山傍湖。其前身是一家毛纺厂，后来成为岳麓渔场的管理处。现拟在这里进行公共综合体建设，满足人群对公共空间的需求，并促进当地经济发展。

互联网+

2003　2005　2011　2012　2013　2015　2015　未来

互联网+人群调查
16%　20%　40%　24%
小孩　青年　中年　老年
地区人群年龄段比例
男 25　女 22　受访人数：47

场地周边有锦绣潇湘商圈，岳麓大学城，天马小区等，人员构成较为复杂，互联网普及程度高，人群对公共设施的需求多样化。社交与互联网的 联系也很紧密。以下是我们通过问卷和走访得出的数据。

30h+（9人）
从不（3人）
1-2h（5人）
2-5h（3人）
5-10h（8人）
20-30h（12人）
10-20h（8人）
每周上网时间（包括使用智能机上网）

0次（9人）
1次（13人）
3次（8人）
2次（8人）
4次（4人）　6次（1人）
5次（2人）
近期是否有通过互联网参与公共活动的经历（网购，网上挂号，网络面试，网友聚会等）

中、青年人所占比例
人数比例
0%　5%　10%　15%　20%　25%

■概念生成

人物：
网络红人　学生　白领
公务员
IT精英　艺术家
军人　生意人
家庭主妇　建筑师
极客　幼童
电影明星　老师
政府官员

+

事件：
演唱会
招聘　教学　集会　夏令营
程序开发
展览　研讨会　城市规划
阅读　产品发布会　购物
医饭去哪儿　数字城堡

=

组合：
招聘　教学　集会　夏令营
展览　城市规划　购物
极客　数字城堡
电影明星　藏书馆
政府官员　饭去哪儿
互联网+

地域矛盾：
1.经济快速而基础设施不完善。
2.外来人口多，对多样化空间需求量大。
3.用地紧张，公共用地不足。

解决方法：
1.互联网成为解决问题的纽带。
2.网络遥控建筑，满足多种空间使用需求。
3.通过网络互联，公共空间实现高效使用。

一级框架
二级框架
墙体
楼板

■模型照片

万维之网
—— 长沙后湖公共建筑综合体设计

参赛单位：湖南大学
参赛人员：李艺书　陆雨婷　张　力　林子程
指导老师：李　煦

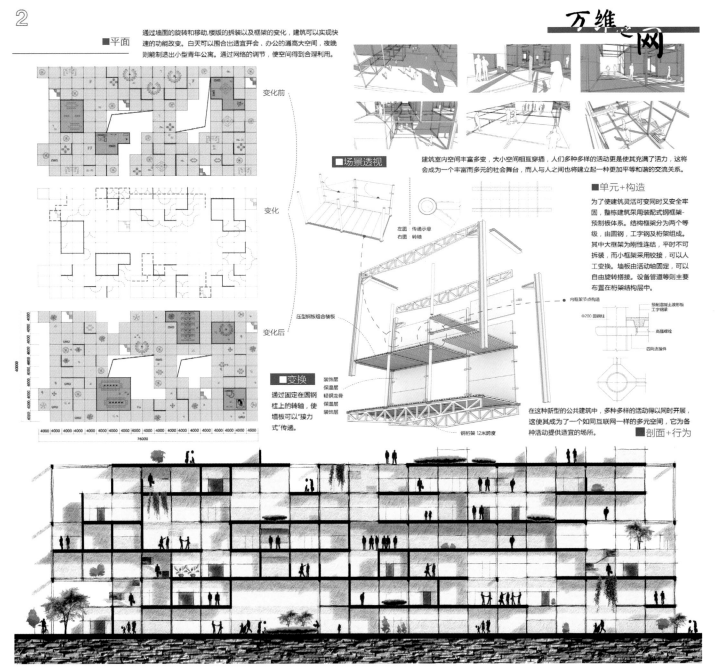

第三届获奖作品

「中联杯」国际大学生
建筑设计竞赛获奖作品集

"老社区 新生活"

THE OLD COMMUNITY
THE NEW LIFE

THE THIRD SESSION

无论是地处发达城市中心区的老城区，还是位于边远或少数民族聚居区的老乡镇，以今天的生活方式和标准来看，它们都存在不少问题：邻里关系的缺失、公共活动空间不足、人口老龄化严重……这些导致老社区缺少活力。

请参赛者根据自己的生活观察及体验，进行适度的调研分析，结合当下的生活方式以及未来的发展需要，针对目前老社区所存在问题，对其予以改造，通过建筑、城乡、景观层面的设计参与，为老社区注入新的活力，从而使得新的生活方式成为可能。

马老太DE完美一天
GRANDMA MA'S PERFECT DAY——以老年人行为为先导的老厂区大院改造模式研究

19:30
场景E
社区礼堂的相聚
废弃的社区礼堂承载了马老太参工以来的社区记忆，如今这里成了老太们的舞台。

11:30
场景B
幸福的烹饪时光
修了能和全家人热热闹闹的共享烹饪的乐趣，这才是老社区的新生活。

9:30
场景A
楼梯间的相遇
想起每个楼梯间都有专供老人歇脚的空间和乐趣，马老太再也不惧爬楼梯了。

15:30
场景D
午后的闲坐菜聊
马老太终于可以和邻居的老同志们坐在社区的活动场，共享这美好的午后阳光。

13:30
场景C
午后的活动场
照看小孙女在老社区里快乐的玩耍，这才是马老太最珍视的新生活。

17:00

老厂区大院和城市

老厂区大院　　工厂搬迁　　城市中心遗留

老厂区大院由于工厂的搬迁现在正处于新兴城市空间的包围中，居住在内的社区居民大多数为退休的老年职工，而厂区承载着社区居民的职业记忆和生活场景。

基地概况

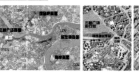

基地概况：原重庆市交通机械厂，紧邻小龙坎城市公园和地铁站。距离重庆市重要商圈三峡广场仅1公里。周围高楼林立，基地处于度发展的城市空间包围之中。

基地现状

基地建筑分析

住宅楼研究对象
活力值100%
活力值40%
活力值30%
闲置礼堂研究对象

人物简历

姓　　名：马秀芬
出生日期：1948.06
家庭成员：儿子，儿媳，孙女
生活概况：1973年进入重庆交通机械厂，2004年退休，老伴于2010年病逝，现在和大儿子住在交机厂区大院。大儿子一家为个体户，整天忙于生意，孙女的衣食起居都由马老太一手照料。

老社区-新生活

马老太的抱怨
社区沉闷，生活缺乏趣味和活力
老年歌舞队没有地方跳坝坝舞
厨房狭窄，只能容一人操作
社区内人际关系不佳，显得冷漠

新生活策略
选取老人作为研究对象进行设计
增设多样化交流空间和活动场所
针对厨房使用空间进行有效扩展
衍生出各种尺度的邻里交流空间

采取策略分析

老社区的楼梯间和厨房在原来的设计中都存在着尺度过小，无法满足现今需要的特点。

厨房和楼梯间都分属于私密和半私密的空间，服务的人群数量有限且功能多样

提出策略——结构安装的便捷性和可装配性，同时具备个性化功能选择和装配

构配件安装略解

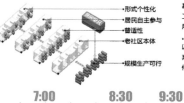

—— 形式个性化
—— 居民自主参与
—— 普适性
—— 老社区本体
—— 规模生产可行

构配件材料考量

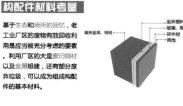

基于生态和场所的回忆，老工业厂区的废物有效回收利用应当被充分考虑的要素。利用厂区的大量废旧钢材以及金属组建，还有部分废弃垃圾，可以成为组成构配件的基本材料。

7:00　　8:30　　9:30　　10:30　　11:30　　13:00

马老太 DE 完美一天
—— 以老年人行为为先导的老厂区大院改造模式研究

参赛单位：重庆大学
参赛人员：林 霖 刘又嘉 李 璐 谭宏霞
指导老师：田 琦 邓蜀阳

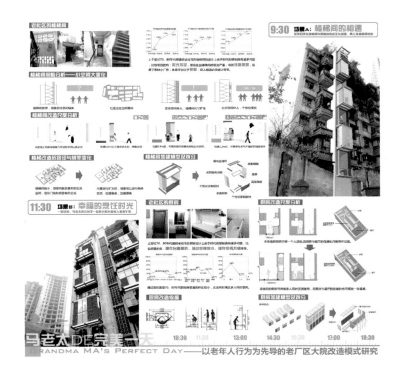

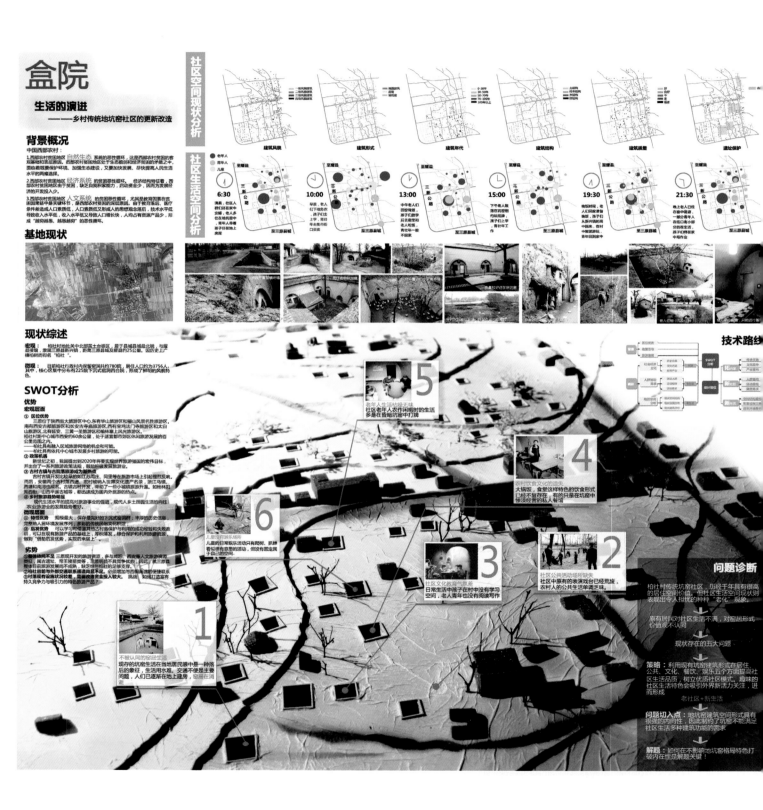

盒院

生活的演进
——乡村传统地坑窑社区的更新改造

背景概况

中国西部农村：

1.西部农村贫困地区 **自然生态** 系统的恶性循环，这是西部农村贫困的客观基础和直接原因。西部农村贫困地区处于生态脆弱和经济贫困的矛盾之中，面临着既要保护环境、加强生态建设，又要加快发展、尽快提高人民生活水平的两难选择。

2.西部农村贫困地区 **经济系统** 的贫困恶性循环。经济结构特征看，西部农村贫困地区由于贫困，缺乏自我积累能力，启动资金少，因而为发展经济的开发投入少。

3.西部农村贫困地区 **人文系统** 的贫困恶性循环，尤其是教育因素在贫困因素中非常关键。由于教育因素的深层原因，由于教育原因，造成老年成人口素质低，人口素质低又形成人的思想观念落后，技术水平低导致收入水平低，收入水平低又导致人口增长快，人均占有资源产品少，形成"越穷越生、越生越穷"的恶性循环。

基地现状

现状综述

宏观：柏社村地处关中北部黄土台塬区，居于县城县域最北端，与耀县接壤镶，東邻三原县城兴镇。距三原县城及耀县約25公里，因历史上广横柏树而得名"柏社"。

微观：目前柏社行政村内保留窑洞共约780座，居住人口约为3756人，其中，核心区集中约有225座下沉式地窑院四合院，形成了鲜明的风貌特色。

SWOT分析

优势

宏观层面

① **区位优势**

三面位于陕西省著名中心大旅游区域中，东有华山旅游区和骊山风景名胜旅游区。南有西安兵马俑旅游区和长安古寺庙旅游区，西有草鸡法门寺旅游区和太白山旅游区，北有延安、三秦一至阳旅游区和榆林第三风光旅游区。柏社村距中心城市西安约960余公里，处于连接第新旅游休闲旅游发展的自主要地图之上。

—柏社具有融入区域旅游的机会与可能。

—柏社具有依托今地发展多村旅游的可能。

② **政策机遇**

新世纪之初，我国提出到2020年将实现世界旅游强国的宏伟目标，并出台了一系列旅游政策法规，鼓励积极发展旅游业。

③ **古村古镇与古院落旅游成为新热点**

古村古镇开发比较成功的江苏同里、同里等在旅游市场上引起强烈反响。安徽西递古村落，开发出的古民居世界文化遗产文名，浙江乌镇、西塘和周庄古镇等，古镇古村开发，带动了一些小城镇旅游市场。如林林阳南河道，在柏社村的旅游，都促进成为多元旅游的可能。

④ **乡村旅游游新热潮**

现代生活水平的高对旅游事业的促进。现代人多乡土田园生活的构社农村旅游业的发展表现很看好。

微观层面

① **特征优势** 构塊基大，保存是完整的下沉式院落调研，丰富的历史信息完整地人居环境文化景观，多彩的的传统民俗文化资源。

② **后发优势** 可以学习借鉴其他古村落保护利用的成功经验和失败教训，可以在现有旅游资产产品保护中基层一原和高整，综合保护和利用旅游资源，做到"借地后发优势"，实现市场至山上。

劣势

① **整体依托不足** 三原县开发的旅游资源，多与或部分。西安等人去旅游需求的旅游。距出旅县，帝三新旅游区域等。无遗整体不以其保护开发，基本特色村社对出的经济保基。

② **柏社目前易外交通联系基通道尚不畅**，必须加加与创旅基第集联系与村富现有道旅基开投资金投入较大。挑战：如何打造居有持久竞争力与吸引力的绿色旅游产品？

技术路线

照片标注:

5 老年人生活枯燥无味
社区老年人农作休憩时的生活多是在昏暗地窑中进行

4 农村饮食文化的遗失
大锅饭，食堂这样特色的饮食形式已经不复存在，有的只是在坑窑中惨淡经营的私人餐馆

6 儿童没有游乐场地
儿童的日常娱乐活动只有爬树，抓蝉看似很有意思的活动，但没有固定属于自己的空间

3 社区文化教育气氛差
日常生活中孩子在村中没有学习空间，老人青年也没有阅读写作

2 社区公共活动场所缺失
社区中原有的表演戏台已经荒废，农村人的公共生活单调乏味。

1 不被认同的窑居生活
现存的坑窑生活在当地居民眼中是一种落后的象征，生活用水难，交通不便是主要问题，人们已逐渐在地上建房，窑居在消逝

问题诊断

柏社村传统坑窑社区，历经千年具有很高的居住空间价值。但柏社生活空间现状却表现出令人担忧的种种"老化"现象：

原有居民对社区生活不满，对窑居形式价值观不认同

现状存在的五大问题

策略： 利用现有坑窑建筑形式在居住、公共、文化、餐饮、娱乐五个方面提高社区生活品质，树立优质社区生活模式、趣味的社区生活特色会吸引外界新活力关注，进而形成

老社区+新生活

问题切入点： 地坑窑建筑空间形式具有很强的内向性，因此制约了坑窑不能满足社区生活多种建筑功能的需求。

解题： 如何在不影响地坑窑格局特色打破内在性是解题关键！

建筑风貌　建筑形式　建筑年代　建筑结构　建筑质量　建筑保护

6:30　10:00　13:00　15:00　19:30　21:30

盒院　生活的演进
—— 乡村传统地坑窑社区的更新改造

参赛单位：西安建筑科技大学

参赛人员：廖　翕　周　正　卢肇松　高　元

指导老师：李　昊

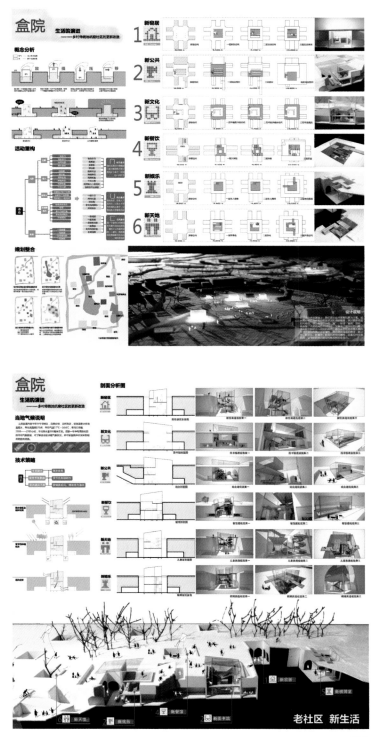

1 工人新村 "新村"到"旧村"

1949年前后，为了改善和提高工人阶级的物质生活条件，政府确定了一个以建造工人宿舍为重点的改善居住条件的方案。1952年5月，新中国第一个工人住宅首期工程竣工。在其后很长的一段历史时期，以产业工人为对象的"工人新村"住宅，成为中国城市居民最"先进"的聚居方式。在这个"新村"中，各种设施如小学、图书馆、公共浴室、菜场、消费合作社、诊疗所、大礼堂等一应俱全，这一模式的兴起，有力地改变了当时中国人的日常生活模式，以及中国城市的空间和肌理。

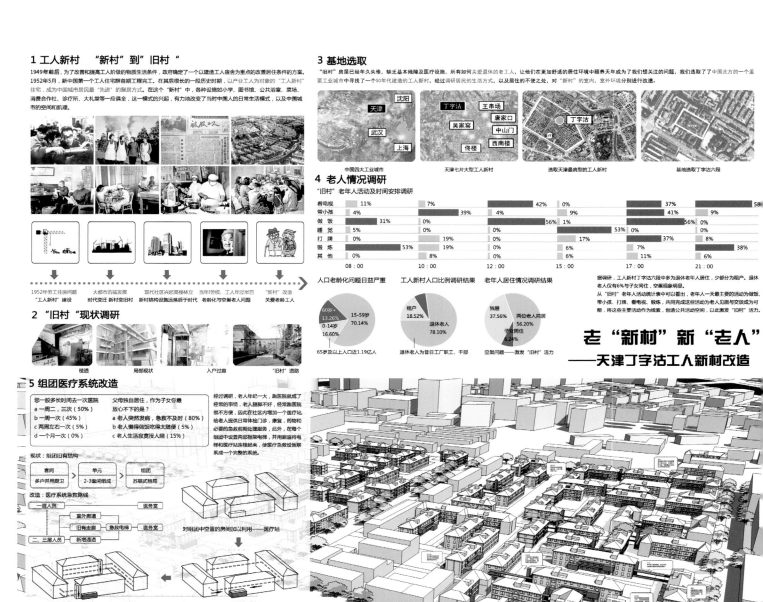

1952年劳工住房问题
"工人新村"建设

大都市迅猛发展
时代变迁 新村变旧村

现代社区兴起高楼林立
新村结构设施落后于时代

当年劳模，工人年过半百
老龄化与空巢老人问题

"新村"改造
关爱老龄工人

2 "旧村"现状调研

楼道　　局部现状　　入户过廊　　"旧村"道路

3 基地选取

"旧村"房屋已经年久失修，缺乏基本残障及医疗设施，所有如何关爱退休的老工人，让他们在更加舒适的居住环境中颐养天年成为我们想关注的问题，我们选取了了中国北方的一个重要工业城市中寻找了一个50年代建造的工人新村，经过调研居民的生活方式，以及居住的不便之处，对"新村"的室内，室外环境分别进行改造。

沈阳　天津　丁字沽　王串场　丁字沽
武汉　吴家窑　唐家窑
上海　佟楼　中山门　西南楼

中国四大工业城市　　天津七片大型工人新村　　选取天津最典型的工人新村　　基地选取丁字沽六段

4 老人情况调研

"旧村"老年人活动及时间安排调研

	08:00	10:00	12:00	15:00	17:00	21:00
看电视	11%	7%	42%	0%	37%	58%
带小孩	4%	39%	4%	9%	41%	9%
做饭	31%	0%	56%	1%	56%	0%
睡觉	5%	0%	0%	53%	0%	0%
打牌	0%	19%	0%	17%	37%	8%
锻炼	53%	19%	0%	6%	7%	38%
其他	0%	8%	0%	6%	11%	6%

人口老龄化问题日益严重
60岁+ 13.26%
15-59岁 70.14%
0-14岁 16.60%
65岁以上人口近1.19亿人

工人新村人口比例调研结果
租户 18.52%
退休老人 78.10%
退休老人为昔日工厂职工、干部

老年人居住情况调研结果
独居 37.56%
两位老人同住 56.20%
子女同住 6.24%
空巢问题——激发"旧村"活力

据调研，工人新村丁字沽六段中多为退休老年人居住，少部分为租户。退休老人仅有6%与子女同住，空巢现象明显。

从"旧村"老年人活动统计表中可以看出，老年人一天最主要的活动为做饭、带小孩、打牌、看电视、锻炼，共同完成这些活动为老人见面与交流成为可能，将这些主要活动作为线索，创造公共活动空间，以此激发"旧村"活力。

老"新村"新"老人"
——天津丁字沽工人新村改造

5 组团医疗系统改造

您一般多长时间去一次医院
a 一周二，三次（50%）
b 一周一次（45%）
c 两周左右一次（5%）
d 一个月一次（0%）

父母独自居住，作为子女你最放心不下的是？
a 老人突然发病，急救不及时（80%）
b 老人懒得做饭吃得太随便（5%）
c 老人生活寂寞没人陪（15%）

经过调研，老人纪一大，跑医院就成了经常的事情，老人腿脚不好，经常跑医院很不方便，因此在社区内增加一个医疗站给老人提供日常体检门诊、康复，药物和必要的急救前期处理服务，此外，在每个组团内设置两部抬架电梯，并用廊道将电梯与医疗站连接起来，使急救医疗设施系统成一个完整的系统。

现状：组团旧有结构
套间 多户并用厨卫 → 单元 2-3套间构成 → 组团 苏联式格局

改造：医疗系统急救路线
一层人员 → 室外廊道 → 旧有走廊 → 急救电梯 → 医务室
二、三层人员 → 新增通道
对组团中空置的房间加以利用——医疗站

加入竖向交通核---急救电梯　　横向联系——用廊道连接各住户与医疗站

首层平面图 1:500　　二层平面图 1:500　　三层平面图 1:500

老"新村"新"老人"
—— 天津丁字沽工人新村改造

参赛单位：天津大学
参赛人员：冯　晴　许　铎
指导老师：赵建波

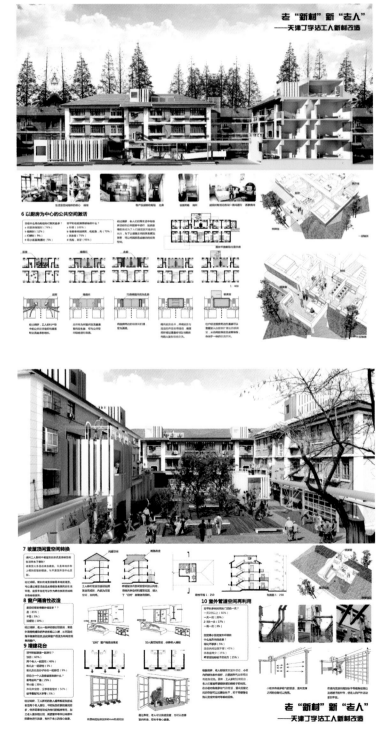

泛海人家
枕云听涛

基于平灾结合的海上老社区更新 1

第一章：碧海蓝天泛人家

区域背景分析 / Regional background analysis

规划视角

福建省　宁德市　蕉头码头　海上社区　排屋片区

随着海洋资源的日益紧张，养殖产业成了渔业中的一大支柱。在中国沿海城市存在许多这样的社区——人们以生产为目的地聚居，常年生活在海上。

地域特色分析 / Geographical features analysis

发展演变

-50Y　-20Y　now

福建省宁德三都澳海上社区起源于历史上海上船屋的居住模式，逐渐演变产生小聚居，如今发展成人们长年在海上的生活的居住区，从事养殖生产。2003年成立全国第一个海上社区，如今人口规模达1万人。

-100Y

1

排屋背立面　排屋正立面　排屋透视1　排屋透视2

海上社区的排屋多为一层高的木屋，排屋地板和浮筒捆绑，使排屋浮于海上。10米见方的排屋集卧室、厨房、客厅、餐厅、卫生间于一身，居住人口4~15人，空间局促。

2

海上排屋

海上社区的居民常年居住在海上，从事一年多季养殖生产。社区生活方面的公共服务设施匮乏。日常饮用水、煤气罐等都要定期上岸采购。岸边电缆终过海底链结，抵达到每家购户。出于水路隔断，邻里交往不甚方便。他们的生活娱乐几乎没有。

3

社区生产生活

社区存在的矛盾 / Contradictions of the present site

每年例行的强台风后，社区房屋破损严重。

一个木屋挤下多个人，生活空间局促，人均居住面积不超过13平米。

社区面积大，密度低，有少数公共服务设施，但服务半径过大。

R=1km

周边有斗姆山3A国家级风景区，社区未能抓住这一资源。

社区现状平面图

居住区
水域过渡带
山体边缘
风景区

主要水路
次要水路
规划范围

临近青山岛的周边水域

规划范围

[+]

[+]

[+]

[+]

[+]

[+]

[+]

[+]

海上社区分布范围

斗姆山国家级AAA景区

1:20000

基地现状透视图

枕云听涛，泛海人家
—— 基于平灾结合的海上老社区更新

参赛单位：天津大学

参赛人员：曾　良　杨思航　陈永辉　游　欣

指导老师：王志刚

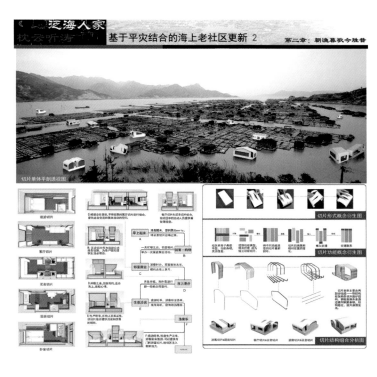

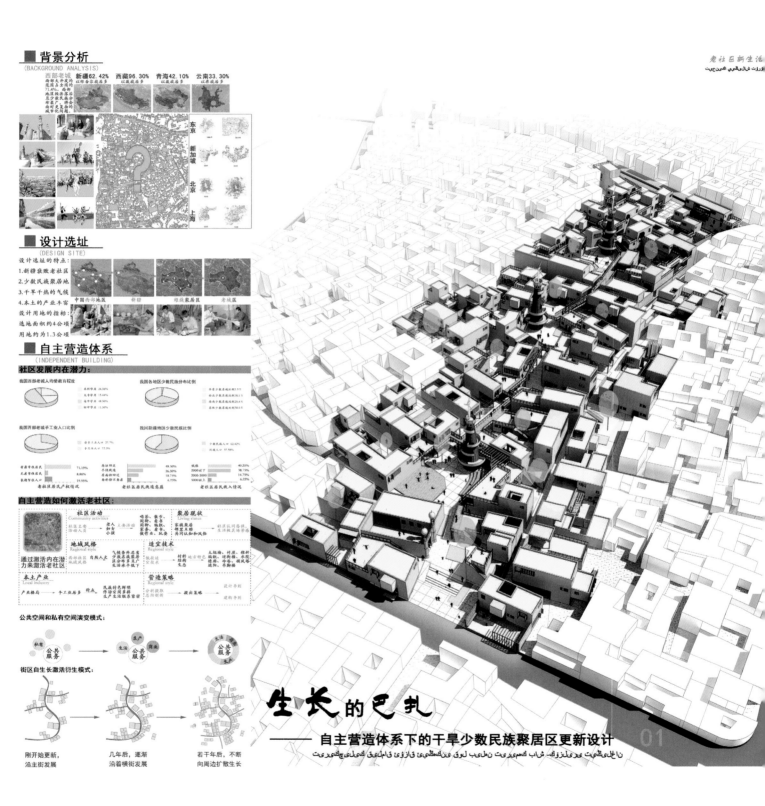

■ 背景分析
(BACKGROUND ANALYSIS)

老社区新生活

新疆62.42% 西藏96.30% 青海42.10% 云南33.30%
以维各族居多 以藏族居多 以亲族居多

东京
新加坡
北京
上海

■ 设计选址
(DESIGN SITE)

设计选址的特点:
1.新疆衰败老社区
2.少数民族被聚居地
3.干旱干热的气候
4.本土的产业丰富

中国西部地区 新疆 维族聚居区 老城区

设计用地地指标:
选地面积约4公顷
用地约为1.3公顷

■ 自主营造体系
(INDEPENDENT BUILDING)

社区发展内在潜力:

我国西部老城人均受教育程度

我国各地区少数民族分布比例

我国西部老城手工业人口比例

我国新疆地区少数民族比例

自主营造如何激活老社区:

社区活动 Community activities	聚居现状 Living status
地域风格 Regional style	适宜技术 Regional style
本土产业 Local industry	营造策略 Regional style

通过激活内在潜力来激活老社区

公共空间和私有空间演变模式:

街区自生长激活衍生模式:

刚开始更新,
沿主街发展

几年后,逐渐
沿着横街发展

若干年后,不断
向周边扩散生长

生长的巴扎
—— 自主营造体系下的干旱少数民族聚居区更新设计

01

390

生长的巴扎
—— 自主营造体系下的干旱少数民族聚居区更新设计

参赛单位：重庆大学
参赛人员：肖蕴峰　李晓迪　伍利君
指导老师：田　琦　陈　科

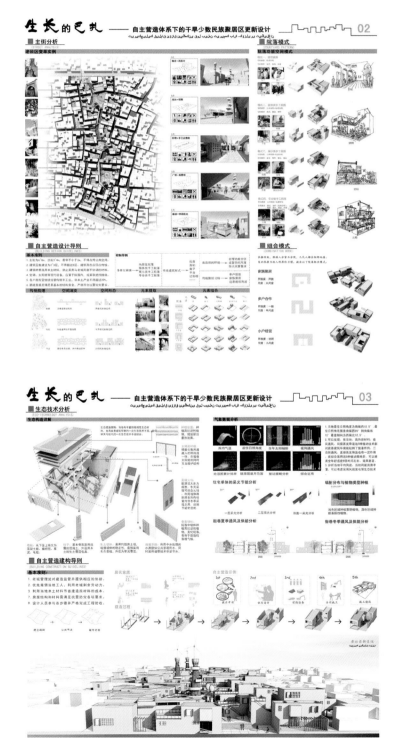

纽带与置换空间 LATERAL LINKAGE & SPACE REPLACEMENT
老社区新生活空间构想 THE ATTEMPT OF INSERTING VITALITY IN OLD COMMUN

[关于竹筒屋]
ABOUT BAMBOO HOUSE

竹筒屋是广州大量存在且富有岭南特色的传统民居。其开间小、进深大，两者之比由1：4至1：8，由前至后排列以天井间隔为多间房间，形为竹筒，故名。此屋进深大，通风、采光、排水及交通主要靠天井和巷道解决，有些屋高4.5米，可置夹层，并设楼梯，墙基用石块砌筑，山墙承重木构架，瓦顶。

[竹筒屋分布]

竹筒屋主要分布在广州的越秀区，荔湾区与海珠区，他们通常以一连串的方式分布，沿街的铺面形成骑楼街，形成良好的商业氛围，而骑楼背后及楼上空间为人们的居住空间。

除广州外，竹筒屋还分布于省内珠江三角洲、西江流域以及汕头、湛江海口等地。

广州市　　广州市中心

[场地选址]
SITE LOCATION

场地位于广州市荔湾区，在清代设立于广州的经营对外贸易的十三行附近。北临桨栏路，南临和平东路。场地内东西方向较长，约200米且中间没有通路，南北方向长约40米，路段中均为清末民初建造的竹筒屋，形成广州典型的竹筒屋社区。楼高大多为3层，少量4层，排列整齐有序。

城市中心区 ── 老城中心区── 设计地段●

[现场调研]

号	门牌号	现状	断代	层数	号	门牌号	现状	断代	层数	号	门牌号	现状	断代	层数
1	桨栏路 82号	一般			19	桨栏路 124号	一般	民国	3	37	桨栏路 162号	一般	民国	3
2	桨栏路 84号	较好	民国		20	桨栏路 126号	一般			38	桨栏路 164号	一般	民国	4
3	桨栏路 86号	一般	晚清	3	21	桨栏路 128号	一般	民国	3	39	桨栏路 166号	一般	民国	4
4	桨栏路 90号	一般	晚清	3	22	桨栏路 132号	较差	民国		40	桨栏路 168号	一般	民国	4
5	桨栏路 92号	一般	晚清	3	23	桨栏路 134号	一般			41	桨栏路 170号	一般	民国	4
6	桨栏路 94号	较好	民国		24	桨栏路 136号	较差	民国	4	42	桨栏路 172号	较差	民国	3
7	桨栏路 96号	较好			25	桨栏路 138号	一般			43	桨栏路 174号	一般	民国	3
8	桨栏路 100号	一般	民国	4	26	桨栏路 140号	较差	民国	3	44	桨栏路 176号	一般	民国	3
9	桨栏路 102号	一般	民国	3	27	桨栏路 144号	一般	民国		45	桨栏路 178号	一般	民国	3
10	桨栏路 104号	一般			28	桨栏路 146号	一般			46	桨栏路 180号	一般	民国	3
11	桨栏路 106号	较好			29	桨栏路 148号	一般			47	桨栏路 182号	较差	民国	3
12	桨栏路 108号	一般			30	桨栏路 150号	一般							
13	桨栏路 110号	较差			31	桨栏路 152号	一般	民国	4					
14	桨栏路 112号	一般	民国		32	桨栏路 154号	一般	晚清						
15	桨栏路 114号	一般	民国		33	桨栏路 154号	一般	民国						
16	桨栏路 118号	一般	民国		34	桨栏路 156号	一般							
17	桨栏路 120号	较差	民国		35	桨栏路 158号	一般	较差						
18	桨栏路 122号	较差	晚清		36	桨栏路 160号	一般	晚清	3					

[存在问题]
PROBLEMS

[问题1] 户间交流 整个社区呈纵向延伸，缺乏横向交流，导致社区居民交往流线及其冗长

"我每次去找她玩都要穿3条街！"

"日日去楼麻将都要走好久"

[问题2] 户内交流 每个单体竹筒屋较长，家庭内部的充分交流无法保证

"我们回来都忙着打牌，不管小孩他们在后面玩什么"

"爸妈在楼下聊天，我在楼上玩电脑聊qq，很少交流啊"

屋顶平面

二层平面

[类比讨论]

水平的摩天楼的处理

0m 100 200 300 400 500 600 700 800

摩天楼通过核心筒连通上下各种功能，但瞬时人流量大，交通空间拥挤。

将核心筒的概念直通各个住宅单元，人流量峰值较小，交通空间疏松。

0m 100 200 300 400 500 600 700 800

纽带与置换空间
—— 老社区新生活空间构想

参赛单位：华南理工大学
参赛人员：林康强　杨皓翔　袁小雨　黄　倩　何岸咏
指导老师：李哲扬

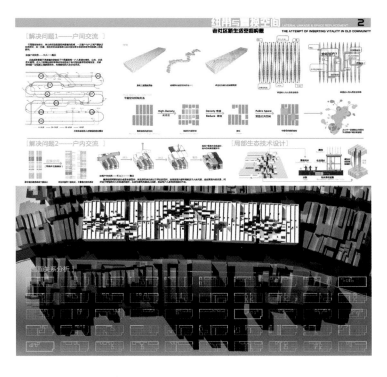

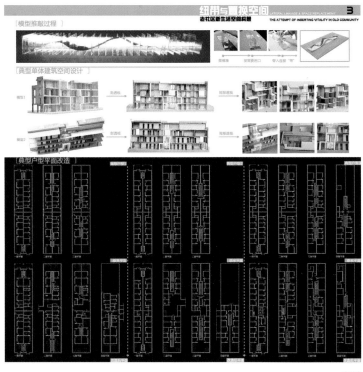

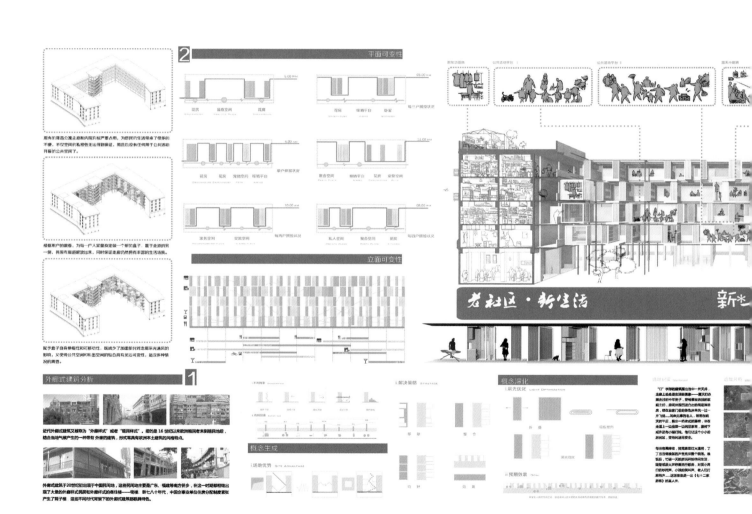

新七十二家房客
—— 外廊式建筑改造

参赛单位：重庆大学
参赛人员：蒋　敏　胡　昕　李漪伶
指导老师：陈　俊　周　露

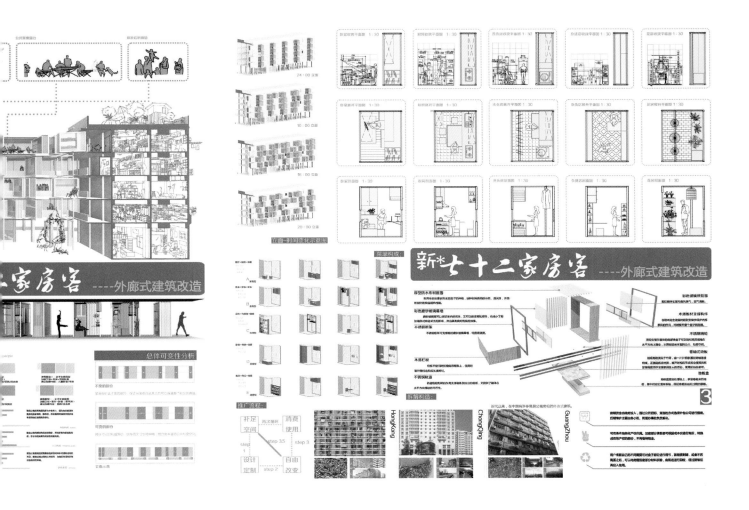

海上吉普赛人之家——海南猴岛疍民社区改造01

1.关于疍民（Dàn Mín）

在沿海或者沿江地区生活着这样的人群，他们以水为家，浮泛江海，他们就是被称为海上吉普赛人的疍民。疍民结伴而居，连接成排，形成独具海上文化和地域特色的疍民社区，然而这样珍贵的社区形式，由于各种原因，正在逐渐消失、缩小……

基地选址

海南陵水疍民部落是目前保留最完整，规模最大的疍民社区之一。陵水具有中国大陆唯一的内海，良好的地理位置使这里具有涨潮落差小、风力小、海啸等自然灾害少的优势。这样良好的环境使得疍民在这里安家落户，形成社区。但是，疍民社区因为缺乏合理的规划，引发了诸多问题，以至整个社区都有可能消失，亟须进行针对性改造。

2.海南疍民现状以及问题

01道路缺少规划　　行走及渔业作业不便
路过窄存在安全隐患

道路过窄，只有0.3m，易发生落水等危险情况。

与岸上连接不便，没有道路与岸连通。

02公共设施缺乏　　缺少完善的渔业市场
私搭乱接的现象严重
水电等基础设施缺乏

私搭电线，容易产生火灾、漏电等危险。

缺少自来水系统，饮用水获得极为不便。

03活动场所缺失　　没有开敞的活动场所
缺少孩子的玩乐场地
供交往空间几乎为零

缺乏日常生活所需要的活动场地。

3.设计概念生成

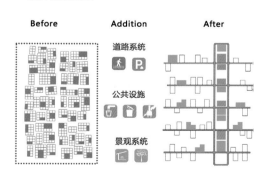

Before	Addition	After
	道路系统	
	公共设施	
	景观系统	

海上吉普赛人之家
—— 海南猴岛疍民社区改造

参赛单位：天津大学
参赛人员：秦世佳　曹津舫　许　燕　黄雅婕
指导老师：胡一可　曹　磊

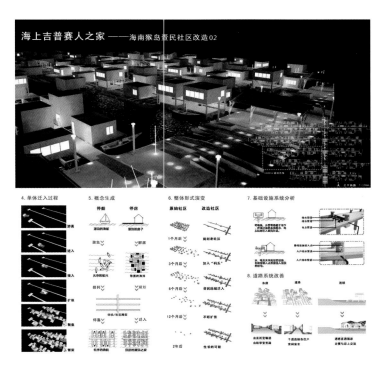

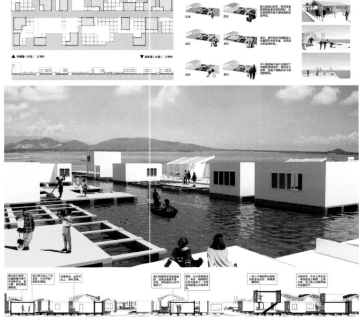

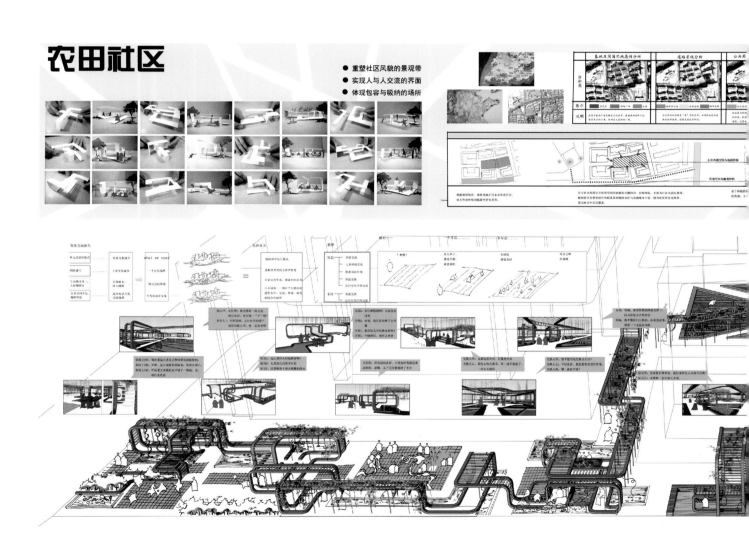

农田社区
—— 鞍山路小区外部空间设计

参赛单位：青岛理工大学
参赛人员：李　喆　孙晓倩　赵　琛
指导老师：聂　彤

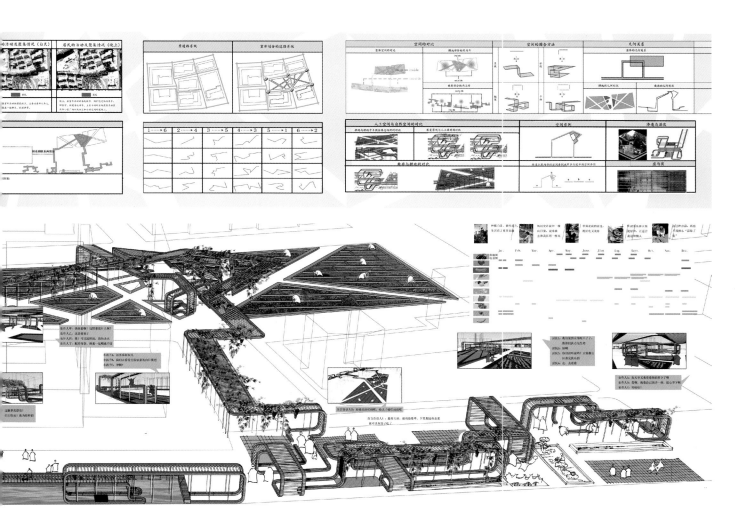

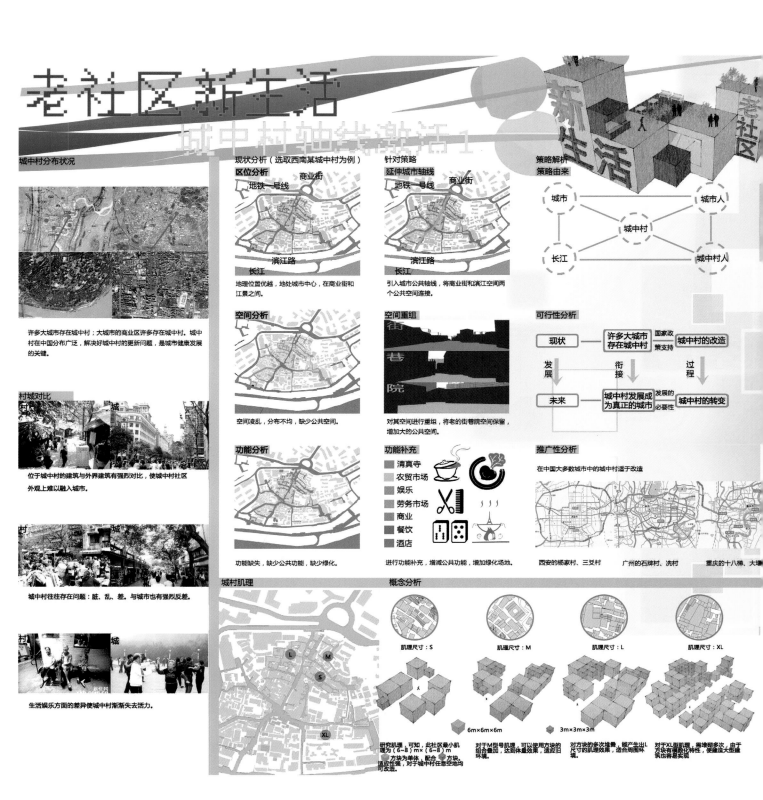

老社区新生活

城中村轴线激活1

城中村分布状况

许多大城市存在城中村；大城市的商业区许多存在城中村。城中村在中国分布广泛，解决好城中村的更新问题，是城市健康发展的关键。

村城对比

位于城中村的建筑与外界建筑有强烈对比，使城中村社区外观上难以融入城市。

城中村往往存在问题：脏、乱、差。与城市也有强烈反差。

生活娱乐方面的差异使城中村渐渐失去活力。

现状分析（选取西南某城中村为例）

区位分析

地铁一号线　商业街
滨江路
长江

地理位置优越，地处城市中心，在商业街和江景之间。

空间分析

空间凌乱，分布不均，缺少公共空间。

功能分析

功能缺失，缺少公共功能，缺少绿化。

针对策略

延伸城市轴线

地铁一号线　商业街
滨江路
长江

引入城市公共轴线，将商业街和滨江空间两个公共空间连接。

空间重组

街
巷
院

对其空间进行重组，将老的街巷院空间保留，增大的公共空间。

功能补充

- 清真寺
- 农贸市场
- 娱乐
- 劳务市场
- 商业
- 餐饮
- 酒店

进行功能补充，增减公共功能，增加绿化场地。

策略解析

策略由来

城市 —— 城市人
城中村
长江 —— 城中村人

可行性分析

现状 → 许多大城市存在城中村 → 国家政策支持 → 城中村的改造

发展 衔接 过程

未来 → 城中村发展成为真正的城市 发展的必要性 → 城中村的转变

推广性分析

在中国大多数城市中的城中村适于改造。

西安的杨家村、三爻村　　广州的石牌村、冼村　　重庆的十八梯、大

城村肌理

研究肌理，可知，此社区最小肌理为（6~8）m×（6~8）m方块为单体，配合
方块，适应任何环境，对于城中村任意空地均可改造。

概念分析

肌理尺寸：S　　肌理尺寸：M　　肌理尺寸：L　　肌理尺寸：XL

6m×6m×6m　　3m×3m×3m

对于M型号肌理，可以使用方块的组合叠加，达到体量效果，适应旧环境。

对方块的多次堆叠，能产生出L尺寸的肌理效果，适合周围环境。

对于XL型肌理，需堆砌多次，由于方块有模数化特性，使建造大型建筑也容易实现。

老社区新生活
—— 城中村轴线激活

参赛单位：重庆大学
参赛人员：马培贤　唐人杰　陶亚琨
指导老师：孙天明　田　琦

菜³ --基于"CSA 模式"的"城中村"激活策略 □1

什么是"城中村"

所谓"城中村",是指在城市高速发展的进程中,由于农村土地全部被征用,农村集体成员由农民身份转变为居民身份后,仍居住在由农村改造而演变成的居民区,或是指在农村城市化进程中,由于农村土地大部分被征用,滞后于时代发展步伐、游离于现代城市管理之外的农民仍在原村居住而形成的村落,本稿为"都市里的村庄"。

什么是"CSA"

社区支持农业(CSA)的概念于20世纪70年代起源于瑞士,是消费者为了寻找安全的食物,与那些希望生产有机食品并建立稳定客源的农民达成供需体系。大部分CSA为顾客提供新鲜时令的蔬菜,让城市居民与农产直接见面,从而建立起相互支持、平等友好的关系。城市人可以体验自然和采摘乐趣,和村生活。菜³为媒介,沟通城市与城中村,使得两者互相沟通。不仅仅是一种农村与城市的新联系,更是一种新的绿色的健康的理念和生活方式。

什么是"菜³"

菜³ =   + 3D立体种植

可变种植模块

一种解决手段:

城中村内大量无可耕作的荒田地,土地缺乏,违章搭建现象严重,空间混乱,因此提出了菜立方的概念,扩大种植面积,同时可以形成不同可变空间满足城中村需求。

菜³ = + + + 健康

田园 FARM + 自慧 NATURE + 食品 FOOD + HEALTH

一种生活方式:

菜立方也是一种生活方式,城乡互动,感受自然,以菜为媒介全方位绿色的生活方式。

1970-2010年社区各项指标变化情况

人口总数变化情况 蔬菜需求量变化情况 社区容积率变化情况 务农人口变化情况 社区规划变化情况 农用土地变化情况

2.太仓地处长江入海口 3.太仓东郊肌理

太仓属于温带湿润性季风气候,因吴王及春申君在此设立粮仓而得名"太仓"。太仓素有"鱼米之乡"的美称,河流纵横,土地肥沃,农业占主导地位,近几年工业发展迅速,很多农田城郊筑路种植厂房,经济发展迅速。基地位于太仓东郊菜场附近,由于今年市政建设,东郊大部分城市化,但是依然留下大量"城中村"。

1.您认为当前所居住环境最主要的问题是什么?	建设散乱无章	89%
	基础设施落后	79%
	环境卫生差	72%
	人居结构复杂	66%
	有限土地利用率低	77%
	生活方式不健康	83%
2.您想向往何种生活方式?	城市生活	35%
	农村生活	31%
	改造原有社区生活	59%
	其他	36%
3.您想对更喜欢都市农业何种模式?	自给自足	20%
	商人与一农俩利	44%
	社区绿色验证	80%
	其他	36%
4.您觉得社区支持农业的优势在何处?	增加健身场地	80%
	蔬菜价格优势	77%
	蔬菜健康验证	65%
	增加就业机会	75%
	活跃气氛经济	68%

菜 [3]

—— 基于 "CSA 模式" 的 "城中村" 激活策略

参赛单位：哈尔滨工业大学

参赛人员：张之洋　张荟亭　刘春瑶　陈玉婷　李　欣

指导老师：徐洪彭

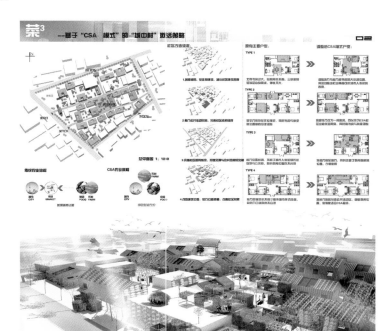

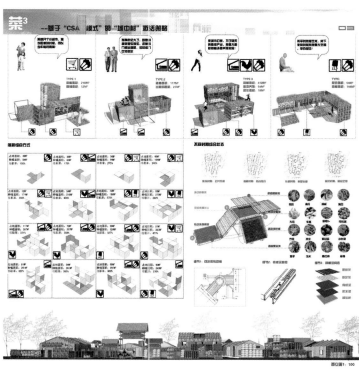

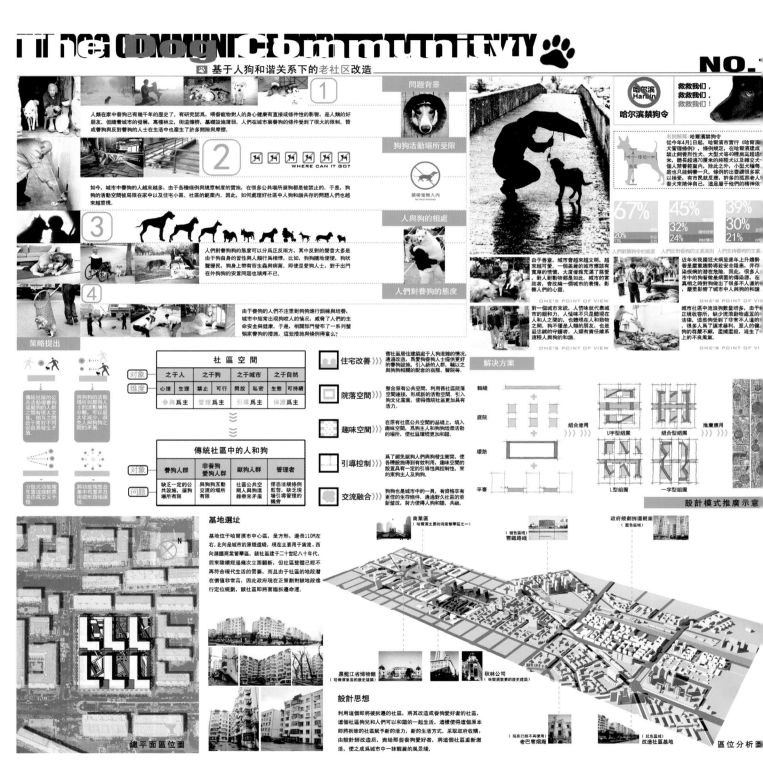

The Dog Community
—— 基于人狗和谐关系下的老社区改造

参赛单位：哈尔滨工业大学
参赛人员：赵乾铭　张　帅　曹　聪　吕玉龙
指导老师：徐洪彭　徐苏宁

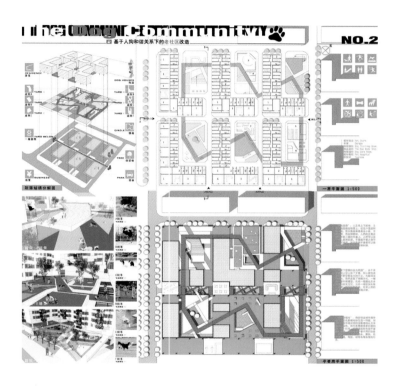

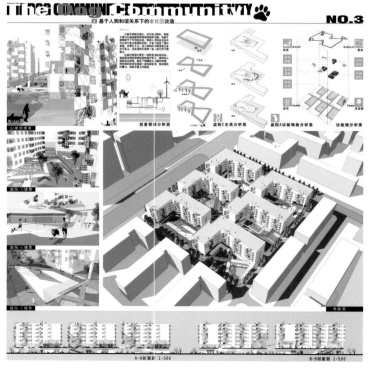

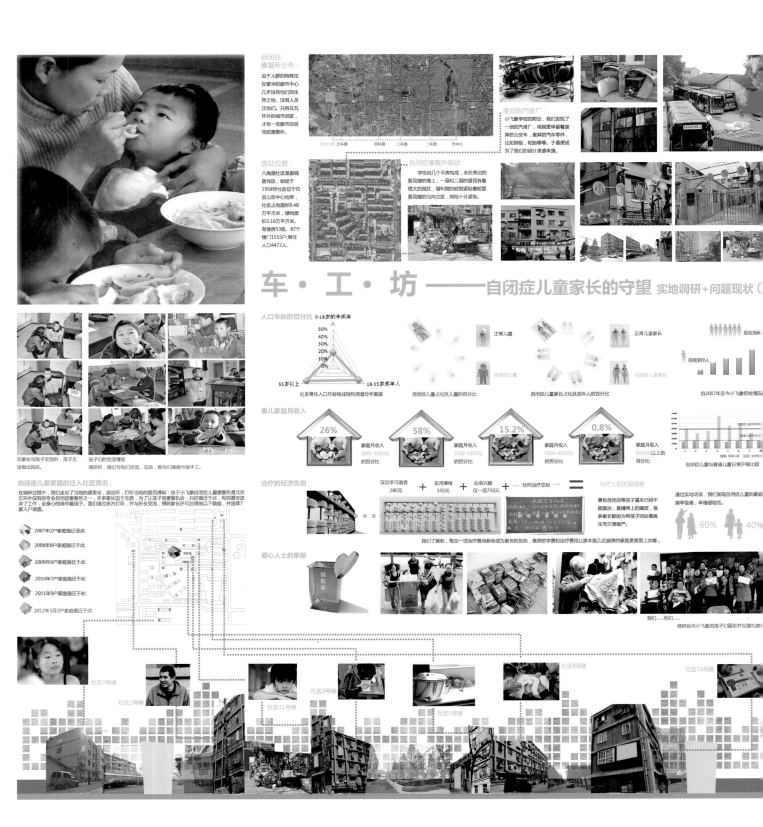

自闭症康复所分布：
由于人群的特殊性在繁华的都市中心几乎没有他们的生存之地，没有人关注他们。只有在五环外的城市边区，才有一些散布的自闭症康复所。

选址位置：
八角路社区是首钢居民区，始建于1958年社区位于石景山区中心地带，社区占地面积9.48万平方米，绿地面积3.16万平方米。有楼房33栋，87个楼门1553户，常住人口4472人。

废旧的汽修厂：
小飞象学校的附近，我们发现了一些汽修厂，场院里停留着废弃的公交车，废弃的汽车零件，比如钢板、轮胎等等。于是便成为了我们的设计灵感来源。

自闭症康复所现状：
学校由几个平房构成，夹在旁边的居民楼的地上，一层和二层的居民有着很大的困扰，福利院的前院紧贴着前面居民楼的北向立面，用地十分紧张。

车·工·坊——自闭症儿童家长的守望 实地调研+问题现状

人口年龄的百分比 0-18岁的未成年

社区常住人口年龄组成结构调查分析数据

正常儿童　自闭症儿童
自闭症儿童占社区儿童的百分比

正常儿童家长　自闭症儿童家长
自闭症儿童家长占社区成年人的百分比

招收到9人
自2007年至今小飞象招收情况

患儿家庭月收入

26% 家庭月收入2000-3500元的百分比
58% 家庭月收入3500-5000元的百分比
15.2% 家庭月收入5000-6500元的百分比
0.8% 家庭月收入6500元以上的百分比

自闭症儿童与普通儿童采用朝比例

治疗的经济负担
仅仅学习语言280元 + 实用课程550元 + 业余兴趣仅一项750元 + 任何治疗项目 = 治疗的天眼消费

患有自闭症等孩子基本已经不能医治，是精神上的残障，很多家长都因为带孩子四处就医而生而欠债破产。

我们了解到，每加一项治疗费用都会成为家长的负担，高额的学费和治疗费用让原本就几近崩溃的家庭更是雪上加霜。

通过实地访谈，我们发现自闭症儿童的就学率极低，幸福感较低。

60%　40%

爱心人士的奉献

我们……他们……
调研后与小飞象的孩子们留影并互赠礼物

自闭症儿童家庭的迁入社区情况：
在调研过程中，我们走访了当地的居委会，派出所，打听当地的居民得知：由于小飞象自闭症儿童康复所是北京五环外仅有的专业自闭症康复所之一，许多家长迫于无奈，为了让孩子有康复机会，只好搬迁于此，有的甚至放弃了工作，全身心的陪伴着孩子。我们通过多方打听，并与居委会交流，得到居民许可后得到以下数据，并选择了7家入户调查。

2007年2户家庭搬迁至此
2008年8户家庭搬迁于此
2009年6户家庭搬迁于此
2010年7户家庭搬迁于此
2011年9户家庭搬迁于此
2012年3月2户家庭搬迁于此

在家长与孩子交流时，孩子无法做出回应。
调研时，我们与他们交流，互动，教他们画画与做手工。

社区7号楼　社区1号楼　社区11号楼　社区2号楼　社区5号楼　社区8号楼　社区15号楼

车 · 工 · 坊

—— 自闭症儿童家长的守望

参赛单位：天津大学

参赛人员：姜 薇 杨 钊 张铷航

指导老师：赵建波

旧窑新生

PROTECTION AND RENEWING FOR TRADITIONAL SETTLEMENT

传统生态聚落的延续与更新 **1**

通常人们认为聚落是"没有建筑师的建筑"。事实上，聚落是基于当地的土环境由当地居民在无意识状态下创作出来的产物。居民对于生活的理解，憧以及内心的认知等等所有这些无形的意识通过聚落三维载体得以物化呈现。

关于地坑院

地坑院，又名地坑窑，天井院，窑洞中的一种，广泛分布在我国黄土高原，陕甘豫地区。

作为中国传统民居中生土建筑的独特类型，具有显著的聚落特点，较高的生态价值和独特空间特征形式。

然而，随着社会经济的发展，人民生活方式的变化，由居民自主表达自己居住生活理念的建造方式渐被摒弃，传统的居住体验，传统的建筑形式在现代化机器的轰鸣声中渐渐消散，千篇一律的建筑式样制制着许许多多的村落。

居住者由最初的自主营建中决定者的角色转变为黯然接受一切既形式的被动角色。新的建筑也渐渐的沦为政策决策层和施工的意识表达，而非居住者自身意识的有意义呈现。聚落的特色也在渐渐的消逝。

空间特点

地坑院分布　　聚落机理　　　　　航拍地坑院雪景

天心院是功能转换的中心　两套交流系统　渐进式的空间层次　复合式的功能空间

地坑院现状

村民弃窑建房　废弃甚至被填埋　地坑院营造技艺被列入国家非物质文化遗产　传统村落结构瓦解　公共空间十分缺失

场地与现状

河南三门峡市南边的村子，这里是自生聚落的典型。较靠近三门峡市区。有着现在农村普遍的问题。另外，还有不成熟的旅游开发与手工艺产业。

黄土高原 -- 河南 -- 三门峡市 -- 地坑村落聚集区 -- 北营村

空巢老人现象　**留守儿童**　**窗花剪纸艺术**　**澄泥砚台制作工艺**　**不成熟的旅游开发**

老冯夫妇，72岁，儿子外出打工，女儿出嫁。　小郭，7岁，父母进城务工，由奶奶抚养　任师傅，51岁，剪纸艺人，他的作品内容丰富，构图巧妙、剪法细腻。　陈师傅，63岁，澄泥砚玉瑞堂艺人的后人，经营家庭作坊，但产品需要拉到市区销售。

旧窑新居
—— 传统生态聚落的延续与更新

参赛单位：重庆大学
参赛人员：郑　星　董　菁　翁文婷　王凌云
指导老师：田　琦　黄海静

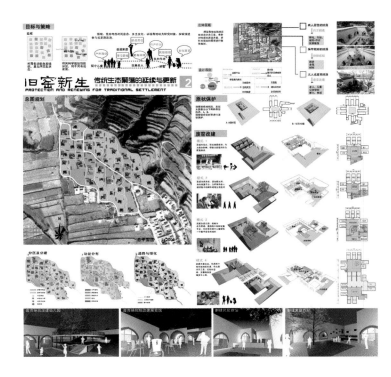

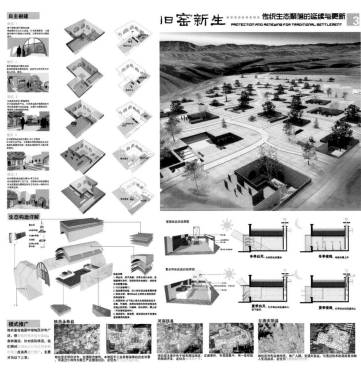

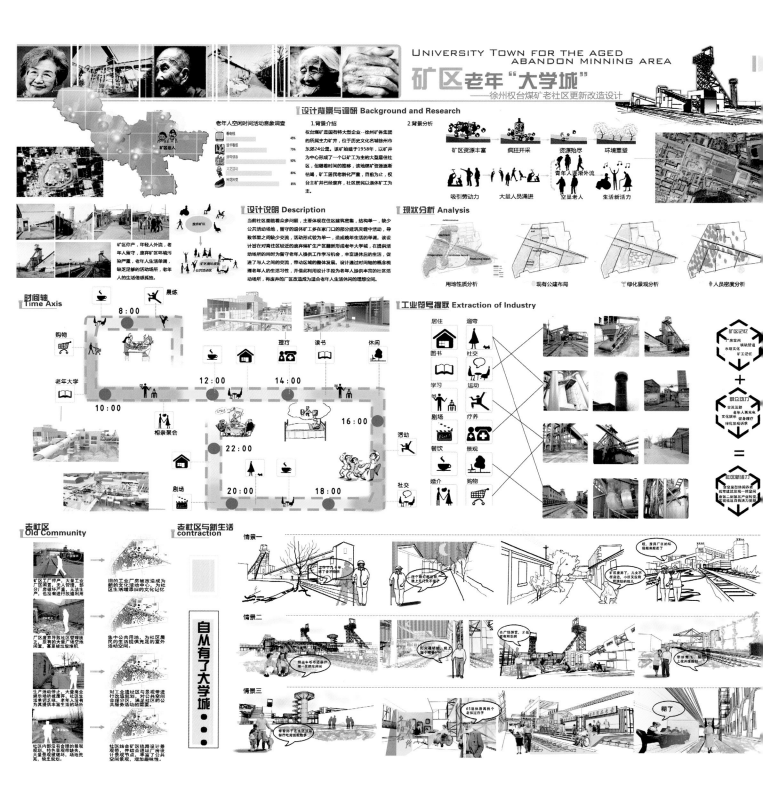

UNIVERSITY TOWN FOR THE AGED
ABANDON MINNING AREA

矿区老年"大学城"
——徐州权台煤矿老社区更新改造设计

设计背景与调研 Background and Research

现状分析 Analysis

时间轴 Time Axis

工业符号提取 Extraction of Industry

老社区 Old Community

老社区与新生活 contraction

自从有了大学城……

情景一

情景二

情景三

矿区老年"大学城"
—— 徐州权台煤矿老社区更新改造设计

参赛单位：中国矿业大学
参赛人员：王耀龙　陆　萍　王　玲　张矢远
指导老师：韩大庆　朱冬冬

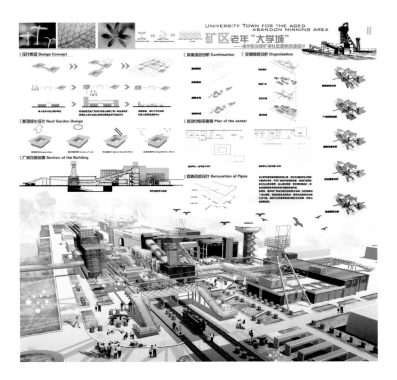

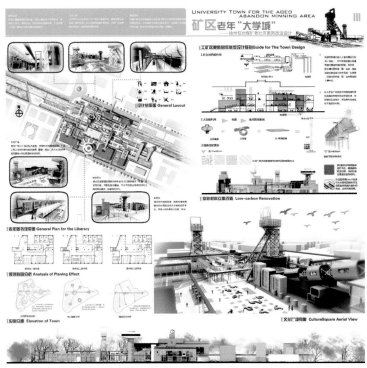

1

地上地下
——豫西地坑院整体性更新计划

关于地坑院

"中国北方地下四合院" "天井院" "地窖"
古代人们穴居方式的遗留，已有约四千多年的历史。分布在
河南西部的三门峡、甘肃陇东的庆阳及陕西的部分地区。

选址：河南三门峡市陕县北营村

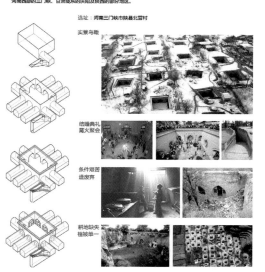

实景鸟瞰

结婚典礼
篝火聚会

条件艰苦
遗废弃

耕地缺失
格被单一

矛盾 保留？新建？填埋？

老人：希望保留地坑院
冬暖夏凉
文化传承

青年人：不希望住在地坑院里
通风采光差
基础设施落后
被人瞧不起

政府：地坑院太占地了 不提倡
填埋地坑院
扩大耕地面积

占地1—1.5亩   窑顶土地0.5亩   居住面积约0.25亩

存在各种矛盾，地坑院正逐渐衰落，走向消亡。

解决 地上+地下

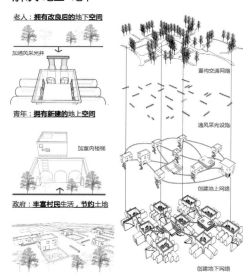

老人：拥有改良后的地下空间
加通风采光井

青年：拥有新建的地上空间
加室内楼梯

政府：丰富村民生活，节约土地

重构交通网络

通风采光设施

创建地上网络

创建地下网络

调和矛盾，地坑院新生。   横向和竖向交织，社区体系。

地上地下
—— 豫西地坑院整体性更新计划

参赛单位：天津大学
参赛人员：李和谦　李宗明　穆　森　钱筱波
指导老师：胡一可　曹　磊

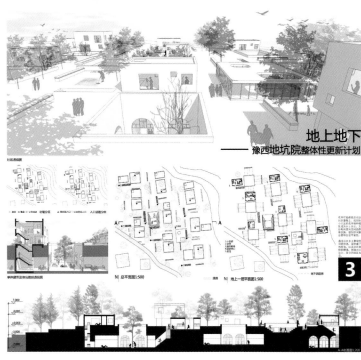

第二届获奖作品

「中联杯」国际大学生
建筑设计竞赛获奖作品集

"我的城市、我的明天"
MY CITY
MY FUTURE

THE SECOND SESSION

21 世纪的今天，如同北京的唐家岭，在上海、广州、深圳等大城市的不同角落，也聚居着大批刚刚融入社会、踏入大都市的年轻人。对于刚进入城市生活、开始事业发 展的年轻人而言，在交通拥挤、房价飞涨的城市中，他们的生存空间在哪里？创业空间又在哪里？他们的未来将会怎样？

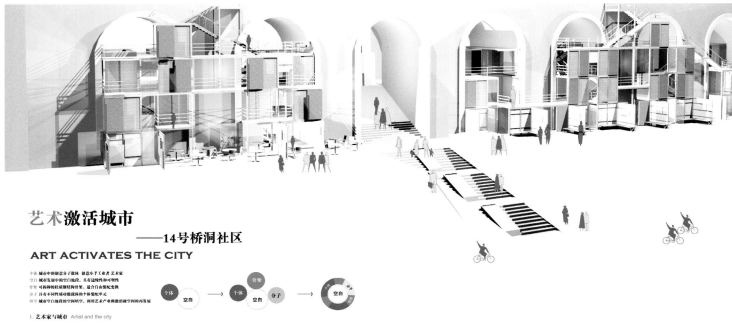

艺术激活城市
——14号桥洞社区
ART ACTIVATES THE CITY

个体 城市中的创意分子散布 创意小手工业者 艺术家
空白 城市发展中的空白地段，具有延续性和可塑性
骨架 可拆卸的轻质钢制结构骨架，适合自由装配变换
分子 具有不同性质功能组接体的个体装配单元
填空 城市空白地段的空间填空，利用艺术产业刺激消极空间的再发展

1. 艺术家与城市 Artist and the city

这是一座城市，把一座城市压缩在电脑屏幕上，那么游动的鼠标三角就是激活城市的艺术。艺术家的名气和作品常常受到人们的关注，他们和城市是怎样一种关系，却很少有人设论。但是我们发现，艺术家的活动常常激活哪些城市的死角，或者城市发展的测绘遗存的地方田子坊，八号桥就是已经让人们所熟知的艺术社区，从而我们发现，艺术家和他们的艺术活动空间，促使城市的时尚地图发生变化。

聪明的出租方时常看着市场的变化，随着艺术家的工作和理念提高了这个场所的价值和知名度，他随时准备提价值着一个文化艺术社区的规划和影响力存在。但是这种扩大又反过来威胁艺术家的生存空间，因为价格问题会使艺术家撤退，更会使年轻的创意力量望而却步。这些弱微的艺术力量引起了我们的关注，寻求他们和城市的互相碰撞中对自身和城市空间进行重新定位。

2. 关于艺术创业青年 About the young artist

城市中新兴的艺术创业青年给城市带来了生气，但是他们缺乏最基本的物质基础，只能是分离的游离的单个分子，利用分子单元的组合将城市中散落在各个群体吸收到一起，组成分散填充城市的消极哪点空间，利用他们的力量使其焕发新生

创意产业   低收入   归属感   艺术激活

3. 创意产业如何激活城市 How to do

4. 创意空间需求 Space for need

我们需要一个结合多种空间，并且适合于装配的小单元体，它既是工作和居住空间，自身也是一件展品。空间不仅具有恒容和新兴。电缆作为一种全景的展温方式对外开放。我们希望我们的结构系统是一个弹性设计表现的综合体。根据明确的几何规则，寻找出一种直接的方式来搭建单个房而承的复杂形式进行空间构成。这种构建方法更短期简温精确，并且具有适应未来功能变化的灵活性。

这个小单元体可以满足不同创意产业经营者者们的动能需求。根据不同种类利用经砂结构和建筑和装配进行在装配和重组。营造着不同的售卖、展览、交往、工作、居住和创意街区的单元组合，完成从场地到单元列其体个体的操作手法，让创意空间产业根据不同的空间和功能发挥其独特的优势。

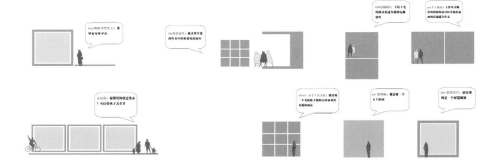

艺术激活城市
—— 14号桥洞社区

参赛单位：重庆大学
参赛人员：谢然然　喻文杰　李晓松　宋东明
指导老师：王　琦　田　琪

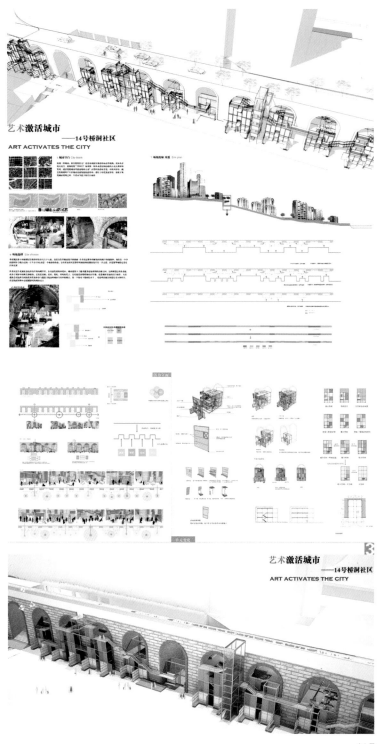

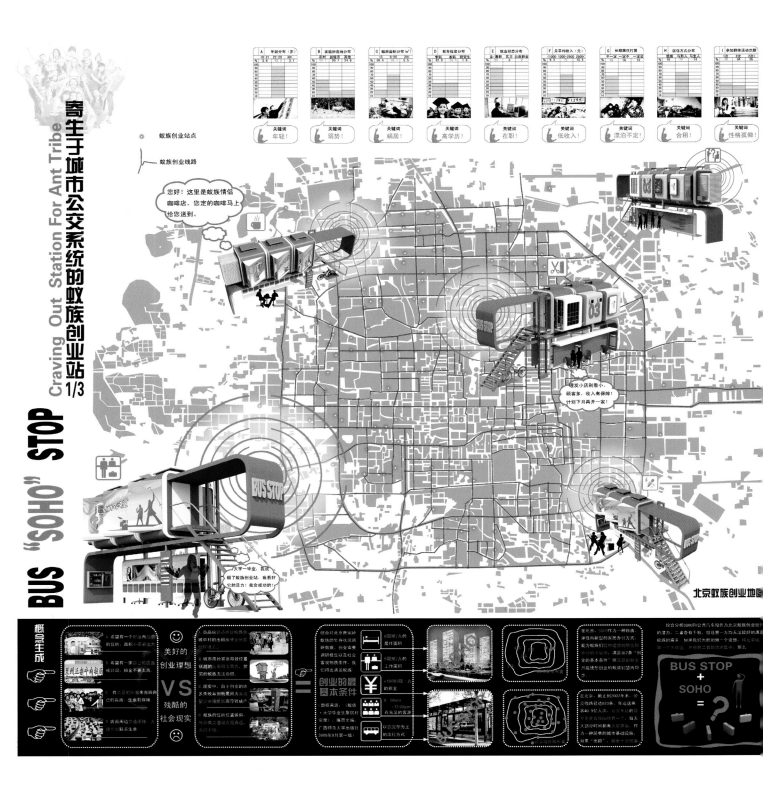

BUS "SOHO" STOP
—— 寄生于城市公交系统的蚁族创业站

参赛单位：青岛理工大学
参赛人员：王轶群　史凌微
指导老师：郝赤彪　解旭东

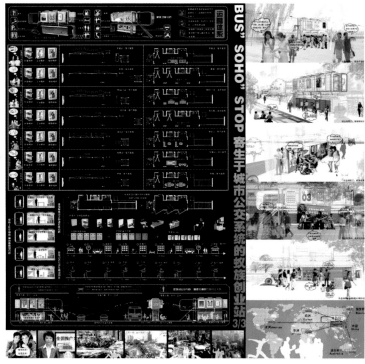

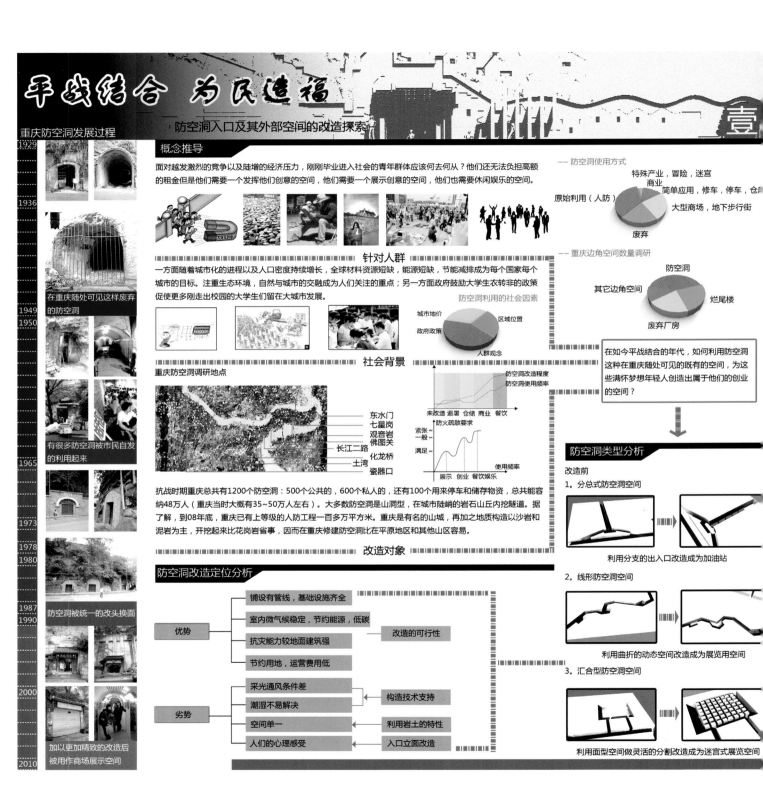

平战结合 为民造福

防空洞入口及其外部空间的改造探索

壹

重庆防空洞发展过程

1929
1936
在重庆随处可见这样废弃的防空洞
1949
1950
有很多防空洞被市民自发的利用起来
1965
1973
1978
1980
防空洞被统一的改头换面
1987
1990
2000
加以更加精致的改造后被用作商场展示空间
2010

概念推导

面对越发激烈的竞争以及陡增的经济压力，刚刚毕业进入社会的青年群体应该何去何从？他们还无法负担高额的租金但是他们需要一个发挥他们创意的空间，他们需要一个展示创意的空间，他们也需要休闲娱乐的空间。

针对人群

一方面随着城市化的进程以及人口密度持续增长，全球材料资源短缺，能源短缺，节能减排成为每个国家每个城市的目标。注重生态环境，自然与城市的交融成为人们关注的重点；另一方面政府鼓励大学生农转非的政策促使更多刚走出校园的大学生们留在大城市发展。

社会背景

重庆防空洞调研地点

抗战时期重庆总共有1200个防空洞：500个公共的，600个私人的，还有100个用来停车和储存物资，总共能容纳48万人（重庆当时大概有35~50万人左右）。大多数防空洞都是山洞型的，在城市陆峭的岩石山丘内开挖隧道。据了解，到08年底，重庆已有上等级的人防工程一百多万平方米。重庆是有名的山城，再加之地质构造以沙岩和泥岩为主，开挖起来比花岗岩省事，因而在重庆修建防空洞比在平原地区和其他山区容易。

改造对象

防空洞利用的社会因素

城市地价　区域位置
政府政策
人群观念

东水门
七星岗
观音岩
佛图关
长江二路
化龙桥
土湾
瓷器口

―― 防空洞使用方式

特殊产业，冒险，迷宫
商业
原始利用（人防）　简单应用，修车，停车，仓储
大型商场，地下步行街
废弃

―― 重庆边角空间数量调研

防空洞
其它边角空间　烂尾楼
废弃厂房

防空洞改造程度
防空洞使用频率

未改造 避署 仓储 商业 餐饮

防火疏散要求

紧张
一般
满足

展示 创业 餐饮娱乐
使用频率

在如今平战结合的年代，如何利用防空洞这种在重庆随处可见的既有的空间，为这些满怀梦想年轻人创造出属于他们的创业的空间？

防空洞类型分析

改造前

1. 分总式防空洞空间

利用分支的出入口改造成为加油站

2. 线形防空洞空间

利用曲折的动态空间改造成为展览用空间

3. 汇合型防空洞空间

利用面型空间做灵活的分割改造成为迷宫式展览空间

防空洞改造定位分析

优势
铺设有管线，基础设施齐全
室内微气候稳定，节约能源，低碳
抗灾能力较地面建筑强
节约用地，运营费用低
改造的可行性

劣势
采光通风条件差
潮湿不易解决
空间单一
人们的心理感受
构造技术支持
利用岩土的特性
入口立面改造

420

"平战结合，为民造福"
—— 防空洞入口及其外部空间的改造探索

参赛单位：重庆大学
参赛人员：吴　昊　乔雅倩　张　淼
指导老师：龙　灏　邓蜀阳

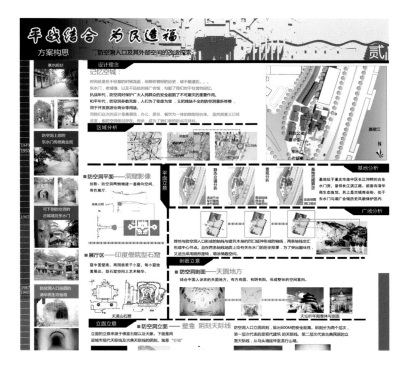

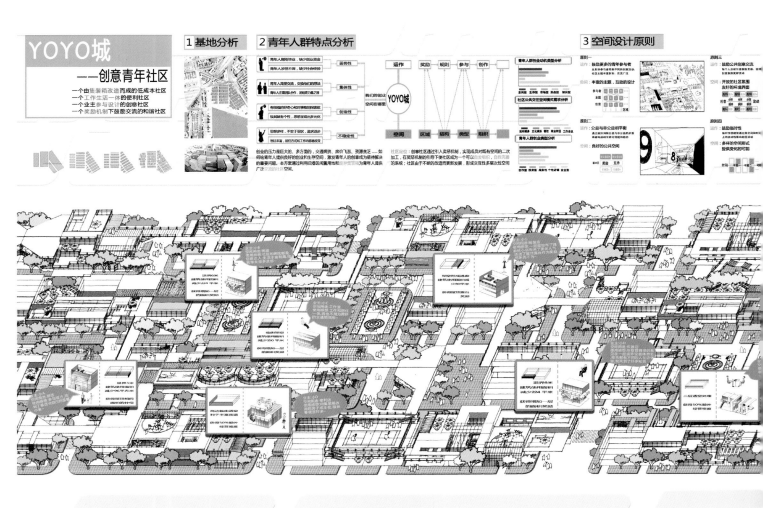

YOYO 城
—— 创意青年社区

参赛单位：青岛理工大学
参赛人员：孙　晓　王晓晨　蔡　萌
指导老师：许从宝　聂　彤

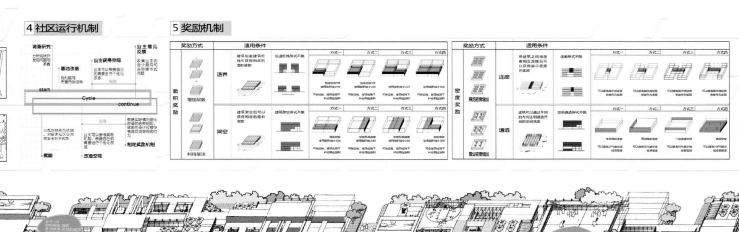

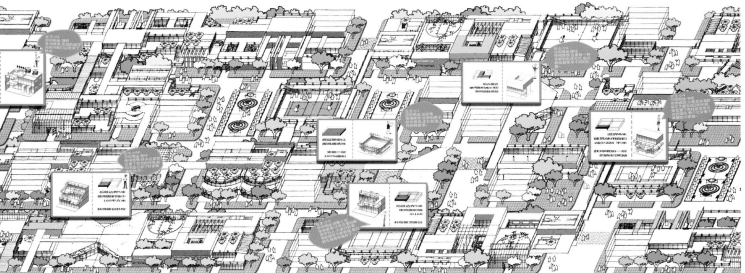

YOYO城　——创意青年社区　青岛港、集装箱、空间自助

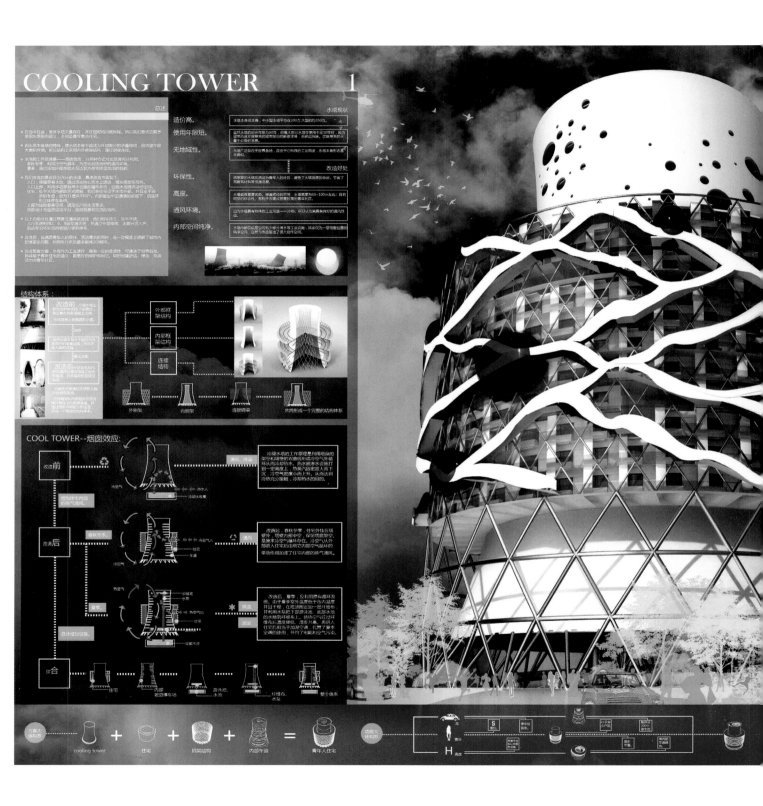

COOLING TOWER　　　　1

COOLING TOWER
—— 冷凝塔改造青年社区

参赛单位：天津大学
参赛人员：沈一婷　王南珏　邵袁博
指导老师：荆子洋

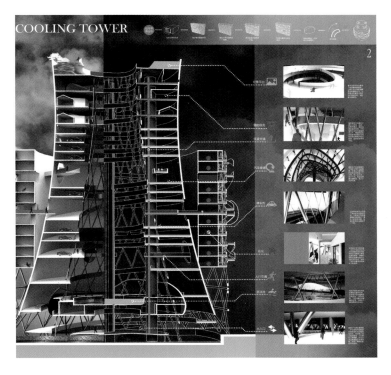

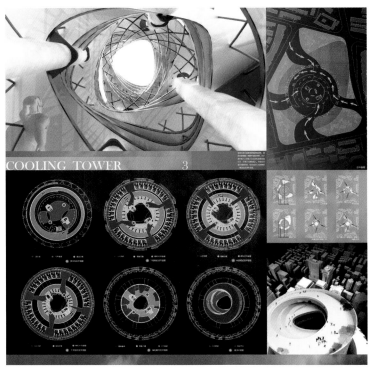

軌·記 RAILWAY ——废弃铁路专用线上的创意青年社区

曾经以为我的家／是一张张的票根／撕开后展开旅程／这样赋予多少失／孤独多少年／到现在我才发觉／终点又回到起点

火车 旅途 回忆 青年 梦想 起航

🚄 基地环境分析

1930S

哈尔滨市区内共有铁路18条，其中环线1条，铁路专用线13条，走行线4条，全长70公里。其中在市区内的部分大多已失去其原有功能。
A：原省金属仓库，现已搬迁，厂址一片荒芜凌乱。
B：原车辆厂，现为爱建广场，车库厂作为工业遗产被保留。
C：原混凝土预制构件厂，现成为废品回收的仓库。
D：原哈尔滨肉联厂，现工厂以整体搬迁，开发为小区。

2010S

基地区位条件整理：
所选基地具有较强的代表性，位于哈尔滨最繁华的南岗区。周围有几条重要的城市道路，交通便利。西南侧被马家沟围绕，有较好的景观，西南为一高校，有丰富的文化资源。

基地区位分析图

废旧铁路线遗产整理：
哈尔滨是老工业基地，建有很多重工业厂区以及配套的铁路专用线。随着工业转型，曾经川流不息的铁路专用线也被废弃。铁路专用线多处于城市中心，改造价值很高。地块原为哈铁混凝土预制构件厂，区域内铁路线保留较为完整，可以作为众多铁路专用线遗产的典型。

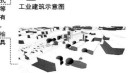

铁路示意图

废旧工业厂房遗产整理：
地段内工业厂房结构形式多样，有水塔、下沉空间等活跃因子。建筑排布有疏有密、高低错落、材质多样，空间十分丰富。基地内有很多榆树，且树龄均已很长，很具有保留利用价值。

工业建筑示意图

保留树木示意图

周边建筑、环境整理：
地块邻哈尔滨主要交通干道、红博商乡、大型超市，基础设施齐备，消费气氛浓厚，可开发价值很高，周围加建了很多棚户区，居住状态恶劣，本应该成为城市繁华中心的重要一环的地段渐渐被人遗忘冷落在一边，令人唏嘘而又激起建筑师的无限创意。

周边建筑示意图

周边线型元素整理：
地块沿马家沟河展开，景观因子丰富，临近繁荣街、海城街，交通便利。众多线性元素围合出基地范围，与周边环境联系紧密。

周边线性元素示意图

🚄 背景调查

火车的命运
随着科技的进步，火车更新换代，废旧的火车面临着惨烈的命运。它们有的被拆到了海里，有的变成了废铁，成了城市的垃圾。

铁路的命运
如今各种建筑保护活动如火如荼，可唯有曾经在工业发展早期担当过重要历史角色的铁路专用线受到了冷落，似乎拆掉是建天经地义，这样下去，必将造成城市的工业历史被遗忘遗迹，铁路专用线在新一代的视野中淡出，到时候，铁路专用线只能在记忆中存在。

美好回忆
火车承载了我们多少人生的美好回忆，第一次长途旅行，第一次独自离家走上求学之路，第一次与爱的人在车站重逢，第一次怀揣美好梦想跨上征程。

青年的命运
有这样一群人，他们是靠租床位生活，而他们大多数都是刚刚融入社会的青年人。他们想在城市里找到归属感。他们想有个家，一个不用太大的地方，一个梦想起航的地方。他们怀揣梦想来到城市，开始创业之旅。

基地现场调研
厂房已经空虚，铁路已经废弃

创意青年社区活动时间轴
餐饮／工作／运动／购物／酒吧娱乐／聚友／影剧场／展览／青年旅社／公园／综合

青年人理想社区调查问卷

1、您选择租房时主要考虑因素有哪些？
交通便利 82%
租金便宜 71%
环境良好 58%
公共服务设施齐全 45%
其他 14%

2、您最希望所租房屋内部满足哪些功能？
卧室 100%
卫生间 92%
学习工作区 73%
休闲娱乐区 55%
其他 37%

3、您最希望所租房屋周边满足哪些功能？
市场超市购物 72%
餐饮空间 64%
就业空间 46%
文娱场所 34%
其他 9%

4、您认为创业空间应该满足哪些条件？
自己独立的住所地址 78%
周边有一定的购买力 72%
看同行业人员可以交流 45%
交通便利 23%
其他 18%

5、您理想的交流空间应该具备哪些要素与设施？
供人休息的座椅 84%
良好的卫生状况 72%
绿化景观 64%
有休闲餐饮功能的设施 47%
其他 18%

调查对象：
南岗区20至35岁青年人
发放问卷：772份
回收有效问卷：543份

火车／承载了我们一程程的成长旅途／轨道／绵延了我们一段段的青春梦想／这一次／当我们背起行囊，开始我们的创业征程

是否还能有这样一列／火车／会承载我们新一程的梦想／延着不断伸向远方的／铁轨／驶向我们的明天

抹不去的城市回忆，最美好的生活期盼……

轨·记
—— 废弃铁路专用线上的创意青年社区

参赛单位：哈尔滨工业大学
参赛人员：周兆发　丁妤　程征　高博
指导老师：刘德明　刘大平

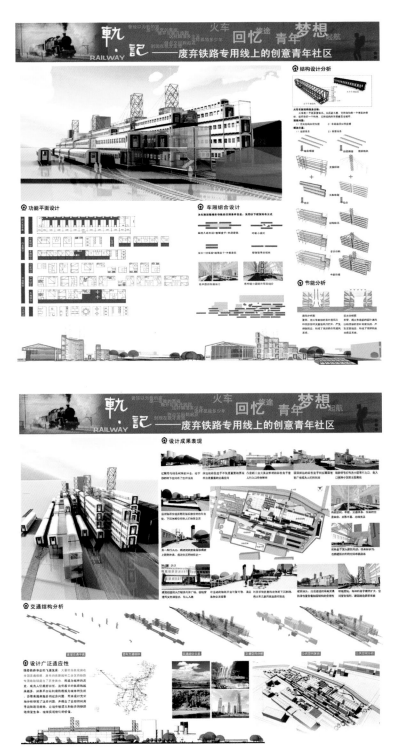

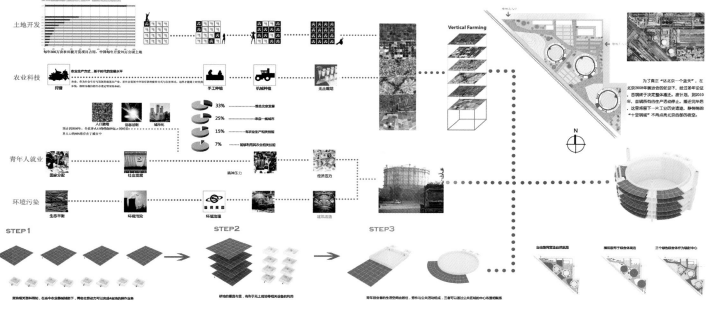

土地开发

每年300万亩农田被开发项目占用，中国每年开发70万公顷土地

农业科技

农业生产方式，基于时代的发展水平

狩猎　手工种植　机械种植　无土栽培

Vertical Farming

人口迁移　信息过剩　城市化

33%	逃北京发展
25%	来自一线城市
15%	有农业生产相关技能
7%	能够利用其他农业相关技能

青年人就业

国家分配　社会发展　精神压力　经济压力

环境污染

生态平衡　环境治理　环境污染　建筑改造

STEP1

STEP2

STEP3

428

Vertical farm
—— 青年种植创意社区

参赛单位：天津大学
参赛人员：王　朝　邵　笛　王梓楠
指导老师：刘云月

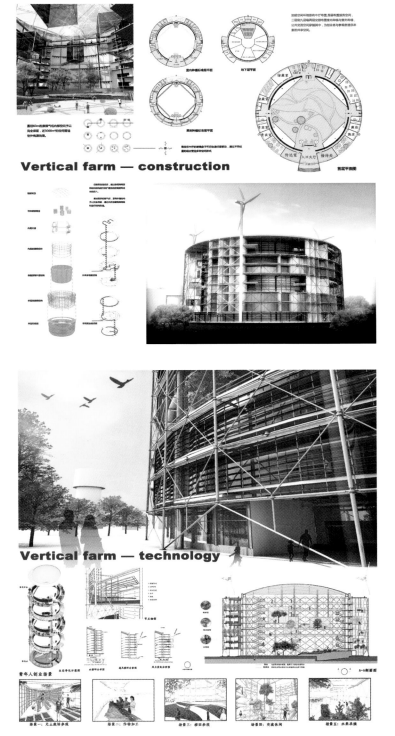

种子与土壤

刚进入社会的青年人如同"一粒种子"，他们的成长环境就如同生长的土壤。

作为未来社会的中流砥柱，他们的生活和工作环境是优良的还是恶劣的，对其成长起着非同小可的作用。

老工人住区分布现状

电机厂

哈尔滨工程大学
乐松购物广场
同康医院
幼儿园
电机厂小学
职业技术培训学校
第一工人医院
华安中学

量具厂

亚麻厂

文化小学
南岗区文瑞社区卫生站
文明中心

华恰实验学校
文福小学

建华学校
风华学校
男科医院
中山路小学
朝鲜族学校

背景介绍

二十世纪五十年代初，为实现国家第一个"五年计划"，哈尔滨兴建许多大型工业厂区，随之建设的是厂区周围的职工住宅区，作为东北老工业基地特殊时代的产物，它是上个时代的缩影。

二十一世纪，城市以前所未有的速度建设着，老职工住区受到了现代社会高速发展的冲击，在大规模住宅开发潮流中被分批分期的取代，被新建住区包围的老住区，一方面保留着原有的建筑风格、空间尺度和谐的生活氛围，另一方面建筑自身的老化、平面功能的退化和居住文化的缺失不能满足现代人的生活需求。

1. 居住人群年龄结构，通过调研，我们发现老住区60岁以上人口偏多，比率达到了17.1%，高于哈尔滨市老龄人口比例11.65%。
2. 居住人群收入情况，老住区内居民多为中低收入群体，个人月收入在1000元以下的居民占59.5%，家庭月收入在1000元以下的占18.1%，1000—2000元的占到59.5%。
3. 房屋占有情况，老住区的居民中，很大一部分是外来租户。
4. 居住人群分布，退休人员比例较高，占到36.2%，下岗人员较多，占12.9%。

现状调研

刚进入社会的青年人工作压力大，生活节奏快

房价高昂，收入相对较低，找不到固定的居所

被污染的环境让他们的身心更加疲惫

无处寄托的青春和梦想，未来该何去何从

现状建筑组合

四合院 　板式多层住宅 　点式高层

交往

高度

外廊式（筒子楼）
促进邻里交往，公共外廊对户内有视线及噪声干扰

内廊式
楼梯使用率提高，用地节省，但保温单朝向户型差，通风不佳，内廊较暗，户内干扰大

现有户型

居室型
动静未分区，影响休息活动

大厅型
出现交往空间，但是黑房间

起居型
动静分区明确，住户间缺乏交流

青老共融概念解析

青年人 　老年人

设计地段没有而需要的 　设计地段有但需要改善的

充电空间 　居住空间 　商业空间 　绿化 　家庭 　公共空间

创业空间 　压力 　交往空间 　交往空间 　交往缺失 　居住空间

便捷交通 　家庭 　公共空间 　活动空间 　便捷交通 　充电空间

年龄结构 　收入水平 　房屋所有情况 　职业分布

关于青年人与老工人住区共融发展的思考

老工人住区区位环境优越，原住居民以老一代工人职工为主，他们之前互相了解，生活安定，这是一片衰落的社区，却是适合青年人成长的沃土。

空巢老人，子女不在身边，孤独无助，却平被社会所抛弃

种子与土壤
—— 关于青年人与老工人住区共融发展的思考

参赛单位：哈尔滨工业大学
参赛人员：黄席婷　彭仲萍　张弥弘　康　芳
指导老师：罗　鹏

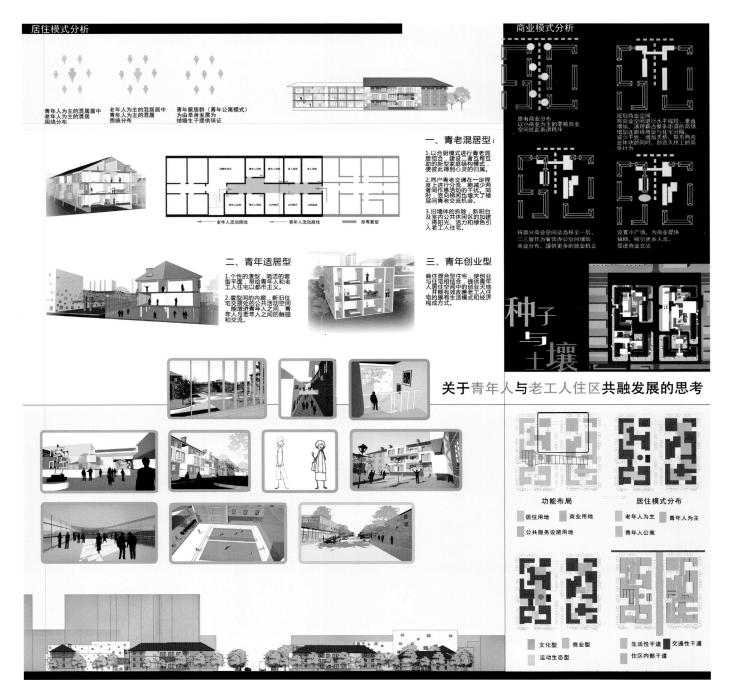

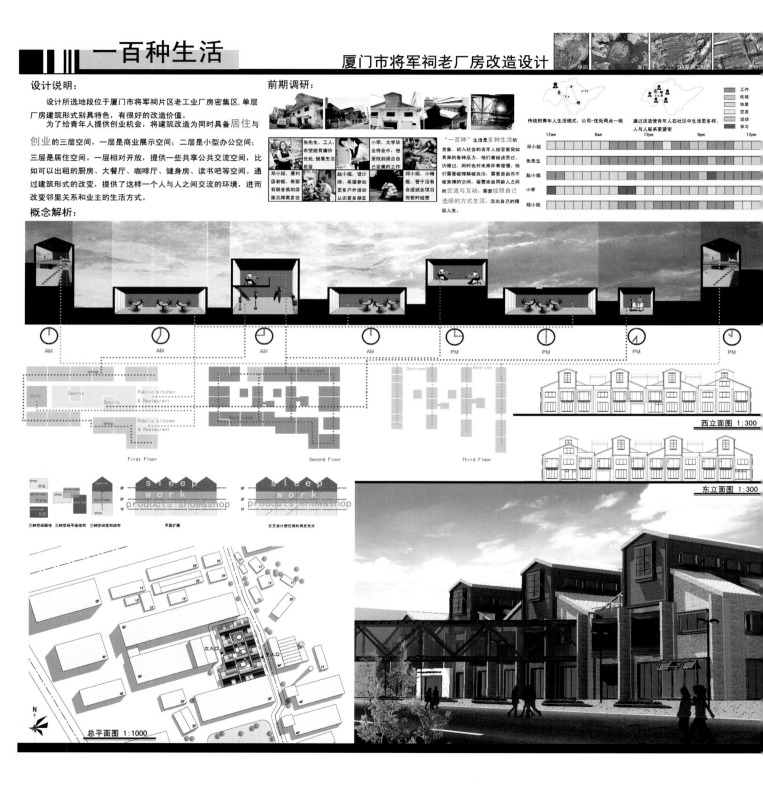

一百种生活

厦门市将军祠老厂房改造设计

设计说明:

　　设计所选地段位于厦门市将军祠片区老工业厂房密集区,单层厂房建筑形式别具特色,有很好的改造价值。

　　为了给青年人提供创业机会,将建筑改造为同时具备居住与创业的三层空间,一层是商业展示空间;二层是小型办公空间;三层是居住空间。一层相对开放,提供一些共享公共交流空间,比如可以出租的厨房、大餐厅、咖啡厅、健身房、读书吧等空间。通过建筑形式的改变,提供了这样一个人与人之间交流的环境,进而改变邻里关系和业主的生活方式。

前期调研:

概念解析:

"一百种"生活是多种生活的意义。初入社会的青年人经受着突如其来的各种压力,他们曾经经途过、彷徨过,同时也对未来怀有憧憬,他们需要被理解被关注,需要自由而不被束缚的空间,希望来自同龄人之间的交流与互动,需要按照自己选择的方式生活,活出自己的精彩人生。

传统的青年人生活模式,公司-住处两点一线

通过改造使青年人在社区中生活更多样,人与人联系更紧密

西立面图 1:300

东立面图 1:300

总平面图 1:1000

432

一百种生活
—— 厦门市将军祠老厂房改造设计

参赛单位：厦门大学
参赛人员：戴娅楠　施　滢　黄莎莎　廖世洁
指导老师：凌世德　郑　豪

户型分析：

厂房改造为上下三层，设有中庭。考虑到解决年轻人群生活与创业的需求，一层设计为开阔的商业展示空间；二层为小型办公空间，适于私密性的洽谈和办公，同时局部窗户以方形或三角形挑出设计，形成精巧的休闲和茶饮空间；三层为居住生活空间。

形体生成：

基点　　　减法　　　加法　　　更新　　　变化

厂房建筑原型　　挖出中庭解决通风采光　　保留最有价值部分　　添加活跃空间　　营造露台具有良好视野

设计尽可能地保留原厂房内部结构构件，如三角形屋架等，在保持现有环境特色的同时，将现代化的新材料运用于建筑的外观，使整个建筑的立面设计体现了工业元素与传统建筑的融合，具有了一种新的形象。

主要经济技术指标：
用地面积 2000 平方米
改造前建筑面积 1400平方米
改造后建筑面积 3175 平方米
改造前建筑密度 70%
改造后建筑密度 51.4%
改造前容积率 0.7
改造后容积率 1.58
改造后绿化率 18%

一层平面图 1:250

二层平面图 1:250

三层平面图 1:250

A-A剖面图 1:250　　B-B剖面图 1:250

【灰色水岸衍变过程】

并然有序的集装箱港口

随着城市扩张港口外迁而废弃成为灰色水岸

政府、企业协作建立临时"3M-zone"社区

社区规模扩大，达到饱和

社区打包迁走，地块重新开发为城市公园

1年前

现在

半年后

1年后

1年半后

曾经繁华的港口、工厂等城市滨水空间

在城市的转型期间废弃而导致土地闲置

而在城市内陆的夹缝中却挤的城中村

是否城中村也可以打包主动去寻找利用——
【直击城市现象】

3M-zone

我的可移动混居地盘　My　Mobile　Mixable　Zone

【设计说明】

站在城市运营的角度，试图在江海河沿岸城市建立一种为新生代农民工专属的可移动的替代城中村的混合社区运营模型——"3M-ZONE——我的可移动混居地盘"。该社区游走于各灰色水岸，服务于新生代农民工，"寄生"于曾经与未来的繁华之间。

目标选点为因城市发展而交替出现的各种临时性的灰色水岸。如城市中心即时出现的废弃码头、工厂空地、滞留荒地、人为圈地等等这类处于城市发展阶段与阶段间的特殊既定地段处于活跃度最高、可变性最大、未知数最多的转型期。

运营方式为政府与企业协同建立水上流水线，以废旧船只回收机构为起点，通过成立相关生产、经营及管理机构共同协作完成。所有均为流动机构，由淘汰的浮吊船/驳船改造而成，以实现所有流程均在水上(滨水)完成，不占用城市开发地段，为在城市中心夹缝中生存与奋斗的"3M-ZONE"族减小生活成本与创业阻力。

理想"城中村"				
	以集装箱为素材	可推拉、变形	可展开、组装	可移动、便携
属性	废物利用	功能的可变	规模的可变	位置的可变

【选址类型】

江海河滨水沿线城市更新过程中出现的临时性灰色地带，周边区域已成熟，但其自身却因处于转型期而沦为城市死角。本方案利用这些临时性的黄金水岸作为"我的可移动地盘"的承载地。用地类型归为如下四类：
1、因搬迁废弃的码头、港口
2、因搬迁废弃的工厂旧址空地
3、城市中心区由于圈地等种种原因而暂时废弃的荒地
4、靠近繁华中心的破败街坊空隙

● 各地灰色水岸定点

重庆

攀枝花

普遍存在的灰色水岸

武汉

上海

南京

【概念解析】

My——我的

即专为转户进城的新一代农民工设计的新一代"城中村"，旨在为新生代农民工打造一种既有归属港湾又有表演舞台的专属社区。

Mobile——可移动的

①整体的可移动：即社区可通过浮吊船进行整体搬运，当其所在的灰色地块面临新的开发或使用时，可以便捷的将空间聚拢，整体搬往下一个可用的灰色地块。
②组件的可移动：工作室组件可通过滑轨进行自由移动，实现融合、独立、联动三种空间状态的即时转换，以适应娱乐、工作、交流等不同的功能场。
③家具的可移动：组件内置标准化可移动家具体，以实现功能使用和空间划分的可变，提高空间使用效。

Mixable——混合的

即社区单元体通过组件的可移动可以实现居住与创业的即时转换，创造颠覆式的混居方式，"我的地盘我做主"，生活、居住、创业尽在"3M-ZONE"族的掌握中。

【混居职能】

3M-zone
—— 我的可移动混居地盘

参赛单位：重庆大学
参赛人员：罗　夏　周　敏　贾雨岚　杜　萌
指导老师：邓蜀阳　龙　灏

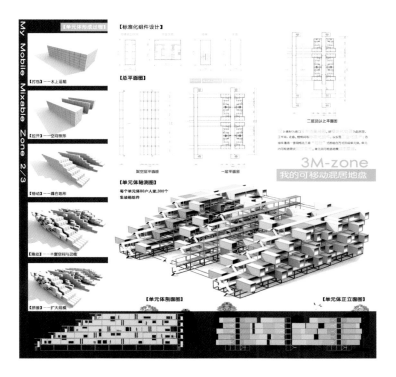

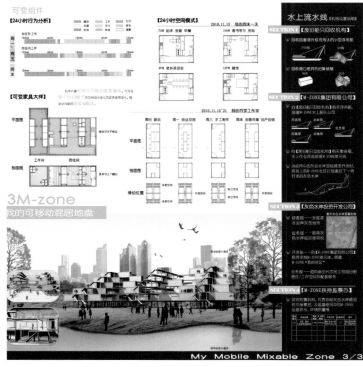

PART 1	PART 2	PART 3	PART 4	PART 5
总 则	波形理论	浮萍模式	运作流程	技术推广
目的依据	历史城市　当下城市	浮萍总体设计导则　浮萍居所单元构造　浮萍碰撞单元构造　浮萍碰群组合模式	运作技术流程图　波谷空间检测站	浮萍技术推广图　浮萍重庆分布图
适用范围	波动研究　峰值描述	浮游性导则　结构性配置　功能性配置　点式型组合	浮萍生产总公司　浮萍租赁总公司	
其他要求	波谷属性　浮萍策略	语言性导则　功能性配置　功能性配置　线式型组合	浮萍能源总公司　浮萍物业总公司	浮萍北京分布图　浮萍纽约分布图
		低碳性导则　生态性配置　生态性配置　簇群式组合		

♣ 城市浮萍

♣ 城市波谷空间青年初就业者之家设计条例

总则

第一条（目的依据）： 为了加强城市管理，保证城市的可持续性发展，促进城市建设集约化、生态化，合理利用城市暂时性的土地资源。根据《中华人民共和国城市规划法》及有关的法律法规、规章和规范，制定城市浮萍（即可浮游性质的初就业青年居所）实施技术条例。

第二条（适用范围）： 凡在城市行政区域内定义的城市波谷地带均为城市浮萍的使用范围。

第三条（其他要求）： 城市浮萍的建设实施除遵守本导则外，还应符合消防、环保、安全等有关技术规范的要求。

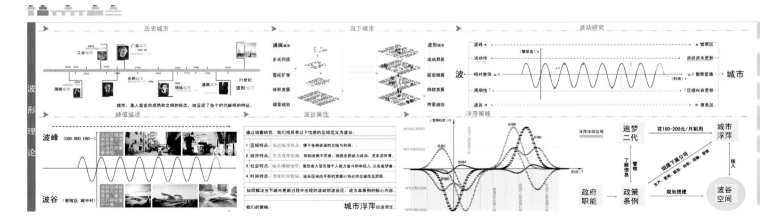

波形理论

城市浮萍
—— 城市波谷空间青年初就业者之家设计条例

参赛单位：重庆大学
参赛人员：金观强　徐　辉　匡志林　邓　熙
指导老师：王　琦　邓蜀阳

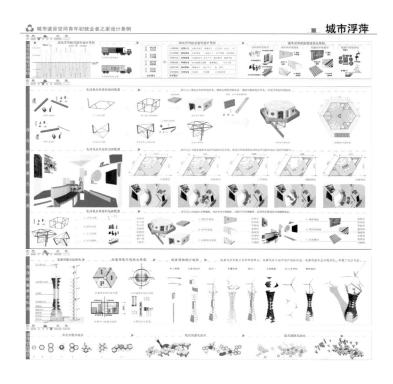

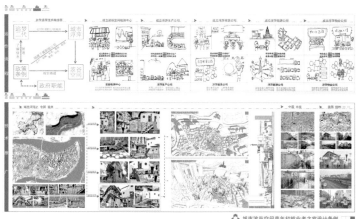

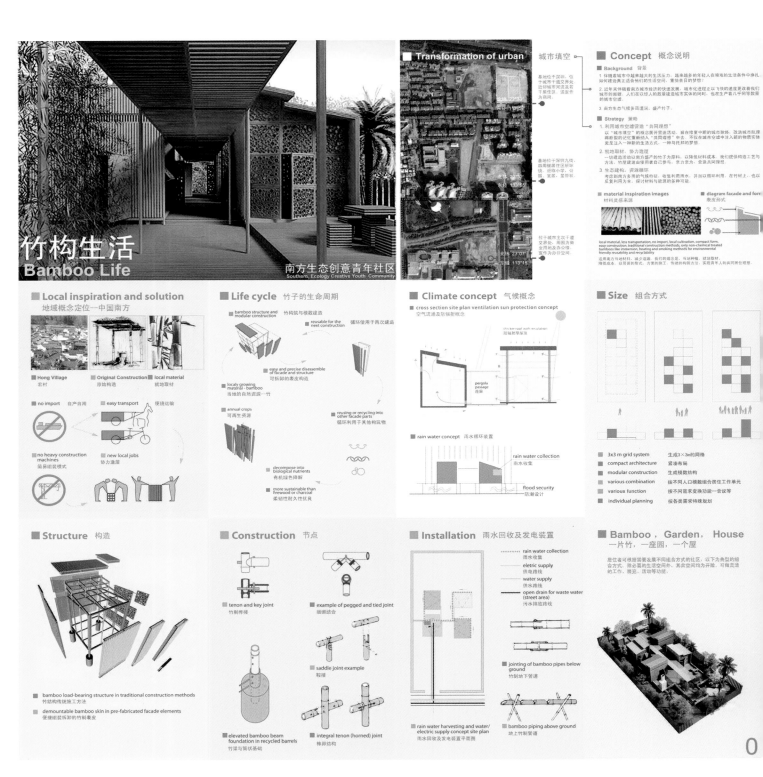

竹构生活
Bamboo Life

南方生态创意青年社区
Southern Ecology Creative Youth Community

■ Transformation of urban   城市填空

■ Concept   概念说明

■ Background 背景

1. 伴随着城市中越来越大的生活压力，越来越多的年轻人在艰难的生活条件中挣扎。如何建造真正适合他们的生活空间，重拾昔日的梦想？

2. 近年来伴随着南方城市经济的快速发展，城市化进程正以飞快的速度更改着我们的城市的面貌。人们在以惊人的数量建造城市实体的同时，也在生产着几乎同等数量的城市垃圾。

3. 南方生态楼多苗道询、盛产竹子。

■ Strategy 策略

1. 利用城市空遗留空造"共同理想"

以"城市填空"的概念展开营造活动，着在修复中断的城市肌理，将逝城市的记忆重新纳入"共同理想"中去，不仅在城市空遗中注入新的物质实体更是足入一种新的生活之式，一种乌托邦的梦想。

2. 就地取材，协力造屋

一切建造活动以南方盛产的竹子为原料、以降低材料成本。我们屋供构造工艺与方法，竹屋建造使用者自己参与、亲力亲为、资源共同理想。

3. 生态建构，资源循环

考虑南方多雨的气候特征，收集利用雨水，并加以循环利用，在竹材上，也以反复利用为多，探讨材料与能源的多种可能。

■ material inspiration images   材料灵感来源   ■ diagram facade and form   表皮形式

local material, less transportation, no import, local cultivation, compact form, easy construction, traditional construction methods, only non-chemical treated bamboos like immersion, heating and smoking methods for environmental friendly reusability and recyclability

适用南方当地材料，减少运输、自产自用之本、当地种植、就地取材、降低成本、以简易的形式、方便的施工、传统的构造方法、实现青年人的共同栖住理想

■ Local inspiration and solution
地域概念定位—中国南方

- ■ Hong Village 宏村
- ■ Original Construction 原始构造
- ■ local material 就地取材

- ■ no import 自产自用
- ■ easy transport 便捷运输

- ■ no heavy construction machines 简易组装模式
- ■ new local jobs 协力造屋

■ Life cycle   竹子的生命周期

- ■ bamboo structure and modular construction 竹构筑与模数建造
- reusable for the next construction 循环使用于再次建造
- easy and precise disassemble of facade and structure 可拆卸的表皮构造
- ■ localy growing material - bamboo 当地的自然资源—竹
- ■ annual crops 可再生资源
- reusing or recycling into other facade parts 循环利用于其他构筑物
- ■ decompose into biological nutrients 有机堆色资源
- more sustainable than firewood or charcoal 柔韧性耐久性优良

■ Climate concept   气候概念
■ cross section site plan ventilation sun protection concept
空气流通及防辐射概念

the key roof with insulation 防辐射厚屋顶

pergola passage 连廊

■ rain water concept   雨水循环装置
- rain water collection 雨水收集
- flood security 防潮设计

■ Size   组合方式

- ■ 3x3 m grid system 生成3×3m的网格
- ■ compact architecture 紧凑布局
- ■ modular construction 生成模数结构
- ■ various combination 按不同人口模数组合居住工作单元
- ■ various function 按不同需求变换功能一会议室等
- ■ individual planning 按各类需求作特殊规划

■ Structure   构造

- ■ bamboo load-bearing structure in traditional construction methods 竹结构传统施工方法
- ■ demountable bamboo skin in pre-fabricated facade elements 便捷组装拆卸的竹制表皮

■ Construction   节点

- ■ tenon and key joint 竹制榫接
- ■ example of pegged and tied joint 捆绑结合
- ■ saddle joint example 鞍接
- ■ elevated bamboo beam foundation in recycled barrels 竹梁与筒状基础
- ■ integral tenon (horned) joint 榫卵结构

■ Installation   雨水回收及发电装置

- rain water collection 雨水收集
- eletric supply 供电路线
- water supply 供水路线
- open drain for waste water (street area) 污水排放路线
- ■ jointing of bamboo pipes below ground 竹制地下管道
- ■ rain water harvesting and water/ electric supply concept site plan 雨水回收及发电装置平面图
- ■ bamboo piping above ground 地上竹制管道

■ Bamboo，Garden，House
一片竹，一座园，一个屋

居住者可根据需要发展不同组合方式的社区，以下为典型的组合方式，除必需的生活空间外，其余空间均为开敞，可根据需要的工作、展览、活动等功能。

0

竹构生活
—— 南方生态创意青年社区

参赛单位：吉林建筑工程学院
参赛人员：梁　琛　李佩瑶　曹　聪　张　莹
指导老师：裴　鞠　柳红明

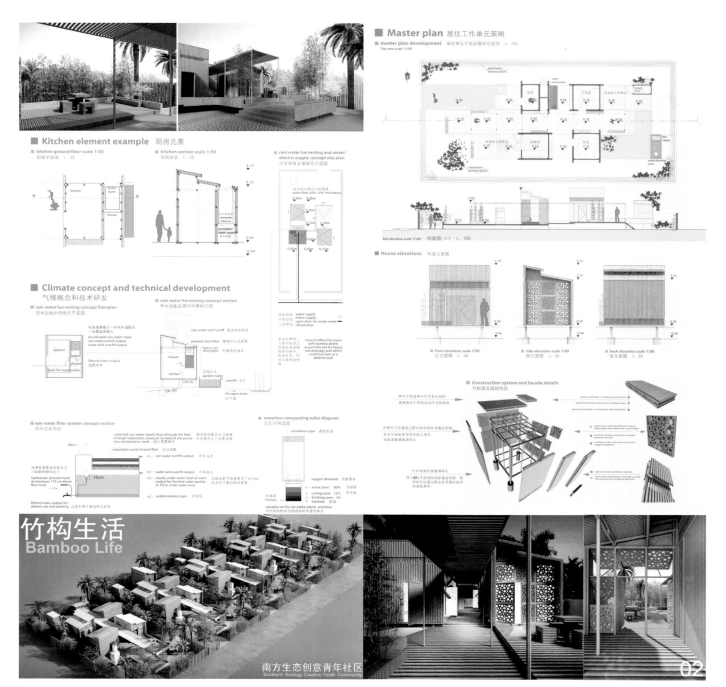

创业口生活港
Carving Out and Living Harbor
"废屋" & "废物" 再利用

Waste Recycling

区位与自然环境
LOCATION & NATURAL ENVIRONMENT

大连市地处于位于欧亚大陆东岸，中国东北辽东半岛最南端，位于东经120度58分至123度31分，北纬38度43分至43度10分之间。东濒黄海，西临渤海，南与山东半岛隔海相望，北依辽阔的东北平原，是东北、华北、华东及其他国家和地区的海上门户，是著名的港口、贸易、工业、旅游城市。

Dalian Local Taxation is located in the east coast of the Eurasian continent, the southern tip of the Liaodong Peninsula in northeast China, is located 98 minutes east longitude 120 degrees to 123 degrees 31 minutes north latitude 38 degreesto 43 degrees43 minutes 10 minutes between the east near the Yellow Sea, west of the Bohai Sea, south and Shandong Peninsula across the sea, northeast of the north, vest plains, the northeast, north, east and other countries and regions, the maritime gateway, is an important port, trade, industry and tourism city.

气候
CLIMATE

大连市位于北半球的暖温带地区，具有海洋性特点的暖温带大陆性季风气候，冬无严寒，夏无酷暑，四季分明。年平均气温10.5℃，极端气温最高37.8℃，最低-19.13℃。年降水量550-950毫米，全年日照充足时数约为2500-2800小时。

Dalian is located in the Northern Hemisphere temperate regions, with maritime feature of warm temperate continental monsoon climate, with cold winter, summer, four distinct seasons. The annual-average temperature 10.5 ℃, extreme highest temperature 37.8 ℃, the lowest -19.13 ℃, 550-950 mm annual precipitation, annual total sunshine hours for the 2500-2800 hours.

Gate of Dalian

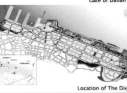

Location of The Die

Fanction of The Port and "E

01

现状与未来
Now&The

●目前本地段与所在该区的门个以广场为威则的都市中心区间交通便捷，公共交通四达。
还期可考虑在市政方面增加该区该的配套公共交通点，公交车站与出租车搭乘点等。

●目前本地段主建筑为建于1929年的合库，黄钢波平板结构，随着港口功能的转移，已荒废多年，其改造和再利用还在展开。
还期符合《大连市城市总体规划（2000—2020）》的要素，作为该区该发展的过渡期，短期将好处拖则利用废旧建筑改造，意在为设计类专业青年人提供一个生活和创业的平台，为该区未来的发展和定位提供了一种可行性。

●目前堆场内留有大量海洋工业废品，如集装箱、锚机、管道、搅缆器等。
短期在经建设地段上，将废弃物加以DIY加工利用而形成建筑外环境的有机组成部分，既装续了其功能性，又延续了港口文化。

东港今昔
大连东港码头的建设开始于1899年，1902年沙俄侵略者春完成了第一、二号码头的建设。1904年开始日本殖民者再此基础上完成了4个突堤码头及甲、乙、丙3个突堤码头的建设，实现了海陆联运的多条铁路线将那一直保留下来。这些铁路沿海与码头人为地割裂开来，形成明显的边界，由此也成为未来城市接驳中如何海滨与城市连接起来的一遇难题。

PAST&FUTURE OF THE PORT OF DALIAN
Dalian Port, the construction of the East began in 1899, 1902, Russia completed the first aggressor, the construction of Terminal II, 1904 Based on the Japanese colonialists and then completed a jetty and 4 A, B, C 3 Wharf building, land and sea transport to achieve a multi-rail lines have been kept down. The city and the railway terminal will be artificially seperated to form a clear boundary, which is also how the future city planning linking the cities of the sea and a difficult problem.

| 1899 | 1913 | 1921 | 1933 | 2010 |

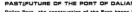

调研时间
RESEARCH DATE
2010-9-20 2010-9-21

调研地点
RESEARCH LOCATION
大连理工大学、大连大学、大连工业大学、大连民族学院、辽宁师范大学。
Dalian University of Technology, Dalian University, Dalian University of Technology, Dalian Nationalities University, Liaoning Normal University.

调研人群
RESEARCH GROUPS
100名大连部分高校设计类专业（建筑、服装、艺术设计、工业设计、珠艺、绘画等）在校大四（大五）学生。
100 Design Engineering Students of some colleges and universities in Dalian.

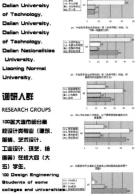

创业·生活 港
——"废屋"&"废物"再利用

参赛单位：哈尔滨工业大学
参赛人员：常 慧 裴立东 赵秀杰 王 昭
指导老师：张姗姗 孙清军

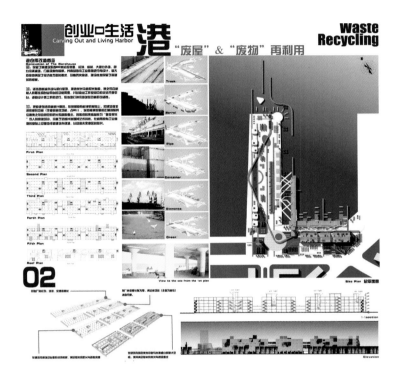

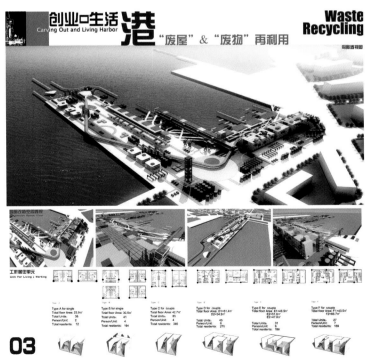

BRIDGING THE CITY
问题·解决·基地

——青年艺术家的未来之桥

青年艺术家爱扎堆

特点：富于幻想
才华洋溢
渴望自我的创作空间
渴望自己的作品和思想为社会认同

聚集区域偏僻，使得艺术远离生活，不能真正有效拉近艺术与大众的距离。

北京：798　宋庄　周口店
上海：莫干山艺术区　十七棉旧厂房改造
天津：武清河西务 "中国艺术家" 聚集区

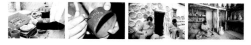

艺术形式多样　传统艺术与先锋艺术

桥的功能 = 固有功能 + 附加功能

只有交通功能的桥　带有附加功能的桥　像桥的建筑
北安桥　　　　　潮州廊桥　　bridge house/bridge pavilion

将青年艺术家聚集区在**人流密集**的桥上
让桥**不仅仅**是**通过**

借鉴传统**廊桥**形式，使桥空间和艺术空间**有机结合**

维奇奥桥（威尼斯）　　托站廊桥　　潮州廊桥

功能>桥　　青年创业者展示、沟通的场所
可达性>建筑

建筑层 ＿＿＿＿＿＿＿＿＿
　　　　　∧
街道层 ＿＿＿＿＿＿＿＿＿
　　　　　∧
濒水层 ＿＿＿＿＿＿＿＿＿

桥的优势：人流密集，有很高的聚集度
劣势：仅仅作为人们的通过空间，空间比较呆板

现有艺术区优势：形成了一定的文艺规模，有创作氛围
劣势：地点偏远而且多为成功的知名度较高的艺术家，对于青年艺术家形成排挤打压

我们的策略：将**艺术区与桥相结合**

基地选择：地域发展强度高点

周边地铁线路

地域开发强度

环境绿化程度

BRIDGING THE CITY
—— 青年艺术家的未来之桥

参赛单位：天津大学
参赛人员：王佳文　南宇川　张　睿
指导老师：盛海涛

未来城展望
形体产生
利用旧建筑之间高低关系，将公园绿地空间延展到旧建筑顶部，使产生可行可憩的梯状空间，宛若乡间的梯田
旧厂房
City Park
step 1:　功能改造意向图，新功能新秩序，打破原有呆板的布局，活跃片区生活氛围
step 2:　结合南面的广场和公园，契入功能坡面，空间在此发生从公共到私密的融合共生，场地的延展扩大了公园原有呆板的布局，活跃片区生活氛围
step 3:　在场地延展的路径旁边设置青年人创业的空间，并根据产业的类型确定其开放的程度，使得新建的区域成为旧建筑与公园空间的过渡
未来城展望全景
私密——半私密——半公共——公共——半公共
生存空间与创业空间关系示意图
生存
创业
生存空间与创业空间融合
一次融合
聚居
创业空间的各产业融合，形成产业链，进一步活跃生存空间的氛围
二次融合
将社会力量融入青年社区，从而带动创业区的发展，更快更有效地促进城市旧场地的复苏
三次融合
方案引入
作为生存居住空间的旧建筑部分
沿坡面边界U型分布，作为创业空间的新建部分
草坡最为city park的延伸，楔入社区，与创业空间相契合
城市综合功能
采光通风分析
可达性分析
广场视线分析
梯田视线分析
透视1
透视2
透视3

融合·共生—— 城市更新中旧场地的复苏

设计说明：

在当今空间拥挤，能源匮乏的社会现状下，青年人作为社会更新的一代，他们的生存和创业空间问题引发了社会各方面的关注，作为未来的空间建造者的我们应该怎样去解决这个问题呢？

根据我们对现在青年人的生存和创业问题的走访调研，发现问题：1，蚁族村空间比较混乱，但有生活气息，需要稍微规整化，大多是单间合租；2，在附近的集中创业比较闭塞，因为人流量穿越的少，故而造成比较萧条的现状，与此同时其中的产业对外开放度也不高，由此带来了无人问津的结果。

而我们这次设计就这些问题做出以下改变措施，目的是让年轻人以聚居低价的生活方式得到社会的认同和关注，并且借由社会的力量促进创业区的发展。方案基地选址在海河边一处搬迁的棉纺织厂，厂房坐拥面迎河滨公园的地理优势，具有大量的人流穿越。而方案把原有公园区域夸大化，进而 利用厂房旧建筑高低关系将人们的活动场地延伸到可以登高望远的屋顶。方案生成的梯状形态宛若田园梯田，也寓意城市的生态发展。

融合 · 共生
—— 城市更新中旧场地的复苏

参赛单位：天津大学
参赛人员：杭晓荫　田汶朋
指导老师：张　清

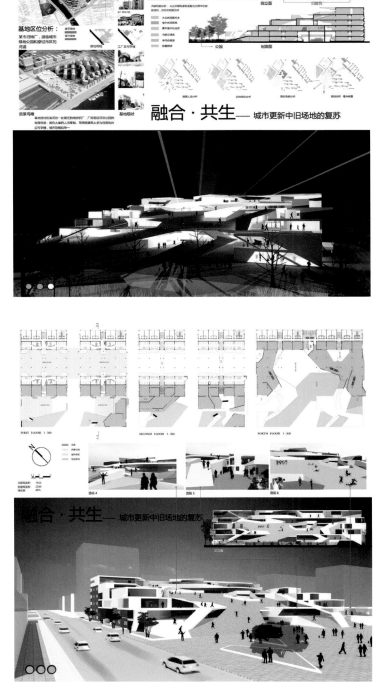

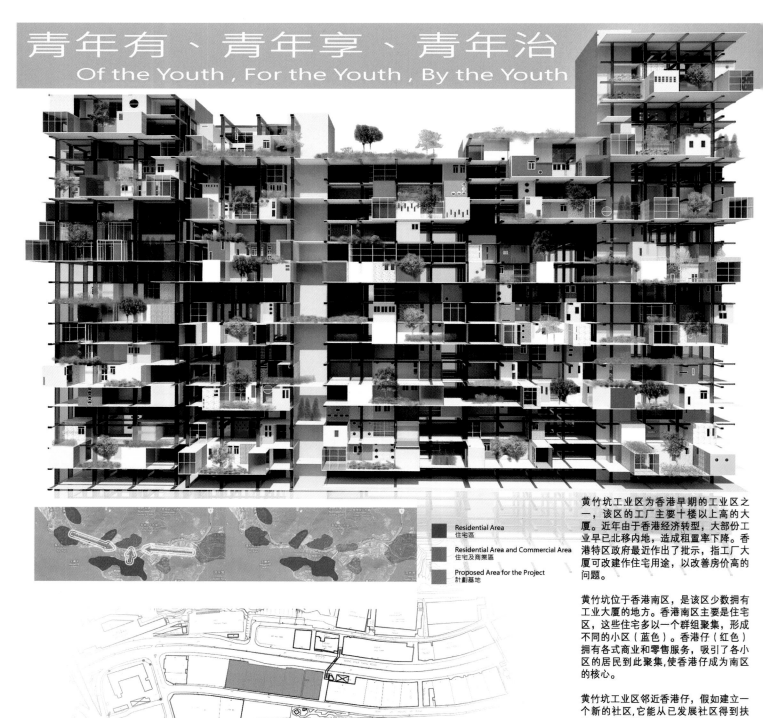

青年有、青年享、青年治
Of the Youth , For the Youth , By the Youth

Residential Area
住宅區

Residential Area and Commercial Area
住宅及商業區

Proposed Area for the Project
計劃基地

Site Information

黄竹坑工业区为香港早期的工业区之一，该区的工厂主要十楼以上高的大厦。近年由于香港经济转型，大部份工业早已北移内地，造成租置率下降。香港特区政府最近作出了批示，指工厂大厦可改建作住宅用途，以改善房价高的问题。

黄竹坑位于香港南区，是该区少数拥有工业大厦的地方。香港南区主要是住宅区，这些住宅多以一个群组聚集，形成不同的小区（蓝色）。香港仔（红色）拥有各式商业和零售服务，吸引了各小区的居民到此聚集，使香港仔成为南区的核心。

黄竹坑工业区邻近香港仔，假如建立一个新的社区，它能从已发展社区得到扶持，也有助新居民融入社群。

青年有 · 青年享 · 青年治

参赛单位：香港城市大学
参赛人员：鲁嘉麒 余霭陶 高贵森　Mr. John Cheung
指导老师：Dr. Charlie Xue.　Q.L.

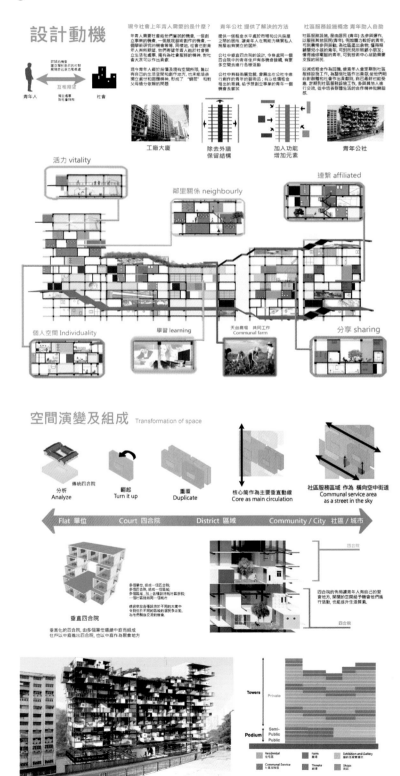

再造系统

——泉州古城创意生活廊带概念规划及泉州线厂社区化改造

工业革命特别是汽车等现代交通系统发明以后，我们那些"现代"城市和传统城市开始各行其道。"现代"城市范围不断扩张、尺度也由于人口、交通的各种问题不断加大。慢慢的，城市的公共空间也越来越多的为汽车服务，而非车里的人。

开放的公共交往这个可以说是城市的本质内涵也在慢慢远离我们。从而当不同的人群融入到城市的时候，就产生了一系列的隔阂甚至矛盾。而这些正在当代的中国激烈的发生。

我们希望用空间关系再造人际关系乃至社会关系，达到城市平衡可持续的可能。

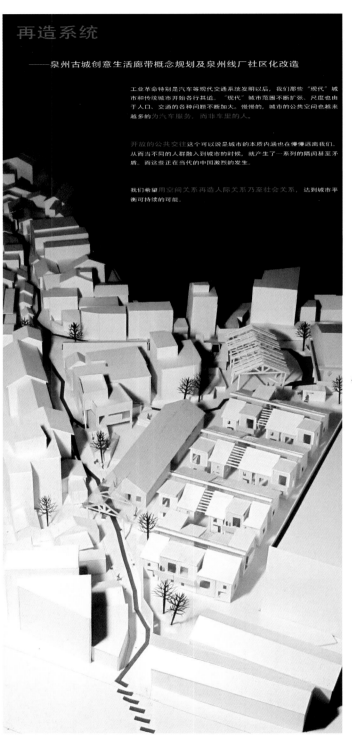

1.1.0调研和发现

1.1.1在泉州老城，存在着街巷小尺度的传统生活

1.1.2 在古城密布的居住建筑中，较大体量的厂房拼贴其中，那里存在大量被遗忘的空间

泉州老城区内目前共有历史厂区24个，用地约600亩主要集中与厦华路和新门路区域；分别为中侨集团旗下的泉州电子仪器厂、药业公司（制药厂）、药业公司制药分厂、泉州机器厂、半导体器件厂、轻机厂、泉州搪瓷厂、皮革公司、制线厂、第一针织厂、机床厂（机械制造公司）、糖果饼干厂、彩色印刷包装公司（锦旗印刷）、酿造公司（酱醋厂）、漆和堂公司、泉州油厂、泉州电视机厂、中友光学仪器厂、染整厂瓦缸厂（二村）、及分属其他部门的泉州酱油厂、清滚竹器厂、市农资公司、皮革公司、机电厂

泉州老城区内旧厂房分布情况

1.2.0问题和思考

1.2.1那些城市新居民，他们如何居住

1.2.2那些新来者，如何真正融入城市，成为城市的一部分，城市也因他们而不一样

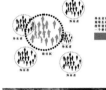 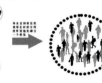

1.3.0创意生活廊带的设想

1 廊带设想

再造系统
—— 泉州古城创意生活廊带概念规划及泉州线厂社区化改造

参赛单位：华侨大学
参赛人员：尤舒蓉　王　侃
指导老师：龙　元　吴少峰

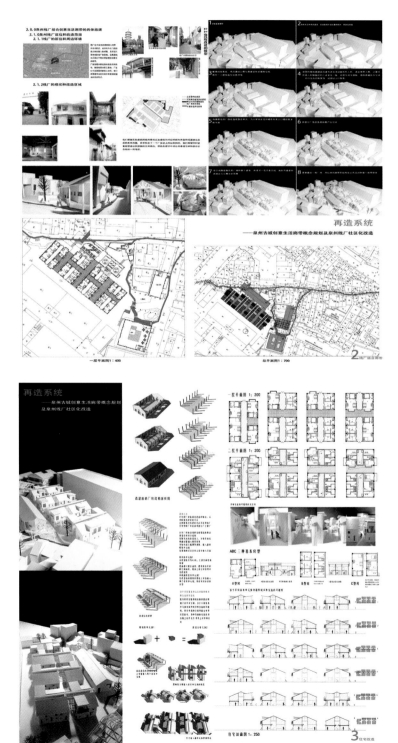

1

第一届获奖作品

「中联杯」国际大学生
建筑设计竞赛获奖作品集

"公共客厅"

PUBLIC
LIVING ROOM

105 年前，杭州陆官巷，林徽因先生婴音初啼。54 年前，北京同仁医院，林先生驾鹤西去。回望先师远去的背影，勾起我们怎样的记忆？是弱小的身躯，美丽的面庞，智慧的头脑还是浪漫的气质？或是"太太客厅"里的思想火花？抑或"建筑意"概念的独创？复回电脑时代，人与机器交流膨胀，人与人交流弱化；建筑设计多功利，建成环境少意趣。何以至此？过去、现在和将来，是什么在变并影响我们？又是什么未变的事物依然影响我们？

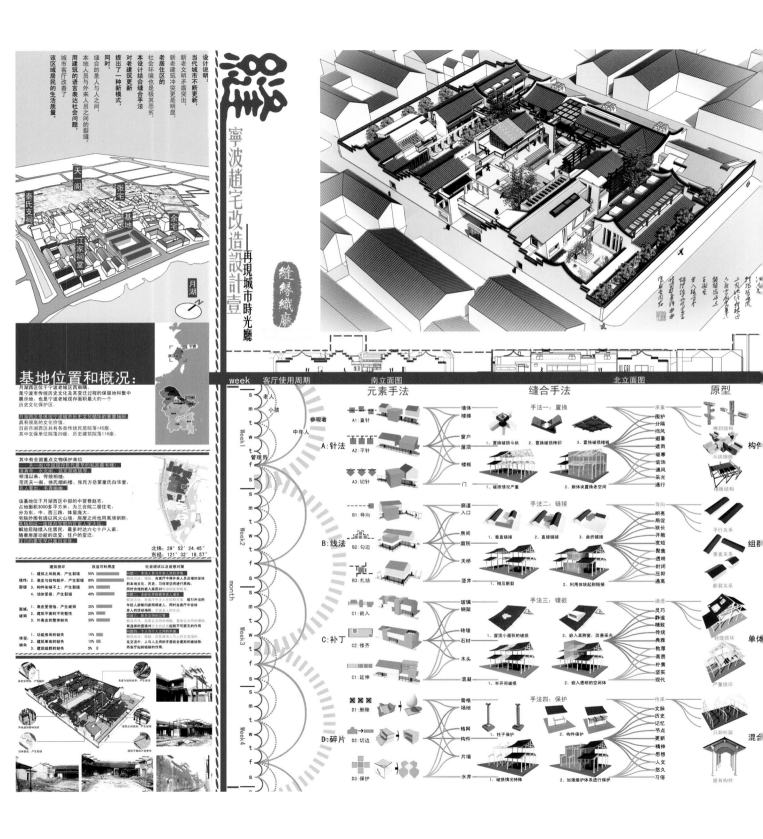

缝缘织厅
—— 宁波赵宅改造设计

参赛单位：浙江工业大学
参赛人员：王　永　杜依蓉　顾文瑶　陈思聪
指导老师：朱晓青

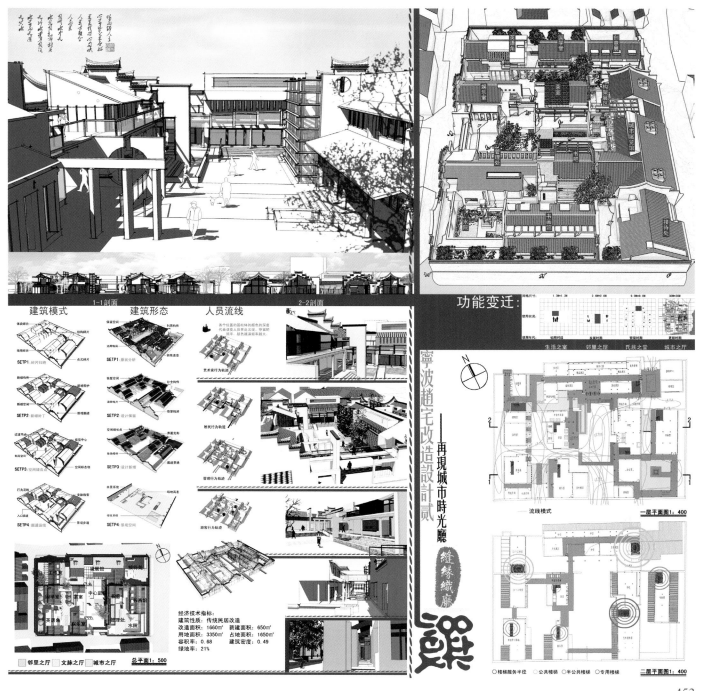

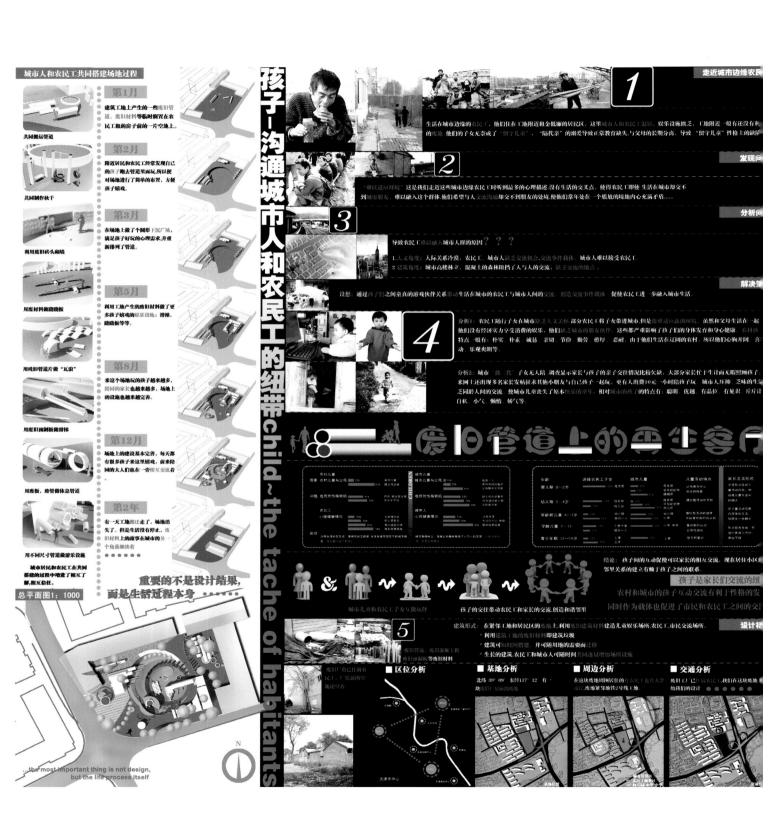

孩子
—— 沟通城市人和农民工的纽带

参赛单位：天津大学

参赛人员：朱文林　杨惠芳　王　萌

指导老师：刘云月　赵剑波

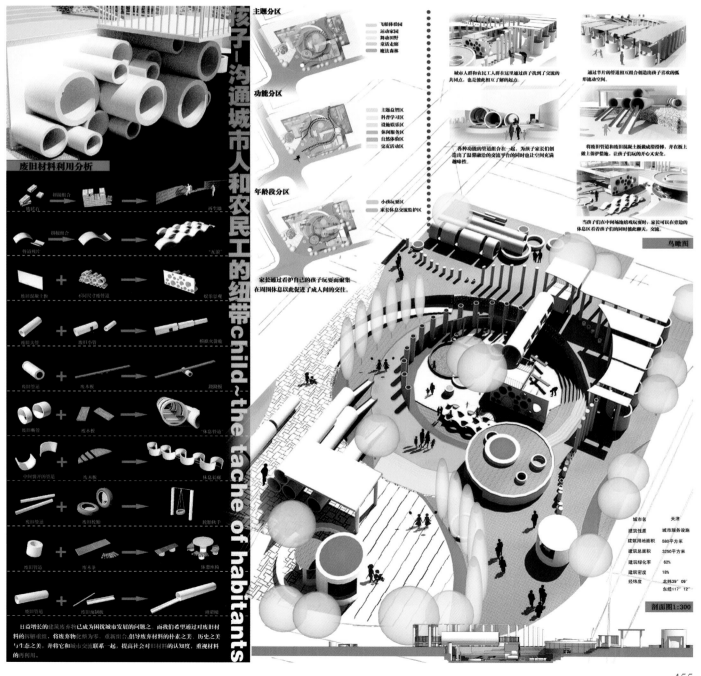

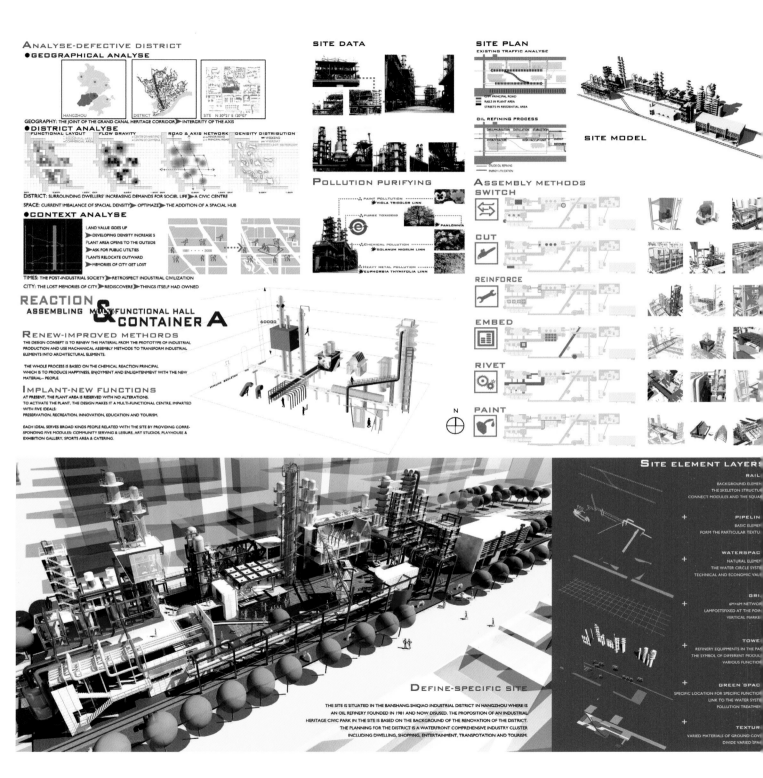

ANALYSE-DEFECTIVE DISTRICT

● GEOGRAPHICAL ANALYSE

HANGZHOU | DISTRICT | SITE N 30°21' E 120°07'

GEOGRAPHY: THE JOINT OF THE GRAND CANAL HERITAGE CORRIDOR ▶ INTERGRITY OF THE AXIS

● DISTRICT ANALYSE

FUNCTIONAL LAYOUT | FLOW GRAVITY | ROAD & AXIS NETWORK | DENSITY DISTRIBUTION

DISTRICT: SURROUNDING DWELLERS' INCREASING DEMANDS FOR SOCIEL LIFE ▶ A CIVIC CENTRE

SPACE: CURRENT IMBALANCE OF SPACIAL DENSITY ▶ OPTIMAZE ▶ THE ADDITION OF A SPACIAL HUB

● CONTEXT ANALYSE

LAND VALUE GOES UP
▶ DEVELOPING DENSITY INCREASE S
▶ PLANT AREA OPENS TO THE OUTSIDE
▶ ASK FOR PUBLIC UTILITIES
▶ PLANTS RELOCATE OUTWARD
▶ MEMORIES OF CITY GET LOST

TIMES: THE POST-INDUSTRIAL SOCIETY ▶ RETROSPECT INDUSTRIAL CIVILIZATION

CITY: THE LOST MEMORIES OF CITY ▶ REDISCOVERE ▶ THINGS ITSELF HAD OWNED

REACTION & CONTAINER A
ASSEMBLING MULTI-FUNCTIONAL HALL

RENEW-IMPROVED METHORDS

THE DESIGN CONSEPT IS TO RENEW THE MATERIAL FROM THE PROTOTYPE OF INDUSTRIAL PRODUCTION AND USE MACHANICAL ASSEMBLY METHODS TO TRANSFORM INDUSTRIAL ELEMENTS INTO ARCHITECTURAL ELEMENTS.

THE WHOLE PROCESS IS BASED ON THE CHEMICAL REACTION PRINCIPAL WHICH IS TO PRODUCE HAPPYNESS, ENJOYMENT AND ENLIGHTENMENT WITH THE NEW MATERIAL-- PEOPLE.

IMPLANT-NEW FUNCTIONS

AT PRESENT, THE PLANT AREA IS RESERVED WITH NO ALTERATIONS.
TO ACTIVATE THE PLANT, THE DESIGN MAKES IT A MULTI-FUNCTIONAL CENTRE, IMPARTED WITH FIVE IDEALS:
PRESERVATION, RECREATION, INNOVATION, EDUCATION AND TOURISM.

EACH IDEAL SERVES BROAD KINDS PEOPLE RELATED WITH THE SITE BY PROVIDING CORRESPONDING FIVE MODULES: COMMUNITY SERVING & LEISURE, ART STUDIOS, PLAYHOUSE & EXHIBITION GALLERY, SPORTS AREA & CATERING.

SITE DATA

POLLUTION PURIFYING

▶ PAINT POLLLUTION
▼ VIOLA TRICOLOR LINN

▶ PURGE TOXIODID
▼ PANLOWNIA

▶ CHEMICAL POLLUTION
▼ SOLANUM NIGRUM LINN

▶ HEAVY METAL POLLUTION
▼ EUPHORBIA THYMIFOLIA LINN

SITE PLAN
EXISTING TRAFFIC ANALYSE

CITY PRINCIPAL ROAD
RAILS IN PLANT AREA
STREETS IN RESIDENTIAL AREA

OIL REFINING PROCESS

DRSULPHURISATION | DISTILLATION | STABILIZATION
HYDROCRACKER | HIGH VACCUM UNIT | ENERGY RECOVERY

CRUDE OIL REFINING
ENERGY UTILIZATION

SITE MODEL

ASSEMBLY METHODS

SWITCH

CUT

REINFORCE

EMBED

RIVET

PAINT

N

DEFINE-SPECIFIC SITE

THE SITE IS SITUATED IN THE BANSHANG-SHIQIAO INDUSTRIAL DISTRICT IN HANGZHOU WHERE IS AN OIL REFINERY FOUNDED IN 1981 AND NOW DISUSED. THE PROPOSITION OF AN INDUSTRIAL HERITAGE CIVIC PARK IN THE SITE IS BASED ON THE BACKGROUND OF THE RENOVATION OF THE DISTRICT. THE PLANNING FOR THE DISTRICT IS A WATERFRONT COMPREHENSIVE INDUSTRY CLUSTER INCLUDING DWELLING, SHOPPING, ENTERTAINMENT, TRANSPOTATION AND TOURISM.

SITE ELEMENT LAYERS

RAIL
BACKGROUND ELEMENT
THE SKELETON STRUCTURE
CONNECT MODULES AND THE SQUARE

PIPELINE
BASIC ELEMENT
FORM THE PARTICULAR TEXTURE

WATERSPACE
NATURAL ELEMENT
THE WATER CIRCLE SYSTEM
TECHNICAL AND ECONOMIC VALUE

GRID
6M*6M NETWORK
LAMPOSTSFIXED AT THE POINT
VERTICAL MARKER

TOWER
REFINERY EQUIPMENTS IN THE PAST
THE SYMBOL OF DIFFERENT MODULES
VARIOUS FUNCTION

GREEN SPACE
SPECIFIC LOCATION FOR SPECIFIC FUNCTION
LINK TO THE WATER SYSTEM
POLLUTION TREATMENT

TEXTURE
VARIED MATERIALS OF GROUND COVER
DIVIDE VARIED SPACE

反应与容器
—— 装配多功能厅

参赛单位：浙江工业大学
参赛人员：楼瑛浩　周　富　姜哲远　陈　瑶
指导老师：朱晓青

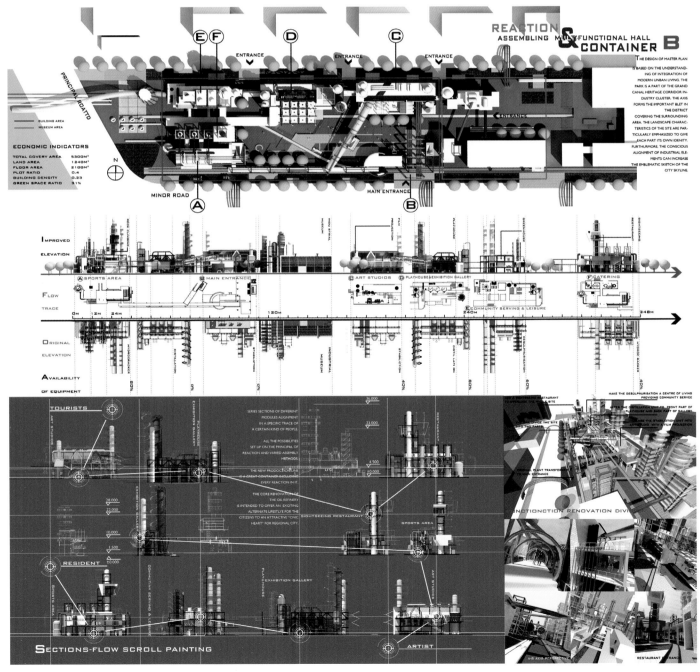

城市客厅与旧工业区

天津市作为曾经的传统工业城市正在向人文、生态的城市结构转型。由于发展不均，不少工业片区仍处于旧工业模式的城市状态。作为典型，河东区的纺织工业片区被选取出来进行研究。经由实地调研发现：

1. 城市
城市更新与建设缓慢。短期内大工厂不能被拆除和更新。环境恶劣，绿化粗糙。故需要城市尺度的"意义客厅"以刺激点的植入形式对城市片区进行激活。

2. 人文
受制于当时落后的规划建设模式与现今迟缓的城市建设，整个区域气氛沉闷，缺乏时代精神。居民精神生活匮乏。故需要人文主义的"功能客厅"改善居民的精神生活状态。

由此，"城市客厅"与"旧工业区"紧密地联系起来。

区别于沉闷的集体形态秩序的最好方法是无序。迥异的形态是对人本主义时代个性的象征表达。小建筑不能在功能上承载城市的尺度，那么就成为城市雕塑，从意义上对新的城市模式有所启迪和体现。

天津, 河东区, 旧工业区
OLD INDUSTRIAL ESTATE IN HEDONG DISTRICT, TIANJIN

1.海河方向透视图
2.区位图
3.海河远眺
4.西北侧纺织厂
5.附近新居住小区
6.旧居住区
7.工厂及写字楼
8.居住
9.绿地及购物
10.绿色通道
11.基地平面关系
12.基地现状鸟瞰

基地经纬度为： 39°06'N, 117°14'E
选址于天津市河东区旧工业内一拆迁空地。毗邻河滨公园与海河，故周边有大量人流穿越。

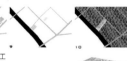

地块成分单一，为工厂与住宅。城市更新缓慢而保守，气氛沉闷，缺乏时代精神。由于缺少必要的文化建筑与设施，居民精神生活匮乏。通过植入"客厅"在贡献给居民文化功能的同时，启发片区发展的新思路。

城市, 客厅, 秩序与尺度
CITY, LIVING ROOM, AND THEIR ORDER AND SCALE

13.随机秩序实验
14.城市雕塑识别性
15.鸟瞰
16.活动的尺度分类
17.活动的多元性
18.广场透视1
19.广场透视2

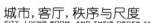

与周边风格迥异的秩序形式强调了其识别性。
看似随机的堆砌物作为城市尺度的雕塑，亦象征了片区敢于突破旧模式，建立新秩序的建设雄心。

小盒子模数设定为 3米见方，满足一般意义上小尺度的活动要求。其内添加相关设施，在广场中形成棋盒子、书报盒子、茶盒子、祈祷盒子、音乐盒子等主题属性。同时暗喻了片区提倡个性的存在。

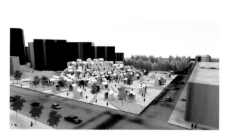

1ⁿ

参赛单位：天津大学
参赛人员：王云鹏
指导老师：卞洪滨

城市客厅与效用最大化

"太太客厅"汇聚的是知识精英，迸发的是知识的思想火花。
"城市客厅"汇聚的是平民百姓，迸发的却须是新的城市生活状态。

建筑作为城市雕塑的那一刻，其在城市中的硬件作用已经定格。能否如星星之火爆片区人文发展之原取决于人的使用率和影响力。

海河与绿地吸引了片区的许多人流。为加以利用，将场地近路的一半划为广场以满足易达性。为增大人群使用，须容纳多元化的功能，故将广场功能化，覆以各异的盒子单元承载各种小尺度的活动。对于大尺度的如展览、体育活动等由建筑体承担。

由此，模糊了建筑与广场之间的功能性。于整个场地内争取到使用人群。

夜幕降临，"城市客厅"如一串散落的夜明珠，点缀着海河的一侧，孕育着旧工业区的新希望。

功能,空间,材料与历史
FUNCTION, SPACE, MATERIAL AND HISTORY

1.夜景鸟瞰
2.广场，穿越人流
3.建筑入口与服务入口
4.广场与建筑使用率
5.绿化
6.沿主干道立面图
7.A-A & B-B剖面图
8.纺织厂
9.U型玻璃
10.室外透视A
11.夜景室内透视
12.门厅室内透视
13.夜景室内透视A

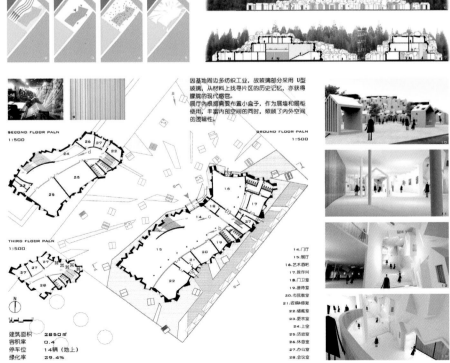

因基地周边多纺织工业，故玻璃部分采用 U型玻璃，从材料上找寻片区的历史记忆，亦获得朦胧的现代感。
展厅内根据需要布置小盒子，作为展墙和展柜使用，丰富内部空间的同时，照顾了内外空间的逻辑性。

SECOND FLOOR PALN
1:500

GROUND FLOOR PALN
1:500

THIRD FLOOR PALN
1:500

14.门厅
15.展厅
16.艺术酒吧
17.操作间
18.门卫室
19.播得室
20.市民教室
21.玻璃橱窗
22.储藏室
23.更衣室
24.上空
25.活动室
26.休息室
27.办公室
28.会议室

建筑面积　2850㎡
容积率　0.4
停车位　14辆(地上)
绿化率　29.4%

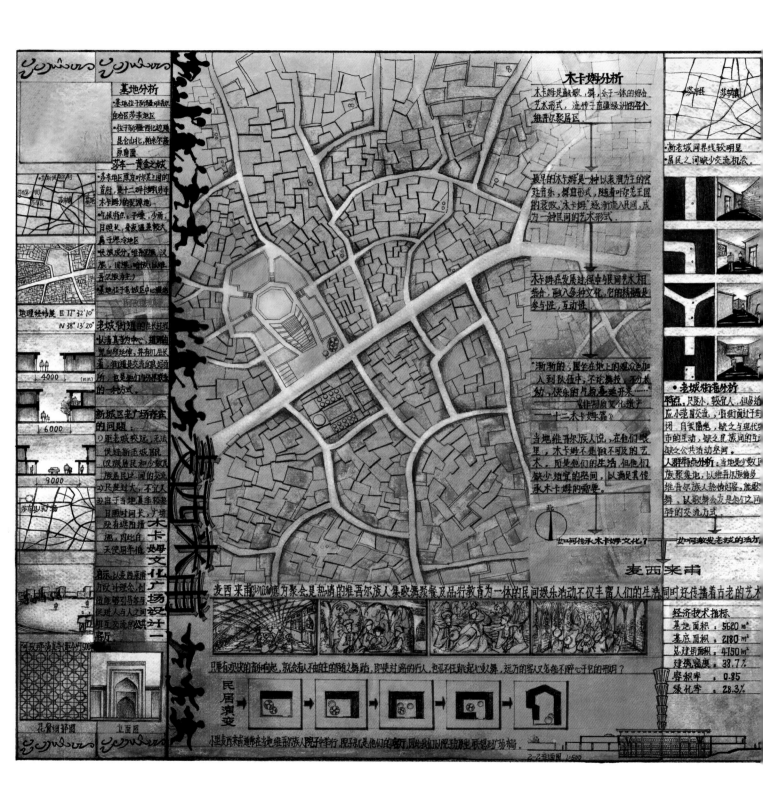

麦西来甫

参赛单位：新疆大学
参赛人员：李晓旭　冯娟　邓梁　黄雪源
指导老师：艾斯卡尔　姬小羽

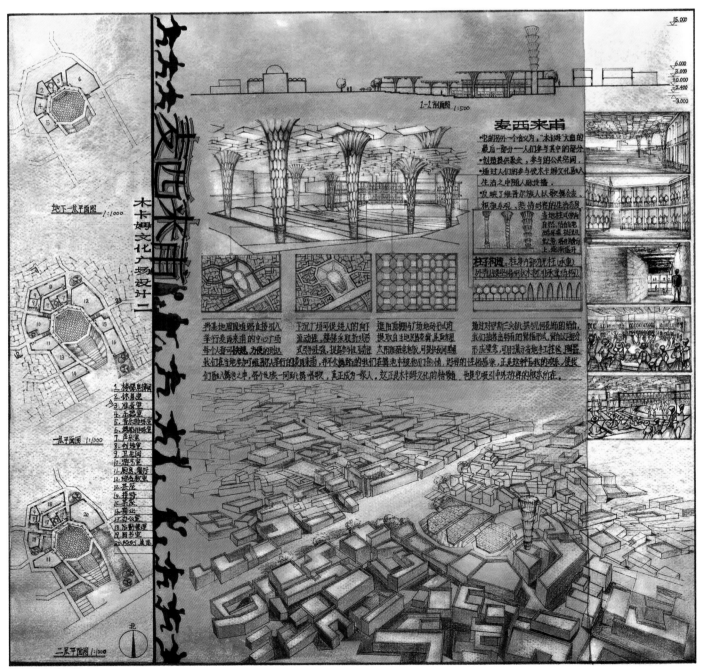

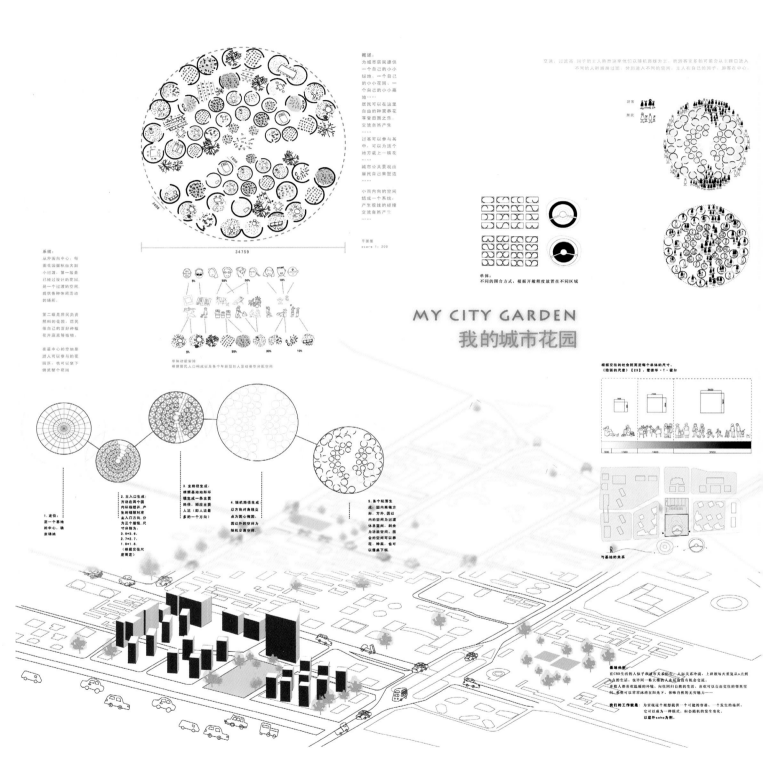

MY CITY GARDEN
我的城市花园

我的城市花园

参赛单位：中央美术学院
参赛人员：王　琰　卜映升　王默涵
指导老师：虞大鹏

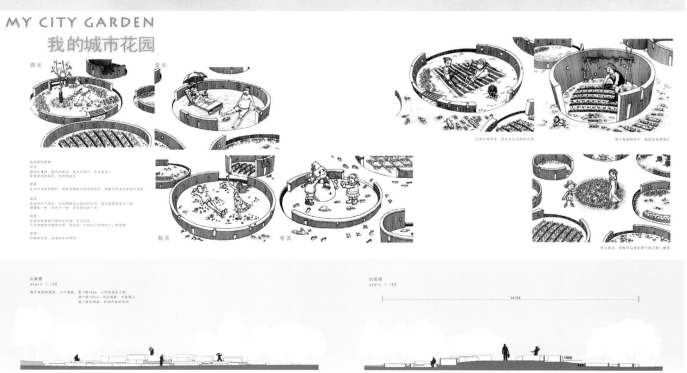

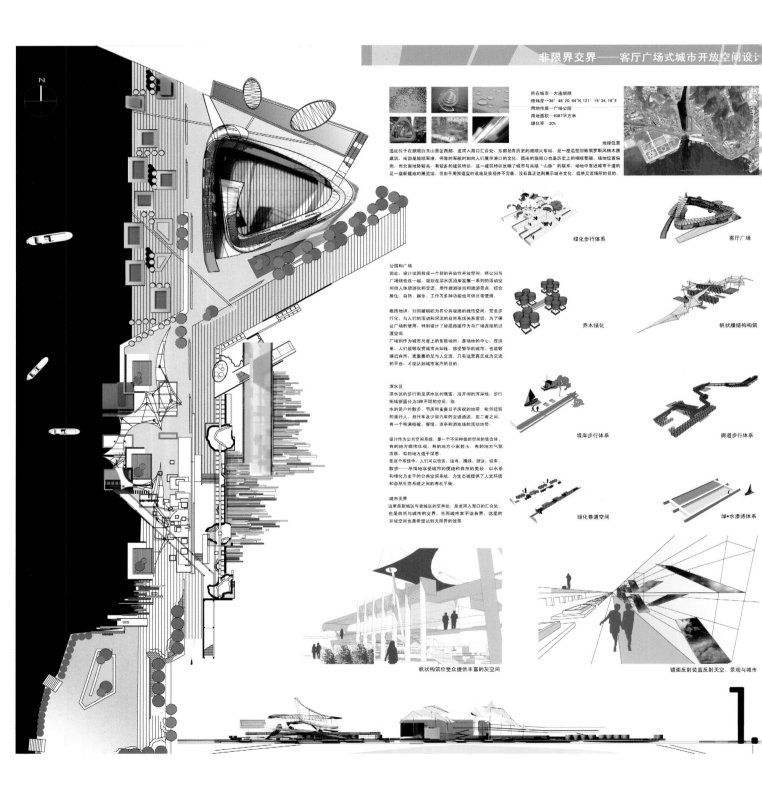

所在城市—大连旅顺
经纬度—38°48'20.64"N,121°15'34.16"E
用地性质—广场公园
用地面积—4087平方米
绿化率—30%

地理位置

选址位于在旅顺白玉山景区西部，龙河入海口汇合处。东部是有历史的旅顺火车站，是一座造型别致致罗斯风格木质建筑，南部是旅顺军港，停靠的军舰时刻向人们展示港口的文化。西南的旅顺口也是历史上的咽喉要隘，场地位置偏南，而北面地势较高，有众多的建筑特征，这一建筑特征反映了城市与高楼"山脉"的联系。场地中靠近城市干道的是一座新建成的展览馆，但由于周围造宜的设施及景观并不完善，没有真正达到展示城市文化，提供交流场所的目的。

公园和广场

因此，设计试图形成一个新的开放性开放空间，将公园与广场结合在一起，规划在滨水区沿岸发展一系列的活动空间供人休憩游玩和交流，用作旅游项目和旅游景点，综合居住、自然、娱乐、工作等多种功能也可供日常使用。

概括地讲，公园被组织为有公共设施的线性空间，完全步行化，与人们的活动和河流的自然找关系密切，为了保证功能的使用，特别设计了破感路面作为与广场连接的过渡空间。

广场别作为城市尺度上的集散场所，是场地的中心，在这里，人们能够观赏城市天际线，感受繁华的城市，也能够接近自然，更重要的是与人交流。只有这里城真正成为交流的平台，才能达到城市客厅的目的。

滨水区

滨水区的步行街是滨水区的瑰宝，沿着开间的河岸线，步行街横断面分为3种不同的空间。临水的是户外散步、节庆和重要日子庆祝的地带，毗邻建筑的是行人、自行车及少留汽车的交通通道。在二者之间，有一个布满植被、餐馆、凉亭和游戏场的活动地带。

设计作为公共空间系统，是一个不同种类的空间的集合体，有的地方雄伟壮观，有的地方小家碧玉，有的地方气氛活泼，有的地方适于深思。
在这个系统中，人们可以饮茶、读书、踢球、游泳、划车、散步……尽情地享受城市的便捷和自然的美妙。以水系和绿化为主干的公共空间系统，为生态城提供了人文环境和自然生态系统之间的有机平衡。

城市无界

这里是新城区与老城区的交界处，龙河入海口的汇合处，也是自然与城市的交界，然而城市本不该有界，这里的开放空间也是希望达到无限界的效果。

绿化步行体系

客厅广场

乔木绿化

帆状膜结构构筑

堤岸步行体系

廊道步行体系

绿化巷道空间

绿+水渗透体系

帆状构筑位受众提供丰富的灰空间

镜面反射装置反射天空、景观与城市

非限界交界
—— 客厅广场式城市开放空间设计

参赛单位：大连理工大学
参赛人员：张 煜　杨 旭　陈伟杰
指导老师：柳长洲　刘九菊

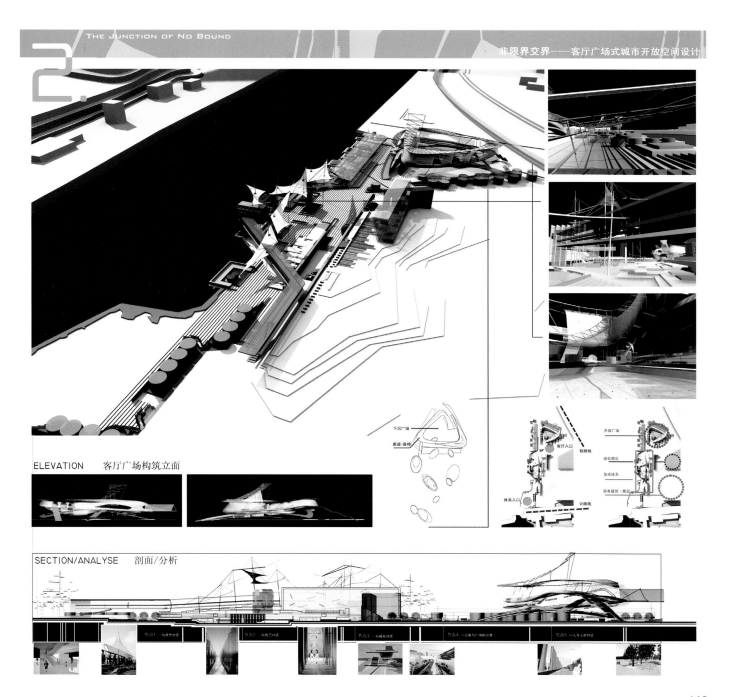

THE JUNCTION OF NO BOUND

非限界交界——客厅广场式城市开放空间设计

ELEVATION　客厅广场构筑立面

SECTION/ANALYSE　剖面/分析

从老厂区到城市公园

——昌吉市头屯河水泥厂厂区改造

城市背景

随着乌昌一体化深入,头屯河沿岸100余家工业企业将关停或迁址。依据昌吉市发展规划,保留头屯河水泥厂周边区域作为工业旅游产业区。

提出问题

随着工业企业的停产和迁出,旧厂区成为城市废弃地,如何才能该区域得以激活再生?

地处城市边缘地带,如何成为城市生活的延伸,相互融合,而不是城市的死角和灰色地带?

工业发展历程作为城市文脉重要组成,如何传承,防止城市文化断裂带的产生?

如何重构和整合现有资源,减少资源浪费,实现城市区域的可持续更新?

项目区位

基地临近312国道,是乌鲁木齐进入昌吉的第一站,展示昌吉形象的窗口。位于旱地景观轴上,面对城市居住区和商业区,背腹旧水泥厂厂区,并处于入口位置,展示工业区形象,同时也是水泥厂与城市的融合点。

昌吉市　　头屯河水泥厂　　方案场地

分析问题 ——关于环境

点　　　　线　　　　面

从点、线、面三方面对水泥厂区现状及周边环境进行分析,得出厂区潜在的景观要素和空间要素。依据分析图,并结合本方案区位,分析得出本方案场地位于厂区与城市的接触面,良好的场地肌理和建筑质量,是融入城市生活的绝佳切入点,因此决定了该场地的重要性和独特性。

——关于建筑

文脉价值

头屯河水泥厂是改革开放以来,昌吉市工业发展历史重要的见证者,承载着城市的历史记忆。

景观价值

工业建筑、工业设备和构件展现机械美学,构成具有工业文化特质景观。

经济价值

结构坚固,跨度大、空间大是工业建筑改造利用的潜在优势,增加了空间的适应性。

科普价值

通过对生产设备和工艺流程的保留,亲身体验,同时能够了解工业时代的历史和辉煌成就。

设计理念

关于——城市公共环境

集聚性——营造一处适合不同人群的共享体验场所
文化性——展现工业特质文化
可识别性——在建筑物原有方位和领域进行更新改造,具有亲切感和归属感。
可持续性——利用原有建筑结构,从而减少污染和节约物质资源

关于——老厂区

尊重厂区原有肌理,合理改造和功能置换,延续城市工业文脉。打破工业厂区的封闭性和单一性,形成开放性、多元化的城市公共空间。

设计策略

"触发点"　　　　"生长链"　　　　"基质面"

选择头屯河沿岸100余家工业企业具有代表性的建筑、设备和构筑物,作为历史陈列的同时,成为设计中的景观要素和空间构成要素。

+

将"触发点"进行链接,逐级疏理,建立景观等级和景观序列,形成辐射网络,联通各个功能区域,激活整体。

+

由生长链将体量大、面积较大、连通性和具有景观价值的建筑单体和群体进行组合,形成工业景观群。

从老厂区到城市公园
—— 昌吉市头屯河水泥厂厂区改造

参赛单位：北京工业大学
参赛人员：贺 旭 崔 倩 赵 越 叶俊丰
指导老师：孙 颖 李艾芳

重构·共生

从老厂区到城市公园
——昌吉市头屯河水泥厂厂区改造

方案定位

现有三座建筑是大跨度的工业厂房,可以改造成展示性建筑空间。可以作为整个工业旅游园区100多家企业的历史记忆的载体,为城市,为后人保存一份城市的历史缩影。

改造基础

充分利用整个工业旅游区100多家搬迁,废弃的工业构件和场地三个建筑的结构和空间关系,满足展览对建筑高度和跨度的要求。以最大限度地向人们展示具有工业特征的展品。

功能置换

在保留原建筑厂房框架的基础上改建成展廊,展示工业艺术品,中心广场由厂区荒地改建而成,提供一集展示,露天影院,休闲娱乐于一体的多功能广场。

改造措施

1,保留
高型水塔,建筑部分外墙,屋顶框架
2,改建
外墙的生态改造和框架屋顶的景观设计。
3,置入
周边搬迁厂房的废弃构架,吊车等

将原昌吉污水处理厂的水塔改建,成为中心广场的主要景观点

拼接废气的工业构件塑造具有纪念价值的景观节点。

场地的三个高型烟囱承载着屯河水泥厂数十载的历史记忆,保留原型加漆为工业园区合理定位。

露天影院

方案分析

功能分区

绿化分析

绿化
入口广场
工业艺术展廊
中心广场
工艺流程展览
绿化场
滨水场地

总平面图

景观轴末端设有高塔,引导人流。保留原建筑框架唤起人们城市记忆

道路分析

节点分析

地面道路流线
高架道路流线

节点
主要景观轴线
景观视线
小节点

延续原有建筑的轮廓加建景观

拼接周边搬迁厂房的构件,拾遗。

视线分析

开敞空间

天际线

节点
视域
视线
俯视视线

小广场
中心广场
绿地广场

利用采砂厂的废气吊车限定空间

节点,广场之间对景

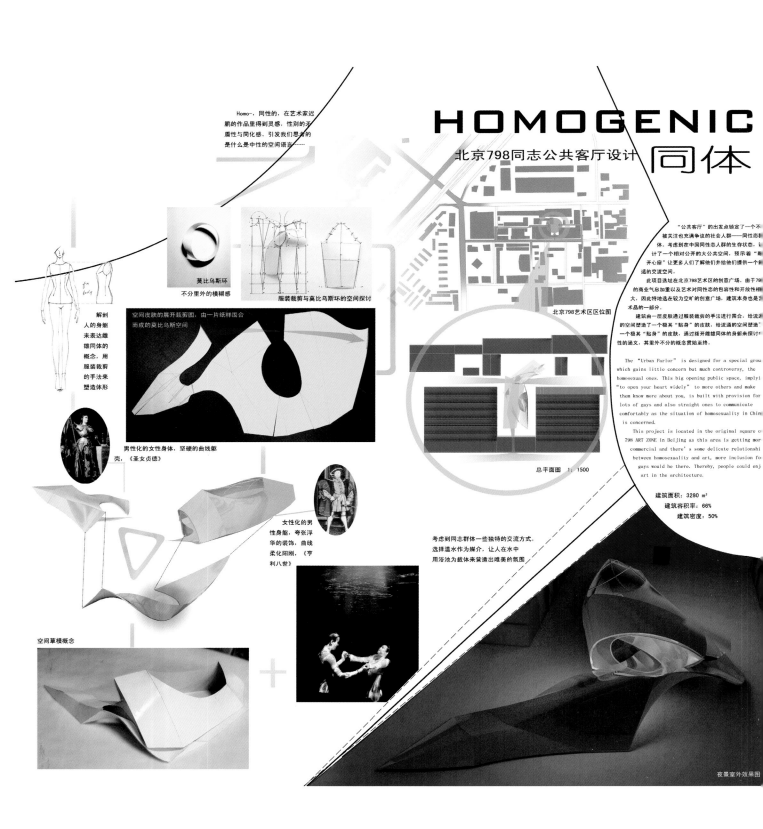

HOMOGENIC
北京798同志公共客厅设计 同体

Homo-，同性的，在艺术家迟鹏的作品里得到灵感，性别的矛盾性与同化感。引发我们思考的是什么是中性的空间语言……

解剖人的身躯来表达雌雄同体的概念，用服装裁剪的手法来塑造体形

莫比乌斯环

不分里外的模糊感

服装裁剪与莫比乌斯环的空间探讨

空间皮肤的展开裁剪图，由一片纸样围合而成的莫比乌斯空间

男性化的女性身体，坚硬的曲线躯壳，《圣女贞德》

女性化的男性身躯，夸张浮华的装饰，曲线柔化阳刚，《亨利八世》

北京798艺术区区位图

总平面图 1：1500

"公共客厅"的出发点锁定了一个不被关注也充满争议的社会人群——同性恋群体。考虑到在中国同性恋人群的生存状态，设计了一个相对公开的大公共空间，预示着"敞开心扉"让更多人们了解他们并给他们提供一个舒适的交流空间。

此项目选址在北京798艺术区的创意广场。由于798的商业气息加重以及艺术对同性恋的包容性和开放性相大，因此特地选在较为空旷的创意广场，建筑本身也是艺术品的一部分。

建筑由一层皮肤通过服装裁剪的手法进行围合，给流通的空间塑造了一个极其"贴身"的皮肤，给流通的空间塑造了一个极其"贴身"的皮肤，通过接开雌雄同体的身躯来探讨中性的涵义，其里外不分的概念贯始至终。

The "Urban Parlor" is designed for a special group which gains little concern but much controversy, the homosexual ones. This big opening public space, implying "to open your heart widely" to more others and make them know more about you, is built with provision for lots of gays and also straight ones to communicate comfortably as the situation of homosexuality in China is concerned.

This project is located in the original square of 798 ART ZONE in Beijing as this area is getting more commercial and there's some delicate relationship between homosexuality and art, more inclusion for gays would be there. Thereby, people could enjoy art in the architecture.

建筑面积：3280 ㎡
建筑容积率：66%
建筑密度：50%

考虑到同志群体一些独特的交流方式，选择温水作为媒介，让人在水中用浴池为载体来营造出唯美的氛围

空间草模概念

夜景室外效果图

"同体"

—— 北京 798 同志公共客厅设计

参赛单位：中央美术学院
参赛人员：谢炜龙　王晓许　刘　茜
指导老师：苏　勇

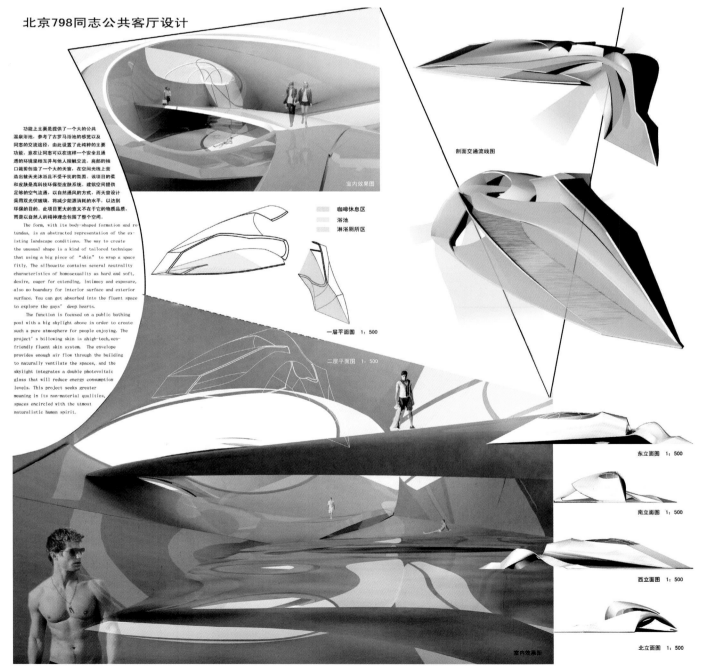

北京798同志公共客厅设计

功能上上主要是提供了一个大的公共
温泉浴池。参考了古罗马浴池的感觉以及
同志的交流途径，由此设置了此纯粹的主要
功能，意在让同志可以在这样一个安全且通
透的环境里相互并并与他人接触交流。肩部的抽
口裁剪创造了一个大的天窗，在空间光线上营
造出被天光沐浴且不受干扰的氛围。该项目的柔
和皮肤是高科技环保型皮肤系统。建筑空间提供
足够的空气流通、以自然通风的方式，而天窗设计
采用双光伏玻璃，将减少能源消耗的水平，以达到
环保的目的。此项目更大的意义不在于它的物质品质，
而是以自然人的精神理念图困了整个空间。

The form, with its body-shaped formation and ro-
tundas, is an abstracted representation of the ex-
isting landscape conditions. The way to create
the unusual shape is a kind of tailored technique
that using a big piece of "skin" to wrap a space
fitly. The silhouette contains several neutrality
characteristics of homosexuality as hard and soft,
desire, eager for extending, intimacy and exposure,
also no boundary for interior surface and exterior
surface. You can get absorbed into the fluent space
to explore the gays' deep hearts.

The function is focused on a public bathing
pool with a big skylight above in order to create
such a pure atmosphere for people enjoying. The
project's billowing skin is ahigh-tech, eco-
friendly fluent skin system. The envelope
provides enough air flow through the building
to naturally ventilate the spaces, and the
skylight integrates a double photovoltaic
glass that will reduce energy consumption
levels. This project seeks greater
meaning in its non-material qualities,
spaces encircled with the utmost
naturalistic human spirit.

室内效果图

剖面交通流线图

咖啡休息区
浴池
淋浴厕所区

一层平面图　1：500

二层平面图　1：500

东立面图　1：500
南立面图　1：500
西立面图　1：500
北立面图　1：500

室内效果图

■ 选址分析

■ 区位 LOCATION

市中心　　　　　市中心　　　　　大明湖

基地北临著名景点大明湖，南临城市次干道明湖路和新兴商圈，是老济南面向新时代的窗口

济南：经度117：02E
纬度36：40N

■ 景观 LANDSCAPE

■ 关注点——钟台 POINT

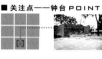

钟楼寺台基是原先钟楼寺的遗存，有600多年历史。作为城市的见证者，钟楼寺台基也寄托了很多老济南人的情愫，它厚重的砖石不断勾起人们的回忆。

■ 基地人脉调查 PEOPLE

根据调查结果，我们以吸引孩子为切入点，为基地带来人气，使孩子在这里自由玩耍，成人在这里重拾童心。

设计说明

城市凝聚了事件和情感，人们通过事件的集合记忆、场所的独特性以及表现在形式中的场所标记之间的关系来了解城市。

——罗西

我们对于城市客厅的定义是"展示主人每时每刻不同精神面貌的场所"。为满足这一特性，它应能做到"因人而异"与"因时而异"。为此，我们尝试探索一种能适应并促成各种变化的理想场地模型，这种模型本身具有形式单纯、规则简单的特性，并能使人感到亲切，从而充分激发人们的参与热情。魔方这种家喻户晓的玩具与我们的构想不谋而合，而它又凭借在人们童年游戏记忆中的影响而深入人心。由此，我们决定以魔方为基础模型，利用基地中原有的钟台作为魔方中统领全局的中轴块，能与人发生互动关系的方块块活动单元为魔方中可移动的块，这些块可以沿我们设定的轨道被人们移动，从而加强了人与环境的互动关系，引起人们童年的回忆，激发人们心底的童真童趣，唤起人之初开朗纯真的天性。

块的移动构成众多不确定性，正如魔方的多向移动产生不同的不确定组合。整个基地就像一个魔方，由"玩家"自由操作，"玩家"不同、喜好不同、行为不同，基地也因此一天一个面貌，向游客展示这座城市的即时面貌。

■ 概念释义

■ PART1："解"魔方——确定与不确定性研究

魔方中的角块与棱块是可以移动的，他们出现的位置具有不确定性，中心块则是不可移动的，作为每个面的统领因素。

将钟台作为确定因素（正如魔方中轴那个不动的块），并以它的尺寸为模数分割基地。

在基地网络中植入景观元素，作为次级确定因素，制造高潮节点，聚集人气。

■ PART2："玩"魔方——变化模式研究

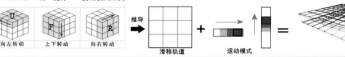

向左转动　　上下转动　　向右转动　　推导　　滑移轨道　　+　　运动模式　　=

场地变化的场景为人们展示着城市的即时面貌，明天这里又将会是什么样子？

魔方
—— 格子里的推拉城市

参赛单位：山东建筑大学
参赛人员：谢路昕　张　瑶　许　娟　孟圣博
指导老师：刘长安

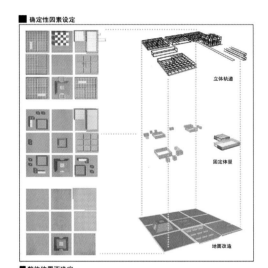

魔方 CUBE 格子里的推拉城市

■ 确定性因素设定

立体轨道

固定体量

地面改造

■ 整体位置不确定

旋转平移

旋转平移

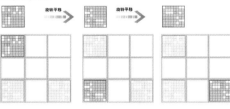

建筑性质：城市外部空间设计
经济技术指标：总用地面积：3969 平方米
　　　　　　　绿化率：48.7%

■ 空间景观不确定

盒子的轨道
盒子的位置

■ 个体行为不确定

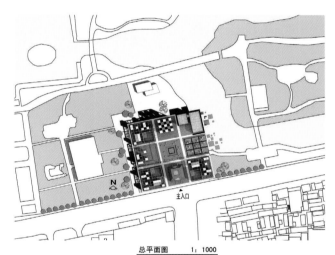

02

主入口

总平面图　1：1000

东立面图　1：300

剖面图　1：300

Garden of Eden Creation Kit (GECK):
A Script of Future History on Ultimate States
伊甸园制造器：极限未来城市状态的剧本

The design as conceived as critical instruments, designed to provoke and raise questions about architectural practice in relation to the social and political consequences of various environmental and technological futures of our society.

Today's world is so relied on petroleum, our dailylives are so relied on petroleum and other traditional energy. There are so many countries whose economy is totally relied on importing resources from outer world.

设计的设想，旨在激发和提高对各种环境,技术对未来的社会和政治后果的批判性思考。探讨极限环境下自然，人，与技术之间共生的可能性。

如今的城市是如此地依赖于石油而运作，我们的生活如此地依赖传统能源及相关产业。世界上有如此多的城市的经济运作完全依赖作于外界资源的输入当代都市同时还面临着新自由主义市场化和全球化转向带来的严峻挑战：贫富分化不断加剧，社会怨恨歧视和社会排斥逐渐增加，社会整合力量日渐瓦解。造成这些"世界的苦难"的主要原因之一就在于"国家的撤退"：国家出于市场自身自由为借口，逐渐隐密地退出对城市和社会的保护。而且，当今之在一味地追逐表经济和空间的扩张的同时，普遍缺乏对能源和空间危机的反思，以及技术与自然之间的共生，城市与生态两者之间的混合组织的可能性城市，人、技术、自然，都需要可能的适应性进化。

城市规模的指数膨胀都使得人类很快面临临界度的爆炸。能源危机，空间危机，人们将不得不向各种极限空间寻求新的机遇。设想在极限状态，对于人和自然生的极限状态。探讨这些状态下城市，人，技术与自然之间生的可能性，可以作为对当今城市状态的批判性解读，而极限状态的设想，作对当今技术与政治社会的隐喻警示。伊甸园制造器（GECK,Garden of Eden Creation Kit）的设想极限环境，可以设想比如超强的极端湿热区域，切尔诺贝尔或是某个核弹坑；或是严酷的能源匮乏地区域：阿拉斯加或或是波斯湾上布满漂浮石油的海域；或是严酷的固体污染物和区域：东太平洋上面积为1000倍的固体废物漂浮带；或是生态失衡导致的荒漠化城市；卡曼斯科（Kolmanskop，纳米比亚）也可以以失其，无氧的状态：星际殖民主义。树木同时建一个在未来极限状态下完全建造GECK避难所的可能方法，这主题下的主要问题便是：如何在极限空间中高效地建造起适合生存的"避难所"，同时就可能避免在极限状态下的建造过程的危险性。

我们可以为不同的景观选取的地区设GECK避难所，并根据不同的极限环境而演化不同的形态。另一方面，"GECK"的概念正是对现代都市人生存的一个隐喻：都市中的人们对非面而来的复杂性和不确定性感到不知所措，我们反面可以建造一个都市中的"复杂性的避难所"，而不同环境的模极状态下生成的不同GECK中的人群将无论参与一次人工进化的社会实验：观察人类和自然在平衡难以达到的极限环境中的"人工进化"的选择过程。设想极限状态之下的"避难所"，以及避难所实验，可视为对当今的批判性解读，一次极限状态下的社会和城市实验，或是对异乎寻常的未来的设探讨建筑在介入技术与城市，自然这三者之间的崭新关系时的新角色，质疑对于当今城市和社会状态的一线理想主义和保守主义的观点。

伊甸园制造器 GECK
—— 极限未来城市状态的剧本

参赛单位：天津大学
参赛人员：张 谐
指导老师：Paolo Vincenzo Genovese

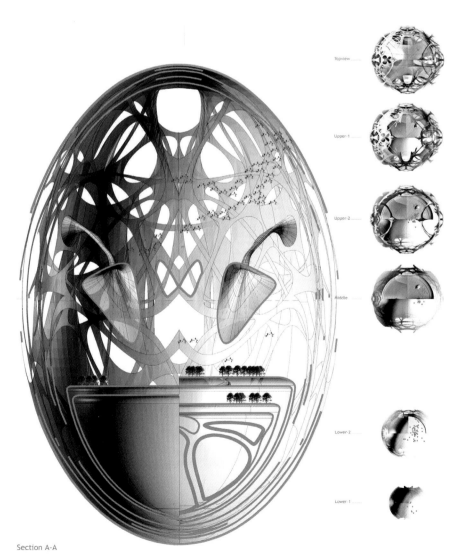

Section A-A

我们设想的城市继续以今的蔓延和空间扩张模式发展下去：我们看到曾经脆弱的自然环境几乎完全崩溃，感觉需要的生态，必要的进化性进化，以及可变的的预见性，都要存在的未来。
We found a precious and fragile wilderness teetering at the point of collapse, an ecology in crisis, necessitating evolved and mutated archi-tectures, and necessary futures.

设想世界经济在传统能源干涸时不得已开始衰退，由于国家间疯狂的发与发展，那些完全依赖外界运作的诸多城市陷入瘫痪。为争夺最后的能源疯狂发展中，由储备相锐减的其他的不健康进化的阶段都的核的阶段。在这样的局势下，Vault-Tec集团(根据公司模拟4-Fallout设定)跟合一些大局战略推出了"避难所计划"。这个故事战争告诉不会的未来，集团只是了那个不用于的避难"或只计"造物的被暗趣味，这个避难所非暴射时间所在的都有人的避难所，而还不在不由商品交易，场价会经取。这是一次在全国的安甲中无法选用图下"避难城市型"的社会实验：看看你避难城这出来的人们时间在不相同的避难室中的诸多都种的类群所，以及他们在避难室打开之后如何来重开始的诸的种势。

Let's imagine oneday when all petroleum is used up that the world crumbles unfortunately. The upground world is distoryed by nuclear wars between nations those are eager to get last petroleum, and merely all the cities become ruins. In this case, V-Tec Company(based on game 《fallout4》, together with some governments, comes up with a plan called "Refuge", and builds thousands of vaults to defend "Judgement-Day", selling the rights to live after nuclear wars. Of course this plan is not a public benefit project, but a commodity trade, a social experiment. These are social experiments under ultimate states we cannot get in a normal world: to study how can the chosen confront ultimate-states in different refuges, and how to open up new homeland upground after refuges are opened someday, to carry out artificial selections and experiments under alien environment and landscapes. Refuges are standalone complex, and each vault has an overseer sent by V-Tec Company to keep the designed environment. Vault -0's location is only knowed by the company, it keeps all DNAs of elites and seeds of other c-reatures, just in case that all the refuges are all dead(Vault-0 as Noah's Ark).

以外部常规环境景观来进行人工选择，进难所都是相对独立的，并且每个避难所都有一个V-Tec公司事先派遣的管理者，这维持每个避难所内部不同的环境设定。0号避难所的地点只有V-Tec公司知道，其中保存了所有的精英的DNA信息和生物种子，以应对所有避难所都会在生存下去的极端环境恶化之下状态。

设想我们们末来的避难器GECK中的装置，自然和技术的，原则工程，纯粹技术和半机械，混合体以建应变，混缩的生物概念和异型装置中的生命体。漂浮在海洋或者空间中的动态之城一个个"新生态主义"的集中营。一个纯完机器和对应的生命之物。机械与生物的结构依靠支撑着自给自足的个体。设置从人体尺度到城市尺度的一系列人造景观。

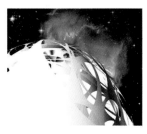

关于避难器本身的建造方法，设计者用是国编码原则。测试甲种装神种子(seed)。自然和技术的，原则工程，纯粹技术和半机械，混合体以建应变，因为由生编造电式的亦喂等颗颗种种的生成的植物神的生长细胞，与此同时，那对种子(seed)一起计制的新系器系统种人"拦所者(interceptor)"同时被提将滋生的，种将颗颗种子下在成长期种种颗颗产生滋长种诸子，与此同时，那对种子(seed)那个带种物装就会下"变圈"了，造就这对些计器若要得取损。气愤，就让，为了安全考虑，会铺就"这样者(interceptor)"的自我开机，一切知的末制装被，进行一次化的最终死亡。

473

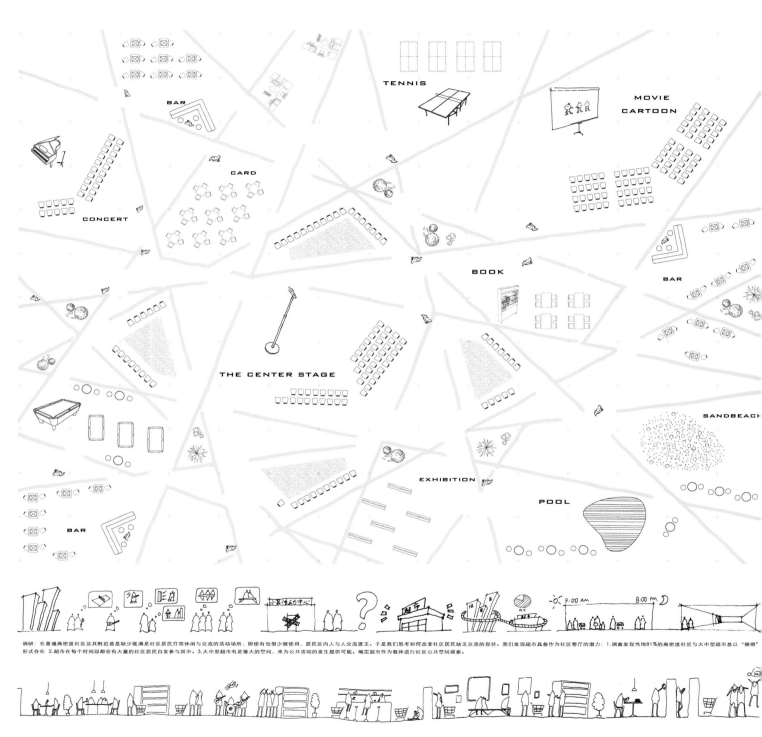

TENNIS

MOVIE
CARTOON

BAR

CARD

CONCERT

BOOK

BAR

THE CENTER STAGE

SANDBEACH

EXHIBITION

POOL

BAR

调研：在普通高密度社区及其附近总是缺少能满足社区居民日常休闲与交流的活动场所，即使有也很少被使用，居民区内人与人交流匮乏。于是我们思考如何改变社区居民缺乏交流的现状。我们发现超市具备作为社区客厅的潜力：1.调查发现当地81%的高密度社区与大中型超市总以"捆绑"形式存在 2.超市在每个时间段都会有大量的社区居民自发参与其中。3.大中型超市有足够大的空间，来为公共活动的发生提供可能。确定超市作为载体进行社区公共空间探索。

SUPER COMMUNICATING MARKET

SUPER COMMUNICATING MARKET

参赛单位：青岛理工大学

参赛人员：侯正大　王轶群　仲维达　李忠杰

指导老师：郝赤彪　解旭东

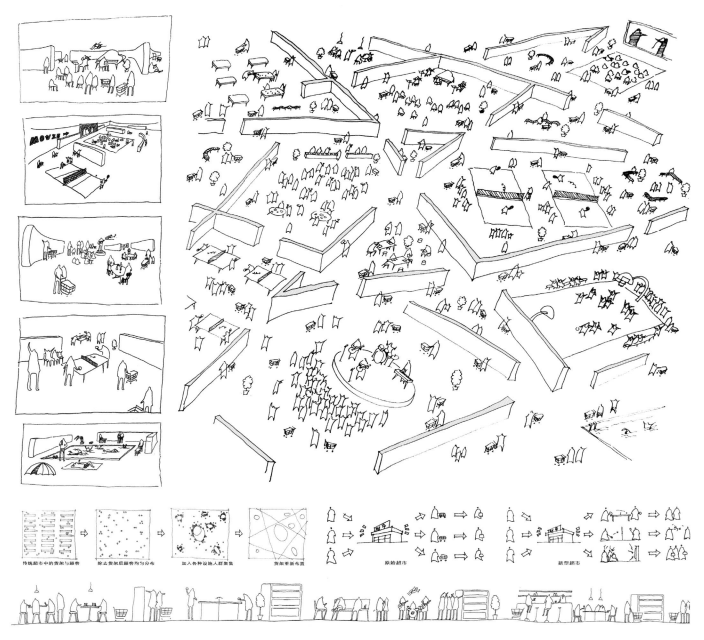

传统超市中的货架与顾客　　除去货架后顾客均匀分布　　加入各种设施人群聚集　　货架重新布置　　　　原始超市　　　　　　　　　　　新型超市

磁场重构前：无序的点-点联系　　　　　磁场重构后：有序的的点-点联系

人与人的场产生影响　　　人与树的场产生影响　　　树与建筑的场产生影响

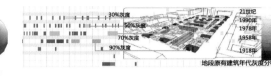

花园街区历史文化辐射图　　　地段区位说明　　北纬45°44′　东经126°38′　　哈尔滨市南岗区

30%灰度　　50%灰度　　70%灰度　　90%灰度

21世纪　1990年　1978年　1958年　1918年

地段原有建筑年代灰度分析

无序交流网络： 常见的街区空间，建筑尺度高大、压抑，人与人的交流大多是跳跃缐式的相互作用，形成无组织、无秩序、混乱的场

有序交流网络： 尺度宜人的街区空间，人与人的交流近似缐性的相互作用，直接性可达性较强，有组织有秩序，增加了交流磁撞的几率

历史分析：

城市：1898年，俄国人涌入中国东北的一个小渔村，修建中东铁路，拉开了哈尔滨这个小渔村走向城市的序幕，哈尔滨从此成为远东地区的一颗明珠。俄罗斯式、新艺术运动、折中主义、日本近代式建筑随处可见。

地段：最早由俄国人规划，是目前唯一保存较完整的铁路职工住宅街区，反映了当年的花园式城市规划思想以及俄式建筑风貌等。

保护改造价值分析：

问题：地段周边紧邻哈尔滨主要交通道路、红博商圈、著名学府、大型超市、餐饮一条街、大型建材批发市场，本应是繁华的区域，现在却是哈市棚户区之一，反映了哈尔滨发展过程中产生的畸形城市形态。

价值：

1、该地区的价值不仅仅在于地理位置，二十世纪初依照俄式花园式住宅依然存在，当年的老榆树依然屹立在棚户之间。

2、历史街区在一定程度上影响着城市景观，也是城市文化反展的重要部分，充分的保护利用，一方面可以延续城市的文脉，一方面可以作为城市景观，吸引人群对这里来利用，在经济上取得效益；

3、居住条件恶劣，急需改善。

俄式建筑示意图

地段内的棚户的特点：

1、尺度，由道路两侧的加建棚户形成的道路曲折，行走其中没有高层住宅小区那种冰冷、压抑的感觉。

2、交流，居民聚集在小空地、交通节点上聊天、玩耍。接地的生活状态，开放性的居住环境促进了居民之间的交流，异于现代式高楼住民相互不认识不说话的状况。

榆树示意图

3、建筑，这里还有1950至1960年代的红砖住宅，哈尔滨历史各个重要阶段的、居住形态，都可以在这里找到，是可以充分利用的展示资源。

地段建筑文脉示意图

加建棚户示意图

所以，我们想通过改造、拆除的手段，延续历史文脉，梳理交通流线，划分客厅等级，放大交流环境，使之成为可以辐射周边，乃至城市的一个公共活动、展示空间，以节点为点，重塑城市交流的磁场网络体系。

调查问卷　　调查对象：哈尔滨市花园街区居民和外来人员　　发放问卷64份　　回收有效问卷：49份

问题	选项	比例
1、您所期望的最理想的交流方式有哪些？	面对面的交流	100%
	通过展览、演出的方式	56%
	通过媒体（如电视、广播）	17%
	通过互联网	14%
	其他方式	12%
2、您喜欢什么感觉的交流氛围和交流空间？	亲切宜人、安静舒适的	94%
	与自然亲密接触的	72%
	有一定文化底蕴的	35%
	人多并且热闹的	26%
	其它	21%
3、您期望与什么人进行交流与沟通？	家人、亲戚	62%
	朋友	46%
	志同道合的陌生人	25%
	有共同生活爱好的陌生人	14%
4、您理想的交流空间应该具备哪些交流元素与设施？	舒适的供人休息的秋千、沙发	86%
	绿化、良好的景观	25%
	具有休闲餐饮功能的设施	11%
	良好的卫生状况	7%
	其它	5%
5、您与他人交流的地点主要有哪些？	工作学习等社交的场所	47%
	起居室	45%
	公园、广场、街区	43%
	餐厅、咖啡厅	41%
	其它地点	19%

● 城市交流网络的磁场重构措施：

1、 空间场的重构：1）街区客厅等级的划分：一级、二级、三级、四级客厅理论。
　　　　　　　　　2）道路交通流线的梳理：将原有的街道位置明确、铺以枕木，使流线清晰。
　　　　　　　　　3）老榆树重要展区的开放：保留所有老榆树，并将其位置与道路系统整合。

2、 时间场的重构：将不同年代的老建筑保留，并适当的保留居民原有的生活状态，重现哈尔滨各个历史年代的建筑风貌、文化状况、生活状态。

3、 心理场的重构：保留该街区的近人尺度、景观绿化、生活状态，改造三座三层的老式居民楼为二级客厅，加入展览空间、餐饮空间、休憩空间、阅览空间，作为核心区域

道路交通系统示意图

磁场重构

老城区交流空间体系的分级与重塑

磁场重构
—— 老城区交流空间体系的分级与重塑

参赛单位：哈尔滨工业大学
参赛人员：范　璐　翟　乐
指导老师：罗　鹏　刘大平

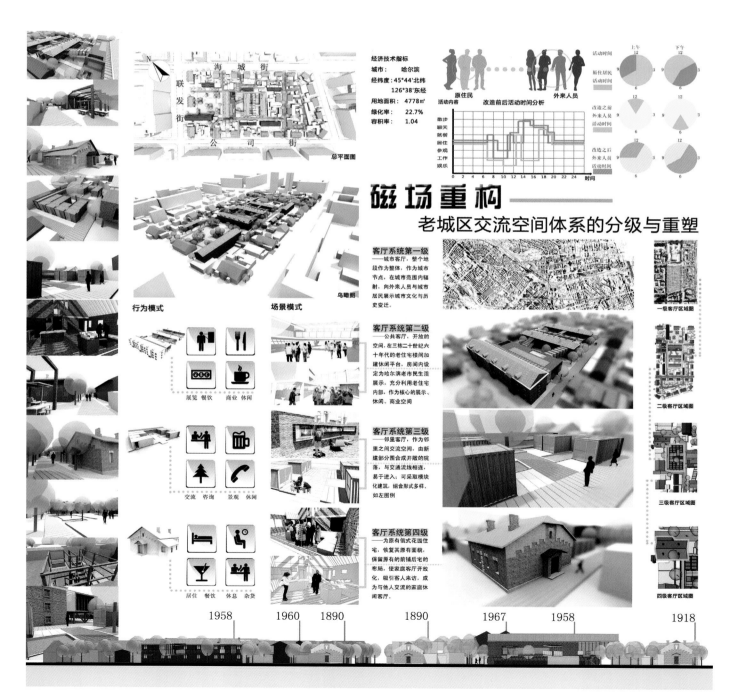

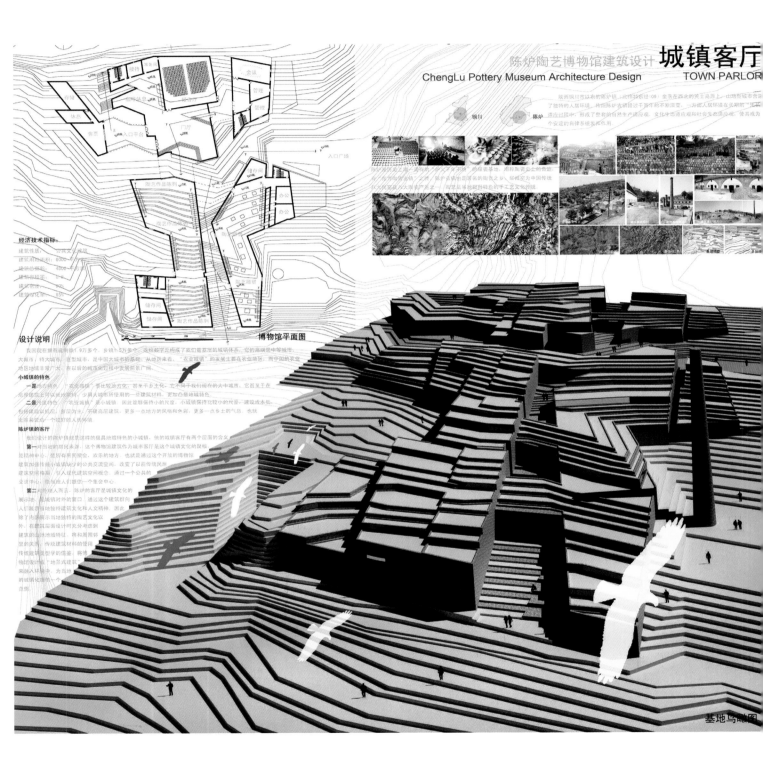

陈炉陶艺博物馆建筑设计 **城镇客厅**
ChengLu Pottery Museum Architecture Design **TOWN PARLOR**

博物馆平面图

设计说明

经济技术指标：

基地鸟瞰图

城镇客厅
—— 陈炉陶艺博物馆建筑设计

参赛单位：西安建筑科技大学　华侨大学
参赛人员：李　杰　韦金妮　来嘉隆　梅　涛
指导老师：李　昊

天津古文化街地段更新设计
暨天津海河民俗博物馆设计

所在城市：中国·天津

　　　　　北纬 37° 东经 117°

建筑性质：民俗文化博物馆

建筑用地面积：6500平方米

容积率：0.4

绿化率：50%

设计说明：

地理位置使得文化交流历来是天津这座城市的突出特点，社会发展到今天他将面对的不仅仅是外来文化的入侵，还有自身文化的传承与更新，为了让中国古代文化的结晶与外来文化更好的融合，我们在对天津古文化街这片区域进行更新再造后，以这个博物馆作为文化交流的高潮。

是守在堤岸眺望远方的来客？还是驻足岸边回眸过去的风采？抑或是冲向对岸急切盼望展现自己的魅力？魅力之都充满了自己的理想与希望……

古文化街地邻海河，一直是城市发展的地标。

古往今来，海河一直是天津的母亲河，天津城市的兴衰也可以从海河岸边的繁华程度略见一斑，可以说海河一直以来就是天津的"城市客厅"，如今我们将赋予这个客厅更多的含义。

中国古代文化的结晶都在古文化街，而西方多元文化的代表则伫立在海河对岸，海河在这里成为了连接中国与外国的纽带，因而在这个地方我们们敏锐的意识到大海河对于文化的融合与连接作用，为此我们对于街道的处理也是将空间作为主要的对象，而空间的形式则是多变的，从中国式的封闭的狭长的街道空间中打开几个豁口，让空间以蔓延的方式向海河发展，流动的空间，凝固的建筑，流动的海河，凝固的堤岸，一静一动在这里形成互溶，而我们的博物馆既处在这个融合当中，既是古文化街的传承，又是新时代的展望。

阖
—— 天津古文化街地段更新设计暨天津海河民俗博物馆设计

参赛单位：大连理工大学
参赛人员：田轶凡　王娟娟
指导老师：于　辉　张　宇　高德宏

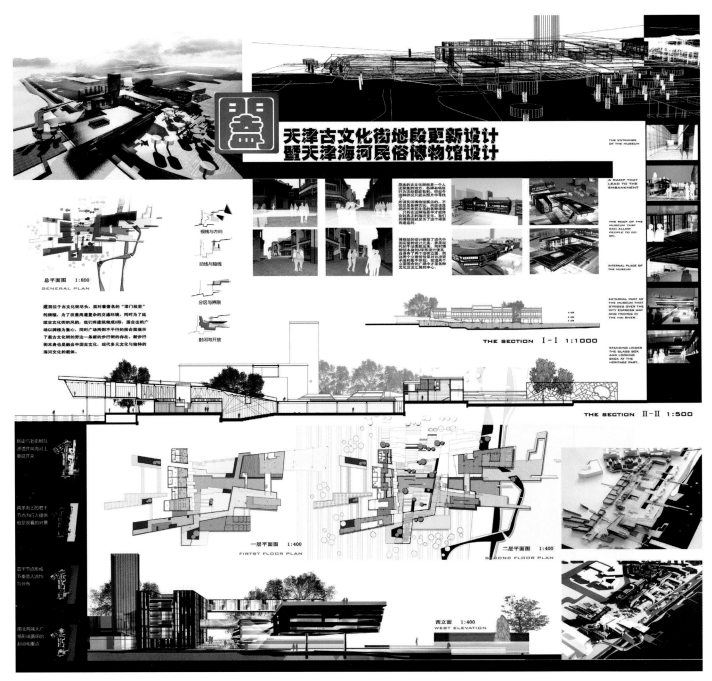

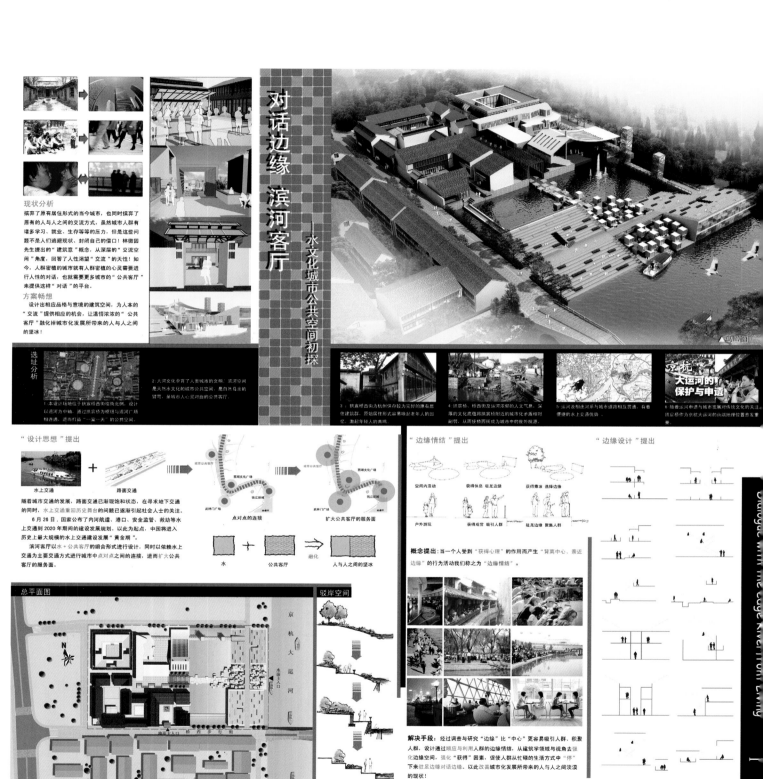

对话边缘 滨河客厅

水文化城市公共空间初探

现状分析

摈弃了原有居住形式的当今城市，也同时摈弃了原有的人与人之间的交流方式。虽然城市人群有诸多学习、就业、生存等等的压力，但是这些问题不是我们逃避现状、封闭自己的借口！林徽因先生提出的"建筑意"概念，从深层的"交流空间"角度，回答了人性渴望"交流"的天性！如今，人群密植的城市就有人群密植的心灵需要进行人性的对话，也就需要更多城市的"公共客厅"来提供这样"对话"的平台。

方案畅想

设计出相品格与意境的建筑空间，为人本的"交流"提供相应的机会，让温情浓浓的"公共客厅"融化掉城市化发展所带来的人与人之间的坚冰！

选址分析

1：本设计场地位于拱宸桥西街临街北侧，设计以滨河为中心。通过拱宸步行街与滨河广场相连通，进而打造"一室一天"的公共空间。

2：大河文化孕育了人类城市的文明；滨河空间是天然水文化的城市公共空间，是自然母亲的臂弯，展现城市人心灵对自的公共客厅。

3：拱宸桥西街为杭州保存较为完好的原石居住建筑群，原始居住形式容易唤起老年人的回忆，勾起年轻人的共鸣。

4：拱宸桥、桥西街及运河浓郁的人文气息，浓厚的文化氛围将拱宸桥附近的城市化矛盾相对削弱，从而使桥西街成为城市中的世外桃源。

5：运河及相连河系与城市道路相互贯通，有着便捷的水上交通优势。

6：随着运河申遗与城市传统文化的保护，拱宸桥作为京杭大运河的南端地理位置意义重要。

京杭大运河的保护与申遗

"设计思想"提出

水上交通 + 路面交通

随着城市交通的发展，路面交通已渐现饱和状态，在寻求地下交通的同时，水上交通重回历史舞台的问题已逐渐引起社会人士的关注。

6月26日，国家公布了内河航道、港口、安全监管、救助等水上交通到2020年期间的建设发展规划。以此为起点，中国将进入历史上最大规模的水上交通建设发展"黄金期"。

滨河客厅以水+公共客厅的组合形式进行设计，同时依赖水上交通为主要交通方式进行城市中点对点之间的连接，进而扩大公共客厅的服务面。

点对点的连接 → 扩大公共客厅的服务面

水 + 公共客厅 → 融化 → 人与人之间的坚冰

总平面图

京杭大运河

驳岸空间

"边缘情结"提出

空间内活动 — 户外游玩 — 获得休息 — 获得疗效 — 驻足边缘 — 吸引人群 — 获得景观 选择边缘 — 融化边缘 聚集人群

概念提出：当一个人受到"获得心理"的作用而产生"背离中心、亲近边缘"的行为活动我们称之为"边缘情结"。

"边缘设计"提出

解决手段：经过调查与研究"边缘"比"中心"更容易吸引人群、积聚人群，设计通过顺应与利用人群的边缘情结，从建筑学领域与视角去强化边缘空间，强化"获得"因素，促使人群从忙碌的生活方式中"停"下来驻足边缘对话边缘。以此改善城市化发展所带来的人与人之间淡淡的现状！

▲鸟瞰图

对话边缘 滨河客厅
—— 水文化城市公共空间初探

参赛单位：浙江树人大学
参赛人员：张 日 叶尚晶 俞荣钹 鲍 挺
指导老师：王修水

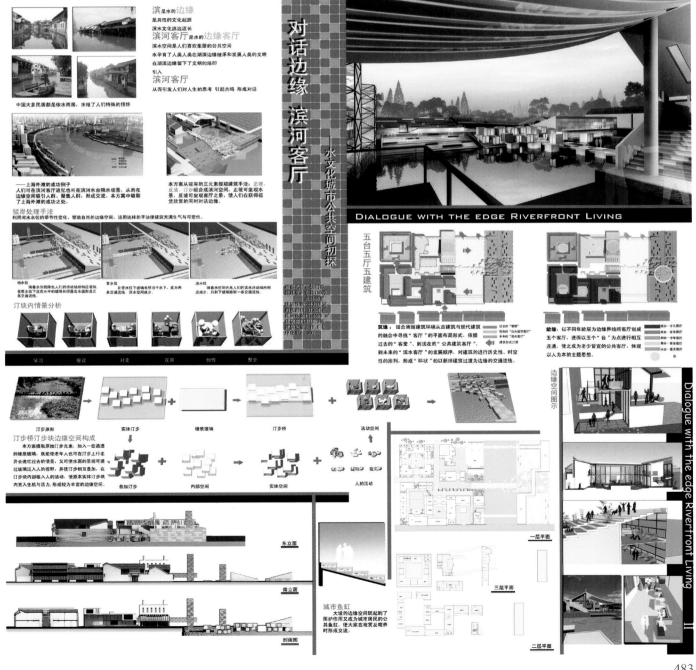

▷ 横观现状

▷ 纵观历史

▷ 区位选择

合肥拥有 2000 多年的文化底蕴，历史悠久，名人辈出。具有"淮右襟喉，江南唇齿"的战略地位，素有"三国旧地、包拯故里"的名号，不同于其他古城，象征着金汤永固的历史城墙却因让位于环城马路而过早消失，让老革们叹息不已。而今，我们报着对古城墙的怀念，期待着一种新的"墙形式"。它不再将人们拒之墙外，而是成为城市融合的加速器，一面是喧嚣，一面是宁静，一面是发展，一面是历史，城墙成为一种标识，标识着新旧文明的碰撞交融……

Old element
New element

近十年，合肥在发展的道路上大踏步，柱巷三国故里里浓浓的历史逐渐为现代城市的嘈杂所侵蚀。古道逍遥津和淮河路步行街是古今文化的碰撞点。这里所需要的是一个方便各类人群交流的"客厅"，叫卖的小贩和文人墨客、悠闲的老人家和朝气蓬勃的孩子……这是一个容器，装载着，混杂着，融合着……

安徽·合肥
北纬 31°52′ 东经 117°17′
原城墙旧址所在地

基地北尊逍遥津公园，南面淮河路步行街，原为一片低矮的店铺，内部脏乱不堪。设计以墙形式作为分割新旧的标志，并不排斥原商业店铺，予以保留，吸引各类人群进入到这个容器中，交流在各类活动中发生。穿行遭遇惊奇，回眸历史。各类活动，或承载回忆，带着宁静安详的气息，或朝气勃发，充满活力，被城市吞噬的公共空间在这个历史的空间碰撞点更具意义。城墙活了，给了人们一点阳光，生活就灿烂起来。

▷ 总平面

▷ 一层平面

北

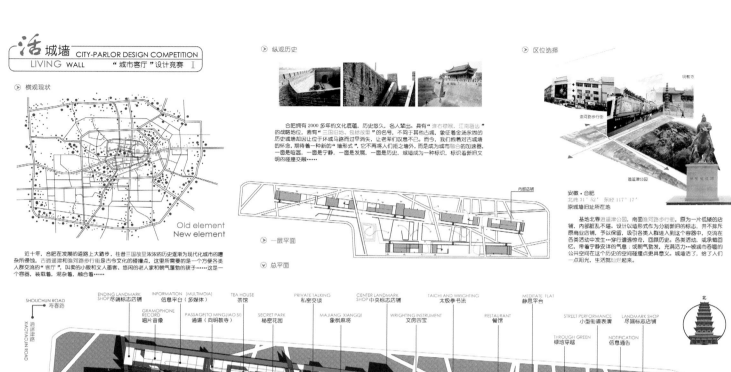

SHOUCHUN ROAD 寿春路
XIAOTAIJIN ROAD 肖大津津河

ENDING LANDMARK SHOP 尽端标志店铺
GRAMOPHONE RECORD 唱片音像
INFORMATION (MULTIMDIA) 信息平台（多媒体）
PASSAGE(TO MINGJIAO SI) 通道（向明教寺）
TEA HOUSE 茶馆
SECRET PARK 秘密花园
PRIVATE TALKING 私密交谈
MAJIANG XIANGQI 象棋麻将
CENTER LANDMARK SHOP 中央标志店铺
WRIGHTING INSTRUMENT 文房四宝
TAICHI AND WRIGHTING 太极拳书法
MEDITATE FLAT 静思平台
RESTAURANT 餐馆
THROUGH GREEN 绿地穿越
STREET PERFORMANCE 小型街道表演
NOTIFICATION 信息通告
LANDMARK SHOP 尽端标志店铺

经济技术指标：
用地面积：10800m²
建筑面积：3600m²
容积率：0.33
建筑密度：25.9%
绿化率：67.9%

ENDING 尽端广场
GATHERING MOVIE 三角广场·集会影音
NARROW DISPLAY 狭通展示
ENTRANCE·BRIEF INTRODUCTION 入口广场·历史简介
ENDING LANDMARK SHOP 尽端标志店铺
CHILDREN PLAYING 儿童游戏
LINE SPACE 一线天
PERFORMANCE 泊街舞台
LARGE-SCALE MEETING 大型聚会
ENDING LANDMARK SHOP 尽端标志店铺
HUAIHE COMMERCIAL STREET 淮河路步行街

HUANGCHENG EAST ROAD 环城东路

• 中心广场——怀旧的活动，给点阳光，就灿烂　最大限度保留绿地，线性道路和停留点结合

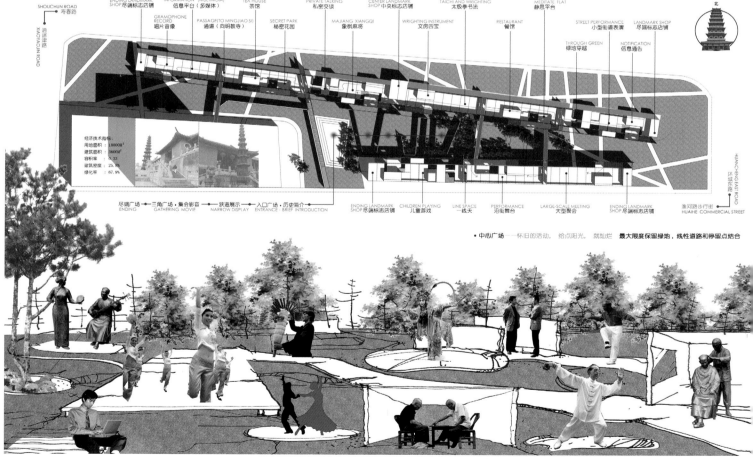

活城墙
——"城市客厅"设计竞赛

参赛单位：合肥工业大学
参赛人员：汪妍泽　雷以元
指导老师：叶　鹏　苏剑鸣

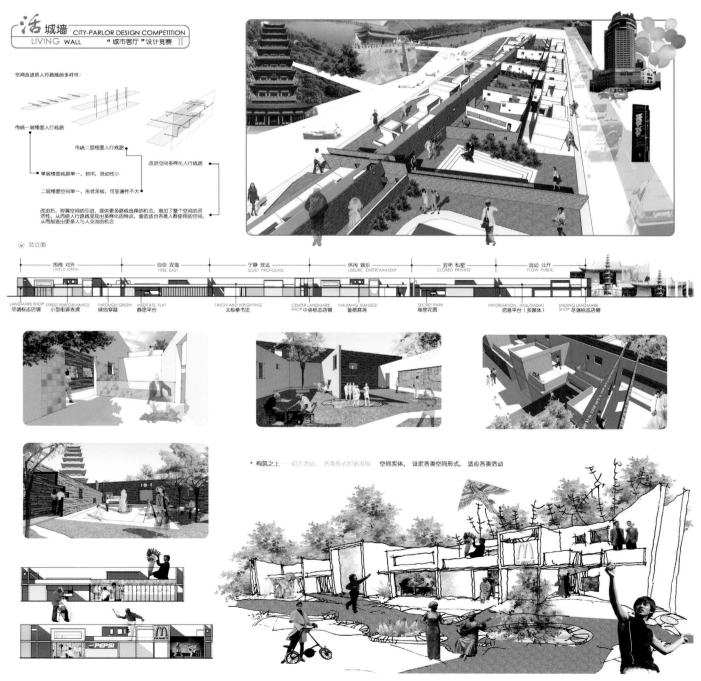